高校土木工程专业学习辅导与习题精解丛书

结构力学学习辅导与习题精解

樊友景　主编

樊友景　李　乐　赵更歧

李会知　赵　军　宋学谦　编著

中国建筑工业出版社

图书在版编目（CIP）数据

结构力学学习辅导与习题精解/樊友景主编. —北京：
中国建筑工业出版社,2004
（高校土木工程专业学习辅导与习题精解丛书）
ISBN 978-7-112-06655-1

Ⅰ.结…　Ⅱ.樊…　Ⅲ.土木工程—结构力学—高
等学校—教学参考资料　Ⅳ.TU311

中国版本图书馆 CIP 数据核字(2004)第 075152 号

高校土木工程专业学习辅导与习题精解丛书

结构力学学习辅导与习题精解

樊友景　主编

樊友景　李　乐　赵更歧
李会知　赵　军　宋学谦　编著

*

中国建筑工业出版社出版、发行(北京西郊百万庄)
各地新华书店、建筑书店经销
北京千辰公司制版
化学工业出版社印刷厂印刷

*

开本:787×1092 毫米　1/16　印张:19½　字数:476 千字
2004 年 9 月第一版　　2013 年 12 月第七次印刷
定价:**33.00** 元
ISBN 978-7-112-06655-1
(21631)

全书共分平面体系几何组成分析、静定梁和静定刚架、三铰拱、静定平面桁架、静定结构位移计算、力法、位移法、力矩分配法、影响线及其应用、矩阵位移法、结构动力计算、结构稳定计算、结构极限荷载十三章。每章分重点、难点分析，典型示例分析，单元测试，答案与解答四部分内容。

重点、难点分析部分对每章主要内容进行了归纳总结，对重点和难点内容进行了详尽而深入地阐述和讨论。起到帮助读者复习与小结的作用。

典型示例分析部分精选了 136 个具有代表性的例子，通过示例剖析难点和重点，说明要点，分析多种解题思路、方法和技巧以及容易出错之处。使读者取得事半功倍、见多识广的效果。

单元测试题包括 519 个客观题(判断题、选择题)和 266 个分析计算题。具有很强的针对性和普遍性。通过这些题目的思考与分析，可帮助读者进一步的理解和掌握基本概念和方法及其灵活应用。

在答案与解答部分，对客观题给出了答案和必要的分析，分析计算题给出了求解过程。

本书可作为土建、水利、道桥等专业本科、专科、专升本、函授、自考学生学习结构力学的辅导用书，也可作为土木工程专业研究生入学考试、注册结构工程师资格考试结构力学复习参考书。

*　　*　　*

责任编辑：吉万旺　尹珺祥

责任设计：孙　梅

责任校对：李志瑛　王　莉

前　言

　　结构力学是土建、水利、道桥等专业的重要专业技术基础课,也是报考土木工程专业研究生的必考课程。掌握结构力学的基本概念、基本原理和分析计算方法对学习后续专业课程、毕业后继续深造及解决工程实际问题十分重要。而现行教学领域越来越突出地表现出:一、授课时间少,学生不能充分地掌握结构力学的本质内涵;二、后续专业课程及考研对结构力学的要求越来越高。为了帮助学生学好结构力学,深入理解结构力学的基本概念、基本原理、基本方法,掌握课程内容之间的内在联系,提高分析和解决问题的能力;也为了应试者能在短时间内掌握结构力学的精髓,提高复习效率,取得理想的成绩,本书应运而生。

　　本书可作为土建、水利、道桥等专业本科、专科、专升本、函授、自考学生学习结构力学的辅导用书,也可作为土木工程专业研究生入学考试、注册结构工程师资格考试结构力学复习参考书。

　　全书共分平面体系几何组成分析、静定梁和静定刚架、三铰拱、静定平面桁架、静定结构位移计算、力法、位移法、力矩分配法、影响线及其应用、矩阵位移法、结构动力计算、结构稳定计算、结构极限荷载十三章。每章分重点、难点分析,典型示例分析,单元测试,答案与解答四部分内容。

　　重点、难点分析部分对每章主要内容进行了归纳总结,对重点和难点内容进行了详尽而深入地阐述和讨论。起到帮助读者复习与小结的作用。

　　典型示例分析部分精选了136个具有代表性的例子,通过示例剖析难点和重点,说明要点,分析多种解题思路、方法和技巧以及容易出错之处。使读者取得事半功倍、见多识广的效果。

　　单元测试题包括519个客观题(判断题、选择题)和266个分析计算题,是针对学生学习中容易混淆的概念以及不容易理解的疑难点而编拟的。其中一些直接从学生作业中、答疑时常见的错误进行分析整理而来,具有很强的针对性和普遍性。旨在通过这些题目的思考与分析,帮助读者进一步地理解和掌握基本概念和方法及其灵活应用。

　　在答案与解答部分,对客观题给出了答案和必要的分析,分析计算题给出了求解过程。

　　本书依据高等学校土建类结构力学教材及多学时结构力学教学大纲,以编者多年从事结构力学的教学实践为基础编写。包含了作者学习结构力学的心得和多年从事结构力学教学的经验总结。同时吸收了近几年全国多所大学结构工程专业硕士研究生结构力学入学试题,参考了优秀的结构力学教材及教学辅导书,在此谨向作者致以衷心的感谢。

　　参加本书编写的有:李会知(第一、五章)、李乐(第二、六章)、宋学谦(第三、四章)、赵更奇(第七、九章)、樊友景(第八、十、十一章)、赵军(第十二、十三章),全书由樊友景修改定稿。

　　由于编者水平有限,书中难免有疏漏和不妥之处,恳请读者批评指正。

目　　录

第一章　平面体系的几何组成分析 ……………………………………………… 1

一、重点难点分析 …………………………………………………………… 1

二、典型示例分析 …………………………………………………………… 4

三、单元测试 ………………………………………………………………… 7

四、答案与解答 ……………………………………………………………… 11

第二章　静定刚架及静定梁 ……………………………………………………… 18

一、重点难点分析 …………………………………………………………… 18

二、典型示例分析 …………………………………………………………… 22

三、单元测试 ………………………………………………………………… 26

四、答案与解答 ……………………………………………………………… 36

第三章　三铰拱 …………………………………………………………………… 44

一、重点难点分析 …………………………………………………………… 44

二、典型示例分析 …………………………………………………………… 45

三、单元测试 ………………………………………………………………… 46

四、答案与解答 ……………………………………………………………… 50

第四章　静定平面桁架 …………………………………………………………… 52

一、重点难点分析 …………………………………………………………… 52

二、典型示例分析 …………………………………………………………… 53

三、单元测试 ………………………………………………………………… 57

四、答案与解答 ……………………………………………………………… 66

第五章　静定结构的位移计算 …………………………………………………… 77

一、重点难点分析 …………………………………………………………… 77

二、典型示例分析 …………………………………………………………… 81

三、单元测试 ………………………………………………………………… 86

四、答案与解答 ……………………………………………………………… 94

第六章　力法 ……………………………………………………………………… 101

一、重点难点分析 …………………………………………………………… 101

二、典型示例分析 …………………………………………………………… 107

三、单元测试 ………………………………………………………………… 117

四、答案与解答 ……………………………………………………………… 126

第七章　位移法 …………………………………………………………………… 138

一、重点难点分析 …………………………………………………………… 138

二、典型示例分析 …………………………………………………………… 143

三、单元测试 ………………………………………………………………… 152

四、答案与解答 ……………………………………………………………… 161

第八章　力矩分配法 173
　　一、重点难点分析 173
　　二、典型示例分析 175
　　三、单元测试 180
　　四、答案与解答 185

第九章　影响线及其应用 191
　　一、重点难点分析 191
　　二、典型示例分析 196
　　三、单元测试 206
　　四、答案与解答 212

第十章　矩阵位移法 217
　　一、重点难点分析 217
　　二、典型示例分析 222
　　三、单元测试 227
　　四、答案与解答 232

第十一章　结构动力计算 238
　　一、重点难点分析 238
　　二、典型示例分析 244
　　三、单元测试 252
　　四、答案与解答 260

第十二章　结构稳定计算 270
　　一、重点难点分析 270
　　二、典型示例分析 272
　　三、单元测试 277
　　四、答案与解答 281

第十三章　结构的极限荷载 287
　　一、重点难点分析 287
　　二、典型示例分析 290
　　三、单元测试 296
　　四、答案与解答 299

参考文献 305

第一章　平面体系的几何组成分析

一、重点难点分析

研究体系的机动性质时,忽略变形,把杆件视为刚体。

1.平面体系的分类及其几何特征和静力特征(如表1-1)

平面体系的分类及其几何特征和静力特征　　　　表1-1

体　系　分　类		几 何 组 成 特 性		静　　力　　特　　性	
几何不变体系	无多余约束的几何不变体系	约束数目够布置也合理		静定结构:仅由平衡条件就可求出全部反力和内力	可作建筑结构使用
	有多余约束的几何不变体系	约束有多余布置也合理	有多余约束	超静定结构:仅由平衡条件求不出全部反力和内力	
几何可变体系	几何瞬变体系	约束数目够布置不合理		内力为无穷大或不确定	不能作建筑结构用
	几何常变体系	缺少必要的约束		不存在静力解答	

2.自由度、约束

自由度是体系运动时可以独立改变的几何参数的数目,即确定体系位置所需的独立坐标的数目。

平面内一点的自由度等于2,平面内一刚片的自由度等于3。

约束是减少体系自由度的装置。

(1)链杆　仅在两处与其他物体以铰相联的刚性构件。如图1-1中的构件1、2、3是链杆;4、5不是链杆。一根链杆能减少一个自由度,相当于一个约束。

(2)单铰　连接两个刚片的铰。一个单铰可减少两个自由度,相当于两个约束。

(3)复铰　连接 N 个刚片的铰($N>2$)。相当于 $N-1$ 个单铰,相当于 $2(N-1)$ 个约束。

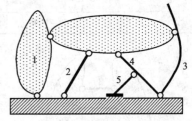

图1-1

(4)瞬铰　连接两刚片的两根不共线的链杆相当于一个单铰,称这两链杆的交点为瞬铰或虚铰。

(5)多余约束　不减少体系自由度的约束称为多余约束。不过多余约束的存在与否,结构的受力性能和变形性能大不相同。

3.无多余约束的几何不变体系的组成规则

(1)三刚片以不共线的三个单(或瞬)铰两两相连,形成无多余约束的几何不变体系。

(2)两刚片以一铰及过该铰的一根链杆相连,形成无多余约束的几何不变体系。

(3)两刚片以不平行、也不相交于一点的三根链杆相连,形成无多余约束的几何不变体系。

(4)一刚片和一点以不共线的两根链杆相连,形成无多余约束的几何不变体系。

这四条规则可以归结为一个三角形法则。对这四条规则重点要掌握连接的对象、约束、对约束的布置要求、形成的瞬变体系类型,如表1-2。

注意:① 刚片必须是内部几何不变的部分。

② 瞬铰是指直接连接两刚片的两根链杆形成的。如图1-2(a)所示体系中,A 是瞬铰,而 B 不是瞬铰。

③ 单链杆都不能重复使用。如图1-2(b)所示体系中,若将链杆2利用两次,则可得到:两刚片用两个虚铰相连,体系有一个多余约束。这一结论显然是错误的。

④ 瞬变体系中都有多余约束。

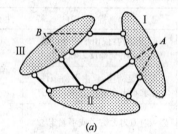 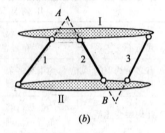

(a) (b)

图 1-2

几何不变体系组成规则要点   表 1-2

规 则	连 接 对 象	必 要 约 束 数	对约束的布置要求	瞬（常）变 体 系
一	三刚片	6个	三铰不共线	图 1-3 所示
二	两刚片	3个	链杆不过铰	图 1-4 所示
三			三杆不平行不交于一点	图 1-6 所示
四	一点和一刚片	2个	两杆不共线	图 1-5 所示

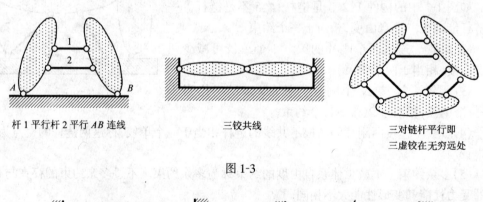

杆1平行杆2平行 AB 连线   三铰共线   三对链杆平行即
三虚铰在无穷远处

图 1-3

图 1-4 杆过铰   图 1-5 两杆共线

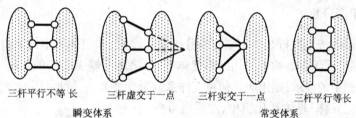

三杆平行不等长　　三杆虚交于一点　　三杆实交于一点　　三杆平行等长

瞬变体系　　　　　　　　　　常变体系

图 1-6

二元体　指的是两根不共线的链杆连接一点。其特点是在任何体系上增(或减)二元体,都不改变原体系的自由度,也不改变原体系的机动性。

4. 体系的计算自由度 W、体系的自由度 S 及两者间的关系

(1)体系的计算自由度 W

对于铰接链杆体系:
$$W = 2j - (b + r) \tag{1-1}$$
其中,j 为节点数;b 为链杆数;r 为支承链杆数。

一般公式:
$$W = (各部件自由度总数) - (全部约束总数) = 3m - (2n + r + 3a) \tag{1-2}$$
其中,m 为刚片数;n 为单铰数;r 为链杆数;a 为无铰封闭框数。

求体系的计算自由度时要注意:

① 复铰要换算成单铰。

② 固定铰支座、定向支座相当于两个支承链杆;固定端相当于 3 个支承链杆。

③ 刚接在一起的各刚片作为一个大刚片。若连接成无铰封闭框,每个无铰封闭框都有 3 个多余约束。如图 1-7 所示体系,其中 $ABCDEF$ 视为一个刚片,并带有一个无铰封闭框,$DEIHG$ 视为一个一刚片,D 为复铰,相当于两个单铰。所以其计算自由度为:

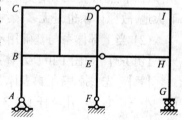

图 1-7

$W = 3m - (2n + r + 3a) = 3 \times 2 - (2 \times 3 + 5 + 3 \times 1) = -8$

(2)体系的自由度 S(实际自由度)

S =(各部件自由度总数)-(非多余约束总数)

　=(各部件自由度总数)-(全部约束总数-多余约束总数 n)

　=(各部件自由度总数)-(全部约束总数)+(多余约束总数 n)

所以:
$$S = W + n \tag{1-3}$$

几点注意:

① W 并不一定是体系的实际自由度,仅说明体系必须的约束数目够不够,即:

$W > 0$ 体系缺少必要的约束,一定是几何可变体系。

$W = 0$ 实际约束数等于必须的约束数

$W < 0$ 体系有多余约束

体系是否几何不变取决于体系的具体构造。

② S 和 n 不仅与体系所具有的部件和约束有关,还与体系的具体构造有关。而 W 只与体系所具有的部件和约束有关。

③ 由于体系的实际自由度 S 和多余约束 n 都不会是负数,所以由式(1-1)、式(1-2)尽管得不到体系的自由度 S 和多余约束数 n,但可以得到它们的下限:$S \geq W$,$n \geq -W$。

二、典型示例分析

利用基本组成规则进行几何不变性的分析时应注意:如果体系中约束数目及布置满足规则中的要求,则组成无多余约束的几何不变体系;如果体系缺少必要的约束,或约束数目够而布置不满足规则中的要求,则组成几何可变体系或瞬变体系。几种常用的分析思路如下:

(1) 去除二元体,将体系化简单,然后再分析。

【例 1-1】 求图 1-8 所示体系的计算自由度,并进行几何组成分析。

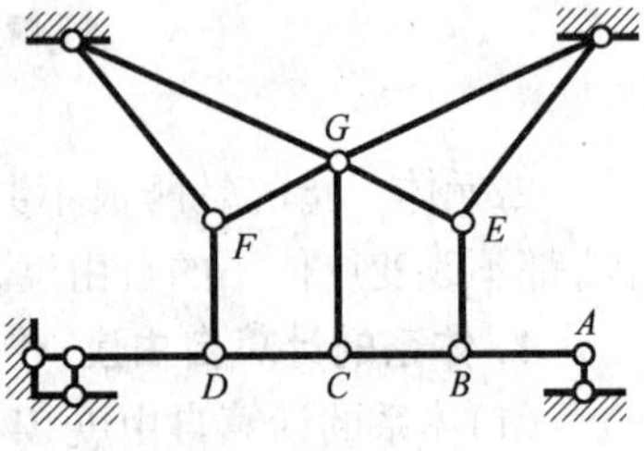

【解】 计算 W:该体系为铰接链杆体系,节点数 $j=10$,链杆数 $b=13$,支承链杆数 $r=7$。

$$W = 2 \times 10 - 13 - 7 = 0$$

组成分析:依次去除二元体 A、B、C、D、E、F、G 后,剩下大地,故原体系也是无多余约束的几何不变体系。

图 1-8

【例 1-2】 求图 1-9 所示体系的计算自由度,并进行几何组成分析。

【解】 计算 W:刚片数 $m=8$,F、D、E 处为复铰,各有两个单铰,A、B、C、G 各有一个单铰,单铰数 $n=10$,H、G 都是固定铰支座,支承链杆数 $b=4$。

$$W = 3 \times 8 - 2 \times 10 - 4 = 0$$

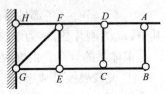

组成分析:因为 BCE 不是简单链杆,所以节点 B 不是二元体,而节点 A 是二元体,依次去除二元体 A、C、E、F 后,剩下大地,故原体系也是无多余约束的几何不变体系。

图 1-9

(2) 当上部体系与基础用不交于一点的三个约束相连时,可以抛开基础,只分析上部。

【例 1-3】 对图 1-10 所示体系进行几何组成分析。

【解】 先去掉基础,再去掉二元体 A、B 后,剩下图 1-10(b)所示部分,外边三角形 CDE 和里面的小三角形 abc,用链杆 1、2、3 相连,所以原体系是无多余约束的几何不变体系。

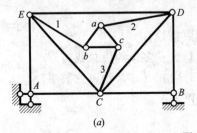

(a) (b)

图 1-10

【例 1-4】 作图 1-11 体系的几何组成分析。

【解】 去掉基础,再去掉二元体 A 后,剩下 BC、DE 用两根平行链杆相连,所以原体系是有一个自由度的几何可变体系。

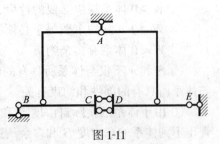

(3) 当体系内杆件数较多时,可将刚片取得分散些,使刚片与刚片之间用链杆形成的虚铰相连,而不直

图 1-11

接用单铰相连。

【例 1-5】 作图 1-12(*a*)所示体系的几何组成分析。

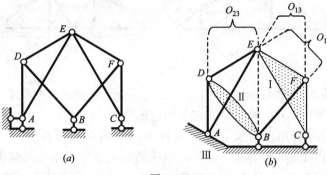

图 1-12

【解】 如图 1-12(*b*)所示,取三角形 *CEF*、杆 *BD* 和基础为三刚片,分别用链杆 *DE* 和 *BF*、*AD* 和 *B* 处支座链杆、*AE* 和 *C* 处支座链杆两两构成的三虚铰相连,三铰不共线,故体系为无多余约束的几何不变体系。

【例 1-6】 作图 1-13(*a*)所示体系的几何组成分析。

【解】 如图 1-13(*b*)所示,取 *BEFG*、杆 *CD* 和基础为三刚片,Ⅰ、Ⅱ用链杆 *DE* 和 *BC* 相连,Ⅲ、Ⅰ用链杆 *AB* 和支杆 *F* 相连,Ⅱ、Ⅲ用链杆 *AC* 和支杆 *D* 相连,分别构成虚铰 O_{12}、*F*、*D*,三铰共线,故体系为瞬变体系。

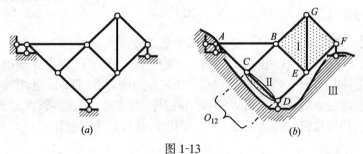

图 1-13

(4) 由一基本刚片开始,逐步增加二元体,扩大刚片的范围,将体系归结为两个刚片或三刚片相连,再用规则判定。

【例 1-7】 作图 1-14(*a*)所示体系的几何组成分析。

【解】 由杆 *AB* 开始增加二元体 1、2 形成刚片 Ⅰ,由杆 *BC* 开始增加二元体 3、4 形成刚片 Ⅱ,基础为刚片 Ⅲ,三刚片用三个不共线的铰(铰 O_{12}、O_{13}、O_{23})相连,如图 1-14(*b*)所示,故体系为无多余约束的几何不变体系。

【例 1-8】 作图 1-15(*a*)所示体系的几何组成分析。

【解】 在杆 *AB* 上增加二元体 *C*、*D* 形成刚片 Ⅰ,同理,形成刚片 Ⅱ,两刚片用铰 *B* 和链杆 *DE* 相

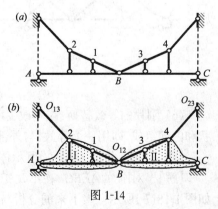

图 1-14

5

连,如图 1-15(b)所示,故体系为无多余约束的几何不变体系。

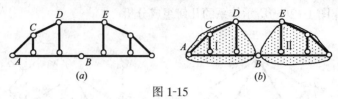

图 1-15

(5) 由基础开始,逐件组装,检查在组装的过程中是否满足规则要求。

【例 1-9】 作图 1-16(a)所示体系的几何组成分析。

【解】 先将 AB 杆用固定铰支座 A 支杆 B 装在基础上,再用铰 B 和支杆 D 将刚片 BCDE 组装上去,再添加二元体 CFA,至此形成的是无多余约束的几何不变体系。再用三根交于一点的杆将刚片 abc 连上去。如图 1-16(b)所示,故体系为瞬变体系。

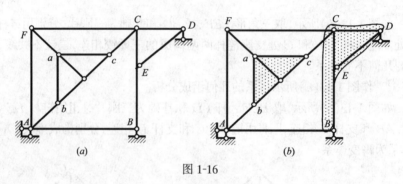

图 1-16

【例 1-10】 作图 1-17(a)所示体系的几何组成分析。

【解】 先将 AB、AD 杆用固定铰支座 A、支杆 BC、支杆 D 固定在基础上,形成新的基础,作为刚片 I(图 1-17b),取三角形 abc、杆 EF 作为刚片 II、III,I、II 用链杆 Dc 和 b 处支杆相连,形成虚铰在 b 处;III、I 用链杆 BE 和链杆 FD 相连,形成虚铰在 E 处;II、III 用链杆 Ea 和 Fc 相连,构成虚铰 O_{23},O_{23}、E、b 三铰共线,故体系为瞬变体系。

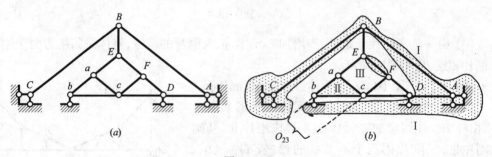

图 1-17

(6) 刚片的等效替换:在不改变刚片与周围部分的连接方式的前提下,可以改变它的形状和内部组成,即用一个等效(与外部连接等效)刚片代替它。

【例 1-11】 作图 1-18(a)所示体系的几何组成分析。

【解】 对刚片 AEFG,在不改变 A、F、G 三处连接的条件下,用等效刚片 AFG 代替,如图 1-18(b)所示。接下来的分析与例 1-6 相同。

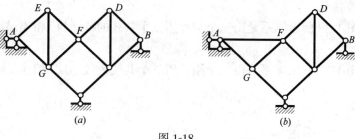

图 1-18

【例 1-12】 作图 1-19(*a*)所示体系的几何组成分析。

【解】 在不改变 *A*、*D*、*E* 三处与外部连接的条件下,先将刚片 *ADE* 用铰结三角形 *ADE* 代替,如图 1-12(*b*)。取 *CEF*、杆 *BD* 和基础为三刚片,Ⅰ、Ⅱ用链杆 *AD* 和支杆 *B* 相连,构成虚铰 O_{12},Ⅲ、Ⅰ用链杆 *AE* 和支杆 *C* 相连,构成虚铰 O_{13},Ⅱ、Ⅲ用链杆 *DE* 和 *BF* 相连,构成虚铰 O_{23},三铰不共线,故体系为无多余约束的几何不变体系。

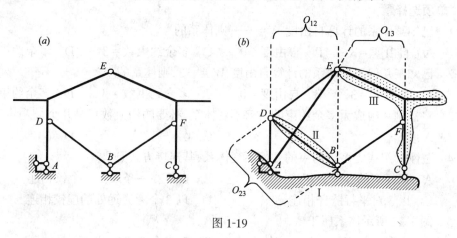

图 1-19

三、单元测试

1. 判断题

1-1 多余约束是体系中不需要的约束。 （　　）

1-2 如果体系的计算自由度大于零,那么体系一定是几何可变体系。 （　　）

1-3 瞬变体系在很小的荷载作用下会产生很大的内力。 （　　）

1-4 如果体系的计算自由度小于或等于零,那么体系一定是几何不变体系。 （　　）

1-5 两根链杆的约束作用相当于一个单铰。 （　　）

1-6 每一个无铰封闭框都有 3 个多余约束。 （　　）

1-7 体系的实际自由度绝不小于其计算自由度。 （　　）

1-8 如果体系的计算自由度等于其实际自由度,那么体系中没有多余约束。 （　　）

1-9 连接 4 个刚片的复铰相当于 4 个约束。 （　　）

1-10 一体系是有 *n* 个自由度的几何可变体系,那么加入 *n* 个约束后就成为无多余约束的几何不变体系。 （　　）

1-11 一体系是有 *n* 个多余约束的几何不变体系,那么去掉 *n* 个约束后就成为无多余

约束的几何不变体系。 （　　）

1-12　如图1-20所示体系是由三个刚片用三个共线的铰*ABC*相连,故为瞬变体系。

（　　）

1-13　如图1-21所示体系是由三个刚片用三个共线的铰*ABC*相连,故为瞬变体系。

（　　）

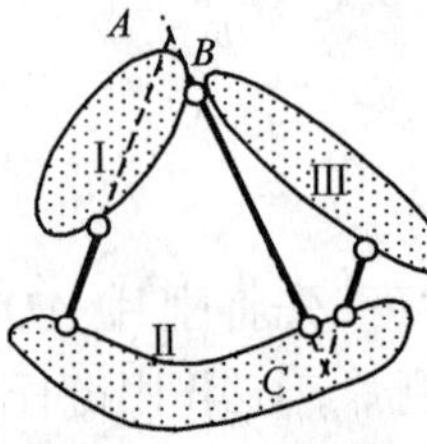

图1-20　题1-12图 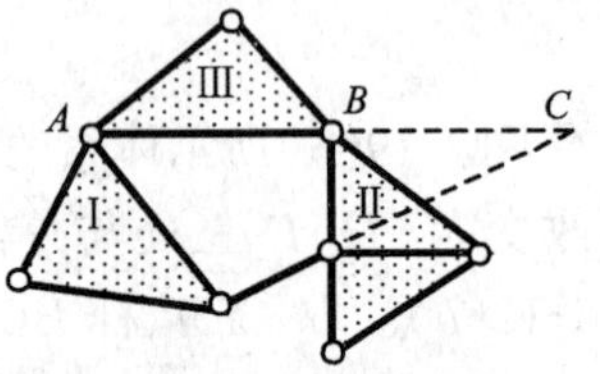　　　　　　　　图1-21　题1-13图

2．单项选择题

2-1　已知某体系的计算自由度 $W = -3$,则体系的 （　　）

　　A　自由度=3　　　B　自由度=0　　　C　多余约束数=3　　　D　多余约束数≥3

2-2　已知某几何不变体系的计算自由度 $W = -3$,则体系的 （　　）

　　A　自由度=3　　　B　自由度=0　　　C　多余约束数=3　　　D　多余约束数>3

2-3　将三刚片组成无多余约束的几何不变体系,必要的约束数目是几个 （　　）

　　A　2　　　　　　　B　3　　　　　　　C　4　　　　　　　D　6

2-4　三刚片组成无多余约束的几何不变体系,其连接方式是 （　　）

　　A　以任意的3个铰相连　　　　　　B　以不在一条线上3个铰相连

　　C　以3对平行链杆相连　　　　　　D　以3个无穷远处的虚铰相连

2-5　图1-22所示体系属于 （　　）

　　A　无多余约束的几何不变体系　　　B　有多余约束的几何不变体系

　　C　常变体系　　　　　　　　　　　D　瞬变体系

2-6　图1-23所示体系属于 （　　）

　　A　无多余约束的几何不变体系　　　B　有多余约束的几何不变体系

　　C　常变体系　　　　　　　　　　　D　瞬变体系

2-7　图1-24所示体系属于 （　　）

　　A　无多余约束的几何不变体系　　　B　有多余约束的几何不变体系

　　C　常变体系　　　　　　　　　　　D　瞬变体系

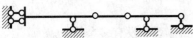　　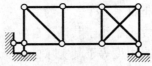　　

图1-22　题2-5图　　　　图1-23　题2-6图　　　　图1-24　题2-7图

2-8　图1-25所示体系是 （　　）

　　A　瞬变体系　　　　　　　　　　B　有一个自由度和一个多余约束的可变体系

8

C　无多余约束的几何不变体系　　D　有两个多余约束的几何不变体系

2-9　图 1-26 所示体系是　　　　　　　　　　　　　　　　　　　　（　　）

A　瞬变体系　　　　　　　　　　B　有一个自由度和一个多余约束的可变体系

C　无多余约束的几何不变体系　　D　有两个多余约束的几何不变体系

2-10　图 1-27 所示体系是　　　　　　　　　　　　　　　　　　　　（　　）

A　瞬变体系　　　　　　　　　　B　有一个自由度和一个多余约束的可变体系

C　无多余约束的几何不变体系　　D　有两个多余约束的几何不变体系

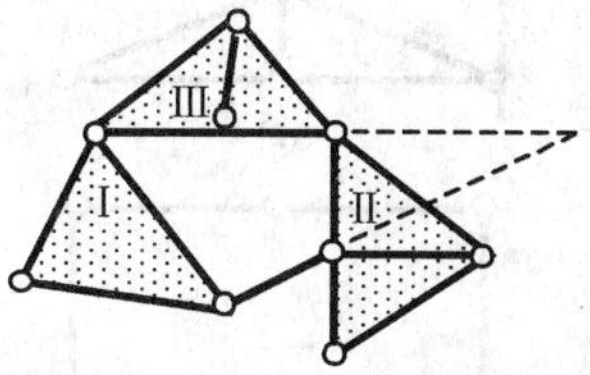

图 1-25　题 2-8 图 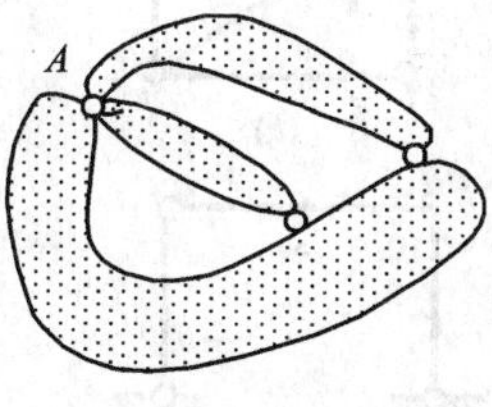　　　　　　　图 1-26　题 2-9 图 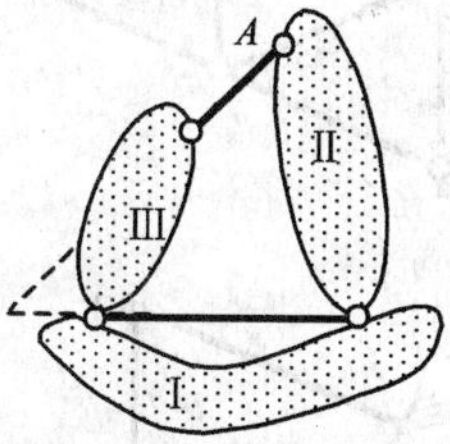　　　　　图 1-27　题 2-10 图

2-11　瞬变体系在一般荷载作用下　　　　　　　　　　　　　　　　（　　）

A　产生很小的内力　　　　　　　B　不产生内力

C　产生很大的内力　　　　　　　D　不存在静力解答

2-12　常变体系在一般荷载作用下　　　　　　　　　　　　　　　　（　　）

A　产生很小的内力　　　　　　　B　不产生内力

C　产生很大的内力　　　　　　　D　不存在静力解答

2-13　从一个无多余约束的几何不变体系上去除二元体后得到的新体系是　（　　）

A　无多余约束的几何不变体系　　B　有多余约束的几何不变体系

C　几何可变体系　　　　　　　　D　几何瞬变体系

2-14　图 1-28 所示体系中链杆 1、2 的端点 P、P' 分别在何处时形成瞬变体系。（　　）

A　$A(A')$　　　　B　$B(B')$　　　　C　$C(C')$　　　　　D　D

2-15　图 1-29 所示体系,固定铰支座 A 可在竖直线上移动以改变等长杆 AB、AC 的长度,其他节点位置不变。当图示尺寸为哪种情况时,体系为几何不变体系。　　（　　）

A　$h \neq 3m$　　　　　　　　　　B　$h \neq 1.5m$ 和 $h \neq \infty$

C　$h \neq 1.5m$　　　　　　　　　D　$h \neq 3m$ 和 $h \neq \infty$

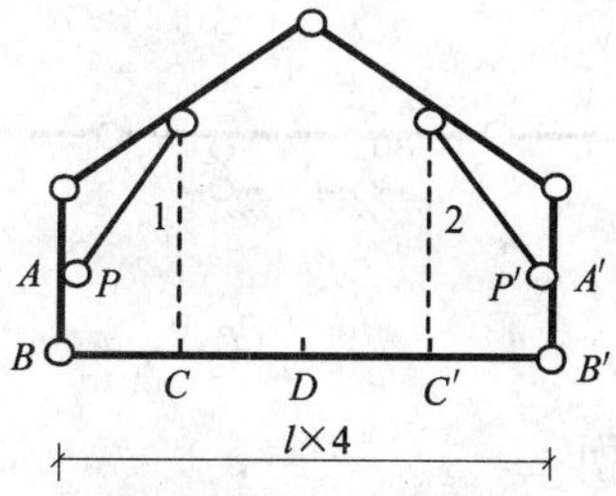

图 1-28　题 2-14 图 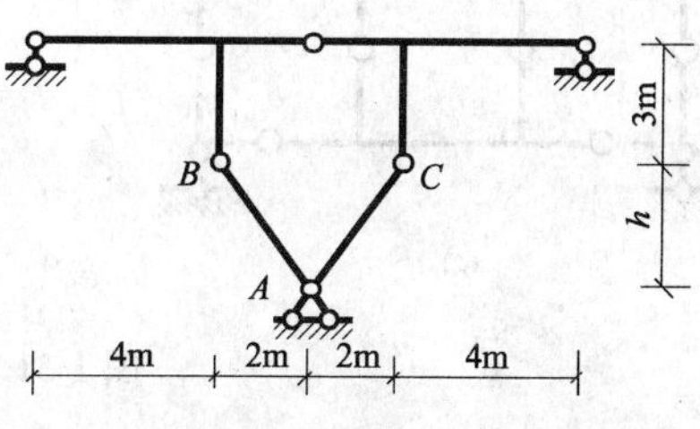　　　　　　　图 1-29　题 2-15 图

2-16　不能作为建筑结构使用的是　　　　　　　　　　　　　　　　（　　）

A 无多余约束的几何不变体系	B 有多余约束的几何不变体系
C 几何不变体系	D 几何可变体系

2-17 一根链杆 （ ）

A 可减少两个自由度 B 有一个自由度

C 有两个自由度 D 可减少一个自由度,本身有三个自由度

2-18 图 1-30 哪个体系中的 1 点为二元体？ （ ）

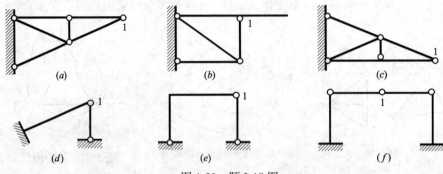

图 1-30 题 2-18 图

A （a）、（c）、（d） B （a）、（b）、（c）、（d）

C （a）、（b）、（e） D 全是

2-19 设体系的计算自由度为 W、自由度为 S、多余约束数为 n,那么由 W 可以确定 （ ）

A S B n C 体系是否几何不变 D S 和 n 的下限

3. 分析题

3-1 求图 1-31 所示体系计算自由度并进行几何组成分析。

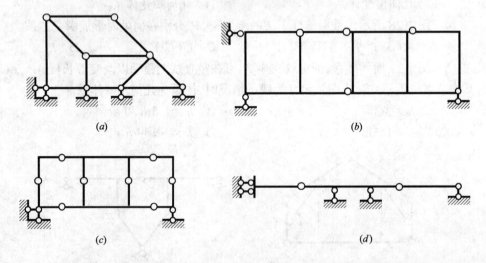

图 1-31 题 3-1 图

3-2 对图 1-32 所示体系进行几何组成分析。

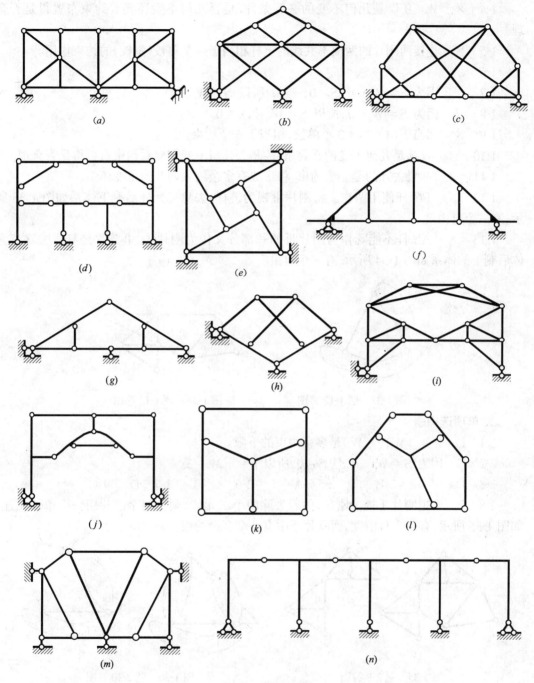

图 1-32　题 3-2 图

四、答案与解答

1. 判断题

1-1　×　多余约束的存在要影响体系的受力性能和变形性能。

1-2　√　体系缺少必要的约束。

1-3　√

11

1-4　×　$W \leqslant 0$ 仅是几何不变的必要条件,是否几何不变还要看约束布置得是否合理。

1-5　×　连接两刚片的两根不共线的链杆相当于一个单铰(瞬铰)的约束作用。

1-6　√

1-7　√　因为 $S = W + n, S \geqslant 0, n \geqslant 0$,所以 $S \geqslant W$。

1-8　√　因为 $S = W + n$,所以 $S = W$ 时,$n = 0$。

1-9　×　相当于$(4-1) = 3$个单铰,相当于6个约束。

1-10　×　仅满足几何不变的必要条件,是否几何不变还要看约束布置得是否合理。

1-11　×　如果去除的是必要约束,将形成有多余约束的几何可变体系。

1-12　×　BC 杆使用两次。将刚片Ⅲ视为链杆,去除二元体后剩下体系如图 1-33 所示,有一个自由度。

1-13　×　AB 杆不能既作为刚片Ⅲ的一部分又作为刚片Ⅰ、Ⅱ连接链杆。去除二元体后剩下的体系如图 1-34 所示,有一个自由度。

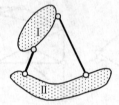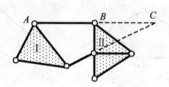

图 1-33　题 1-12 答图　　　　　　图 1-34　题 1-13 答图

2. 单项选择题

2-1　D　$n \geqslant -W, (-W)$ 是多余约束的下限。

2-2　C　因为 $S = W + n$,且 $S = 0$,所以 $n = -W = 3$。

2-3　D　　　2-4　B　　　2-5　A　　　2-6　C　　　2-7　D

2-8　B　不把刚片Ⅰ视为刚片,然后去除两个二元体,剩下两个刚片用一个单铰相连,如图 1-35 所示,有一个自由度,而刚片Ⅲ中有一个多余约束。

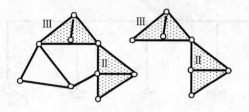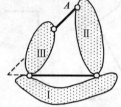

图 1-35　题 2-8 答图　　　　　　图 1-36　题 2-10 答图

2-9　D　铰 A 是相当于两个单铰的复铰,体系是 3 个刚片用 4 个单铰相连,用了 8 个约束,有两个多余约束。

2-10　B　把刚片Ⅱ视为链杆,然后去除二元体 A,剩下两个刚片用一个单铰相连,如图 1-36 有一个自由度,而刚片Ⅰ中 CD 杆是多余约束。

2-11　C

2-12　D　常变体系在一般荷载作用下不能平衡,也不存在静力解答。

2-13　A　去除二元体不改变原体系的自由度,也不改变原体系的机动性。

2-14　C

2-15　B　体系为三刚片用三铰相连。当 $h=1.5\text{m}$ 时,三铰共线;当 $h=\infty$ 时,有两个同一方向的无穷远虚铰(其实是在一点),它们与第三个铰共线。这两种情况下体系为瞬变体系。

2-16　D

2-17　D　一根链杆作为约束能减少体系一个自由度;作为刚片有 3 个自由度。

2-18　C　二元体是两根不共线的链杆连接一个点;链杆是仅在两处与其他部分用铰相连的构件。

2-19　D　因为 $S=W+n,S\geqslant0,n\geqslant0$,所以 $S\geqslant W,n\geqslant-W$。

3. 分析题

3-1(a)解:计算自由度: $j=8,b=11,r=5$。 $W=2\times8-11-5=0$

组成分析:依次去掉二元体 A、B、C、D 剩下图 1-37 所示的并排简支梁,故原体系为无多余约束的几何不变体系。

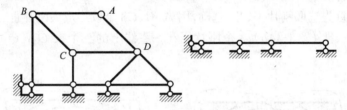

图 1-37　题 3-1(a)答图

3-1(b)解:计算自由度: $m=4,n=6,r=3$,一个封闭框。
$$W=3\times4-2\times6-3-3=-6$$

组成分析:先去除基础,刚片Ⅰ有两个多余约束,刚片Ⅱ有 4 个多余约束,Ⅰ和Ⅱ用一个铰一根链杆,如图 1-38 所示,故原体系为有 6 个多余约束的几何不变体系。

3-1(c)解:计算自由度: $m=6,n=8,r=3,W=3\times6-2\times8-3=-1$

组成分析:依次去掉基础、二元体 A、B,剩下图 1-39 所示部分为两刚片用两个铰相连,有一个多余约束,故原体系为有一个多余约束的几何不变体系。

3-1(d)解:计算自由度: $m=3,n=2,r=5,W=3\times3-2\times2-5=0$

组成分析:去掉右端二元体后剩下部分如图 1-40 所示,刚片Ⅰ、Ⅱ用两杆水平支杆相连(形成水平无穷远处的虚铰),Ⅰ、Ⅲ用两根竖向支杆相连(形成竖向无穷远处的虚铰),Ⅱ、Ⅲ用铰 A 相连。三铰不共线,故原体系为几何不变无多余约束。

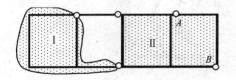

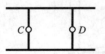

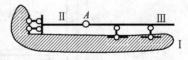

图 1-38　题 3-1(b)答图　　　图 1-39　题 3-1(c)答图　　　图 1-40　题 3-1(d)答图

3-2(a)解:先去除基础,由一基本三角形开始,增加二元体扩大刚片的范围,将体系归结为两刚片用一个铰一根链杆相连(图 1-41),故原体系为无多余约束的几何不变体系。

3-2(b)解:先依次去除 3 个二元体,剩下图 1-42 所示部分,取 3 个刚片Ⅰ、Ⅱ、Ⅲ,用不在一直线上的 3 个虚铰 O_{12}、O_{13}、O_{23} 相连,故体系为无多余约束的几何不变体系。

3-2(c)解:先去除基础,由一基本三角形开始,增加二元体扩大刚片的范围,将体系归结为两刚片用①、②、③、④4 根链杆相连(图 1-43),故体系为有一个多余约束的几何不变体系。

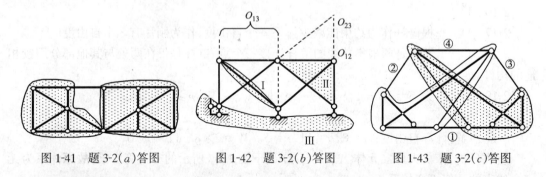

图 1-41 题 3-2(a)答图   图 1-42 题 3-2(b)答图   图 1-43 题 3-2(c)答图

3-2(d)解:计算 W:$m = 10$,$n = 12$,$r = 6$,$W = 3 \times 10 - 2 \times 12 - 6 = 0$

组成分析:首先选取刚片Ⅰ、Ⅱ、基础,用 A、B、C3 个铰形成大刚片Ⅲ′(图 1-44a);选取 3 个刚片Ⅰ′、Ⅱ′、Ⅲ′(图 1-44b),3 个刚片用在一直线上的三个铰 O_{12}、O_{13}、O_{23} 相连,故体系为瞬变体系。

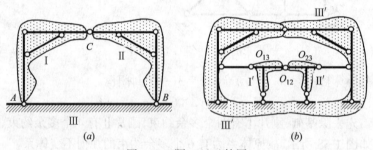

图 1-44 题 3-2(d)答图

3-2(e)解:首先选取刚片Ⅲ、Ⅱ、基础Ⅰ用 O_{12}、O_{13}、O_{23} 不共线的 3 个铰组装在一起,形成大刚片Ⅰ′(图 1-45a);选取 3 个刚片Ⅰ′、Ⅱ′、Ⅲ′(图 1-45b),3 个刚片用不在一直线上的 3 个虚铰 A、B、C 相连,故体系为无多余约束的几何不变体系。

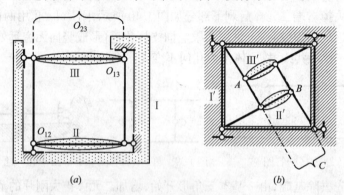

图 1-45 题 3-2(e)答图

3-2(f)解:计算自由度:$m=7$,$n=10$,$r=3$,$W=3\times7-2\times10-3=-2$

组成分析:去掉基础只分析上部。选取刚片Ⅰ、Ⅱ,用铰 A 和链杆①相连,组成无多余约束的几何不变体系,如图 1-46(b)所示,剩下杆②、③是多余约束,故原体系为有两个多余约束的几何不变体系。

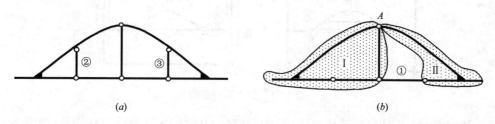

图 1-46　题 3-2(f)答图

3-2(g)解:在不改变 A、B、C3 处与外部连接的条件下,先将刚片 ABC 用铰结三角形 ABC 代替,如图 1-47(b)所示。选取Ⅰ、Ⅱ和基础三刚片,三刚片以不在一直线上的 3 个虚铰 O_{12}、O_{13}、O_{23} 相连,故体系为无多余约束的几何不变体系。

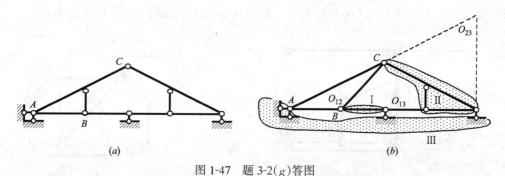

图 1-47　题 3-2(g)答图

3-2(h)解:先由固定铰支座 A 和支杆B 将梁AB 装到基础上,作为新基础;再用铰 B 和支杆 C 将梁BC 组装上去;然后添加二元体 AED、FGC,到此形成的是无多余约束的几何不变体系。剩下 EG 杆是多余约束,如图 1-48 所示。故体系为有一个多余约束的几何不变体系。

3-2(i)解:先选取刚片Ⅰ(基础)、Ⅱ、Ⅲ,用不在一直线上的 3 铰 A、B、C 相连,组成新刚片;然后添加二元体 DEG、DFG,到此形成的是无多余约束的几何不变体系,如图 1-49 所示。剩下 EF 杆是多余约束。故体系为有一个多余约束的几何不变体系。

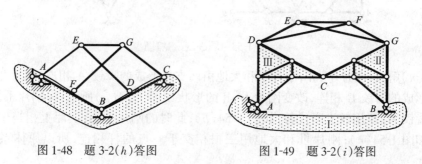

图 1-48　题 3-2(h)答图　　　图 1-49　题 3-2(i)答图

3-2(j)解:首先将基础用杆 DE 代替、刚片 ABC 用铰接三角形 ABC 代替。选取刚片 Ⅰ、Ⅱ、Ⅲ,用在一直线上的 3 个铰 O_{12}、O_{13}、O_{23} 相连,如图 1-51 所示。故原体系为瞬变体系。

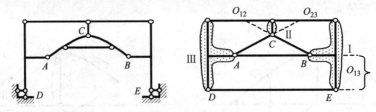

图 1-50　题 3-2(j)答图

3-2(k)解:ACB 杆是复链杆,可以用 AC、CB、AB 之间的 3 根单链杆代替(如图 1-51 所示)。选取刚片 Ⅰ、Ⅱ、Ⅲ,用在一直线上的 3 个铰 O_{12}、O_{23}、O_{13} 相连。故原体系为瞬变体系。

3-2(l)解:ACB 杆是复链杆,可以用 AC、CB、AB 之间的 3 根单链杆代替(如图 1-52 所示)。(或者认为是将刚片 ABC 用等效刚片代替)。选取刚片 Ⅰ、Ⅱ、Ⅲ,用不在一直线上的 3 个铰 O_{12}、O_{23}、O_{13} 相连。故原体系为无多余约束的几何不变体系。

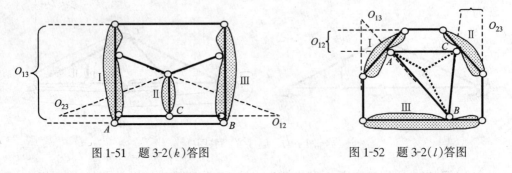

图 1-51　题 3-2(k)答图　　　　　　图 1-52　题 3-2(l)答图

3-2(m)解:将支杆 A 由 A 点移到 C 点(这不会改变它的约束作用),再去除二元体 ACE、CEG,右边做同样的处理后得到图 1-53(b)所示体系,它为瞬变体系。

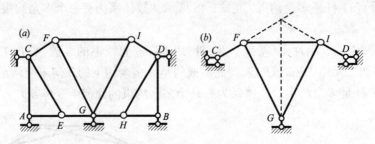

图 1-53　题 3-2(m)答图

3-2(n)解:取刚片 Ⅰ、Ⅱ,刚片 Ⅰ 和大地由两支杆形成的瞬铰 A 相连,刚片 Ⅱ 和大地由两支杆形成的瞬铰 B 相连,改变刚片 Ⅰ、Ⅱ 的形状如图 1-54(a)所示;将刚片 Ⅰ、Ⅱ 与大地相连的瞬铰 A、B 用铰支座代替,如图 1-54(b);此时的刚片 Ⅰ、Ⅱ 实际上相当于链杆的约束作用如图 1-54(c);刚片 Ⅲ 和大地用三根相交于一点的杆相连,所以原体系是瞬变体系。

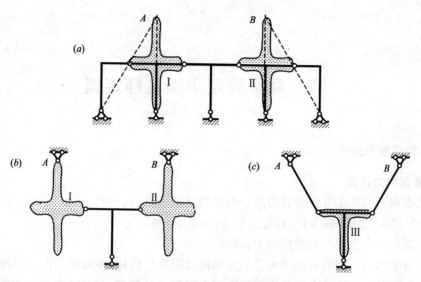

图 1-54 题 3-2(n)答图

第二章　静定刚架及静定梁

一、重点难点分析

1. 截面内力计算

求截面内力的基本方法是截面法。即在指定截面截开,取任一边(左边或右边)为分离体,画出受力图,利用平衡条件,确定此截面的内力分量。

也可以由外力直接写出截面内力,即

轴力等于截面一边所有的外力沿截面轴向投影之代数和,外力拉为正,压为负。

剪力等于截面一边所有的外力沿截面切向投影之代数和,如外力使隔离体有顺时针转动趋势,其投影取正,反之为负。

截面弯矩等于截面一边所有的外力对截面形心产生的外力矩之代数和,不仅值相等而且产生相同的受拉侧(以正负区分外力矩转向,由转向确定受拉侧)。

例如,图 2-1 所示结构 A 截面的轴力等于 A 截面以下的外力 P_1、P_2 和 m 沿 A 截面的轴向(即竖向)投影之和。其中 P_1 拉 A 截面,投影取正,P_2 压 A 截面,投影取负,m 无投影。所以,

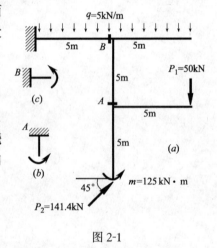

$$N_A = 50 - 141.4 \times \sin45° = -50\text{kN}$$

A 截面的剪力等于 A 截面以下的外力 P_1、P_2 和 m 沿 A 截面的切向(即水平方向)投影之和。其中 P_2 绕 A 截面有逆时针转动趋势,其投影取负;P_1、m 沿竖向投影为零。所以,$V_A = -141.4 \times \cos45° = -100\text{kN}$;同理可以求得 B 截面的轴力和剪力:

$$N_B = 141.4 \times \cos45° = 100\text{kN}$$

$$V_B = 5 \times 5 + 50 - 141.4 \times \sin45° = -25\text{kN}$$

图 2-1

A 截面的弯矩等于 A 截面以下的外力 P_1、P_2 和 m 对 A 截面的形心产生的外力矩之代数和。若取顺时针转动的外力矩为正,其中 P_1 对 A 截面形心产生顺时针转动的外力矩,取正;P_2 和 m 对 A 截面形心产生逆时针转动的外力矩,取负。所以:

$$\Sigma M_{A\text{下}}^{\text{外}} = 50 \times 5 - 125 - 141.4 \times \cos45° \times 5 = -375\text{kN} \cdot \text{m} ⤸$$

因为计算外力矩时取顺时针转向为正,所得结果为负,说明 A 截面以下的外力矩之和绕 A 截面形心逆时针转动(如图 2-1b),使左侧受拉。所以 A 截面弯矩 $M_A = 375\text{kN} \cdot \text{m}$(左侧受拉)。同理:$\Sigma M_{B\text{右}}^{\text{外}} = 5 \times 5 \times 2.5 + 50 \times 5 - 125 - 141.4 \times \cos45° \times 10 = -812.5\text{kN} \cdot \text{m} ⤸$

计算外力矩时取顺时针转向为正,所得结果为负,说明 B 截面以右的外力矩之和绕 B 截面形心逆时针转动(如图 2-1c),使下侧受拉。所以 B 截面弯矩 $M_B = 812.5\text{kN} \cdot \text{m}$(下侧

受拉)。

2．内力图的形状特征

(1)在自由端、铰节点、铰支座处的截面上无集中力偶作用时，该截面弯矩等于零(如图2-2a中C右截面、图2-2b中A)，有集中力偶作用时，该截面弯矩等于这个集中力偶，受拉侧可由力偶的转向直接确定(如图2-2a中C左截面和D截面)。

(2)在刚节点上，不仅要满足力的投影平衡，各杆端弯矩还要满力矩平衡条件$\Sigma M = 0$。尤其是两杆相交刚节点上无外力偶作用时，两杆端弯矩等值，同侧受拉(如图2-2a中节点B、图2-2b中节点B)。

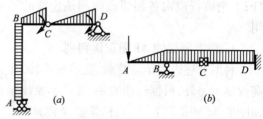

(3)定向支座、定向连接处$V = 0$，$V = 0$段M图平行轴线(如图2-2a中AB杆端、图2-2b中BC、CD段)。

(4)内力图与荷载的对应关系见表2-1。

图2-2

内力图的形状特征　　　　　　　　　　　　　　　　　表2-1

	无荷载区段	均布荷载区段	集中力处	集中力偶处
V图	平行杆轴 ＋	斜直线 ＋　　　qa　　　＋ a　　　　a	发生突变 突变方向即荷载指向 ＋　P P	无变化 ＋
M图	斜直线	抛物线 抛物线凸向即荷载指向	弯矩图发生拐折 尖点方向即荷载指向	m 弯矩图发生突变 突变前后M图平行
备注	剪力等于零段弯矩图平行杆轴	剪力等于零处弯矩达极值	集中力作用的截面剪力无定义	集中力偶作用的截面弯矩无定义

3．弯矩图的叠加法

(1)欲作某段杆的弯矩图，先求出两杆端弯矩竖标，连一虚线。

(2)然后以该虚线为基线，叠加上相应的简支梁在跨中荷载作用下产生的弯矩图。

例如，作图2-3(a)所示结构M图。作AD段弯矩图，先求出A、D两截面弯矩$M_A = 0$，$M_D = qa^2/2$，连虚线，再以该虚线为基线叠加上图2-3(b)所示简支梁的弯矩图；同样欲作DB段弯矩，求出D、B两截面弯矩：

$$M_D = qa^2/2, M_B = 0$$

连虚线，再以该虚线为基线叠加上图2-3(c)所示简支梁的弯矩图。

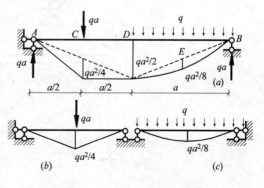

图2-3

几点注意:

① 弯矩图叠加是竖标相加,而不是图形的拼合。叠加上的竖标要垂直杆轴线。

② 为了顺利地利用叠加法绘制弯矩图,应牢记简支梁在跨中荷载作用下的弯矩图。

③ 利用叠加法绘制弯矩图可以少求一些控制截面的弯矩值。

④ 利用叠加法绘制弯矩图还可以少求一些支座反力。

⑤ 对于任意直杆段,不论其内力是静定的还是超静定的;不论是等截面杆或是变截面杆;不论该杆段内各相邻截面间是连续的还是定向连接或者是铰连接的,弯矩叠加法均适用。

4. 静定刚架的 M 图正误判别

利用上述内力图与荷载、支承和连接之间的对应关系,可在绘制内力图时减少错误,提高效率。另外,根据这些关系,常可不经计算直观检查 M 图的轮廓是否正确。鉴于静定平面刚架 M 图的重要性,而初学者又常易搞错,故掌握 M 图正误判别是很有益的。下面结合例子说明画 M 图时容易出现的错误:

(1)M 图与荷载情况不符。如图 2-4(a)所示刚架上 DE 段,有向左的均布荷载,该段弯矩图应向左凸;C 点有向下的集中力作用,弯矩图应向下尖;AB 段上 A 处只产生竖向反力,所以 AB 段只受轴力,该段弯矩等于零。正确的弯矩图如图 2-4(b)所示。

又如图 2-4(c)所示,刚架上 C 截面上有集中力偶作用,弯矩图应发生突变,突变前后两条线平行。因为 $X_B=0$,Y_B 通过 C 截面,所以 C 截面以右 $M_{C右}=0$。正确的弯矩图如图

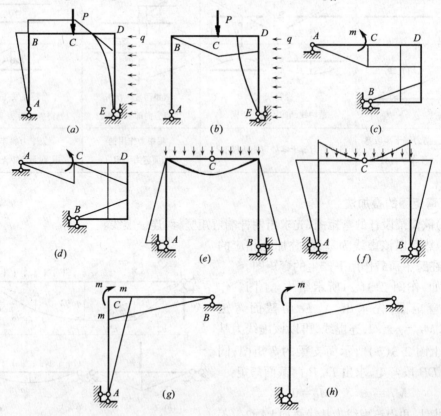

图 2-4

2-4(d)所示。

(2)M图与节点性质、约束情况不符。如图 2-4(e)所示刚架上,铰节点 C、铰支座 A 和 B 处无集中力偶作用,该处截面弯矩等于零。正确的弯矩图如图 2-4(f)所示。

(3)作用在节点上的各杆端弯矩及节点集中力偶不满足平衡条件。如图 2-4(g)所示刚架,若取节点 C 为分离体,将发现它不满足节点的力矩平衡条件。另外 AC 段上 A 处只产生竖向反力,所以 AC 段只受轴力,该段弯矩图等于零。正确的弯矩图如图 2-4(h)所示。

5．主从结构

主从结构的几何组成特点:包含基本部分和附属部分。如将各部分之间的约束解除,仍能承受荷载维持平衡的称为基本部分,如图 2-5 中的 ABC 和图 2-6 中 BC;不能承受荷载维持平衡的称为附属部分,如图 2-5 中的 CD 和图 2-6 中 AEB 与 CHD。

主从结构的受力特点:外力作用在基本部分时,附属部分不受力;外力作用在附属部分时,附属部分与基本部分都受力。

主从结构的计算方法:先算附属部分,将附属部分的反力反向加在基本部分上,再算基本部分。

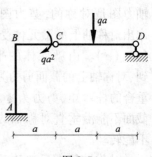

图 2-5

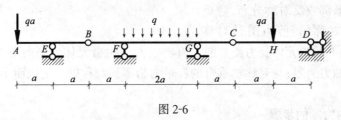

图 2-6

6．静定结构的特性

(1)在几何构造方面:静定结构是无多余约束的几何不变体系;

(2)在静力特性方面:静定结构的全部内力和反力仅有平衡条件就可求出,即满足平衡条件的内力解答是惟一的;

(3)静定结构的内力与材料的性质、横截面的形状和尺寸(即刚度)无关;

(4)温度改变、材料胀缩、支座移动、制造误差等非荷载因素在静定结构中不产生内力;

(5)如果静定结构的某个局部能与荷载维持平衡,则其余部分不受力;

(6)当静定结构的一个几何不变部分上的荷载作等效变换时,其余部分内力不变;

(7)当静定结构的一个内部几何不变部分作构造变换时,其余部分内力不变。

7．对称性的利用

(1)对称结构

对称结构是几何形状、支承和刚度都关于某轴对称的结构。

(2)荷载的对称性

对称荷载是指绕对称轴对折后,对称轴两边的荷载作用点重合、值相等、方向相同。所以,在大小相等、作用点对称的前提下,与对称轴垂直反向布置的荷载、与对称轴平行同向布置的荷载、与对称轴重合的荷载都是对称荷载,如图 2-7(a)。

反对称荷载是指绕对称轴对折后,对称轴两边的荷载作用点重合、值相等、方向相反。

21

所以,在大小相等、作用点对称的前提下,与对称轴垂直同向布置的荷载、与对称轴平行反向布置的荷载、垂直作用在对称轴上的荷载、位于对称轴上的集中力偶都是反对称荷载,如图 2-7(b)。

(3)重要结论

对称结构在对称荷载的作用下,反力、内力和变形都成对称分布,弯矩图、轴力图是对称的,剪力图是反对称的。作出对称轴上的微元体受力图如图 2-7(c)、(d)。由微元体的平衡条件可得到:对称轴上的截面剪力为零;与对称轴重合的杆弯矩、剪力为零。对称轴上的截面不能沿垂直对称轴的方向移动,也不能转动。

对称结构在反对称荷载的作用下,反力、内力和变形都成反对称分布,弯矩图、轴力图是反对称的,剪力图是对称的。作出对称轴上的微元体受力图如图 2-7(e)、(f)。由微元体的平衡条件可得到:对称轴上的截面弯矩、轴力为零;与对称轴重合的杆轴力为零。对称轴上的截面不能沿对称轴方向移动。

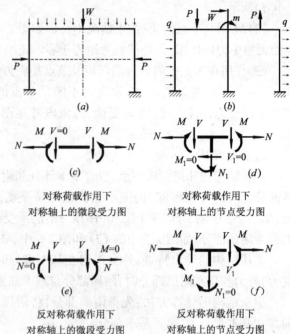

对称荷载作用下
对称轴上的微段受力图

对称荷载作用下
对称轴上的节点受力图

反对称荷载作用下
对称轴上的微段受力图

反对称荷载作用下
对称轴上的节点受力图

图 2-7

8. 画刚架内力图的步骤

(1)分段:根据荷载不连续点、节点、支承点分段。

(2)定形:根据每段内的荷载情况,定出内力图的形状。

(3)求值:由截面法或内力算式,求出各控制截面的内力值。

(4)画图:画 M 图时,将两端弯矩竖标垂直于轴线画在受拉侧,连以直线,再叠加上跨中荷载产生的简支梁的弯矩图。V、N 图可画在杆件任一侧,但要标 + 、 − 号。

二、典型示例分析

静定结构内力计算是结构力学中最重要的基本内容,尤其是静定结构的弯矩图绘制,要求熟练掌握。下面根据各种刚架的特点,说明弯矩图的绘制方法:

1. 悬臂刚架绘制弯矩图(不求反力,由自由端作起)

【例 2-1】 作图 2-8 所示刚架的弯矩图。

【解】 由自由端开始,悬臂杆 AB 的弯矩图按悬臂梁作,$M_{BA} = qa^2/2$,再由节点平衡条件,$M_{BC} = M_{BA}$,BC 杆上 $V = 0$,M 图平行轴线,$M_{CD} = M_{CB} = qa^2/2$,因为 E 截面一侧的外力合力作用线通过 E 截面,所以 $M_E = 0$,CD 杆无荷载作用,M 图为由 M_E、M_{CD} 连成的直线。由比例关系可得 $M_D = 3M_{CD} = 3qa^2/2$。作弯矩图如图 2-8 所示。

2. 简支刚架绘 M 图(只需求出与杆轴线垂直的支座反力,然后由支座开始作 M 图)

【例 2-2】 作图 2-9(a)所示刚架 M 图。

【解】 ①先求与杆轴线垂直的反力，由整体平衡 $\Sigma X=0$ ， $X_A=3qa(\leftarrow)$。

②求控制截面的弯矩，由 D 截面以下外力求出 $M_{DA}=3qa\times2a-2qa\times a=4qa^2$（右拉）由 D 截面以上外力得 $M_{DE}=qa^2$（左拉），由 D 节点的 $\Sigma M=0$，得 $M_{DC}=5qa^2$（下拉），BC 杆只有轴力无弯矩，所以 $M_{CD}=0$，另外 $M_E=M_A=0$，将各杆的两杆端弯矩连一直线，AD 跨中有荷载，要叠加简支梁的弯矩图。作出弯矩图如图 2-9(b)。

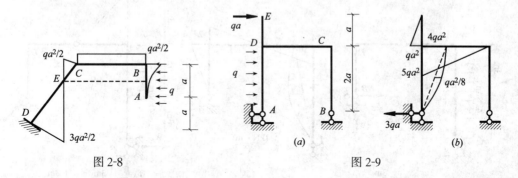

图 2-8　　　　　　　　　　　　　　　图 2-9

【例 2-3】 作图 2-10(a)所示刚架 M 图。

【解】 ①先求垂直杆件的反力：$Y_A=8\text{kN}(\uparrow)$

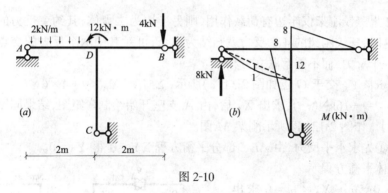

图 2-10

②求控制截面的弯矩：

由 D 截面以左得到：

$$M_{DA}=8\times2-2\times2\times1$$
$$=12(\text{kN}\cdot\text{m})（下拉）$$

由 D 截面以右得到：

$$M_{DB}=4\times2=8(\text{kN}\cdot\text{m})（上拉）$$

再由节点 D 平衡 $\Sigma M=0$ 可得：$M_{DC}=8(\text{kN}\cdot\text{m})（左拉）$。画出弯矩图如图2-10($b$)。

3.三铰刚架绘 M 图（往往只需求出水平反力，然后由支座作起）

【例 2-4】 作图 2-11(a)所示刚架 M 图。

【解】 ①先求水平反力。

由整体平衡方程 $\Sigma M_A=0$，得：$4\times6\times3-6Y_B-3X_B=0$　　　　　　　　(1)

由 BC 部分平衡方程 $\Sigma M_C=0$，得：$3Y_B-3X_B=0$　　　　　　　　　(2)

解方程(1)、(2)　$X_B=8\text{kN}$

②求控制截面的弯矩,由 D 截面以下外力得 $M_{DB}=8\times3=24\text{kN}\cdot\text{m}$(外拉),由 D 节点平衡得 $M_{DC}=M_{DB}=24\text{kN}\cdot\text{m}$(外拉)因为 ED 段无荷载作用,M 图为由 $M_C(=0)$、M_{DC}连成的斜直线,$M_{EC}=M_{DC}=24\text{kN}\cdot\text{m}$(里拉),由 E 节点平衡得 $M_{EA}=M_{EC}=24\text{kN}\cdot\text{m}$(里拉)将 $M_A(=0)$、M_{EA}连一虚线再叠加简支梁的弯矩。作出弯矩图如图2-11(b)。

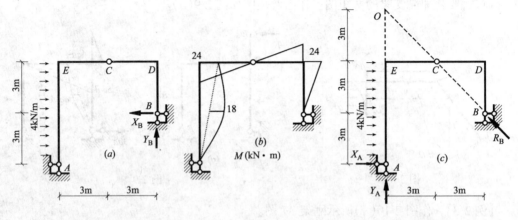

图 2-11

另外,如果三铰刚架仅半边有荷载作用,则另半边为二力体,其约束反力的方位线为其两铰连线,这时,三铰刚架的 4 个反力就归结为 3 个,可对其中两个反力的交点建立弯矩方程,求出另一个反力,而不需解联立方程。

如本例 R_B、Y_A 交于 O 点如图 2-11(c)所示,$\Sigma M_O=X_A\times9+4\times6\times6=0$

可得:$X_A=-16\text{kN}(\leftarrow)$,求出 X_A 后,由 A 支座开始绘制弯矩图,结果同图2-11(b)。

【例 2-5】 作图 2-12(a)所示刚架 M 图。

【解】 ①先求水平反力,由 ADC 部分平衡方程 $\Sigma Y=0$ 得 $Y_A=0$。

再由整体平衡方程

$\Sigma M_B=qa\times0.5a+X_A\times a=0$ 求出

$X_A=-0.5qa(\leftarrow)$

再由整体平衡方程 $\Sigma X=0$

求出 $X_B=-0.5qa(\rightarrow)$

②求控制截面的弯矩画弯矩图。由 A、B 支座开始作 AD、BE 的弯矩图,DC 段上剪力等于零,弯矩图平行轴线,将 $M_{CE}=1.5qa^2$(下拉),$M_{EC}=qa^2$(下拉)连一虚线,再叠加简支梁的弯矩图。作出 M 如图2-12(b)。

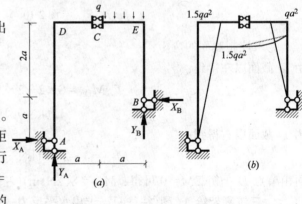

图 2-12

4. 主从结构绘制弯矩图

主从结构绘制弯矩图时,要分析其几何组成,利用弯矩图与荷载、支承及连接之间的对应关系,尽量少求约束力。

【例 2-6】 作图 2-13(a)所示多跨静定梁 M 图。

【解】 CD 段 M 图即简支梁 M 图，$M_H = qa^2/2$，GH 段上无荷载，M 图为一直线，将 HC 段上的弯矩图延伸到 CG 段，$M_G = qa^2/2$。由 E 截面以左外力可得 $M_E = qa^2$（上拉），EF 段上无荷载，M 图为以 M_E 和 $M_B(=0)$ 所连直线，$M_F = M_E$，将 M_F 和 M_G 连一虚线，再叠加简支梁 M 图。作出弯矩图如图 2-13(b)。

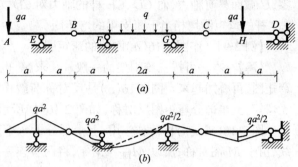

图 2-13

【例 2-7】 作图 2-14(a)所示刚架的弯矩图。

【解】 ①先求出部分反力，由 AB 段 $\Sigma Y = 0$，$Y_A = 80\text{kN}(\uparrow)$，再由整体 $\Sigma X = 0$，$X_F = 20\text{kN}$。

②求控制截面的弯矩画弯矩图。由 C 截面以左外力求出 $M_{CA} = 80 \times 6 - 20 \times 6 \times 3 = 120\text{kN·m}$（下拉），以 M_{CA} 和 $M_A = 0$ 连一虚线，再叠加简支梁的弯矩图；由 C 节点平衡得 $M_{CD} = M_{CA} = 120\text{kN·m}$（左拉），因为 CD 段上各截面剪力等于零，故其弯矩图平行 CD 杆轴线，$M_{DC} = M_{CD} = 120\text{kN·m}$（左拉）；由 D 截面以下外力求得：$M_{DF} = 20 \times 4 - 20 \times 2 = 40\text{kN·m}$（右拉），将 M_{DF} 和 $M_F = 0$ 连成虚线，再叠加简支梁的弯矩图；由 D 节点力矩平衡方程求得，$M_{DG} = 160\text{kN·m}$（下拉），以 M_{DG} 和 $M_G = 0$ 连一虚线，再叠加简支梁的弯矩图。作出结构弯矩图如图 2-14(b)所示。

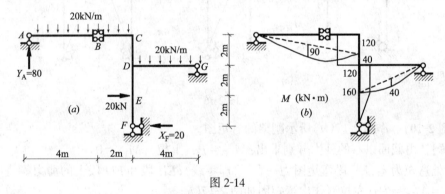

图 2-14

【例 2-8】 作图 2-15(a)所示刚架的弯矩图。

【解】 由于结构对称荷载对称，则 $M_{DC} = M_{EC}$ 并且同侧受拉，又由 DE 段用叠加法作弯矩图的结果要使 $M_C = 0$，所以 $M_{DC} = M_{EC} = q(2a)^2/8 = qa^2/2$，且上侧受拉，又因 DF、GE 是悬臂梁，$M_{DF} = M_{EG} = qa^2/2$，上侧受拉，由刚节点 $D(E)$ 力矩平衡，可得两斜柱无弯矩。作出弯矩图如图 3-15(b)。

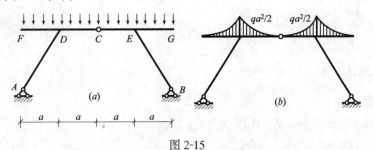

图 2-15

25

另解:因结构和荷载对称,对称轴上的 C 截面剪力为零,且 C 截面在铰旁边弯矩也为零,C 截面只有轴力,而 CD、CE 杆的轴力对 CD、CE 杆的弯矩无影响,所以,CD、CE、FD、EG 杆的弯矩图均相当于简支梁的弯矩图。

【例 2-9】 作图 2-16(a)刚架的弯矩图。

【解】 本题可按三铰刚架的一般解法求解,也可分成对称和反对称两个问题分别绘制弯矩图,再叠加起来。图 2-16(b)是反对称荷载作用,两水平反力等于零,所以 AD、BE 杆无弯矩,上半部分弯矩图反对称,如图 2-16(b)所示。

图 2-16(c)是对称荷载作用,上半部分无弯矩图,DE 段的弯矩图为向下凸的对称抛物线,由于 M 图对称,所以 $M_{DE} = M_{ED}$,将两者连一水平线,再叠加简支梁的弯矩图后,正好 C 截面弯矩为零。所以,$M_{DE} = M_{ED} = ql^2/8 = 240\text{kN·m}$(上拉),由节点 D 的力矩平衡得 $M_{DA} = 240\text{kN·m}$(外拉),节点 E 的力矩平衡得 $M_{EB} = 240\text{kN·m}$(外拉),作出对称的弯矩图,如图 2-16(c)所示。再将对称情况下的弯矩图和反对称情况下的弯矩图叠加在一起,结构的最后弯矩图,如图 2-16(d)。

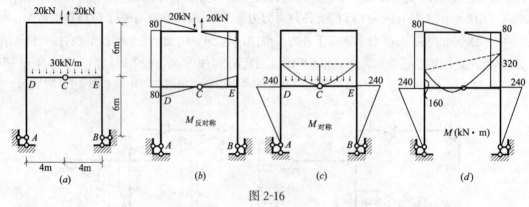

图 2-16

【例 2-10】 作图 2-17(a)所示刚架的弯矩图。

【解】 由截面以右的外力分别求出:$M_{DG} = Pa$(上拉),$M_{FD} = 0$

C 处弯矩为零,EF 段弯矩图为一直线(即零线);EB 段和 FD 段上的剪力等值反号,所以 $M_{BE} = M_{DF} = Pa$(左拉),作出弯矩图如图 2-17(b)。

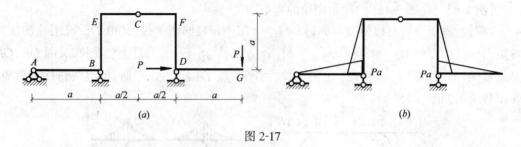

图 2-17

三、单元测试

1. 判断题

1-1 图 2-18 所示结构仅 AB 段有内力。　　　　　　　　　　　　　　　　　　　（　）

1-2 图 2-19 所示结构仅 AB 段有内力。 ( )

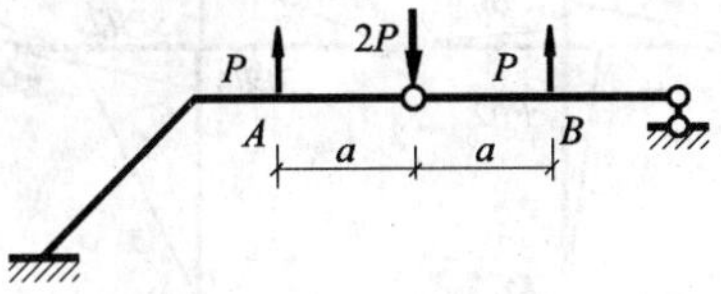

图 2-18 题 1-1 图 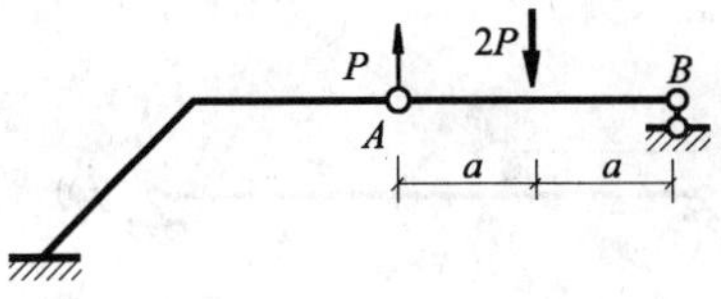   图 2-19 题 1-2 图

1-3 外力作用在基本部分上时,附属部分的内力、变形和位移均为零。 ( )

1-4 静定结构满足平衡方程的内力解答是惟一正确的内力解答。 ( )

1-5 对于静定结构,局部能平衡外力时,其他部分不受力。 ( )

1-6 对于静定结构,改变材料的性质,或改变横截面的形状和尺寸,不会改变其内力分布,也不会改变其变形和位移。 ( )

1-7 静定结构在非荷载外因(支座移动、温度改变、制造误差、材料收缩)作用下,不产生内力,但产生位移。 ( )

1-8 根据图 2-20 所示梁的弯矩图和剪力图的形状可知,在 AC 段作用向下的均布荷载。 ( )

1-9 根据图 2-21 所示梁的弯矩图和剪力图的形状可知,在 C 截面作用顺时转向集中力偶。 ( )

1-10 根据图 2-22 所示梁的弯矩图和剪力图的形状可知,在 AC 段作用向下的均布荷载。 ( )

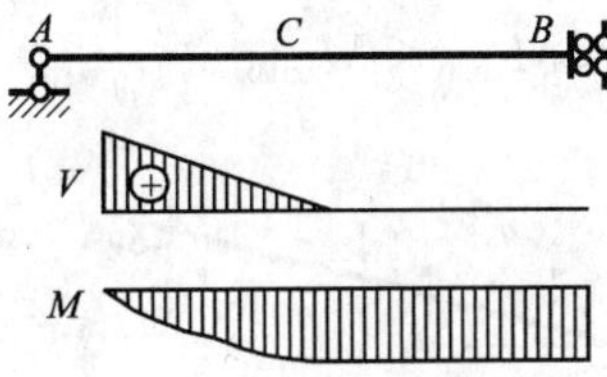

图 2-20 题 1-8 图 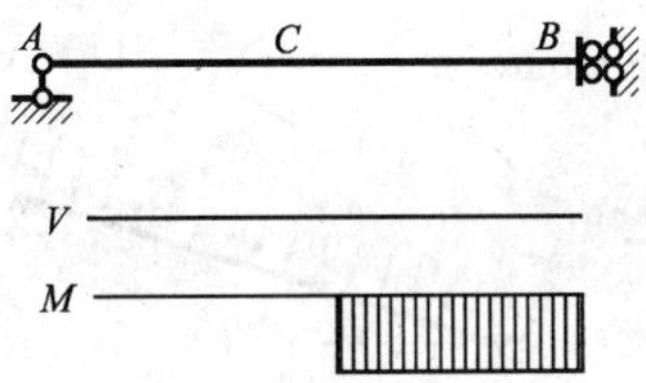   图 2-21 题 1-9 图 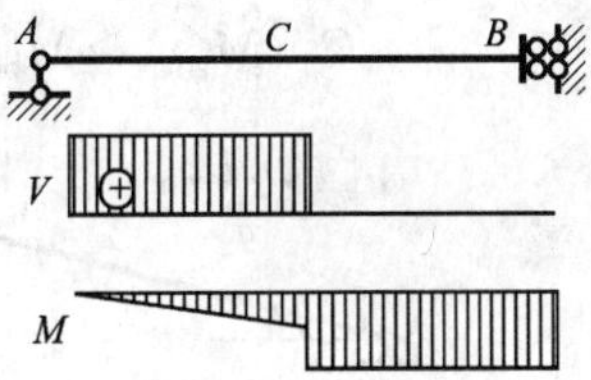   图 2-22 题 1-10 图

1-11 图 2-23 所示结构的受力特点是:全部反力等于零,AD 部分不受力。 ( )

1-12 在图 2-24 所示梁中,不论 a、b 为何值,总有 $M_A = M_B$。 ( )

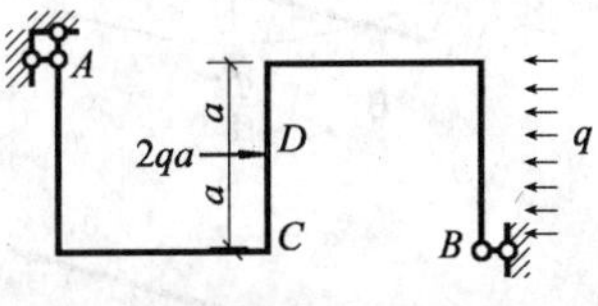

图 2-23 题 1-11 图 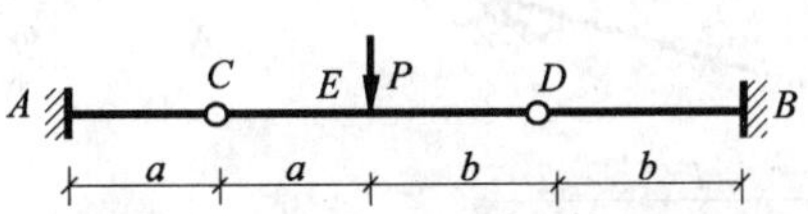   图 2-24 题 1-12 图

1-13 如果图 2-25(a)梁的弯矩图为图 2-25(b)所示,则 $x = m/P$。 ( )

1-14 图 2-26 所示弯矩图是正确的。 ( )

1-15 在主从结构中,将内部约束解除后,附属部分一定是几何可变体系,基本部分一定是几何不变体系。 ( )

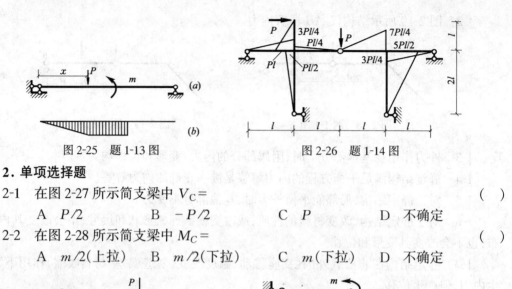

图 2-25 题 1-13 图   图 2-26 题 1-14 图

2. 单项选择题

2-1　在图 2-27 所示简支梁中 $V_C=$　　　　　　　　　　　　　　　　　　　( )

　　A　$P/2$　　　　　　B　$-P/2$　　　　C　P　　　　D　不确定

2-2　在图 2-28 所示简支梁中 $M_C=$　　　　　　　　　　　　　　　　　　( )

　　A　$m/2$(上拉)　　B　$m/2$(下拉)　　C　m(下拉)　　D　不确定

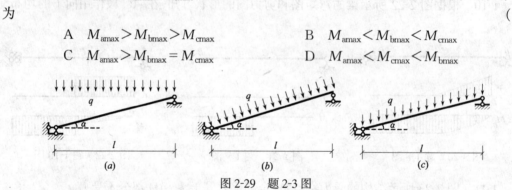

图 2-27 题 2-1 图   图 2-28 题 2-2 图

2-3　设 M_{amax}、M_{bmax}、M_{cmax} 分别为图 2-29 所示三根梁中的最大弯矩,它们之间的关系

为　　　　　　　　　　　　　　　　　　　　　　　　　　　　　　　　　( )

　　A　$M_{amax} > M_{bmax} > M_{cmax}$　　　　　　B　$M_{amax} < M_{bmax} < M_{cmax}$

　　C　$M_{amax} > M_{bmax} = M_{cmax}$　　　　　　D　$M_{amax} < M_{cmax} < M_{bmax}$

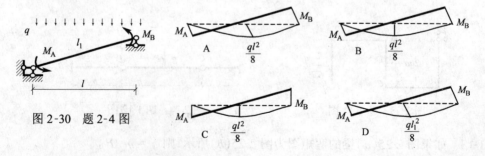

图 2-29 题 2-3 图

2-4　图 2-30 所示斜梁的弯矩图正确的是

图 2-30 题 2-4 图

2-5　图 2-31 所示多跨静定梁 $M_B=$　　　　　　　　　　　　　　　　　　( )

　　A　M(上拉)

B M（下拉）

C $2M$（上拉）

D $2M$（下拉）

2-6   图 2-32 所示结构弯矩图的形状正确
的是   （ ）

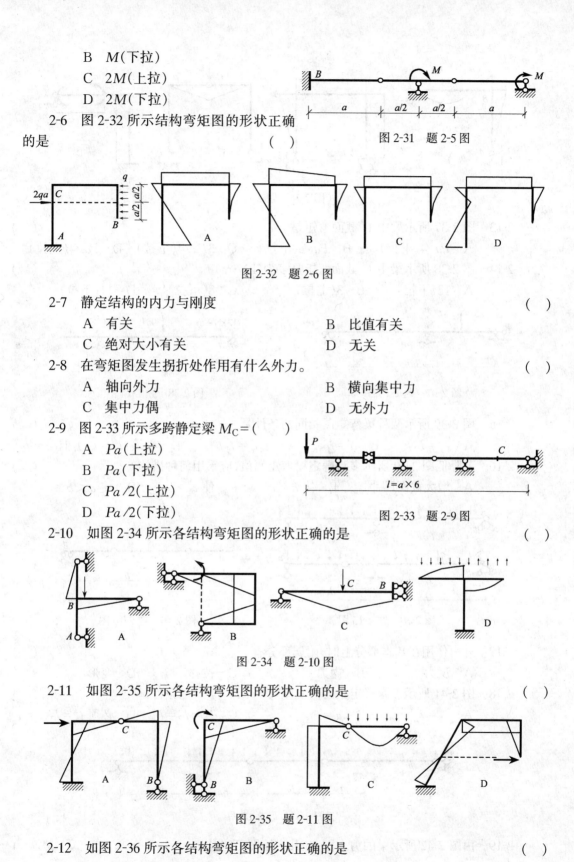

图 2-31   题 2-5 图

图 2-32   题 2-6 图

2-7   静定结构的内力与刚度   （ ）

A   有关   B   比值有关

C   绝对大小有关   D   无关

2-8   在弯矩图发生拐折处作用有什么外力。   （ ）

A   轴向外力   B   横向集中力

C   集中力偶   D   无外力

2-9   图 2-33 所示多跨静定梁 M_C＝（   ）

A Pa（上拉）

B Pa（下拉）

C $Pa/2$（上拉）

D $Pa/2$（下拉）

图 2-33   题 2-9 图

2-10   如图 2-34 所示各结构弯矩图的形状正确的是   （ ）

图 2-34   题 2-10 图

2-11   如图 2-35 所示各结构弯矩图的形状正确的是   （ ）

图 2-35   题 2-11 图

2-12   如图 2-36 所示各结构弯矩图的形状正确的是   （ ）

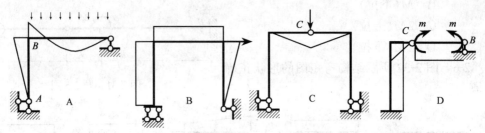

图 2-36　题 2-12 图

2-13　图 2-37 所示梁中 C 截面弯矩是　　　　　　　　　　　　　　　　（　）

　　　A　$Pa/4$(下拉)　　B　$Pa/2$(下拉)　　C　$3Pa/4$(下拉)　　D　$Pa/4$(上拉)

2-14　图 2-38 所示梁中 C 截面弯矩是多少(kN·m)　　　　　　　　　　　　（　）

　　　A　12(下拉)　　　B　3(上拉)　　　C　8(下拉)　　　D　11(下拉)

2-15　图 2-39 所示两种梁弯矩图相同的条件是　　　　　　　　　　　　　　（　）

　　　A　$l_1=l_2$　　　B　$a=b$　　　C　$l_1a=l_2b$　　　D　必须:$l_1=l_2$ 并且 $a=b$

2-16　要降低图 2-40 所示多跨静定梁弯矩幅值,应采用何种措施?　　　　　　（　）

　　　A　增大截面尺寸　　B　使 $a=b$,　　C　使 $a>b$　　　D　使 $a<b$

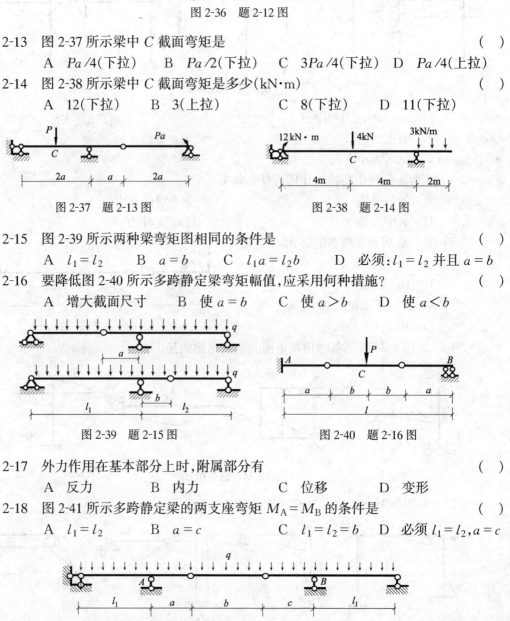

图 2-37　题 2-13 图　　　　　　　图 2-38　题 2-14 图

图 2-39　题 2-15 图　　　　　　　图 2-40　题 2-16 图

2-17　外力作用在基本部分上时,附属部分有　　　　　　　　　　　　　　（　）

　　　A　反力　　　　　B　内力　　　　　C　位移　　　　　D　变形

2-18　图 2-41 所示多跨静定梁的两支座弯矩 $M_A=M_B$ 的条件是　　　　　　（　）

　　　A　$l_1=l_2$　　　B　$a=c$　　　C　$l_1=l_2=b$　　　D　必须 $l_1=l_2,a=c$

图 2-41　题 2-18 图

2-19　由图 2-42 所示梁的剪力图,知其弯矩图可能是　　　　　　　　　　　（　）

30

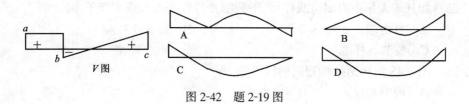

图 2-42　题 2-19 图

2-20　图 2-43 所示结构弯矩图形状正确的是　　　　　　　　　　　　　（　　）

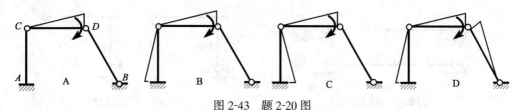

图 2-43　题 2-20 图

2-21　图 2-44 所示结构 *A* 截面的剪力为　　　　　　　（　　）

A　*P*　　　　　　　　　B　—*P*

C　0.5*P*　　　　　　　　D　—0.5*P*

2-22　图 2-45 所示结构弯矩图形状正确的是　　　　　　（　　）

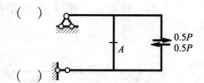

图 2-44　题 2-21 图

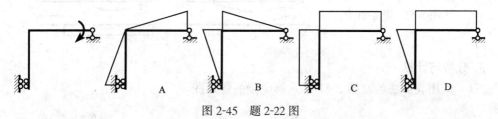

图 2-45　题 2-22 图

2-23　图 2-46 所示两结构相同的是　　　　　　　　　　　　　　　　　（　　）

A　弯矩　　　　　　　　　　　　　B　剪力

C　轴力　　　　　　　　　　　　　D　*C* 点竖向位移

2-24　图 2-47 所示结构弯矩图形状正确的是　　　　　　　　　　　　　（　　）

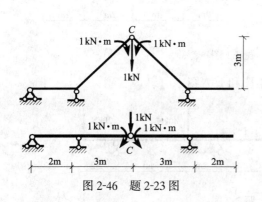

图 2-46　题 2-23 图

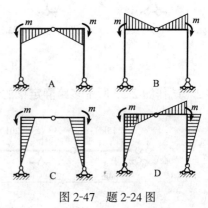

图 2-47　题 2-24 图

2-25 如杆端无集中力偶荷载作用,下列哪些位置杆端弯矩不等于零? ( )

　　A 自由端　　　　　　　　　　　B 铰支座杆端

　　C 铰节点杆端　　　　　　　　　D 刚结杆端

2-26 图 2-48 所示两结构相同的因素是 ( )

　　A 内力和反力　　B 应力　　　C 变形　　　D 位移

2-27 图 2-49 所示两结构相同的因素是 ( )

　　A 内力和反力　　B 应力　　　C 变形　　　D 位移

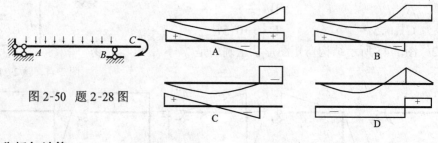

图 2-48　题 2-26 图　　　　　　　　　图 2-49　题 2-27 图

2-28 伸臂梁在图 2-50 所示荷载作用下,其 M 图和 Q 图的形状正确是 ( )

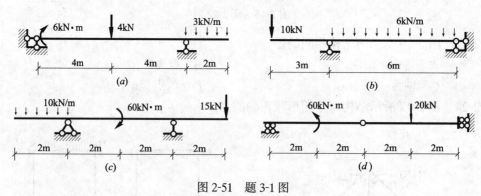

图 2-50　题 2-28 图

3. 分析与计算

3-1 试用叠加法绘制图 2-51 所示静定梁的弯矩图。

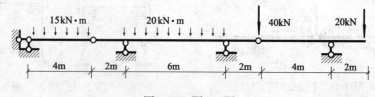

图 2-51　题 3-1 图

3-2 试作图 2-52 所示多跨静定梁的弯矩图和剪力图

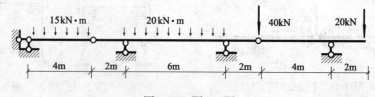

图 2-52　题 3-2 图

3-3 试作图 2-53 所示多跨静定梁的弯矩图。

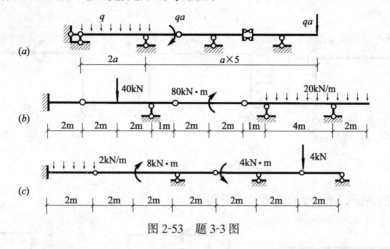

图 2-53　题 3-3 图

3-4～3-6 试绘制图 2-54～图 2-56 所示刚架的内力图。

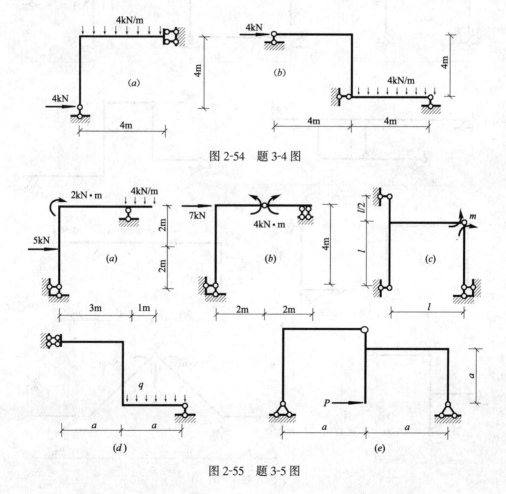

图 2-54　题 3-4 图

图 2-55　题 3-5 图

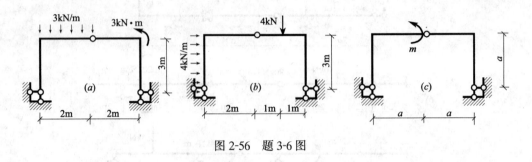

图 2-56　题 3-6 图

3-7　试绘制图 2-57 所示刚架的弯矩图。

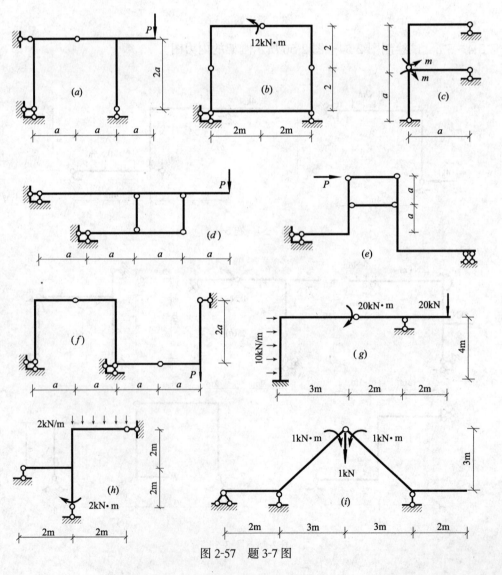

图 2-57　题 3-7 图

3-8 试利用对称性绘制图 2-58 所示刚架的弯矩图。

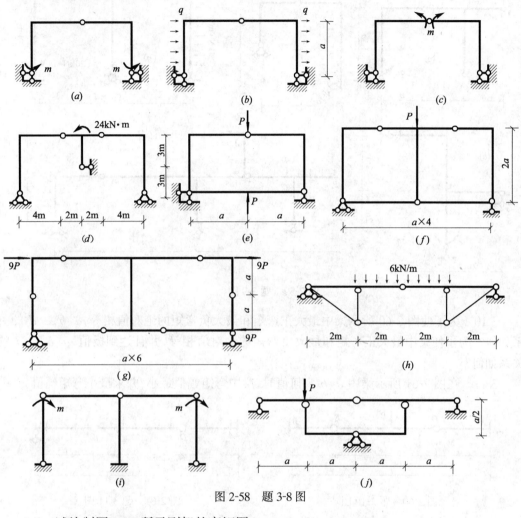

图 2-58 题 3-8 图

3-9 试绘制图 2-59 所示刚架的弯矩图。

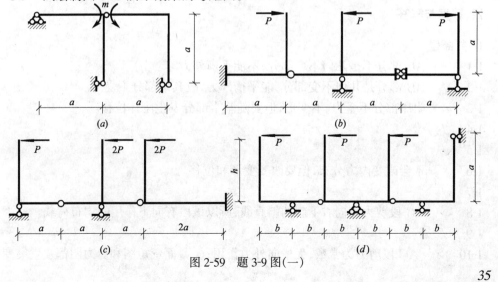

图 2-59 题 3-9 图(一)

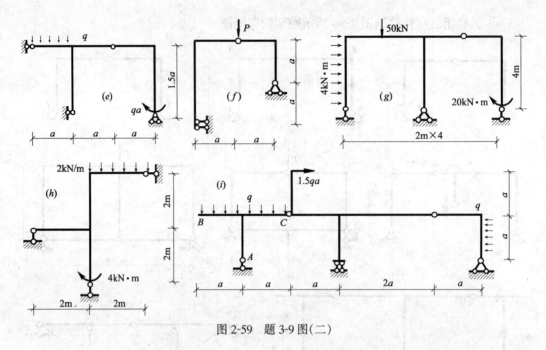

图 2-59 题 3-9 图(二)

3-10 为了使图 2-60 所示梁中最大正弯矩和最大负弯矩的绝对值相等,a、b、c、d 的关系如何?为了使梁中最大正弯矩和最大负弯矩的绝对值相等,并且达到极值,a、b、c、d 的关系如何?

3-11 在图 2-61 所示梁中 a、b 为何值时,梁中弯矩幅值最小,并求最小弯矩幅值。

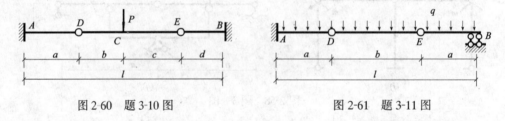

图 2-60 题 3-10 图   图 2-61 题 3-11 图

四、答案与解答

1. 判断题

1-1 × AB 部分不是几何不变部分,不能平衡外力。

1-2 √ AB 部分是几何不变部分,能平衡外力,故其余部分不受力。

1-3 × 附属部分不受力、不变形,但要随基本部分发生刚体位移。

1-4 √

1-5 √

1-6 × 不会改变内力分布,但要改变变形和位移。

1-7 √

1-8 √ AC 段剪力为向右下斜的斜直线,所以该段有向下作用的均布荷载。

1-9 √

1-10 × AC 段剪力为常数,无横向外力作用;C 截面弯矩图和剪力图都发生突变,C

截面有向下的集中力和顺时针转向的集中力偶作用。

1-11 √ 结构为静定结构,其局部 DB 能平衡外力,故其余部分不受力。

1-12 √ AE 段弯矩图为直线,C 处弯矩为零,所以 $M_A = M_E$。同理,$M_B = M_E$

1-13 √ 由弯矩图可知,右支座反力为零,所以左支座反力为 P。

1-14 × 整体不满足竖向投影平衡。

1-15 × 基本部分只要能平衡荷载,也可以是几何可变部分。如多跨静定梁的基本梁。

2. 单项选择题

2-1 D 　　2-2 D 　　2-3 D 三根梁的最大弯矩都在中点(剪力等于 0 处)。取中点以上部分为分离体,对右支座建立力矩平衡方程可得:

$$M_{amax} = \frac{ql^2}{8}, M_{bmax} = \frac{q}{2}\left(\frac{l}{2\cos a}\right)^2 = \frac{ql^2}{8\cos^2 a}, M_{cmax} = q\left(\frac{l}{2\cos a}\right)\frac{l}{4} = \frac{ql^2}{8\cos a}$$

2-4 A 在竖向荷载作用下,简直斜梁与水平梁的弯矩图相同;弯矩图竖标要垂直轴线。

2-5 B 　　2-6 C BC 局部能平衡外力,AC 部分不受力。

2-7 D 　　2-8 B 　　2-9 D

2-10 B 在答案 A 中,A 处有反力,AB 杆有弯矩;在答案 C 中,CB 段剪力为零,弯矩图平行轴线;在答案 D 中,梁的弯矩图凸向有误,节点不平衡,柱子有弯矩。

2-11 D 在答案 A 中,BC 是附属部分,不受力;在答案 B 中,B 处水平反力为零,CB 段无弯矩;在答案 C 中,C 点弯矩图不应有尖点,应光滑相连。

2-12 B 在答案 A 中,A 处水平反力为零,AB 段无弯矩;在答案 C 中,C 铰处截面弯矩为零;在答案 D 中,BC 部分能平衡外力,其他部分不受力。

2-13 A 　　2-14 D

2-15 C 只要两种情况的支座弯矩相等,两者的弯矩图就相同。两种情况下的支座弯矩分别为:$\dfrac{l_1 - a}{2}qa + \dfrac{qa^2}{2} = \dfrac{l_1 aq}{2}$ 和 $\dfrac{l_2 - b}{2}qb + \dfrac{qb^2}{2} = \dfrac{l_2 bq}{2}$

2-16 B 因为 $|M_A| + M_C = \dfrac{Pl}{4}$(常数),所以 $|M_A| = M_C$ 弯矩幅值最小,即:$\dfrac{Pa}{2} = \dfrac{Pb}{2}$。

2-17 C 　　2-18 B $M_A = \dfrac{qba}{2} + \dfrac{qa^2}{2}$ 和 $M_B = \dfrac{qbc}{2} + \dfrac{qc^2}{2}$,由 $M_A = M_B$ 得:$ba + a^2 = bc + c^2 \Rightarrow (a - c)(b + a + c) = 0 \Rightarrow a = c$

2-19 A b 点剪力图向下突变,该处有向下的集中力作用,弯矩图在该点应向下尖;bc 段剪力图向右上斜,该段有向上的均布荷载作用,弯矩图应向上凸。

2-20 C BD 杆受压,所以,AC 杆中有负剪力。

2-21 C 　　2-22 C 两杆剪力都是零,弯矩为常数。

2-23 A 　　2-24 C 　　2-25 D 　　2-26 A 　　2-27 A 　　2-28 B

3. 分析与计算

题 3-1～3-11 的解图如图 2-62～图 2-103 所示。

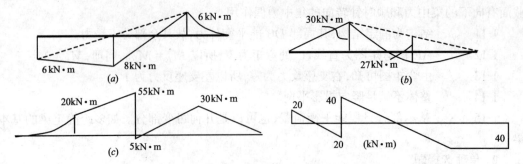

图 2-62　题 3-1 答图

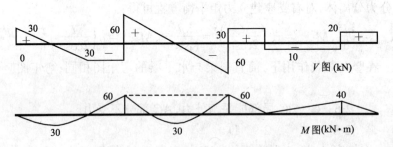

图 2-63　题 3-2 答图

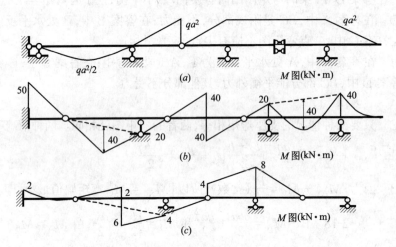

图 2-64　题 3-3 答图

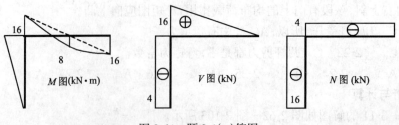

图 2-64　题 3-4(a)答图

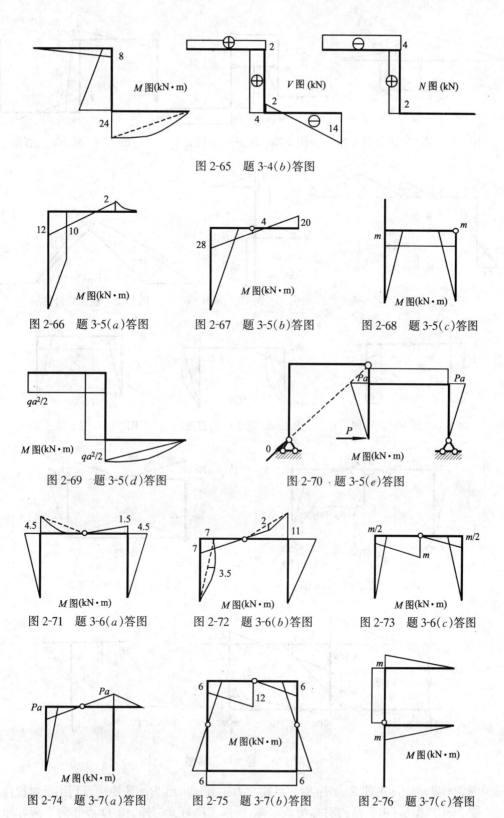

图 2-65　题 3-4(b)答图

图 2-66　题 3-5(a)答图　　　图 2-67　题 3-5(b)答图　　　图 2-68　题 3-5(c)答图

图 2-69　题 3-5(d)答图　　　　　　　　图 2-70　题 3-5(e)答图

图 2-71　题 3-6(a)答图　　　图 2-72　题 3-6(b)答图　　　图 2-73　题 3-6(c)答图

图 2-74　题 3-7(a)答图　　　图 2-75　题 3-7(b)答图　　　图 2-76　题 3-7(c)答图

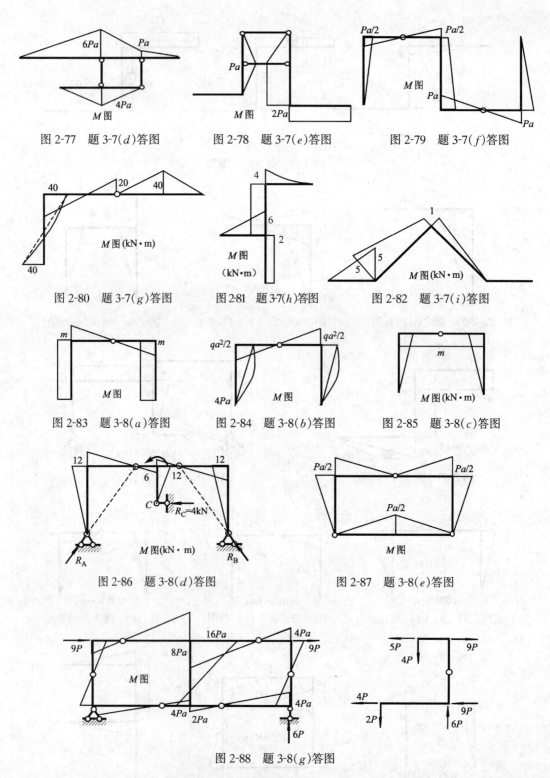

图 2-77　题 3-7(d)答图　　　图 2-78　题 3-7(e)答图　　　图 2-79　题 3-7(f)答图

图 2-80　题 3-7(g)答图　　　图 2-81　题 3-7(h)答图　　　图 2-82　题 3-7(i)答图

图 2-83　题 3-8(a)答图　　　图 2-84　题 3-8(b)答图　　　图 2-85　题 3-8(c)答图

图 2-86　题 3-8(d)答图　　　　　　图 2-87　题 3-8(e)答图

图 2-88　题 3-8(g)答图

题 3-8(d)提示：先对 R_A、R_B 的交点建立力矩方程求出 R_C，还要注意利用反对称性。

题 3-8(f)提示：由于结构对称荷载对称，所以 ED 杆无弯矩，由 D 点竖向平衡可知 ED 杆无轴力，GH 段相当于简支梁的弯矩图，FE 段无荷载弯矩图为直线。

题 3-8(h)提示:由于结构对称荷载对称,G 点无剪力,GH 段相当于悬臂梁的弯矩图。

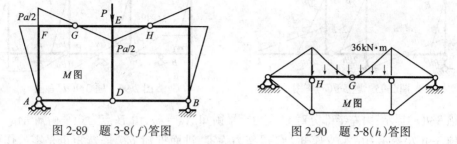

图 2-89　题 3-8(f)答图　　　　　图 2-90　题 3-8(h)答图

题 3-8(i)提示:先求边柱弯矩图和剪力,再由水平投影求中柱剪力,作中柱弯矩图。

题 3-8(j)提示:将荷载分成对称荷载和反对称荷载,对称荷载作用下 AB 梁无弯矩(如图 2-92a);反对称荷载作用下 C 点无反力,两折杆无内力,AD、DB 杆的弯矩图相当于简支梁的弯矩图(如图 2-92b),将两种情况的弯矩图叠加得到原结构的弯矩图(如图 2-92c)。

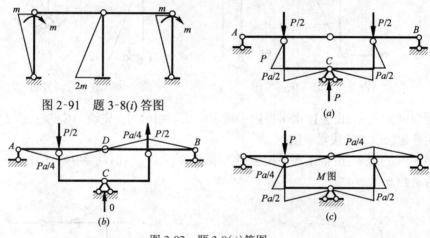

图 2-91　题 3-8(i) 答图

图 2-92　题 3-8(j)答图

题 3-9(a)提示:注意 A 处竖向反力为零,AC 无弯矩,CB 段剪力为零,CB 段弯矩为常数。

题 3-9(b)提示:由定向连接 D 知 CE 段剪力为零,CE 段弯矩为常数。由 C 点力矩平衡知 $M_{CB}=0$,B 点无竖向力作用,故 AB 段弯矩图平行于 BC 弯矩图。

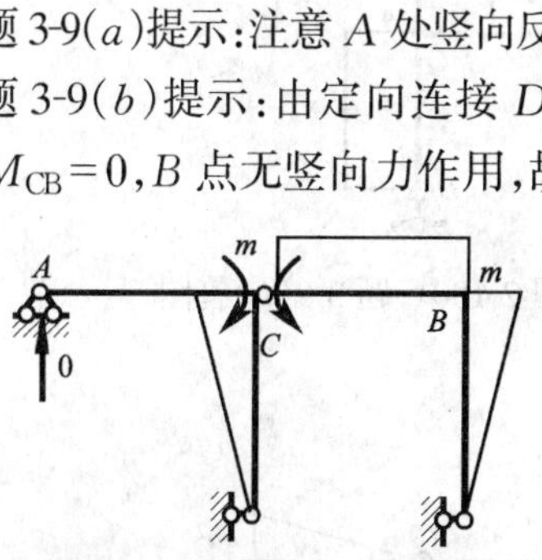

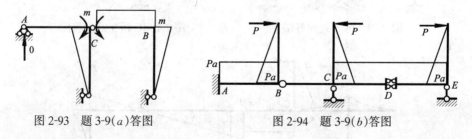

图 2-93　题 3-9(a)答图　　　　图 2-94　题 3-9(b)答图

题 3-9(c)提示:由 C 点平衡知 $M_{CB}=Ph$,B 点无竖向力作用,故 BD 段与 BC 段弯矩图平行。

题 3-9(d)提示:由 AB 段剪力为零,AB 段弯矩为常数。由 C 点矩平衡知 $M_{CD}=Pa$,由 E 点力矩平衡知 $M_{ED}=Pa$,E 点无竖向力作用,故 EF 段弯矩图平行于 ED 弯矩图。FG 段剪力为零,FG 段弯矩为常数。

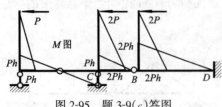
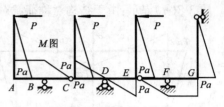

图 2-95 题 3-9(c)答图   图 2-96 题 3-9(d)答图

题 3-9(e)提示:由左半部分对 C 点力矩平衡知 $X_A = qa$,由 B 点力矩平衡知 $M_{BC} = qa^2$。

题 3-9(f)提示:由 A 支座知 DC 段剪力为零,进而推知 DC 段弯矩也是零。作出 CEB 弯矩图,求出 $X_B = P$,故 DA 段剪力为 $-P$,由此作出 DA 段弯矩图。

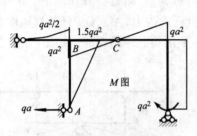
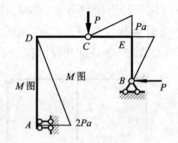

图 2-97 题 3-9(e)答图   图 2-98 题 3-9(f)答图

题 3-9(g)提示:由整体水平投影平衡求出 $X_A = 16$kN。先绘 AE、BD、CFE 段弯矩图,最后用叠加法绘 DE 段弯矩图。

题 3-9(h)提示:由整体水平投影平衡求出 $X_A = 0$。同时注意 BC、CD 段剪力等于零,弯矩为常数。

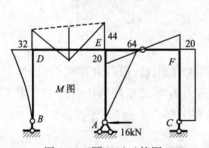
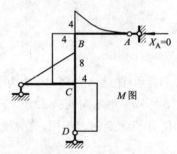

图 2-99 题 3-9(g)答图   图 2-100 题 3-9(h)答图

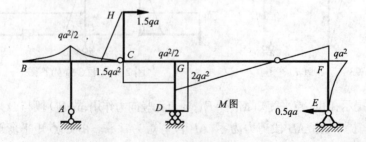

图 2-101 题 3-9(i)答图

42

3-10 作出弯矩图,由比例关系知:$M_A = M_C a/b$,$M_B = M_C d/c$,
令 $M_A = M_B$ 得:$a/b = d/c$;令 $M_A = M_C$ 得:$a/b = 1$。

所以当 $a = b$,$c = d$ 时,梁中最大正弯矩和最大负弯矩的绝对值相等,为:

$$M_C = \frac{Pbc}{l/2} = \frac{2P}{l} b\left(\frac{l}{2} - b\right),$$ 当 $a = b = c = d = l/4$ 时,达到极大值。

3-11 作出弯矩图,因为:$M_A = M_B$,$M_A + M_C = ql^2/8 = $ 常数,所以 $M_A = M_C = ql^2/16 =$
$qb^2/8$,$b = l/\sqrt{2} = 0.707l$,$a = (l-b)/2 = 0.147l$,梁中弯矩幅值最小为 $ql^2/16$。

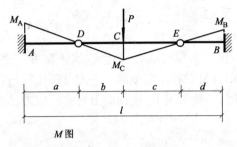

图 2-102 题 3-10 答图

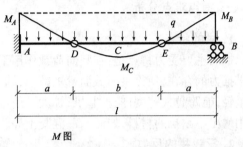

图 2-103 题 3-11 答图

第三章 三 铰 拱

一、重点难点分析

1. 拱的特点

拱的主要受力特点是:在竖向荷载作用下,不仅产生竖向反力,还产生水平反力。由于水平推力的存在,使得拱内截面弯矩减小,轴力增大;与梁相比横截面正应力分布比较均匀;自重轻,能跨越大跨度;向上起拱,扩大了使用空间;一般情况下,横截面上只有压应力,适宜采用耐压不耐拉的材料,如砖、石、混凝土等。

2. 三铰拱的反力

如图 3-1 所示,利用平衡条件,可以得到反力和内力计算公式:

欲求三铰拱的支座反力,先构造与之相应的简支梁,求出其反力和内力,则:

$$\left.\begin{array}{l} R_A = R_A^0 \\ R_B = R_B^0 \\ H = M_C^0 / f \end{array}\right\} \tag{3-1}$$

$$\left.\begin{array}{l} M(x) = M^0(x) - Hy(x) \\ V = V^0 \cos\varphi - H\sin\varphi \\ N = -V^0 \sin\varphi - H\cos\varphi \end{array}\right\} \tag{3-2}$$

注意:① 式(3-1)和(3-2)的适用条件:两底铰在同一水平线上,且受竖向荷载或集中力偶作用。

② 由式(3-1)可见三铰拱的反力与荷载、跨度、矢高(即三铰的位置)有关,而与三铰之间拱轴线的形状无关。H 与 f 成反比。

③ 由式(3-2)可见,剪力等于零处弯矩取得极值;集中力偶作用处,弯矩图有突变;集中力作用处,剪力、轴力发生突变,弯矩发生拐折。但是,内力图不再是简单曲线。

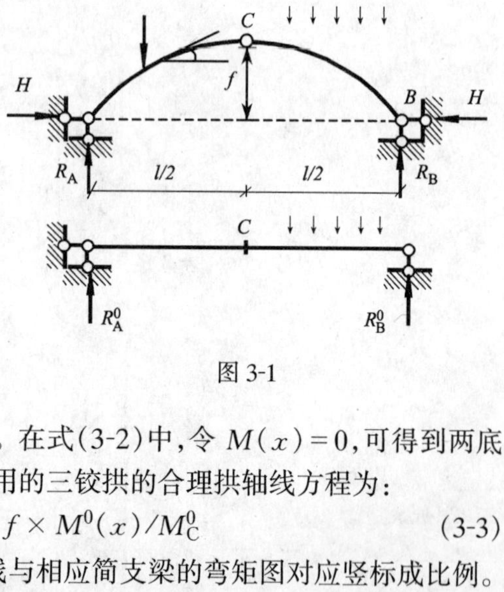

3. 合理拱轴线的概念

在给定荷载作用下,使拱内无弯矩,无剪

图 3-1

力,只有轴力的拱轴线称为三铰拱的合理拱轴线。在式(3-2)中,令 $M(x) = 0$,可得到两底铰在同一水平线上,且受竖向荷载或集中力偶作用的三铰拱的合理拱轴线方程为:

$$y(x) = M^0(x)/H = f \times M^0(x)/M_C^0 \tag{3-3}$$

注意:① 由式(3-3)可见三铰拱的合理拱轴线与相应简支梁的弯矩图对应竖标成比例。

② 合理拱轴线与荷载有关,如果荷载的形式或作用位置改变,合理拱轴线随之而变。

但是当荷载的大小改变时，$M^0(x)/M_C^0$ 不变，合理拱轴线也不变。

③ 当跨度、荷载不变时，$M^0(x)/M_C^0$ 不变，合理拱轴线随着矢高 f 的不同而不同，不过函数形式不变，所以对应已知荷载的合理拱轴线不是惟一的，而是一束。

④ 如果三铰拱轴线为相应某荷载的合理拱轴线，则拱内 $M=0$，$V=0$，$N=H/\cos\varphi_k$。

二、典型示例分析

【例 3-1】 如图 3-2(a)所示带拉杆的抛物线三铰拱，试计算：①支座反力和拉杆的内力，②K 截面内力，③确定其合理拱轴线。

【解】 ①构造相应的简支梁，求出其支座反力并绘制弯矩图，如图 3-2(b)、(c)所示。

所以 $V_A=100\text{kN}(\uparrow)$ $V_B=80\text{kN}(\uparrow)$，$N=M_C^0/f=240/4=60\text{kN}(\text{拉力})$

②$x_K=3\text{m}$，$y_K=\dfrac{4\times4}{12^2}\times(12-3)3=3\text{m}$，$\tan\varphi_K=\left.\dfrac{\mathrm{d}y}{\mathrm{d}x}\right|_{x=3}=\left.\dfrac{4f}{l^2}(l-2x)\right|_{x=3}=2/3$

$\therefore\varphi_K=33.7°$ $\sin\varphi_K=0.555$ $\cos\varphi_K=0.832$，$M_K^0=210\text{kN·m}$ $V_K^0=40\text{kN}$

代入式(3-2) $M_K=210-60\times3=30\text{kN·m}$

$\qquad\qquad V_K=40\times0.832-60\times0.555=-0.02\text{kN}$

$\qquad\qquad N_K=-40\times0.555-60\times0.832=-72.12\text{kN}$

③将 M^0 各个竖标都除以拉杆轴力 N，就得到三铰拱的合理拱轴线，如图 3-2(d)所示。

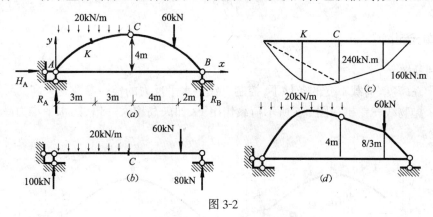

图 3-2

【例 3-2】 推导图 3-3 所示斜拱的反力计算公式。

【解】 用 ΣM_A^P，ΣM_B^P 表示荷载对 A 点 B 点的力矩，则相应简支梁的反力为：

$$Y_A=\frac{\Sigma M_B^P}{l}，Y_B=\frac{\Sigma M_A^P}{l}，$$

拱结构对 A 点 B 点建立力矩方程：

$$\Sigma M_A=\Sigma M_A^P-Hl\tan\alpha-V_Bl=0$$

$$V_B=Y_B-H\tan\alpha$$

$$\Sigma M_B=\Sigma M_B^P+Hl\tan\alpha-V_Al=0$$

$$V_A=Y_A+H\tan\alpha$$

左半边对 C 点建立力矩方程：$\Sigma M_C=\Sigma M_C^P+$
$H(f+l\tan\alpha/2)-V_Al/2=0$

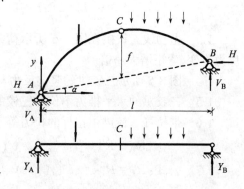

图 3-3

$$\Sigma\, M_{\mathrm{C}}^{\mathrm{P}} - (V_{\mathrm{A}} - H\tan\alpha)l/2 + Hf = \Sigma\, M_{\mathrm{C}}^{\mathrm{P}} - Y_{\mathrm{A}}l/2 + Hf = -M_{\mathrm{C}}^{0} + Hf = 0 \Rightarrow H = M_{\mathrm{C}}^{0}/f$$

注意:竖向荷载作用下,任何形式的三铰拱其水平反力均为:$H = M_{\mathrm{C}}^{0}/f$。

【例 3-3】 作图 3-4(a)所示刚架的弯矩图。

【解】 借助于三铰拱的水平推力计算公式计算三铰刚架的水平反力。

$$M_{\mathrm{C}}^{0} = -\frac{ql^2}{2} + \frac{ql^2}{8} = -\frac{3ql^2}{8},\ H = \frac{M_{\mathrm{C}}^{0}}{f} = \frac{-3ql^2/8}{3l/4} = -\frac{ql}{2}$$

由两支座开始作出弯矩图如图 3-4(b)所示。

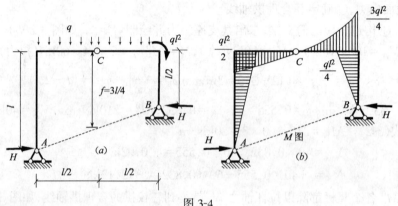

图 3-4

三、单元测试

1. 判断题

1-1 在跨度、荷载不变的条件下,控制三铰拱水平反力的惟一参数是矢高。　　　( )

1-2 抛物线三铰拱在图 3-5 所示荷载作用下,如矢高增大一倍,则水平推力减小一半,弯矩不变。　　　　　　　　　　　　　　　　　　　　　　　　　　( )

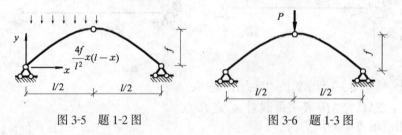

图 3-5　题 1-2 图　　　　　　　　图 3-6　题 1-3 图

1-3 抛物线三铰拱在图 3-6 所示荷载作用下,如矢高和跨度均增大一倍,则拱的水平反力不变,弯矩增大一倍。　　　　　　　　　　　　　　　　　　　　　　( )

1-4 图 3-5 所示三铰拱的竖向反力与矢高无关。　　　　　　　　　　　　　( )

1-5 三铰拱的水平推力不仅与三铰的位置有关,还与拱轴线的形状有关。　　( )

1-6 带拉杆三铰拱中拉杆的拉力等于无拉杆三铰拱的水平推力。　　　　　　( )

1-7 公式:
$$\left.\begin{array}{l} R_{\mathrm{A}} = R_{\mathrm{A}}^{0} \\ R_{\mathrm{B}} = R_{\mathrm{B}}^{0} \\ H = M_{\mathrm{C}}^{0}/f \end{array}\right\}\ (A)\quad \left.\begin{array}{l} M(x) = M^{0}(x) - Hy(x) \\ V = V^{0}\cos\varphi - H\sin\varphi \\ N = -V^{0}\sin\varphi - H\cos\varphi \end{array}\right\}\ (B)\text{适用条件是两底}$$

铰在同一水平线上的三铰拱(平拱),竖向荷载作用。 （ ）

1-8 改变荷载值的大小,三铰拱的合理拱轴线不变。 （ ）

1-9 所谓合理拱轴线,是指在任意荷载作用下都能使拱处于无弯矩状态的轴线。 （ ）

1-10 跨度不变的前提下,对应于某荷载的合理拱轴线不只一根,而是一束。 （ ）

1-11 三铰拱的主要受力特点是:在竖向荷载作用下产生水平反力。 （ ）

1-12 图 3-7 所示两个抛物线三铰拱的受力完全一样。 （ ）

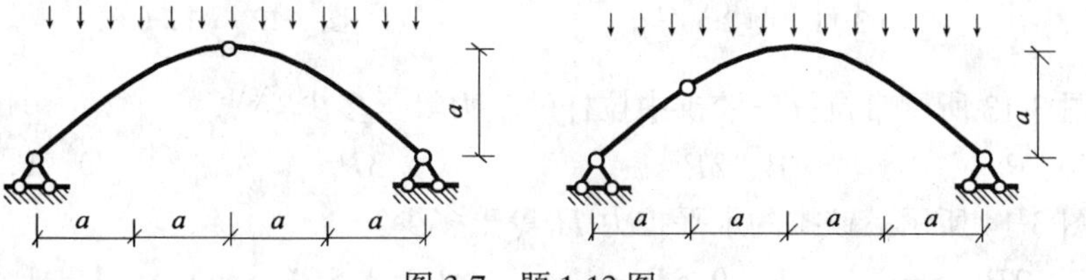

图 3-7　题 1-12 图

2. 单项选择题

2-1 设图 3-5 所示三铰拱的水平推力 $H = ql/2$,则该三铰拱的高跨比是 （ ）
　　A 2　　　　　B 1/2　　　　　C 1/4　　　　D 1/8

2-2 图 3-8 所示结构中不属于拱结构的是哪个 （ ）

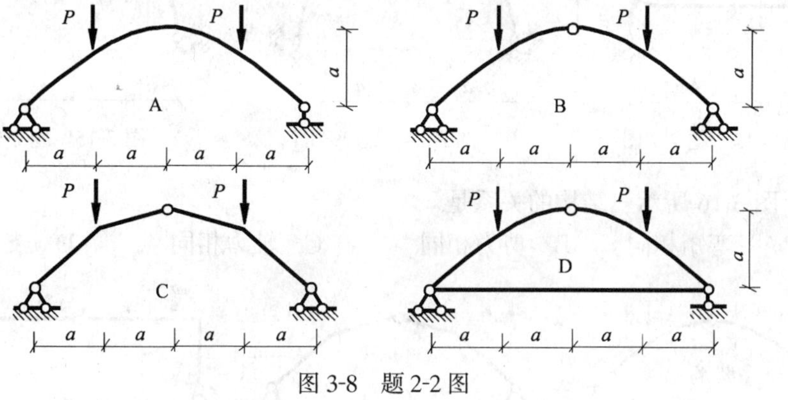

图 3-8　题 2-2 图

2-3 在图 3-9 所示荷载作用下,对称三铰拱的合理拱轴线是什么曲线 （ ）
　　A 抛物线　　　B 双曲线　　　C 悬链线　　　D 圆弧曲线

2-4 在图 3-10 所示荷载作用下,对称三铰拱的合理拱轴线是什么曲线 （ ）
　　A 抛物线　　　B 双曲线　　　C 悬链线　　　D 圆弧曲线

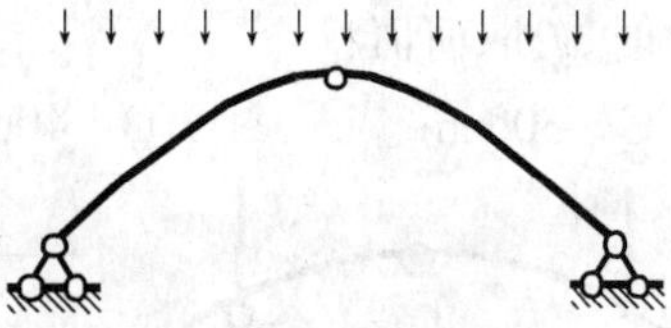

图 3-9　题 2-3 图 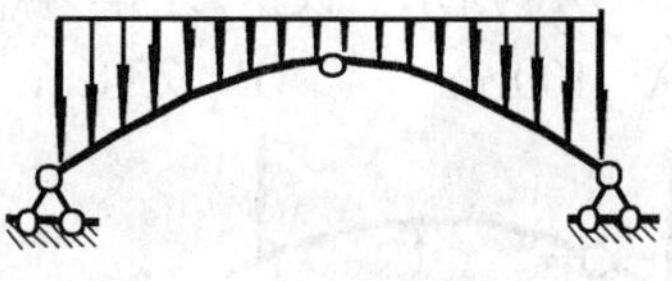　　　　　图 3-10　题 2-4 图

2-5 在图 3-11 所示荷载作用下,对称三铰拱的合理拱轴线是什么曲线 （ ）
　　A 抛物线　　　B 双曲线　　　C 悬链线　　　D圆弧曲线

2-6 在图 3-12 所示荷载作用下,对称三铰拱的合理拱轴线是什么形状 （ ）

A 抛物线 B 双曲线 C 三角形 D等腰梯形

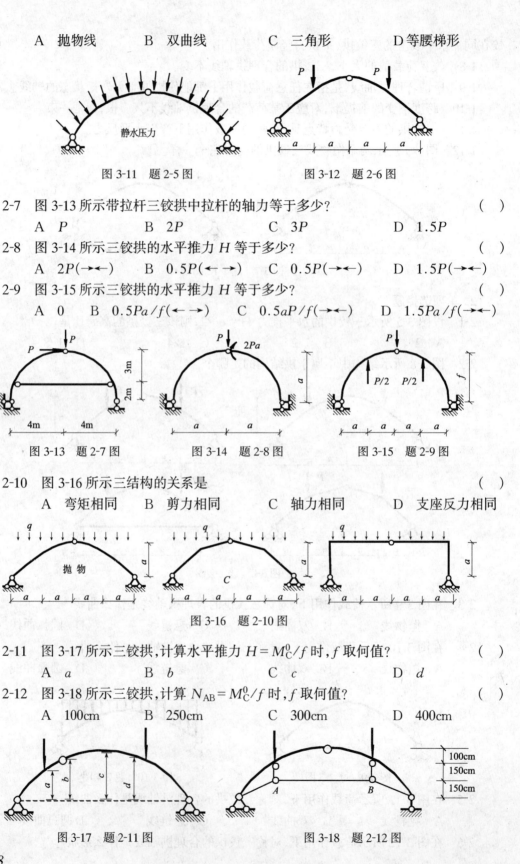

图 3-11 题 2-5 图　　　　图 3-12 题 2-6 图

2-7 图 3-13 所示带拉杆三铰拱中拉杆的轴力等于多少？ （ ）

　　A P　　　　B $2P$　　　　C $3P$　　　　D $1.5P$

2-8 图 3-14 所示三铰拱的水平推力 H 等于多少？ （ ）

　　A $2P(\rightarrow\leftarrow)$　　B $0.5P(\leftarrow\rightarrow)$　　C $0.5P(\rightarrow\leftarrow)$　　D $1.5P(\rightarrow\leftarrow)$

2-9 图 3-15 所示三铰拱的水平推力 H 等于多少？ （ ）

　　A 0　　B $0.5Pa/f(\leftarrow\rightarrow)$　　C $0.5aP/f(\rightarrow\leftarrow)$　　D $1.5Pa/f(\rightarrow\leftarrow)$

图 3-13 题 2-7 图　　　图 3-14 题 2-8 图　　　图 3-15 题 2-9 图

2-10 图 3-16 所示三结构的关系是 （ ）

　　A 弯矩相同　　B 剪力相同　　C 轴力相同　　D 支座反力相同

图 3-16 题 2-10 图

2-11 图 3-17 所示三铰拱,计算水平推力 $H = M_C^0/f$ 时,f 取何值？ （ ）

　　A a　　　　B b　　　　C c　　　　D d

2-12 图 3-18 所示三铰拱,计算 $N_{AB} = M_C^0/f$ 时,f 取何值？ （ ）

　　A 100cm　　B 250cm　　C 300cm　　D 400cm

图 3-17 题 2-11 图　　　图 3-18 题 2-12 图

48

2-13 如拱的基础较差,应采用下列哪些措施? （　）

    A 不改变三铰位置调整拱轴线形状　　B 增大矢高或两支座间加拉杆

    C 增大跨度　　　　　　　　　　　　E 增大拱的截面尺寸

2-14 抛物线三铰平拱的弯矩与哪个因素无关? （　）

    A 跨度　　　　　B 荷载　　　　　C 矢高　　　　　　D 拱轴线形状

2-15 图 3-19 示三铰拱,如为合理拱轴线,则 K
截面的内力错误的是 （　）

    A $M_K = 0$　　　　B $V_K = 0$

    C $N_K = -2qa$　　D $N_K = -2qa/\cos\varphi$

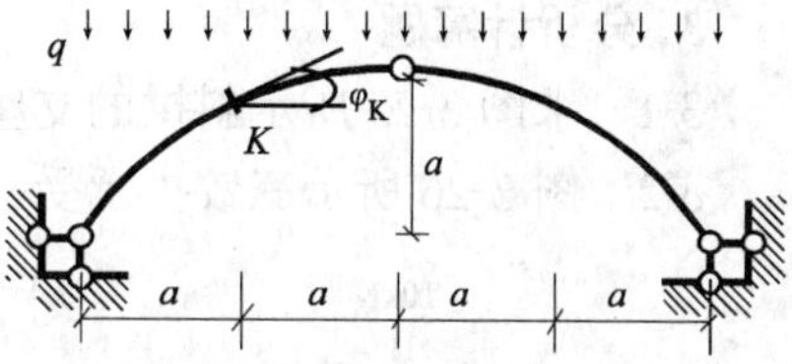

2-16 关于图 3-20 所示两个拱,下列论述错误的
是 （　）

    A （a）中的挠度大　　　　　　　B 内力相同

    C （b）中的挠度大　　　　　　　D （b）中拉杆轴力等于（a）中的 H

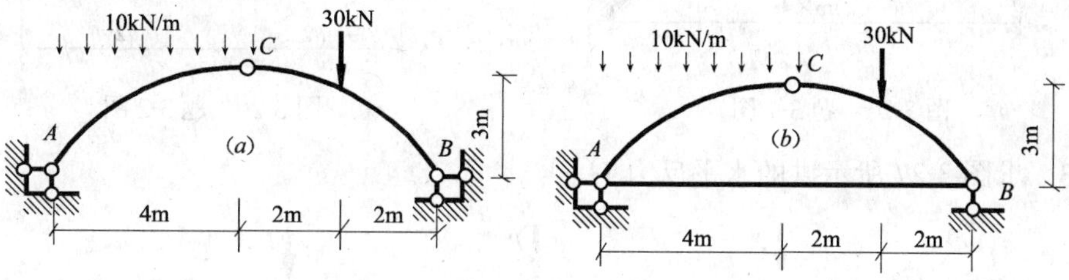

图 3-19　题 2-15 图

图 3-20　题 2-16 图

2-17 图 3-21 所示两个半径为 R 的圆弧三铰拱在静水压力 q 作用下,下列论述错误的
是 （　）

    A 反力相同　　　　　　　　　　B （a）中水平反力大

    C 轴力相同　　　　　　　　　　D 两者的弯矩、剪力均为零

2-18 图 3-22 所示三铰拱,不论 C 铰位于何处总有 （　）

    A $V_A = V_B$　　　B $V_A > V_B$　　　C $V_A < V_B$　　　D 当 $b < c$ 时 $V_A < V_B$

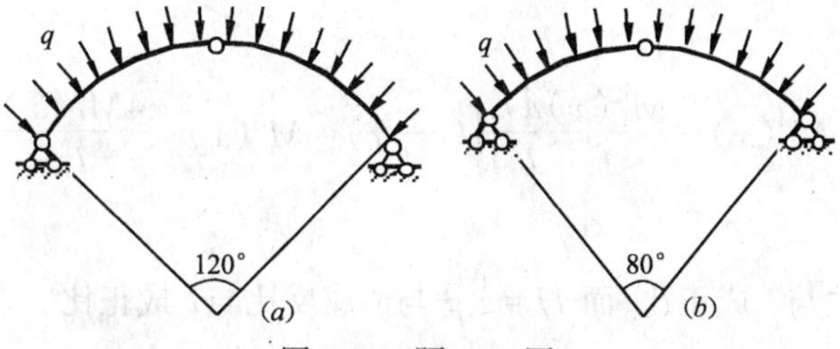

图 3-21　题 2-17 图

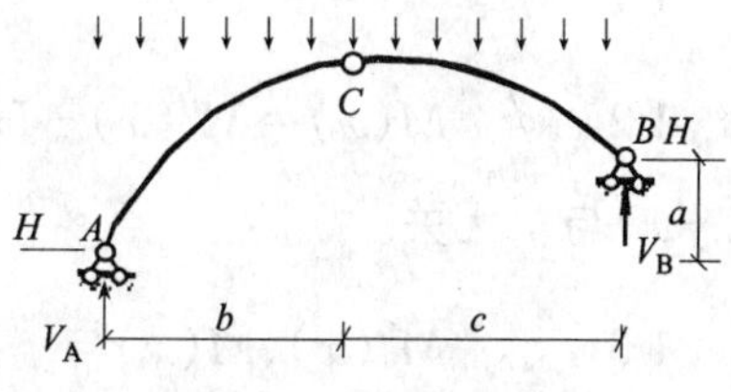

图 3-22　题 2-18 图

2-19 图 3-23 所示抛物线三铰拱,哪一种措施对减少顶铰的竖向位移是无效的 （　）

    A 增大 A_1　　　B 增大 I　　　　C 增大 A_2　　　　D 增大 E

2-20 图 3-24 所示两种三铰拱的水平推力的关系是 （　）

    A $H_1 = H_2$　　　B $H_1 = 2H_2$　　　C $2H_1 = H_2$　　　D $H_1 = 4H_2$

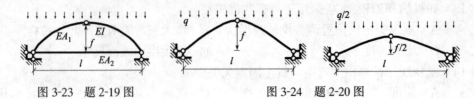

图 3-23　题 2-19 图　　　　　　　图 3-24　题 2-20 图

3．分析计算题

3-1　求图 3-25 所示斜拱的支座反力。

3-2　图 3-26 所示三铰拱承受三角形分布荷载作用。试确定合理拱轴线。

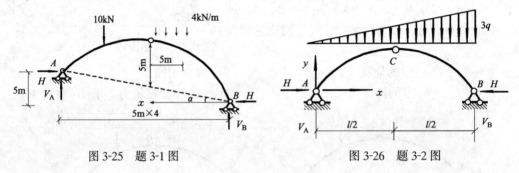

图 3-25　题 3-1 图　　　　　　　图 3-26　题 3-2 图

3-3　求图 3-27 所示拱的水平反力 H。

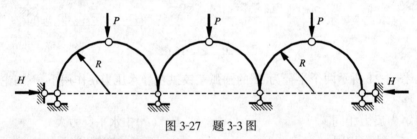

图 3-27　题 3-3 图

四、答案与解答

1．判断题

1-1　√

1-2　√　$M(x) = M^0(x) - Hy = M^0(x) - \dfrac{M_C^0(x)}{f}\dfrac{4f}{l^2}x(l-x) = M^0(x) - \dfrac{4M_C^0(x)}{l^2}x$

$(l-x)$ 与 f 无关。

1-3　√　$M^0(x)$、$M(x)$ 与 f 无关与 l 成正比，而 $H = \dfrac{M_C^0}{f}$ 与 f 成反比与 l 成正比。

1-4　√　$V_A = V_A^0$，$V_B = V_B^0$，简支梁的竖向反力与矢高无关。

1-5　×　　　　1-6　√　　　　1-7　√

1-8　√　因为弯矩与荷载成正比。由 $y(x) = \dfrac{M^0(x)}{M_C^0}f$ 知 $y(x)$ 与荷载的大小无关。

1-9　×　　　　1-10　√　由 $y(x) = \dfrac{M^0(x)}{M_C^0}f$ 知，当跨度荷载不变时 $\dfrac{M^0(x)}{M_C^0}$ 是确定

的。不论 f 取何值均为合理拱轴线。

1-11 √   1-12 √   第一个拱处于无弯矩状态,各截面都无弯矩都相当于铰,所以铰可放在任意位置。

2. 单项选择题

2-1 D $H=\dfrac{M_C^0}{f}=\dfrac{ql^2}{16f}=\dfrac{ql}{2}\rightarrow\dfrac{f}{l}=\dfrac{1}{8}$.

2-2 A 结构A是曲梁。

2-3 A   2-4 C   2-5 D   2-6 D

2-7 D 由水平荷载作用,不能用 $H=\dfrac{M_C^0}{f}$,应由平衡条件求。

2-8 B $M_C^0=-Pa/2$,不能用 $M_{C右}^0=1.5Pa$。因为集中力偶作用在铰的右侧。

2-9 B   2-10 D 三铰位置相同,所以反力相同。

2-11 B   2-12 B   2-13 B

2-14 C $M(x)=M^0(x)-Hy=M^0(x)-\dfrac{4M^0(x)}{l^2}x(l-x)$ 与 f 无关。

2-15 D   2-16 A

2-17 B 在图3-21所示荷载作用下,两结构均为合理拱轴线,弯矩、剪力均为零,轴力都是 qR,支座全反力也都是 qR。而(a)结构的圆心角大,支座全反力 qR 与水平方向夹角大,水平反力小。

2-18 B 由例题3-2可知 $V_A>V_B$。   2-19 B   2-20 A

3. 分析计算题

3-1 解:先求简支梁的反力

$$Y_A=\frac{1}{20}(10\times15+4\times5\times7.5)=15\text{kN},\ Y_B=\frac{1}{20}(10\times5+4\times5\times12.5)=15\text{kN}$$

$M_C^0=15\times10-10\times5=100\text{kN},\tan\alpha=-5/20=-0.25$

代入公式(D)

$$R_A=Y_A+H\tan\alpha=15-20\times0.25=10\text{kN}$$
$$R_B=Y_B-H\tan\alpha=15+20\times0.25=20\text{kN}$$

3-2 解:先求简支梁的反力 $Y_A=\dfrac{1}{l}\left(\dfrac{l}{2}\times3q\times\dfrac{l}{3}\right)=\dfrac{ql}{2}$

建立梁的弯矩方程:$M^0(x)=Y_A x-\dfrac{x}{2}\times\dfrac{3q}{l}x\times\dfrac{x}{3}=\dfrac{q}{2l}x(l^2-x^2)$

三铰拱的水平推力 H:$M_C^0=\dfrac{3ql^2}{16}$,

$$H=\frac{M_C^0}{f}=\frac{3}{16}\frac{ql^2}{f}$$

求合理拱轴线方程:$y(x)=\dfrac{M^0(x)}{H}$

$$=\frac{8f}{3l^3}x(l^2-x^2)$$

3-3 解:利用对称性取半边计算,如图3-28所示,

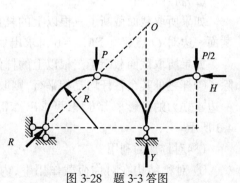

$$\Sigma M_0=PR-0.5PR-HR=0,$$

解得:$H=0.5P$

图3-28 题3-3答图

第四章　静定平面桁架

一、重点难点分析

1. 桁架的特点

桁架是铰结直杆体系且受节点集中力作用,每根杆只受轴力,拉为正,压为负。未知轴力先假设为拉力,如计算结果为负,则表示该杆受压。

2. 桁架的基本解法

节点法　取单个节点为分离体,分离体受的力构成一个平面汇交力系,可建立两个独立的平衡方程。

截面法　取含有两个或两个以上节点的桁架部分为分离体,分离体受的力构成一个平面任意力系,可建立三个独立的平衡方程。

3. 桁架内力计算要点

对于静定桁架,只要列出全部独立的平衡方程,然后联立求解,便可求出全部的轴力和反力。但是为了避免解联立方程,对于简单桁架用节点法求解时,按照撤除二元体的次序截取节点,可求出全部内力,而不需求解联立方程。截面法常用于联合桁架、复杂桁架的计算,或求指定杆件的内力。所取截面上的未知力不得多于三个,还要注意选适当的投影轴或矩心,尽量建立互相独立的方程。另外在具体解题时,还要注意利用以下几点:

(1)特殊节点的力学性质

由节点的平衡条件得到图 4-1 所示结果。

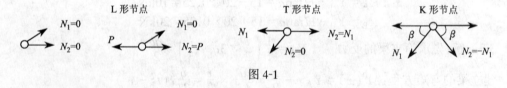

$$L形节点 \qquad T形节点 \qquad K形节点$$

图 4-1

以上结果仅适用于桁架节点(即节点上各根杆均为桁架杆)。

(2)特殊截面

如果所取截面截断了三根以上的杆件,但除了①杆之外其余各杆均交于一点 O,则取截面一边对 O 点建立 $\Sigma M_O = 0$ 可求出 N_1,如图 4-2 所示。

如果所取截面截断了三根以上的杆件,但除了①杆之外其余各杆均互相平行,则取截面一边建立力的投影平衡方程,可求出 N_1,如图 4-3 所示。

(3)对称性的利用

① 对称结构在对称荷载作用下,内力呈

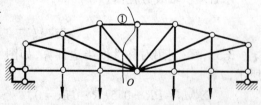

图 4-2

对称分布。所以图 4-4 所示结构中 a、b 两杆轴力要等值同号,即 $N_a = N_b$,另外 K 形节点要求 $N_a = -N_b$,所以 $N_a = N_b = 0$。进一步找出其他零杆(如图 4-4)。由此得到:对称结构在对称荷载作用下,对称轴上的 K 形节点无外力作用时,两斜杆是零杆。注意,该结论仅适用于桁架节点。因为这里用到了 K 形节点的受力特点。

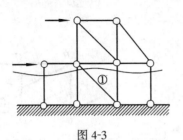

图 4-3

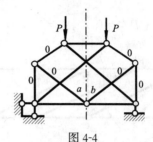

图 4-4

②对称结构在反对称荷载作用下,内力是反对称分布的。在图 4-5 所示结构中,b 杆左右两段处在对称位置,受力成反对称(如图 4-5 所示),而 b 杆处于平衡状态,所以轴力必为零。由此得到:对称结构在反对称荷载作用下,与对称轴垂直贯穿的杆轴力等于零。

在图 4-6 所示结构中,b 杆与对称轴重合,对称轴将杆分为左右两部分,这两部分受力等值,反向平行,合成结果是个力偶,所以轴力是零。由此得到:对称结构在反对称荷载作用下,与对称轴重合的杆轴力等于零。注意:反对称情况下的结论适用于各种结构形式。

根据这些零杆,再利用 L 形节点、T 形节点的特性,继续找出其他零杆,如图 4-6 所示。

(4)将斜杆轴力 N 分解成水平分力 X 和竖向分力 Y。

如图 4-7 所示斜杆的长度 l 及其投影 l_x 和 l_y 构成的三角形与轴力 N 及其分力 X 和 Y 构成的三角形相似,因而有比例关系:$N/l = X/l_x = Y/l_y$,利用这些比例关系,可以方便地进行 N、X 和 Y 之间的推算,而不需要求角度和三角函数,对建立投影方程和力矩方程都很方便。

(5)联合应用节点法和截面法可以求解复杂桁架。

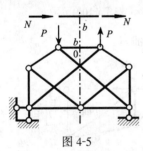

图 4-5

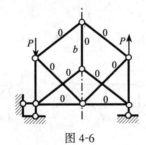

图 4-6

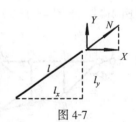

图 4-7

二、典型示例分析

【例 4-1】 求图 4-8 所示桁架的各杆轴力。

【解】 因为 A，B 节点为 T 形节点,得到 AF、BF 是零杆,进一步得到 FC、FD 是零杆,DE、DB 是零杆,最后由节点 C 的平衡条件得到:

$$N_{CA} = P, \quad N_{CE} = -\sqrt{2}P.$$

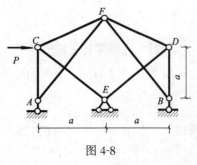

图 4-8

【例 4-2】 求图 4-9(a)所示桁架中 a、b、c、d 杆的轴力。

【解】 先由节点 F、G、D、I、B 依次定出 FE、FG、GD、GH、b、IB、BK 是零杆，再取截面 I-I 以右为分离体，如图 4-9(b)。

$$\Sigma M_K = N_d \times a - P/4 \times 4a = 0 \quad \therefore N_d = P, \quad \Sigma M_C = N_a \times a + P/4 \times 2a = 0 \quad \therefore N_a = -P/2$$

$$\Sigma Y = Y_C + P/4 = 0 \quad \therefore Y_C = -P/4 \quad \therefore N_C = \frac{Y_C}{a} \times \sqrt{5}a = -\frac{\sqrt{5}}{4}P_。$$

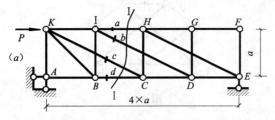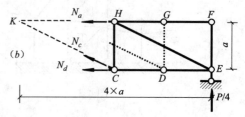

图 4-9

【例 4-3】 求图 4-10(a)所示对称桁架中杆 a、b 和 c 的内力。

【解】 由水平投影平衡方程得 $X_A = 0$，由对称性得到 $Y_A = Y_B = P$，C 节点是对称轴上的 K 形节点，所以 $N_{CE} = N_{CD} = 0$，因 B 节点是 T 形节点所以 $N_{BC} = N_{CA} = 0$。

取 I-I 截面以左为分离体（图 4-10b），

由 $\Sigma M_E = 0$ 得 $N_a = -P/2$，

由 $\Sigma M_G = 0$ 得 $N_c = P$，

由 $\Sigma Y = 0$ 得 $Y_b = -P$，

再由比例关系得：$N_b = \frac{Y_b}{a} \times \frac{\sqrt{5}}{2}a = -\frac{\sqrt{5}}{2}P$。

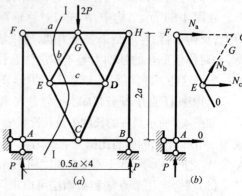

图 4-10

【例 4-4】 求图 4-11(a)所示桁架中 CD、FH 和 GH 杆的轴力。

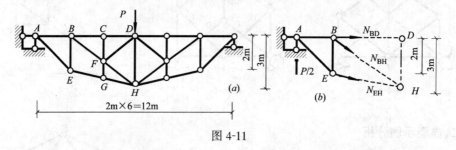

图 4-11

【解】 去掉零杆 CF、GF、FD，再取分离体如图 4-12(b)所示，

由 $\Sigma M_H = N_{BD} \times 3 + 0.5P \times 6 = 0$，得 $N_{BD} = -P$，由 $\Sigma M_B = X_{EH} \times 2 - 0.5P \times 2 = 0$，得 $X_{EH} = 0.5P$

所以 $\qquad Y_{EH} = \frac{X_{EH}}{4} \times 1 = 0.125P \qquad N_{EH} = \frac{X_{EH}}{4} \times \sqrt{17} = 0.515P$

再由 $\Sigma Y = 0.5P - Y_{EH} - Y_{BH} = 0$ 　得 $Y_{BH} = 0.375P$ 　所以 $N_{BH} = \dfrac{Y_{BH}}{3} \times 5 = 0.625P$

【例 4-5】 求图 4-12(a)所示桁架中 1、2 杆的轴力。

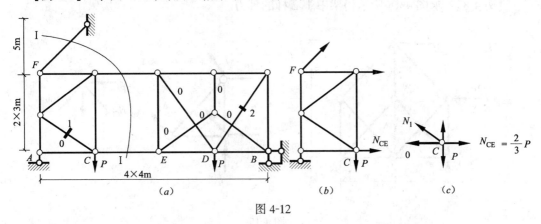

图 4-12

【解】 找出零杆如图 4-12 所示。再取图 4-12 所示截面以左为分离体(如图 4-12b),

$$\Sigma M_F = N_{CE} \times 6 - P \times 4 = 0,\text{解得}: N_{CE} = \frac{2P}{3}$$

再取 C 点为分离体(如图 4-12c),$\Sigma X = N_{CE} - N_1 \dfrac{4}{5} = 0, N_1 = \dfrac{5}{6}P$

再由 D 点,$\Sigma Y = Y_2 - P = 0, Y_2 = P, N_2 = \dfrac{\sqrt{6^2 + 4^2}}{6}P = \dfrac{\sqrt{13}}{3}P$。

【例 4-6】 求图 4-13 所示桁架中 AD、BE 杆的轴力。

【解】 取 I-I 截面以上为分离体,$\Sigma X = 0 \Rightarrow N_{FC} = 0$

取 II-II 截面以上为分离体,$\Sigma Y = 0 \Rightarrow N_{AD} = -P$

取 I-I 截面以上为分离体,$\Sigma M_C = Pa + N_{AD} \cdot 2a - N_{BE}a = 0, N_{BE} = -P$

【例 4-7】 求图 4-14 所示桁架中 a、b 和 c 杆的轴力。

【解】 由对称性及 C 点的竖向平衡知,CA、CB 是零杆。

由对称性知 $Y_A = 20kN$,取 I-I 截面以左为分离体如图4-14(b),

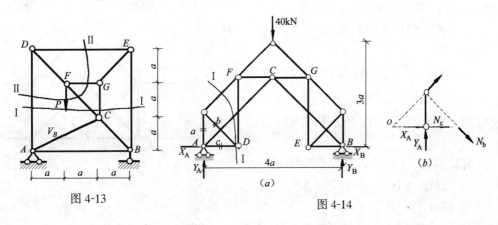

图 4-13　　　　　图 4-14

$$\Sigma M_O = Y_A a - Y_b 2a = 0, \quad Y_b = 10\text{kN} \rightarrow X_b = 10\text{kN}, N_b = 10\sqrt{2}\text{kN}.$$

D 点：$\Sigma X = 0 \rightarrow N_c = -10\text{kN}, \quad A$ 点：$\Sigma Y = 0 \rightarrow N_a = -20\text{kN}.$

【例 4-8】 求图 4-15 所示桁架中 1、2 杆的轴力。

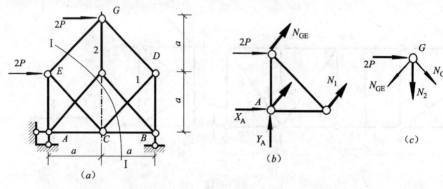

图 4-15

【解 1】 由 D 点 $\Sigma X = 0$ 得： $\qquad -N_1 = N_{GD}$ \hfill (1)

取 I-I 截面以左为分离体：

$$\Sigma M_A = 2Pa + N_{EG}\frac{1}{\sqrt{2}}a - N_1\frac{1}{\sqrt{2}}a = 0 \quad 得：N_1 - N_{EG} = 2\sqrt{2}P \tag{2}$$

由 G 点：$\Sigma X = 2P - N_{EG}\frac{1}{\sqrt{2}} + N_{GD}\frac{1}{\sqrt{2}} = 0 \quad 得：-N_{GD} + N_{EG} = 2\sqrt{2}P$ \hfill (3)

解方程(1)、(2)、(3)得：$N_1 = 2\sqrt{2}P, N_{EG} = 0$；由 G 点：$\Sigma Y = 0 \quad 得：N_2 = 2P.$

【解 2】 将荷载分两组如图 4-16(a)、(b)所示，

反对称情况下，$N_2 = 0, N_{GD} = -N_{GE}$，由 G 点

$\Sigma X = 0 \quad 得：X_{GD} = -P, N_{GD} = -\sqrt{2}P$

由 D 点

$$\Sigma X = X_1 + X_{GD} - P = 0$$

得：$X_1 = 2P, N_1' = 2\sqrt{2}P, N_2' = 0$

对称情况下，$N_1 = 0, N_{GD} = N_{GE}$，

由 D 点 $\Sigma X = 0 \quad 得：X_{GD} = -P, Y_{GD} = -P$

由 G 点

$\Sigma Y = N_2 + 2Y_{GD} = 0 \quad 得：N_2'' = 2P, N_1'' = 0$

$N_1 = N_1' + N_1'' = 2\sqrt{2}P \qquad N_2 = N_2' + N_2'' = 2P$

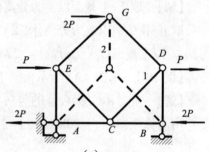

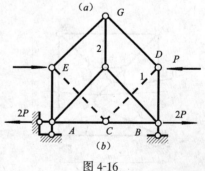

图 4-16

【例 4-9】 求图 4-17 所示桁架中 1、2、3 杆的轴力。

【解】 取 I-I 截面以右为分离体

$$\Sigma M_F = N_1 \times 6 - 4P - 8P = 0,$$

得：$N_1 = 2P$

注意到节点 H 上的两斜杆等值反号，再取 II-II 截面以右为分离体，

$$\Sigma Y = 2Y_2 - P - P = 0, 得: Y_2 = P, N_2 = \frac{5}{3}P$$

由 E 点 $\Sigma Y = N_3 + Y_2 - P = 0, 得: N_3 = 0$

【例 4-10】 求图 4-18(a)所示桁架中 1、2
杆的轴力。

【解】 取 I-I 截面以左如图 4-18(b)

$\Sigma M_D = 2aN_1 + 1.5P \times 2a = 0, 得: N_1 = -1.5P$

取 II-II 截面以下为分离体,如图 4-18(c)

$\Sigma M_C = 2aY_2 + Pa = 0, 得 Y_2 = -0.5P,$

$N_2 = \sqrt{5}\, Y_2 = -\frac{\sqrt{5}}{2}P。$

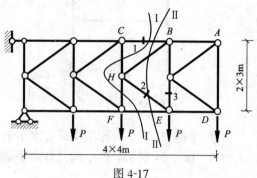

图 4-17

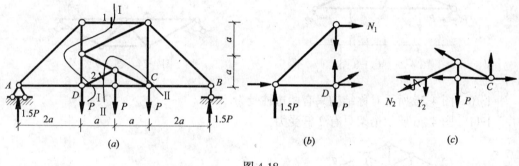

图 4-18

三、单元测试

1. 判断题

1-1 简单桁架按去除二元体的次序截取节点,可用节点法顺利的求出全部内力,否则就不能求出全部内力。 （ ）

1-2 零杆不受力,所以它是桁架中不需要的杆,可以撤除。 （ ）

1-3 图 4-19 所示结构中 $N_1 = 0$。 （ ）

1-4 图 4-20 所示对称结构中 $N_1 = -N_2$ （ ）

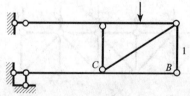

图 4-19 题 1-3 图

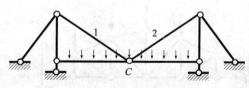

图 4-20 题 1-4 图

1-5 图 4-21 所示对称结构只有两边柱受力。 （ ）

1-6 图 4-22 所示两结构仅 AB、BC、CA 杆受力不同。 （ ）

1-7 平行弦梁式桁架在竖直向下的荷载作用下,内力最大的弦杆在跨中,内力最大的腹杆靠近支座。 （ ）

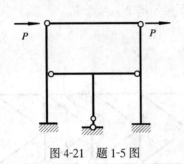

图 4-21 题 1-5 图　　　　图 4-22 题 1-6 图

1-8　图 4-23 所示对称结构只有水平梁受力。　　　　　　　　（　　）

1-9　图 4-24 所示对称结构只有水平梁受力。　　　　　　　　（　　）

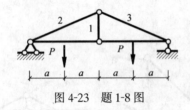

图 4-23 题 1-8 图

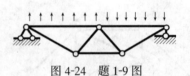

图 4-24 题 1-9 图

1-10　图 4-25 所示对称结构只有两边柱受力。　　　　　　　（　　）

1-11　图 4-26 所示桁架只有 2 杆受力。　　　　　　　　　　（　　）

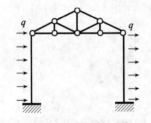

图 4-25 题 1-10 图

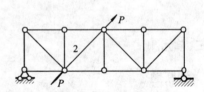

图 4-26 题 1-11 图

1-12　组合结构有两种类型的杆组成,一种是直杆,一种是曲杆或折杆。（　　）

1-13　如图 4-27 所示抛物线梁式桁架上、下弦各杆轴力相等。　（　　）

1-14　图 4-28 所示桁架中所有斜杆都是拉杆。　　　　　　　（　　）

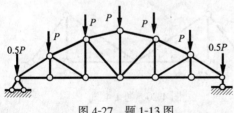

图 4-27 题 1-13 图

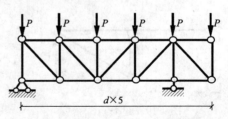

图 4-28 题 1-14 图

1-15　图 4-29 所示两结构,在 ACBED 部分除 DE 杆外其余各杆受力相同。　（　　）

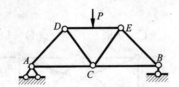 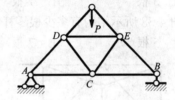

图 4-29 题 1-15 图

2．单项选择题

2-1 图 4-30 所示对称桁架中杆 1 与杆 2 的内力之间的关系是 （ ）

    A $N_1 = N_2 = 0$ B $N_1 = -N_2$ C $N_1 \neq N_2$ D $N_1 = N_2 \neq 0$

2-2 图 4-31 所示对称桁架中杆 1 与杆 2 的内力之间的关系是 （ ）

    A $N_1 = N_2 = 0$ B $N_1 = -N_2$ C $N_1 \neq N_2$ D $N_1 = N_2 \neq 0$

2-3 图 4-32 所示对称桁架中杆 1 与杆 2 的内力之间的关系是 （ ）

    A $N_1 = N_2 = 0$ B $N_1 = -N_2$ C $N_1 \neq N_2$ D $N_1 = N_2 \neq 0$

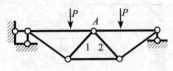 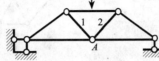 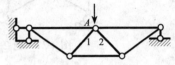

图 4-30 题 2-1 图   图 4-31 题 2-2 图   图 4-32 题 2-3 图

2-4 桁架计算的节点法所选分离体包含几个节点？ （ ）

    A 单个   B 最少两个   C 最多两个   D 任意个

2-5 桁架计算的截面法所选分离体包含几个节点？ （ ）

    A 单个   B 最少两个   C 最多两个   D 任意个

2-6 图 4-33 所示结构有多少根零杆？ （ ）

    A 5 根   B 6 根   C 7 根   D 8 根

2-7 图 4-34 所示结构有多少根零杆？ .（ ）

    A 5 根   B 6 根   C 7 根   D 8 根

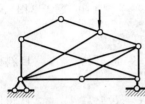 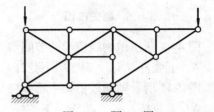

图 4-33 题 2-6 图   图 4-34 题 2-7 图

2-8 图 4-35 所示结构有多少根零杆？ （ ）

    A 9 根   B 6 根   C 7 根   D 8 根

2-9 图 4-36 所示结构有多少根零杆？ （ ）

    A 5 根   B 6 根   C 7 根   D 8 根

2-10 图 4-37 所示结构有多少根零杆？ （ ）

　　　　　A　5根　　　　　　　B　7根　　　　　C　10根　　　　D　11根

2-11　图4-38所示结构有多少根零杆?　　　　　　　　　　　　　　　　　　　(　　)

　　　　　A　5根　　　　　　　B　7根　　　　　C　9根　　　　　D　11根

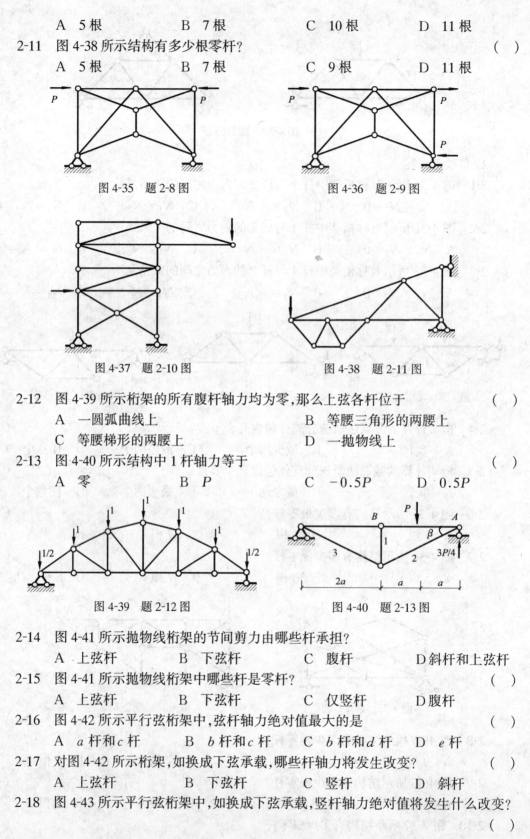

图4-35　题2-8图　　　　　　　　　　图4-36　题2-9图

图4-37　题2-10图　　　　　　　　　图4-38　题2-11图

2-12　图4-39所示桁架的所有腹杆轴力均为零,那么上弦各杆位于　　　　　　(　　)

　　　　　A　一圆弧曲线上　　　　　　　　　　B　等腰三角形的两腰上

　　　　　C　等腰梯形的两腰上　　　　　　　　D　一抛物线上

2-13　图4-40所示结构中1杆轴力等于　　　　　　　　　　　　　　　　　　(　　)

　　　　　A　零　　　　　　　　B　P　　　　　　　C　$-0.5P$　　　　D　$0.5P$

图4-39　题2-12图　　　　　　　　　图4-40　题2-13图

2-14　图4-41所示抛物线桁架的节间剪力由哪些杆承担?

　　　　　A　上弦杆　　　　　　B　下弦杆　　　　　C　腹杆　　　　　D　斜杆和上弦杆

2-15　图4-41所示抛物线桁架中哪些杆是零杆?　　　　　　　　　　　　　　(　　)

　　　　　A　上弦杆　　　　　　B　下弦杆　　　　　C　仅竖杆　　　　　D　腹杆

2-16　图4-42所示平行弦桁架中,弦杆轴力绝对值最大的是　　　　　　　　　(　　)

　　　　　A　a杆和c杆　　　　B　b杆和c杆　　　C　b杆和d杆　　D　e杆

2-17　对图4-42所示桁架,如换成下弦承载,哪些杆轴力将发生改变?　　　　(　　)

　　　　　A　上弦杆　　　　　　B　下弦杆　　　　　C　竖杆　　　　　　D　斜杆

2-18　图4-43所示平行弦桁架中,如换成下弦承载,竖杆轴力绝对值将发生什么改变?

　　　　　　　　　　　　　　　　　　　　　　　　　　　　　　　　　　　(　　)

A　不改变　　　　　　B　变大　　　　　　C　变小　　　　　　D　有些变大有些变小

2-19　图 4-44 所示桁架中 AB 杆的轴力与哪个荷载无关？　　　　　　　　　（　　）

A　P_1　　　　　　B　P_2　　　　　　C　P_3　　　　　　D　P_4

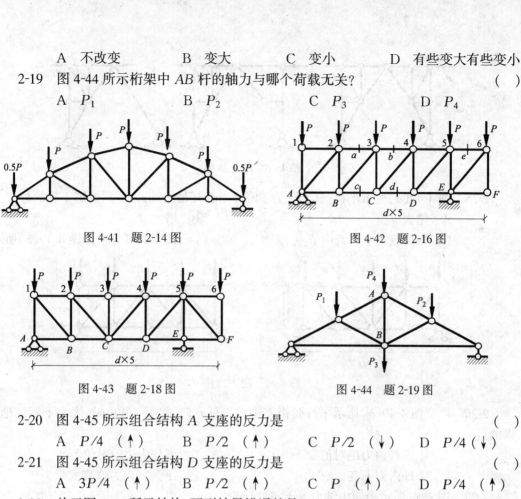

图 4-41　题 2-14 图　　　　　　　　　　　图 4-42　题 2-16 图

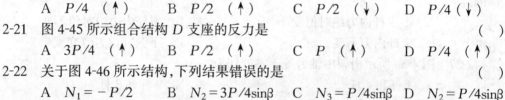

图 4-43　题 2-18 图　　　　　　　　　　　图 4-44　题 2-19 图

2-20　图 4-45 所示组合结构 A 支座的反力是　　　　　　　　　　　　　　（　　）

A　$P/4$（↑）　　　B　$P/2$（↑）　　　C　$P/2$（↓）　　　D　$P/4$（↓）

2-21　图 4-45 所示组合结构 D 支座的反力是　　　　　　　　　　　　　　（　　）

A　$3P/4$（↑）　　　B　$P/2$（↑）　　　C　P（↑）　　　　D　$P/4$（↑）

2-22　关于图 4-46 所示结构，下列结果错误的是　　　　　　　　　　　　（　　）

A　$N_1 = -P/2$　　　B　$N_2 = 3P/4\sin\beta$　　　C　$N_3 = P/4\sin\beta$　　　D　$N_2 = P/4\sin\beta$

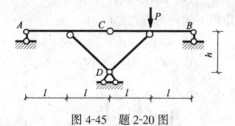

图 4-45　题 2-20 图

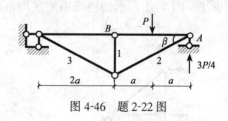

图 4-46　题 2-22 图

2-23　对图 4-47 所示结构，下列结果正确的是　　　　　　　　　　　　　（　　）

A　$N_1 = -P$　　　　　　　　　　　　　B　$N_2 = 0$

C　$N_1 = N_2 = -P/2$　　　　　　　　　D　$N_3 = P/3\sin\beta$

2-24　图 4-48 所示三结构的关系是　　　　（　　）

A　三结构轴力相同

B　三结构内力相同

C　三结构右半部分受力相同

D　三结构受力无任何关系

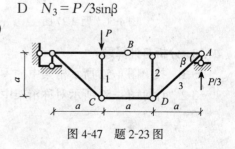

图 4-47　题 2-23 图

61

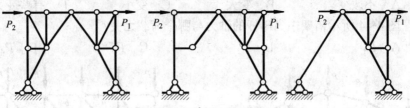

图 4-48 题 2-24 图

2-25 图 4-49(a)所示平行弦桁架,为了降低下弦杆最大轴力,下列措施正确的是（　）

A 增大 h B 增大 d

C 将荷载集中在跨中节点   D 改变斜杆方向如图 4-49(b)所示

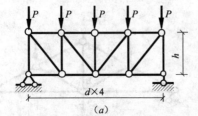 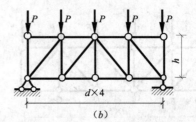

图 4-49 题 2-25 图

2-26 改变图 4-49(a)所示平行弦桁架中的斜杆方向,如图 4-49(b),那么下列结论错误的是 　　　　　　　　　　　　　　　　　　　　　　　（　）

A 上弦杆内力绝对值变小   B 斜杆内力绝对值不变

C 竖杆内力不变   D 下弦杆内力值变大

2-27 图 4-50 所示桁架中轴力等于零的杆为 　　　　　　　　　（　）

A 1 杆和 4 杆   B 2 杆和 3 杆

C 5 杆和 6 杆   D 1、4、5、6 杆

2-28 图 4-51 所示抛物线桁架在均布荷载作用下的内力特点是（　）

A $N_1 = N_2$ B $N_3 = N_4$

C $N_5 = -1$ D $X_1 = X_3 = -N_2 = -N_4$

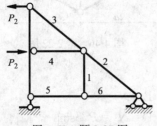 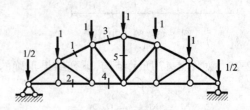

图 4-50 题 2-27 图   图 4-51 题 2-28 图

3. 分析与计算题

3-1 找出图 4-52 所示桁架中的零杆。

3-2 计算图 4-53 所示对称桁架中各杆轴力。

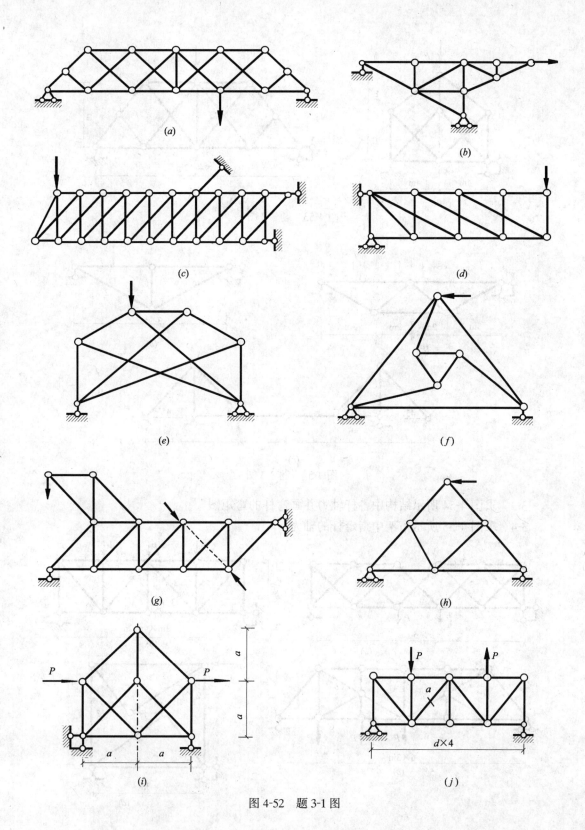

图 4-52 题 3-1 图

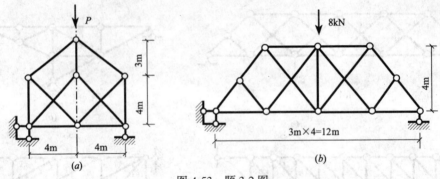

图 4-53　题 3-2 图

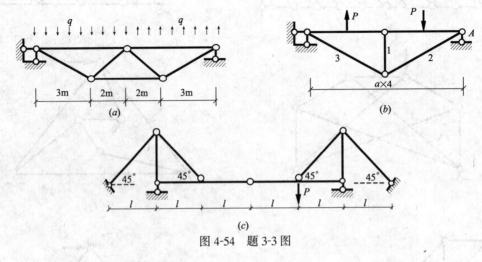

图 4-54　题 3-3 图

3-3　求图 4-54 所示结构中各杆轴力并画弯杆的弯矩图。

3-4　求图 4-55 所示桁架中指定杆的轴力。

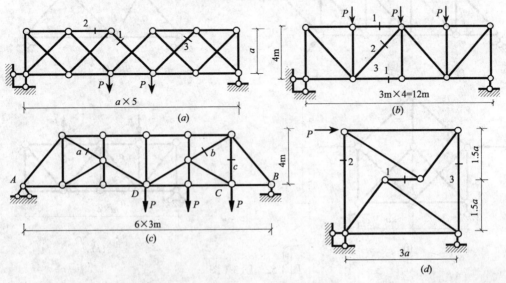

图 4-55　题 3-4 图(一)

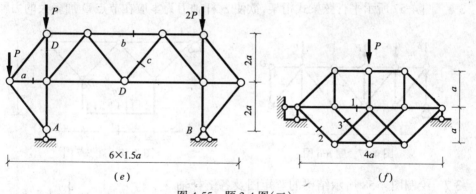

图 4-55 题 3-4 图(二)

3-5 求图 4-56 所示桁架中指定杆的轴力。

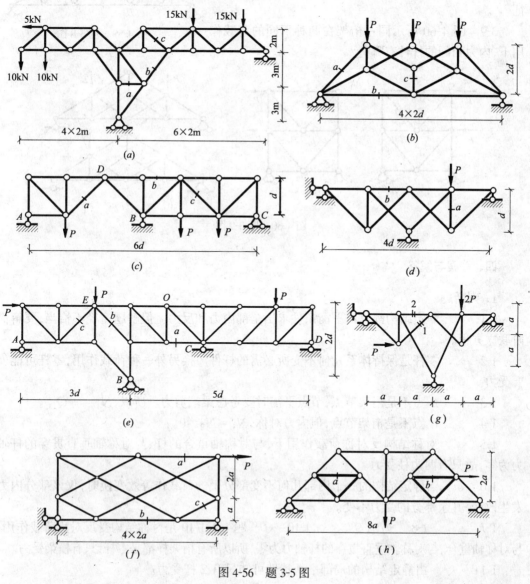

图 4-56 题 3-5 图

3-6 图 4-57 所示平行弦梁式桁架,欲使 a 杆轴力为零应在节点 D 加多大的力?

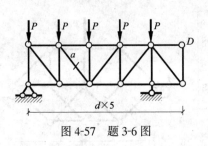

图 4-57 题 3-6 图

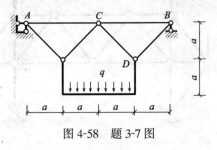

图 4-58 题 3-7 图

3-7 绘制图 4-58 所示结构的弯矩图及各链杆轴力。

3-8 分析图 4-59 所示桁架中指定杆的受力特征。

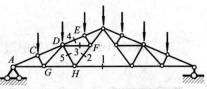

图 4-59 题 3-8 图

3-9 图 4-60 所示同一桁架在两种不同的荷载作用下,内力相同的杆件有哪些?

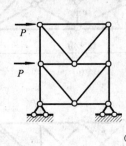
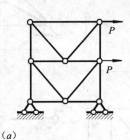

（a）

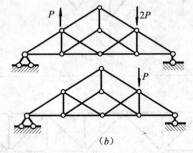

（b）

图 4-60 题 3-9 图

四、答案与解答

1. 判断题

1-1 × 静定结构都可由平衡条件求出全部内力和反力。但解题途径不恰当,要解高阶联立方程。

1-2 × 零杆是保持体系几何不变所必需的杆件。换另外一种荷载作用,零杆可能就要受力。

1-3 × B 点不是桁架节点,节点平衡时要考虑梁端剪力。所以,$N_1 = -Q_{BC}$。

1-4 × C 点不是桁架节点,但内力对称,$N_1 = N_2 \neq 0$。

1-5 √ 对称结构反对称荷载作用下,与对称轴重合的杆、与对称轴垂直贯穿的杆轴力为零,故只有两边柱受力。

1-6 √ 当静定结构的一个内部几何不变部分上的荷载作等效变换时,仅该部分内力发生改变,其余部分的受力不变。

1-7 √ 1-8 × 1-9 √ 1-10 √ 题 1-9、1-10 是对称结构受反对称荷载作用,与对称轴重合、与对称轴垂直贯穿的杆轴力为零,所以所有桁架杆都是零杆,只有横梁受力。

1-11 √ 由静定结构的局部平衡特性可知只有 2 杆受力。

1-12 × 一种是梁式杆一种是桁架杆。

1-13 × 抛物线梁式桁架腹杆轴力为零,所有下弦杆轴力相等,所有上弦杆轴力的水平分量相等,等于下弦杆轴力。

1-14 √ 斜杆轴力竖向分量 $Y = \pm V^0$,V^0 图如图 4-61 所示,由截面法投影平衡可知,所有斜杆都受拉。

1-15 √

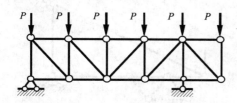 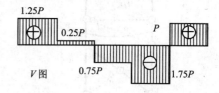

图 4-61 题 1-14 答图

2. 单项选择题

2-1 D A 点不是桁架节点,考虑 A 点平衡时不要丢掉梁端剪力。所以答案 A、B 是错的,对称结构对称荷载作用下,内力成对称分布。

2-2 A 对称结构对称荷载作用下,对称轴上的 K 形节点无外力作用时,两斜杆是零杆。

2-3 D 节点 A 有荷载作用,所以答案 A、B 是错的,

2-4 A   2-5 B   2-6 C(如图 4-62)   2-7 D(如图 4-63)

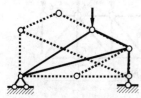 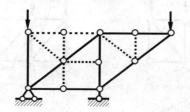 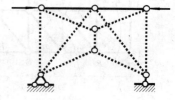

图 4-62 题 2-6 答图   图 4-63 题 2-7 答图   图 4-64 题 2-8 答图

2-8 A(如图 4-64)   2-9 C(如图 4-65)

2-10 B 由 Ⅰ-Ⅰ 截面以上 $\Sigma X = 0$ 得 $N_a = 0$,如图 4-66所示。

2-11 B 由 Ⅰ-Ⅰ 截面以左 $\Sigma M_A = 0$ 得 $N_a = 0$,进一步确定其他零杆,如图 4-67 所示。或先由与题 3-1(e)中同样的道理判断出 1、2、3 杆为零杆,进一步确定其他零杆。

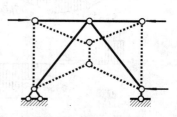

图 4-65 题 2-9 答图

2-12 D   2-13 C B 点不是桁架节点其受力图如图 4-68 所示。

2-14 A   2-15 D 抛物线桁架在均布荷载作用下,腹杆内力为零,节间剪力由上弦杆承担。

2-16 B 弦杆轴力为:$N = \pm \dfrac{M_i^0}{h}$,腹杆轴力的竖向分量为 $Y = \pm V^0$。其中 M_i^0 是相应的简支梁对应桁架节点处的截面 i 弯矩,求 $N_b(N_c)$ 对应的 $M_C^0(M_3^0)$ 最大。另外,$Y = \pm V^0$,V^0 是相应的简支梁对应桁架节间剪力,上弦承载时取上弦节间,下弦承载时取下弦

节间。不论是上弦承载还是下弦承载，M_0、Q_0 不变，当上弦节点下弦节点对齐时，i 截面位置不变，求斜杆轴力时所截断的上弦节间和下弦节间对齐，求竖杆轴力时所截断的上弦节间和下弦节间不对齐，如图 4-69 所示，所以上弦承载改为下弦承载，弦杆、斜杆轴力不变，竖杆轴力改变。

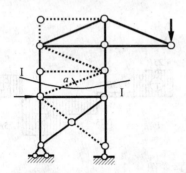

图 4-66　题 2-10 答图

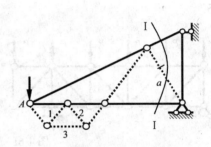

图 4-67　题 2-11 答图

2-17　C　（见题2-16解答）

2-18　C　见题2-16解答。求竖杆轴力时所截断的上弦节间和下弦节间不对齐，上弦节间靠外 V^0 绝对值大，下弦节间靠里 V^0 绝对值小如图4-70所示。

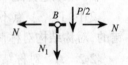

图 4-68　题 2-13 答图

2-19　D　无 P_1，P_2，P_3 作用时，AB 杆轴力为零。

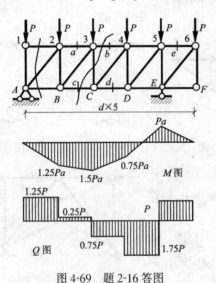

图 4-69　题 2-16 答图

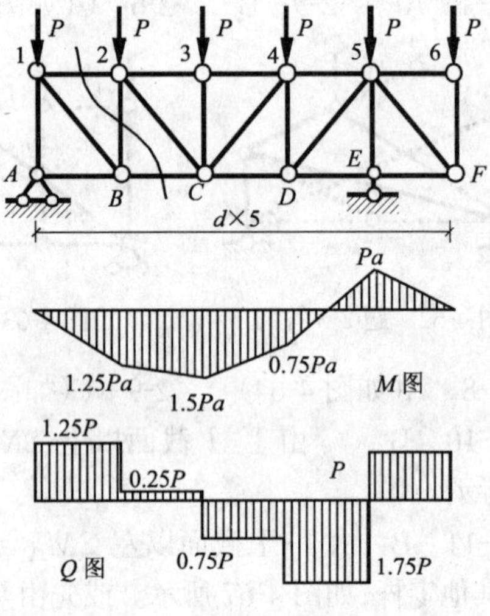

图 4-70　题 2-18 答图

2-20　D　将荷载分成对称和反对称荷载，对称荷载作用下，C 截面剪力为零，所以 $Y_{A对}=Y_{B对}=0$，$Y_{D对}=P(\uparrow)$，反对称荷载作用下，$Y_{D反}=0$，$Y_{A反}=-\dfrac{P}{4}(\downarrow)$，$Y_{B反}=\dfrac{P}{4}(\uparrow)$。

2-21　C　（见题 2-20 解答）

2-22　B　（如图 4-71 所示）

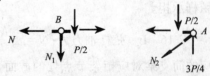

图 4-71　题 2-22 答图

2-23　C　先求出 CD 杆的轴力为 $P/2$,再由 C、D 点平衡求 1、2 杆轴力。

2-24　C　利用静定结构局部变换特性。

2-25　A　因为弦杆轴力为:$N = \pm \dfrac{M_i^0}{h}$,答案 B、C 将使简支梁的弯矩增大,答案 D 使矩心向里移一个节间,都会使下弦杆轴力增大。

2-26　C　弦杆轴力为:$N = \pm M_i^0/h$,腹杆轴力 $Y = \pm Q^0$。斜杆改变方向,不影响简支梁的弯矩图和剪力图,故斜杆轴力的绝对值不变,但斜杆改变方向,斜杆轴力方向也会改变,求上弦杆轴力时,矩心向外移一个节间,上弦杆轴力减小;求下弦杆轴力时,矩心向里移一个节间,下弦杆轴力增大;求竖杆所取截面截断的节间向里移,竖杆轴力绝对值减小。

2-27　A　　　2-28　D　(见题 1-13 解答)

3.分析与计算题

3-1(a)　按照 A、B、C、F、G、H、E 的次序判断出零杆,如图 4-72 中虚线所示。

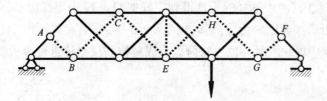

图 4-72　题 3-1(a)答图

3-1(b)　按照 A、B、C、D、E、F、G 的次序判断出零杆,如图 4-73 中虚线所示。

3-1(c)　按照 A、B、C、D、1、2、3、4、5、6、7、8、9、10、11 的次序判断出零杆,如图 4-74 中虚线所示。

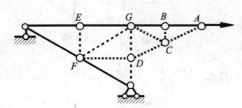

图 4-73　题 3-1(b)答图

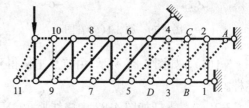

图 4-74　题 3-1(c)答图

3-1(d)　按照 A、B、C、D、E 的次序判断出零杆,如图 4-75 中虚线所示。

3-1(e)　设 $N_c > 0$,由 A 点 $\Sigma X = 0$,得 $N_b < 0$,由 B 点 $\Sigma X = 0$,得 $N_a < 0$,由 C 点 $\Sigma Y = 0$,得 $N_b > 0$,得到与前面 $N_b < 0$ 矛盾,于是断定 N_b 是零杆,进一步得到其他零杆如图 4-76 中虚线所示。

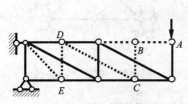

图 4-75　题 3-1(d)答图

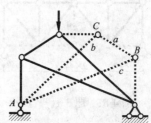

图 4-76　题 3-1(e)答图

3-1(f) 小三角形 abc 是附属部分,外力作用在基本部分上,附属部分不受力,零杆如图4-77中虚线所示。

3-1(g) 在图 4-78 中实线部分为两个几何不变部分,其上各受一平衡力系作用,由静定结构的局部平衡特性,得到零杆如图中虚线所示。

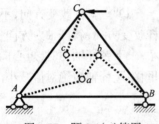

图 4-77　题 3-1(f)答图

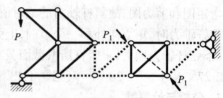

图 4-78　题 3-1(g)答图

3-1(h) 与题 3-1(e)中同样的道理得到零杆如图 4-79 中虚线所示。

3-1(i) 取图示截面以右为分离体,由 $\Sigma X=0$ 得到 $N_1=0$,再由 B、C、D 点判断出其他零杆,如图 4-80 中虚线所示。也可将荷载分成对称和反对称进行分析然后再叠加。

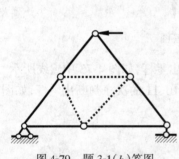

图 4-79　题 3-1(h)答图

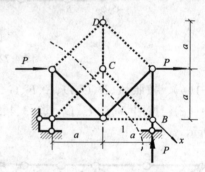

图 4-80　题 3-1(i)答图

3-1(j) 如图 4-81 所示,由节点平衡得到 1 杆是零杆,2、3 杆轴力反对称,所以它们是零杆。

3-2(a) 零杆如图 4-82 中虚线所示,$N_1=-P$,$N_{AB}=-0.707P$,$N_{BC}=0.5P$。左边与右边内力对称。

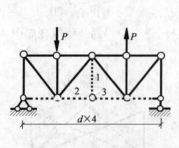

图 4-81　题 3-1(j)答图

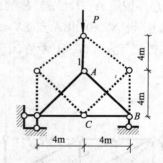

图 4-82　题 3-2(a)答图

3-2(b) 零杆如图 4-83 中虚线所示,各杆轴力如图 4-83 所示。

3-3(*a*)、(*b*)　对称结构在反对称荷载作用下,与对称轴垂直贯穿的杆、重合的杆轴力为零。依此定出零杆如图 4-84、图 4-85 中虚线所示,横杆弯矩图即简支梁的弯矩图。

3-3(*c*)　取分离体(*a*) $\Sigma M_{O1} = 0$,$\Sigma M_{O2} = 0$ 解出:$X = P/2$,$Y = P/4$,作出弯矩图和轴力图如图 4-86(*b*)所示。

图 4-83　题 3-2(*b*)答图

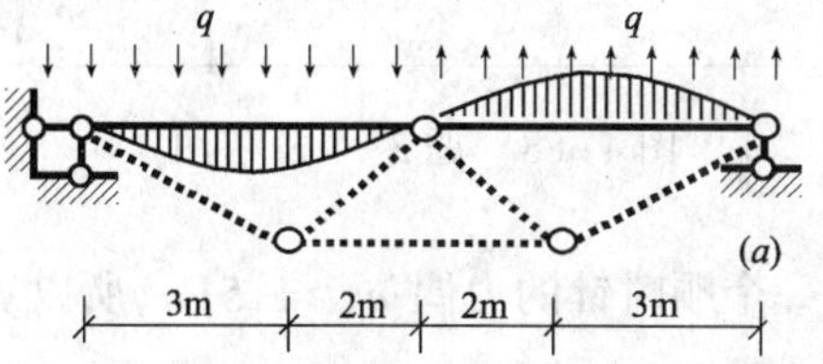

图 4-84　题 3-3(*a*)答图

图 4-85　题 3-3(*b*)答图

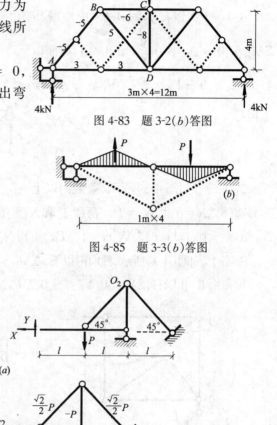

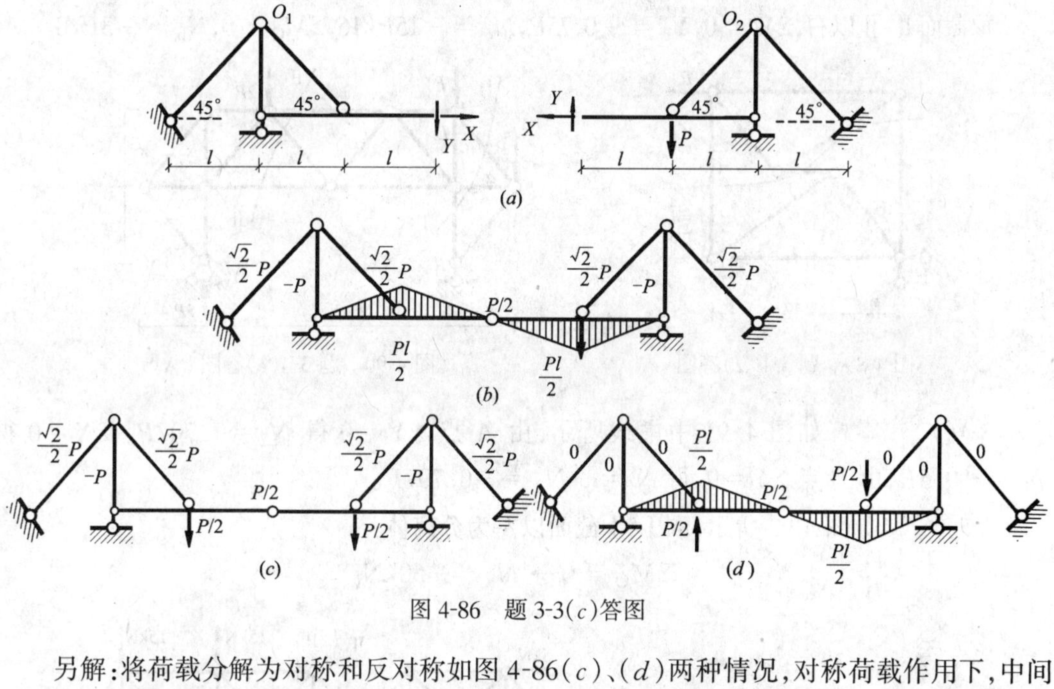

图 4-86　题 3-3(*c*)答图

另解:将荷载分解为对称和反对称如图 4-86(*c*)、(*d*)两种情况,对称荷载作用下,中间铰处的剪力为零,各杆无弯矩,求出轴力如图 4-86(*c*);反对称荷载作用下,中间铰处的轴力为零,进一步推出各杆轴力为零,作出弯矩图如图 4-86(*d*)所示。再将两图叠加。

3-4(*a*)　取图 4-87 所示截面以左为分离体 $\Sigma M_B = 0$ 得 $N_1 = -2.828P$,由 *A* 点,$\Sigma Y = 0$ 得 $N_4 = -N_1$,$\Sigma X = 0$ 得 $N_2 = -4P$,由 *C* 点,$\Sigma Y = 0$ 得 $N_3 = 4.242P$。

3-4(*b*)　$N_1 = -1.125P$,$N_3 = 1.5P$,

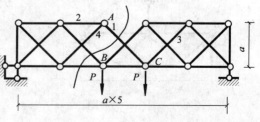

图 4-87　题 3-4(*a*)答图

$N_2 = -0.625P$。

3-4(c) 零杆如图 4-88 中虚线所示。Ⅰ-Ⅰ截面以左：$\Sigma Y = 0 \to N_a = \dfrac{\sqrt{13}}{2}P$，

$\Sigma M_D = 0 \to N_d = -\dfrac{9}{4}P$；Ⅱ-Ⅱ截面以

右：$\Sigma M_C = 0 \to X_b = \dfrac{3}{4}P$，$Y_b = \dfrac{P}{2}$，$N_b = $

$\dfrac{\sqrt{13}P}{4}$，$\Sigma Y = Y_b + N_c - 2P = 0 \to N_c = $

$\dfrac{3P}{2}$。

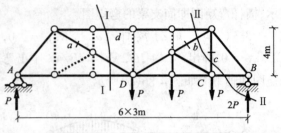

图 4-88　题 3-4(c) 答图

3-4(d) 如图 4-89 所示，取截面以上

为分离体 $\Sigma X = 0$ 得 $N_1 = P$。荷载 P 和 N_1 组成一个顺时针的力偶 $m = 1.5Pa$，所以 N_2 和

N_3 组成一个逆时针的力偶 $m = 1.5Pa$，可得 $N_2 = -N_3 = 0.5P$。

3-4(e) 如图 4-90 所示，截面Ⅰ-Ⅰ以下，$\Sigma M_D = N_a 2a + P \times 1.5a = 0$，$N_a = -3P/4$；

取截面Ⅱ-Ⅱ以右，$\Sigma Y = 0$，$Y_c = -0.75P$，$N_c = -15P/16$，$\Sigma M_C = 0$，$N_b = -3P/8$。

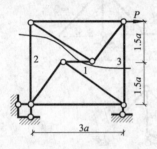

图 4-89　题 3-4(d)答图

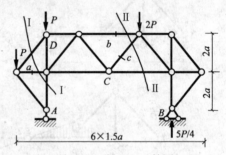

图 4-90　题 3-4(e)答图

3-4(f) 零杆如图 4-91 中虚线所示，由 A 点 $\Sigma Y = 0$ 得 $N_2 = 0.707P$，$\Sigma X = 0$ 得

$N_1 = -0.5P$，由 B 点 $\Sigma Y = 0$，得 $N_3 = -N_2 = -0.707P$。

3-5 (a) 如图 4-92 所示，取Ⅰ-Ⅰ截面以左为分离体：

$$\Sigma M_O = 0 \to N_a = -50\text{kN}$$

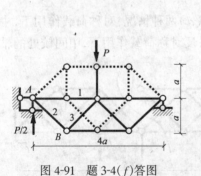

图 4-91　题 3-4(f)答图

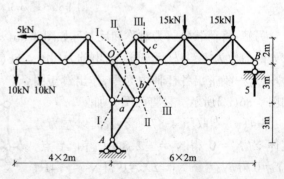

图 4-92　题 3-5(a)答图

取Ⅱ-Ⅱ截面以右为分离体：

$$\Sigma M_O = 0 \rightarrow Y_b = -45\text{kN}, N_b = Y_b \frac{\sqrt{13}}{3} = -15\sqrt{13}\text{kN}$$

取Ⅲ-Ⅲ截面以右为分离体:

$$\Sigma Y = 0 \rightarrow Y_c = -20\text{kN}, N_c = \sqrt{2}Y_c = -20\sqrt{2}\text{kN}$$

3-5(b) C 点平衡: $Y_1 = -0.5P, X_1 = -P$

取Ⅰ-Ⅰ截面以右为分离体,将所有的力沿 N_1 和 N_b 分解如图 4-93 所示,沿 N_b 方向列平衡方程: $N_b + 2P - 3P = 0, N_b = P$;对 E 点建立力矩平衡:

$$\Sigma M_E = 1.5P \times 4d - P \times 2d + X_2 \times d + X_1 \times 2d = 0 \rightarrow X_2 = -2P, Y_2 = -P$$

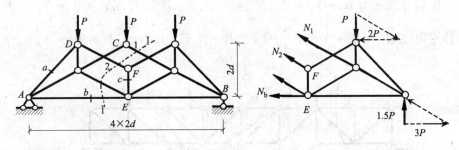

图 4-93 题 3-5(b)答图

由 F 点竖向投影平衡并考虑到对称性得: $N_c = 2Y_2 = -2P$

由 D 点水平投影平衡得:

$$X_a = X_2 = -2P, N_a = -2.828P$$

3-5(c) 如图 4-94 所示,取Ⅰ-Ⅰ截面以左:

$$\Sigma M_D = 0 \rightarrow Y_A = P/2,$$

$$\Sigma Y = 0 \rightarrow N_a = \sqrt{2}P/2$$

整体: $\Sigma M_B = 0 \rightarrow Y_C = 5P/6$,Ⅱ-Ⅱ
以左: $\Sigma M_B = 0 \rightarrow N_b = P/2$

Ⅲ-Ⅲ 以右: $\Sigma Y = 0 \rightarrow Y_c = P/6$,
$N_c = \sqrt{2}Y_c = \sqrt{2}P/6$。

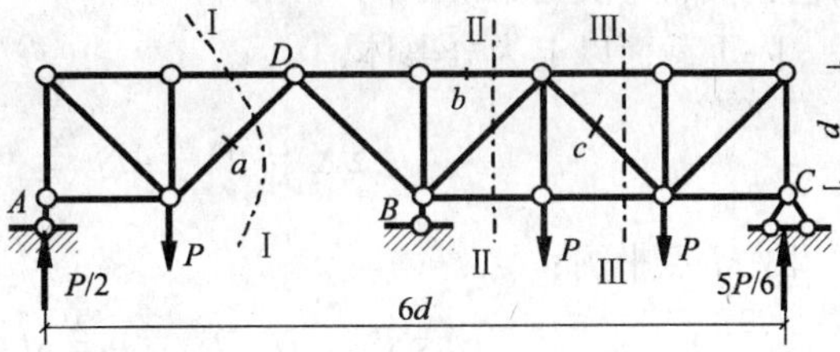

图 4-94 题 3-5(c)答图

3-5(d) 将荷载分解为对称和反对
称荷载,对称情况下判定出零杆如图 4-95(a) 中虚线所示, $N_{a1} = 0, N_{b1} = 0.5P$。

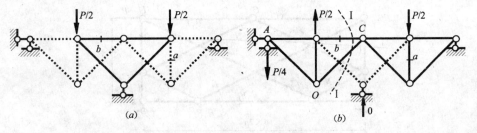

图 4-95 题 3-5(d)答图

反对称情况下判定出零杆如图 4-95(b) 中虚线所示，Ⅰ-Ⅰ 截面以左为分离体：$\Sigma M_C = 0$ 得到：$Y_A = P/4$，$\Sigma M_O = 0$ 得到：$N_{b2} = P/4$，$N_{a2} = -P/2$，$N_a = N_{a1} + N_{a2} = -P/2$，$N_b = N_{b1} + N_{b2} = 0.75P$。

3-5(e)　如图 4-96 所示，整体平衡 $\Sigma X = 0$ 得：$X_B = P$，B 点 $\Sigma X = 0$ $X_{BG} = -P$

Ⅰ-Ⅰ 以左，$\Sigma M_E = Y_A 2d + X_{GB} d = 0$，$Y_A = \dfrac{P}{2}(\downarrow)$，$\Sigma Y = 0 \rightarrow Y_b = -\dfrac{P}{2}$，$N_b = -\dfrac{\sqrt{2}}{2}P$；

Ⅱ-Ⅱ 以左，$\Sigma Y = 0 \rightarrow Y_c = \dfrac{P}{2}$，$N_c = \dfrac{\sqrt{2}}{2}P$，Ⅲ-Ⅲ 以右，$\Sigma Y = 0 \rightarrow Y_D = P$；

整体平衡，$\Sigma M_B = 0 \rightarrow Y_C = \dfrac{3}{4}P(\downarrow)$，Ⅳ-Ⅳ 截面以右，$\Sigma M_O = 0 \rightarrow N_a = \dfrac{P}{4}$。

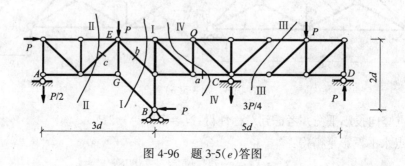

图 4-96　题 3-5(e)答图

3-5(f)　设 N_c 为拉力 N，由节点 F、G、C、D、E 投影平衡可连续推得各斜杆内力均为 N，但正负符号交替，如图 4-97 所示。

Ⅰ-Ⅰ截面以上为分离体，

$$\Sigma X = P - 4N \frac{2}{\sqrt{5}} = 0, N = \frac{\sqrt{5}P}{8};$$

由 H 点平衡：

$$\Sigma X = P - N_a - \frac{2}{\sqrt{5}}N = 0 \rightarrow N_a = \frac{3}{4}P;$$

由 F 点平衡：　$$\Sigma X = -N_b + 2 \times N \frac{2}{\sqrt{5}} = 0 \rightarrow N_b = \frac{P}{2}。$$

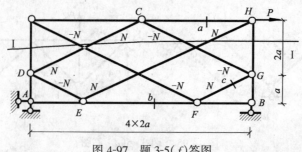

图 4-97　题 3-5(f)答图

3-5(g)　如图 4-98 所示，b-b 截面以右：$\Sigma M_{\mathrm{O}} = 2P \times a - N_2 \times 2a = 0$，解得：$N_2 = P$，

a-a 截面以左：$\Sigma M_{\mathrm{O}_1} = P \times 3a - P \times 2a + N_2 \times 2a + N_1 \times 2\sqrt{2}a = 0$，$N_1 = -3\sqrt{2}P/4$。

3-5(h)　如图 4-99(a)所示，设 $N_a > 0$，由 A 点投影平衡，得 $N_{\mathrm{AB}} < 0$，由 B 点 $\Sigma Y = 0$，得 $N_{\mathrm{BC}} > 0$，由 C 点得 $N_a < 0$，与假设 $N_b > 0$ 矛盾，于是断定 a、AB、BC 杆是零杆。

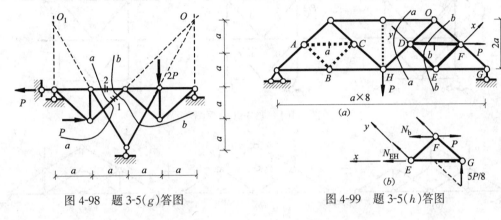

图 4-98　题 3-5(g)答图　　　　图 4-99　题 3-5(h)答图

设 $N_{\mathrm{ED}} = X$，由 E 点 $\Sigma Y = 0$　$N_{\mathrm{EF}} = -X$，由 D 点 $\Sigma Y = 0$　$N_b = -\sqrt{2}X$，

由 F 点 $\Sigma X = \dfrac{P}{\sqrt{2}} - N_{\mathrm{EF}} - \dfrac{N_b}{\sqrt{2}} = 0 \rightarrow N_b = \dfrac{P}{2}$。

另解：整体平衡 $Y_{\mathrm{G}} = 5P/8$；a-a 截面以右：$\Sigma M_{\mathrm{O}} = 0$，解得：$N_{\mathrm{EH}} = 9P/8$，

b-b 截面以右为分离体（图 4-99b），将所有的力沿 x、y 轴分解：$\Sigma X = N_{\mathrm{EH}} + N_b - P - 5P/8 = 0$，得：$N_b = P/2$。

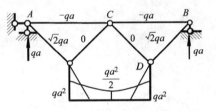

3-6　Y_a 等于第二个节间剪力 $0.5P$，在 D 点加 $2P$ 的荷载，使该节间再产生 $-0.5P$ 节间剪力。

3-7　零杆、轴力及弯矩图如图 4-100 所示。

图 4-100　题 3-7 答图

3-8　由 C 点平衡得 CG 杆受压；由 G 点平衡得 GD 杆受拉；由 E 点平衡得 EF 杆受压；由 F 点平衡得 3 杆受拉；由 D 点平衡得 5 杆受压；由 H 点平衡得 2 杆受拉；另外，梁式桁架上弦杆受压，下弦杆受拉。

3-9(a)　如图 4-101 所示，将荷载分解为对称与反对称两种情况。反对称荷载下两种情况内力相同；对称荷载下，两种情况，除了水平杆轴力不同外，其余杆轴力全为零。所以两种荷载下除了水平杆外，其余各杆轴力相同。

3-9(b)　图 4-102(a)等于图 4-102(b)加图 4-102(c)，而图 4-102(b)是对称结构受反对称荷载，与对称轴重合的杆为零，进而确定其他零杆如图 4-102 中虚线所示。所以，两种情况下虚线所示杆件轴力相等。

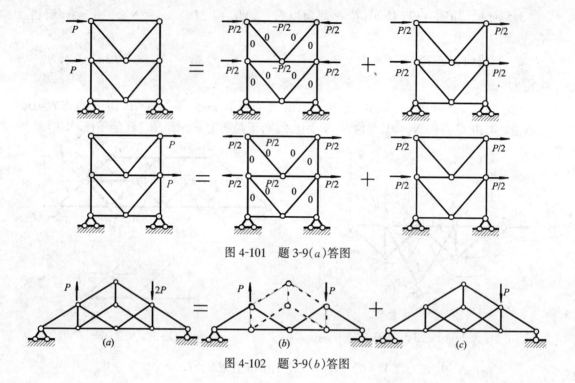

图 4-101 题 3-9(a)答图

图 4-102 题 3-9(b)答图

第五章 静定结构的位移计算

一、重点难点分析

1. 虚功原理

(1)实功与虚功

实功:力在自身引起的位移上做的功。实功恒为正。$T_{11} = \frac{1}{2}P_1\Delta_{11}$

虚功:当做功的力与相应的位移没有因果关系时,就把这种功称为虚功。所以,虚功是指做功的位移不是由做功的力产生的。虚功可为正也可为负。$T_{12} = P_1\Delta_{12}$。

(2)广义力和广义位移

在虚功表达式中涉及两方面因素:一个是与力有关的因素,它可以是一个力、一个力偶、一对力、一对力偶,甚至是一个力系,这些与力有关的因素称为广义力;另一个是与广义力相应的位移因素。例如,与集中力相应的位移是线位移,与集中力偶相应的位移是角位移,与等值、反向、共线的一对力相应的位移是两力作用点的间距的改变量等等。把这些与位移有关的因素称为广义位移。广义力与广义位移必须在同一条作用线上,且它们的乘积是虚功。所以:

$$T_{ij} = P_i(广义力) \times \Delta_{ij}(广义位移) \tag{5-1}$$

当广义位移与广义力方向一致时,虚功为正,相反时为负。

(3)变形体虚功原理

设状态①是满足平衡条件的力状态,状态②是满足变形连续条件的位移状态。如图 5-1 所示,状态①的外力在状态②的位移上做的虚功之和 T_{12},等于状态①各微段的内力在状态②各微段的变形上做的内力虚功之和 $V_{12}^{变}$。即:

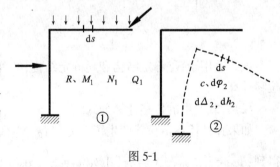

图 5-1

$$T_{12} = V_{12}^{变}$$

对于杆件结构,外力虚功: $T_{12} = \Sigma P\Delta + \Sigma Rc$

式中 Δ——位移状态中沿力 P 方向的位移;

c——位移状态中沿支座反力 R 方向的支座位移。

内力虚功: $V_{12}^{变} = \Sigma\int (M_1\mathrm{d}\varphi_2 + N_1\mathrm{d}\Delta_2 + Q_1\mathrm{d}h_2)$

式中,$\mathrm{d}\varphi_2$、$\mathrm{d}\Delta_2$、$\mathrm{d}h_2$ 分别为位移状态中与弯矩 M_1、N_1、Q_1 相应的变形;所以,杆件结构的虚功方程为:

$$\Sigma P\Delta + \Sigma Rc = \Sigma\int (M_1\mathrm{d}\varphi_2 + N_1\mathrm{d}\Delta_2 + Q_1\mathrm{d}h_2) \tag{5-2}$$

在虚功方程中有两组独立的物理量，即平衡力系 P、R、M_1、Q_1、N_1 和满足约束条件的微小连续位移及变形 Δ、c、$\mathrm{d}\varphi_2$、$\mathrm{d}h_2$、$\mathrm{d}\Delta_2$。式中的每一项都是虚功。

虚功原理的应用条件是：①力状态要满足平衡条件；②位移状态要满足约束条件，且是微小连续的。

因此虚功原理可以用于各种结构、各种不同的材料、各种原因产生的位移状态。

2. 位移计算方法——单位荷载法

(1)位移计算的一般公式

如结构在荷载、温度改变、支座移动等因素作用下而发生了如图 5-2 所示的变形和位移，这是结构的实际位移状态。要利用虚功方程求位移 Δ_{i2}（状态②中 i 方向的位移）。应先虚拟力状态：在欲求位移处沿着求位移的方向，加上与所求位移相应的广义单位荷载（如图 5-3）。求出虚拟力状态的内力和反力（$\overline{M}$、$\overline{N}$、$\overline{Q}$、$\overline{R}$）。由虚功方程，即得平面杆系结构位移计算的一般公式：

$$\Delta_{i2} = \Sigma\!\int (\overline{M}\mathrm{d}\varphi_2 + \overline{N}\mathrm{d}\Delta_2 + \overline{Q}\mathrm{d}h_2) - \Sigma\overline{R}c \tag{5-3}$$

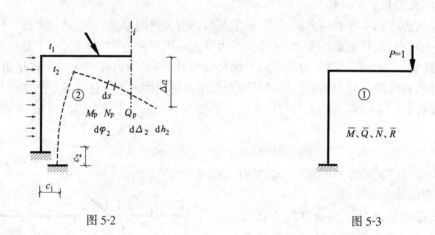

图 5-2   图 5-3

该式适用于：①静定结构和超静定结构；②弹性体系和非弹性体系；③各种因素产生的位移计算。

(2)荷载产生的位移计算公式

如果弹性体系由荷载产生了内力（M_P、N_P、Q_P），而内力产生的变形可由材料力学公式得到：$\mathrm{d}\varphi_2 = \dfrac{M_P}{EI}\mathrm{d}s$，$\mathrm{d}\Delta_2 = \dfrac{N_P}{EA}\mathrm{d}s$，$\mathrm{d}h_2 = \dfrac{\mu Q_P}{GA}\mathrm{d}s$　代入式(5-3)得：

$$\Delta_{iP} = \Sigma\!\int \left(\frac{\overline{M}M_P}{EI} + \frac{\overline{N}N_P}{EA} + \frac{\mu\overline{Q}Q_P}{GA}\right)\mathrm{d}s \tag{5-4}$$

注：①该式可用来求弹性体系由荷载产生的位移；

②该式既用于静定结构也用于超静定结构；

③第一、二、三项分别表示弯曲变形、轴向变形、剪切变形产生的位移；

④结构的类型不同，三种变形对位移的影响有很大的差别，式(5-4)可简化为：

梁、刚架只考虑弯曲变形　　　$\Delta_{iP} = \Sigma\!\int \dfrac{\overline{M}M_P}{EI}\mathrm{d}s$；

桁架只有轴向变形 $\qquad \Delta_{iP} = \Sigma \dfrac{\overline{N} N_P}{EA} l$

组合结构 $\qquad \Delta_{iP} = \Sigma \displaystyle\int \dfrac{\overline{M} M_P}{EI} \mathrm{d}s + \Sigma \dfrac{\overline{N} N_P l}{EA}$

拱 $\qquad \Delta_{iP} = \Sigma \displaystyle\int \dfrac{\overline{M} M_P}{EI} \mathrm{d}s$（一般实体拱）

$\qquad\qquad\qquad \Delta_{iP} = \Sigma \displaystyle\int \dfrac{\overline{M} M_P}{EI} \mathrm{d}s + \Sigma \displaystyle\int \dfrac{\overline{N} N_P \mathrm{d}s}{EA}$（扁平拱）

⑤对于具有弹性支承和内部弹性联结的结构,在位移计算公式中应增加弹性力的虚功项:$\Sigma \dfrac{\overline{R} R_P}{k}$,其中 $\overline{R}$、R_P 分别为虚拟状态和实际状态中弹性支承和内部弹性联结的弹性力,两者方向一致时,乘积为正,否则取负;k 为弹性支承和内部弹性联结的刚度系数;

⑥虚拟广义单位荷载必须与拟求的广义位移相对应。最常见的几种情形如图 5-4 所示。

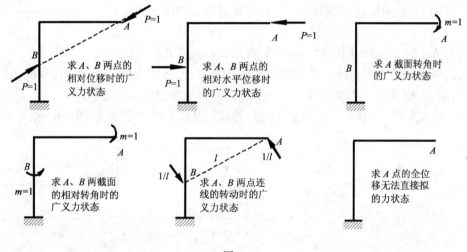

图 5-4

(3)温度改变引起的位移计算公式

$$\Delta_{it} = \Sigma \alpha t_0 \int \overline{N} \mathrm{d}s \pm \dfrac{\alpha \Delta t}{h} \int \overline{M} \mathrm{d}s = \Sigma \alpha t_0 \omega_N \pm \dfrac{\alpha \Delta t}{h} \omega_M \qquad (5\text{-}5)$$

式中 $\quad \alpha$——材料的线膨胀系数;

$\quad h$——杆件的截面高度;

$\quad t_0$——杆件轴线上的温度改变;

$\quad \Delta t$——杆件两侧温度改变之差。

正负规定:$\overline{N}$ 拉力为正,t_0 升温为正,$\overline{M}$ 与 Δt 产生的弯曲变形使杆件同侧受拉时乘积为正,否则为负。

(4)支座移动引起的位移计算公式

$$\Delta_{ic} = - \Sigma \overline{R} c \qquad (5\text{-}6)$$

单位荷载产生的反力与支座位移同向时,虚功为正,否则为负。

(5)制造误差引起的位移计算公式

制造误差通常是杆件长度偏差 λ_0 和直杆制成微弯杆(假设曲率半径 ρ_0 分段为常数),

将制造误差视为初变形,制造误差引起的位移就等于单位荷载产生的内力在这些初变形上做的虚功,即:

$$\Delta = \Sigma \pm \overline{N}\lambda_0 \pm \Sigma \frac{1}{\rho_0}\omega_{\overline{M}} \tag{5-7}$$

正负规定:$\overline{N}$、$\overline{M}$ 产生的变形与初变形方向一致时乘积为正,否则为负。

3. 图乘法

$$\Delta_{iP} = \Sigma \int \frac{\overline{M}M_P}{EI}\mathrm{d}s = \Sigma \frac{\omega y_0}{EI} \tag{5-8}$$

式中　ω——为一个弯矩图的面积,如图 5-5 所示;

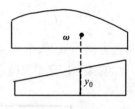

y_0——为另一个弯矩图中的竖标,如图 5-5 所示。

注:①图乘法的适用条件:a)EI = 常数;b)直杆;c)$\overline{M}$ 和 M_P 至少有一个是直线形;

②竖标 y_0 必须取在直线图形中,对应计算面积图形的形心处;

③当 $\overline{M}$、M_P 在基线同侧时,$\omega y_0 > 0$;否则,取 $\omega y_0 < 0$;

④当图乘法的适用条件不满足时的处理方法:a)曲杆或 $EI = EI(x)$ 时,只能用积分法求位移;b)当 EI 分段为常数或 $\overline{M}$、M_P 均非直线时,应分段图乘再叠加;

⑤二次抛物线(均布荷载作用下 M 图)的面积及形心位置公式:如图 5-6 所示。

图 5-5

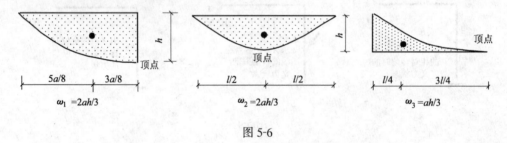

图 5-6

必须注意:抛物线的顶点($Q = 0$ 点)在 M 图曲线的中点或端点。

⑥当弯矩图的形心位置或面积不便于确定时,常将该图形分解为几个易于确定形心位置和面积的部分,并将它们分别与另一图形相乘,然后再将所得结果相加。下面分两种情况讨论:

a)直线图形乘直线图形:图 5-7 所示两直线图形相乘,先将第一个图形分成两个三角形,分别与第二个图形相乘再叠加,结果为:

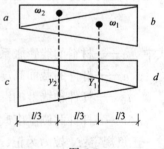

图 5-7

$$S = \omega_1 y_1 + \omega_2 y_2 = \frac{1}{2}al\left(\frac{1}{3}d + \frac{2}{3}c\right) + \frac{1}{2}bl\left(\frac{2}{3}d + \frac{1}{3}c\right)$$

$$= \frac{l}{6}(2ac + 2bd + ad + bc) \tag{5-9}$$

注:竖标在基线同侧时乘积为正值,在异侧乘积为负。各种直线形与直线形相乘,都可用式(5-9)处理。

b)非标准抛物线乘直线形:当抛物线的顶点($Q = 0$ 处)不在抛物线的中点或端点时,可将其分成直线形和简单抛物线(如图5-8),分别与另一图形相乘,再把乘得的结果相加。

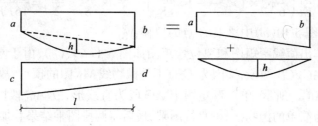

图 5-8

$$S = \frac{l}{6}(2ac + 2bd + ad + bc6) + \frac{2hl}{3}\frac{c+d}{2} \tag{5-10}$$

4．互等定理

①功的互等定理：状态1的外力在状态2的位移上做的虚功 T_{12}，等于状态2的外力在状态1的位移上做的虚功 T_{21}，即：$T_{12} = T_{21}$。

②位移互等定理：由第一个单位力引起的沿第二个单位力方向的位移 δ_{21}，等于第二个单位力引起的沿第一个单位力方向的位移 δ_{12}，即：$\delta_{12} = \delta_{21}$。

③反力互等定理：由于支座2的单位位移所引起的支座1的反力 r_{12}，等于由于支座1的单位位移所引起的支座2的反力 r_{21}，即：$r_{12} = r_{21}$。

以上各互等定理适用于线弹性体系，即 $\sigma = E\varepsilon$；小变形。

互等定理中的力和位移都可以是广义力和广义位移。用两个下标来表示其含义：第一下标表示该量值发生的位置，第二下标表示产生该量值的原因。如 δ_{ij} 表示第 j 个单位力 $(P_j = 1)$ 产生的第 i 个单位力方向的位移。

二、典型示例分析

【例 5-1】 求图 5-9(a)简支梁 B 截面的角位移。

【解】 作出荷载弯矩图和单位弯矩图如图 5-9(b)、(c)所示，将 M_P 分为两块如图 5-9(d)，分别与单位弯矩图相乘，再叠加，图乘结果如下：

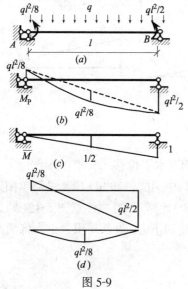

图 5-9

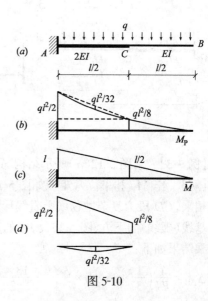

图 5-10

81

$$\theta_B = \frac{1}{EI}\left(\frac{l}{6}\left(2\times1\times\frac{ql^2}{2}-1\times\frac{ql^2}{8}\right)+\frac{2}{3}l\times\frac{ql^2}{8}\times\frac{1}{2}\right)=\frac{3ql^3}{16EI}(\curvearrowright)$$

【例 5-2】 求图 5-10(a)中梁上 B 点的位移 Δ_B^V。

【解】 分别作出荷载弯矩图和单位弯矩图如图 5-1(b)、(c)，由于刚度分段为常数，故先将弯矩图分为 AC、CB 两段，又因为 C 点不是抛物线 M_P 图的顶点，故须将 AC 段 M_P 图分为两块如图 5-10(d)所示，单位弯矩图中 AC 段为直线形，故 AC 段图乘可按式(5-9)计算，CB 段的 M_P 为简单的抛物线，可直接图乘，最后将两段图乘结果叠加：

$$\Delta_B^V=\frac{1}{EI}\frac{1}{3}\frac{ql^2}{8}\frac{l}{2}\times\frac{3}{4}\frac{l}{2}+\frac{1}{2EI}\frac{0.5l}{6}\left(2\frac{ql^2}{2}l+2\frac{ql^2}{8}\frac{l}{2}+\frac{ql^2}{2}\frac{l}{2}+\frac{ql^2}{8}l\right)$$

$$-\frac{1}{2EI}\frac{2}{3}\frac{l}{2}\frac{ql^2}{32}\times\frac{l+0.5l}{2}=\frac{17ql^4}{256EI}$$

本题容易出错的地方：

① 将杆件视为等截面杆，不加分段。

② 将 AC 段 M_P 图分割为矩形和曲边三角形，如图 5-10(b)所示，而用抛物线计算曲边三角形的面积和形心。因为 $Q_C\neq0$，C 点不是抛物线的顶点，不能按抛物线计算面积和形心。

③ 将图 5-10(d)中的小抛物线与图 5-10(c)相乘的结果取为正。注意图 5-10(d)中的小抛物线在基线的下方，图 5-10(c)中的直线在基线的上方，相乘结果取为负。

在本题中，沿杆长 l，M_P 图为标准图形，但 EI 分段为常数。图乘要分段、分块进行，比较麻烦。为了简化图乘，选 x 轴如图 5-11 所示，将位移计算公式简化如下：

$$\Delta_B^V=\int_0^{l_1}\frac{M_P\bar{M}}{EI_1}dx+\int_{l_1}^l\frac{M_P\bar{M}}{EI_2}dx=\int_0^{l_1}\frac{M_P\bar{M}}{EI_1}dx+\int_{l_1}^l\frac{M_P\bar{M}}{EI_2}dx+\int_0^{l_1}\frac{M_P\bar{M}}{EI_2}dx-\int_0^{l_1}\frac{M_P\bar{M}}{EI_2}dx$$

$$=\left(\frac{1}{EI_1}-\frac{1}{EI_2}\right)\int_0^{l_1}M_P\bar{M}dx+\frac{1}{EI_2}\int_0^l M_P\bar{M}dx$$

上式中的两项积分都是标准图形相乘。利用上式重解[例 5-2]，则

$$\Delta_B^V=\left(\frac{1}{EI_1}-\frac{1}{2EI_1}\right)\times\frac{1}{3}\frac{ql^2}{8}\frac{l}{2}\times\frac{3}{4}\frac{l}{2}+\frac{1}{2EI_1}\frac{1}{3}\frac{ql^2}{2}l\times\frac{3l}{4}=\frac{17ql^3}{256EI_1}(\downarrow)$$

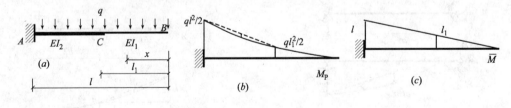

图 5-11

【例 5-3】 求图 5-12(a)所示结构 A、B 两点的相对水平位移。

【解】 作 M_P 和单位弯矩图如图 5-12(b)、(c)，其中 AC 段和 BD 段都是简单图形可以直接相乘，CD 段为复杂抛物线乘直线形，可按式(5-10)计算，不过要注意图 5-12(b)的抛物线在基线(虚线)的下方，图 5-12(c)中的直线也在基线的下方，两者乘积为正。将两个弯矩图相乘结果如下：

$$\Delta_{AB}=\frac{1}{EI}\left(\frac{1}{3}\times36\times6\times\frac{3\times6}{4}-\frac{18\times3}{2}\times\frac{2\times3}{3}\right)$$

$$+ \frac{1}{EI}\left(\frac{6}{6}(2 \times 36 \times 6 - 2 \times 18 \times 3 + 36 \times 3 - 18 \times 6) + \frac{2}{3} \times 6 \times 9 \times \frac{3+6}{2} \right) = \frac{756}{EI}(\rightarrow \leftarrow)$$

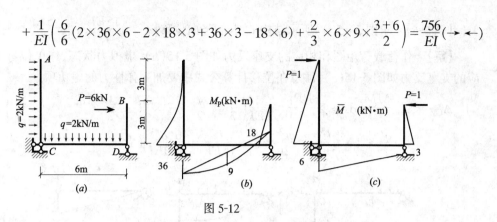

图 5-12

【例 5-4】 求图 5-13(a)所示结构 A 点的水平位移。各杆 EI 相同。

【解】 作 M_P 和单位弯矩图如图 5-13(b),(c),CD 段弯矩图分成直线形和一标准抛物线。

$$\Delta_{AH} = \frac{1}{EI}\left[\left(\frac{1}{2} \times 5 \times 50 \right)\left(\frac{5}{6} \times 10 \right) + \left(\frac{1}{2} \times 5 \times 50 \right)\left(\frac{2}{3} \times 10 \right) - \left(\frac{2}{3} \times 5 \times \frac{25}{4} \right)\left(\frac{1}{2} \times 10 \right) \right.$$
$$\left. + \left(\frac{1}{2} \times 5 \times 25 \right)\left(\frac{2}{3} \times 10 \right) + \frac{10}{6}(2 \times 20 \times 20 - 2 \times 10 \times 10 - 10 \times 20 + 10 \times 20) \right]$$
$$= \frac{3187.5}{EI}(\leftarrow)$$

【例 5-5】 求图 5-14(a)所示桁架中杆件 AC 和 AB 之间的相对转角 β。已知各杆 EA 相同。

【解】 虚拟力状态如图 5-14(b)。因为虚拟力状态是在几何不变部分 ABC 上作用一平衡力系,所以仅 AB、BC、AC 有轴力,其他杆轴力为零。在实际状态中也只需求出这三根杆的轴力如图 5-14 所示。

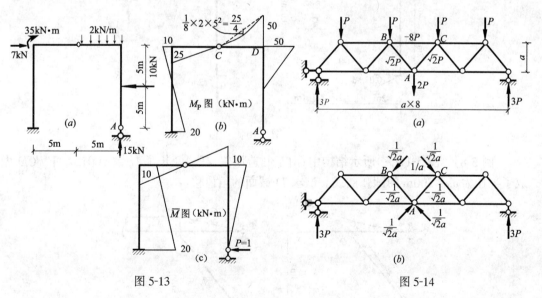

图 5-13   图 5-14

由桁架位移计算公式:$\Delta_{iP} = \Sigma \dfrac{\overline{N}N_P}{EA}l$ 可求得:

$$\beta = \frac{1}{EA}\left(-\frac{1}{\sqrt{2}a} \right)\sqrt{2}P \times \sqrt{2}a \times 2 + \frac{1}{EA}\frac{1}{a}(-8P) \times 2a = \frac{-(2\sqrt{2}+16)P}{EA}\text{()(}$$

【例5-6】 求图5-15(a)所示结构 C 点的竖向位移$\left(k_{\mathrm{M}}=\dfrac{15EI}{l},\ k_{\mathrm{N}}=\dfrac{5EI}{l^3}\right)$。

【解】 作荷载弯矩图和相应的支座反力如图5-15(b),虚拟力状态,作单位弯矩图和相应的支座反力如图5-15(c),注意在位移计算公式中要加上弹性力的虚功项。

$$\Delta_{\mathrm{CV}}=\Sigma\int\frac{\overline{M}M_{\mathrm{P}}}{EI}\mathrm{d}s+\Sigma\frac{\overline{R}R_{\mathrm{P}}}{k}=\frac{1}{EI}\left(\frac{2}{3}\times\frac{ql^2}{2}\times l\times\frac{5l}{8}+\frac{1}{2}\times\frac{ql^2}{2}\times l\times\frac{2l}{3}\right)$$

$$+\frac{ql}{2}\times1\times\frac{l^3}{5EI}+\frac{ql^2}{2}\times l\times\frac{l}{15EI}=\frac{61ql^4}{120EI}\ (\downarrow)$$

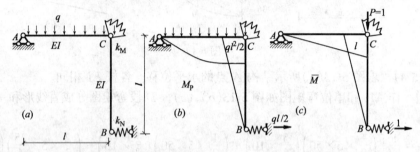

图 5-15

【例5-7】 图5-16(a)所示结构发生了支座移动,求铰 C 两侧截面的相对转动 θ_{C}。

【解】 虚拟力状态,求出反力如图5-16(b),代入式(5-6)得:

$$\theta_{\mathrm{C}}=-\Sigma\overline{R}_{\mathrm{C}}=-\left(2\times0.01-\frac{1}{2}\times0.01\right)=-0.015\mathrm{rad}(\text{〕〔})$$

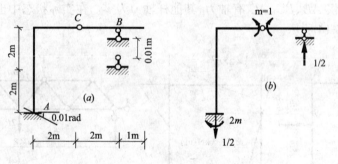

图 5-16

【例5-8】 图5-17(a)所示结构中,由于制造误差,杆 AC 长了 $\lambda_0=0.001\mathrm{m}$,杆 BCD 做成了半径为 $\rho_0=200\mathrm{m}$ 的圆弧曲线。试求 D 截面的角位移。

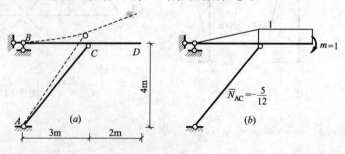

图 5-17

【解】 虚拟相应的单位荷载,求出弯杆弯矩和链杆轴力如图 5-17(b)。

制造误差引起的位移就等于单位荷载产生的内力在这些初变形上作的虚功,即:

$$\theta = \Sigma \pm \bar{N}\lambda_0 \pm \Sigma \frac{1}{\rho_0}\omega_{\bar{M}} = -\frac{5}{12}\times 0.001 - \frac{1}{200}\times\left(\frac{1}{2}\times 3\times 1 + 2\times 1\right)$$

$$= -\frac{215}{12000}(\text{rad})(\curvearrowright)$$

【例 5-9】 已知图 5-18(a)结构的弯矩图,求图(b)结构由于支座 A 的转动引起的 C 点的挠度。

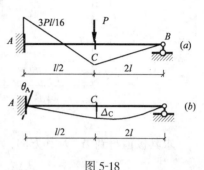

【解】 根据功的互等定理,$T_{ab} = T_{ba}$,而状态 b 中只有支座反力,并且这些支座反力对应的状态 a 中的支座位移全为零,所以:$T_{ba} = 0$,所以:$T_{ab} = P\Delta_C -$
$3Pl/16\times\theta_A = T_{ba} = 0$

所以:$\Delta_C = 3\theta_A l/16$

图 5-18

【例 5-10】 已测得图 5-19(a)结构各点的挠度,求图 5-19(b)结构在荷载作用下支座 A 的反力。

【解】 解除 A 支座约束代以约束力 X,建立功的互等定理:

$T_{ac} = T_{ca}$,而:$T_{ac} = 1\times\Delta_A = 0 = T_{ca} = X\times 0.10 + 100\times 0.02 - 50\times 0.03 - 100\times 0.03$

解得: $X = 25\text{kN}$

【例 5-11】 图 5-20(a)所示结构受均布荷载 q,EI 为常数,$k_1 = k_2 = 8EI/l$,$k_3 = 48EI/l^3$,求铰 C 左右两截面的相对转动。

【解】 作荷载弯矩图和单位弯矩图,如图 5-20(b)、(c),并求出弹性支座处的反力(偶)。

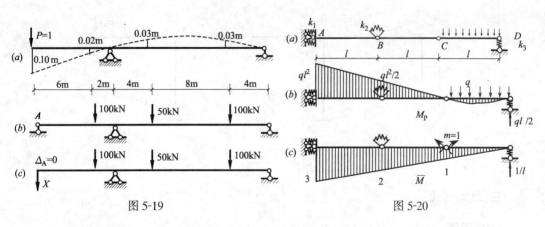

图 5-19

图 5-20

$$\varphi_C = \Sigma\int\frac{\bar{M}M_P}{EI}\mathrm{d}s + \Sigma\frac{\bar{R}R_P}{k} = \frac{1}{EI}\left(\frac{2}{3}\times\frac{ql^2}{8}\times l\times\frac{1}{2} - \frac{1}{2}\times 2l\times ql^2 P\left(\frac{2}{3}\times 3 + \frac{1}{3}\right)\right)$$

$$+ \frac{ql}{2}\times\frac{1}{l}\times\frac{l^3}{48EI} - \frac{ql^2}{2}\times 2\times\frac{l}{8EI} - ql^2\times 3\times\frac{l}{8EI} = -\frac{89ql^3}{32EI}(\smile)(\smile)$$

【例 5-12】 求图 5-21 所示刚架 A 点的全位移 Δ_A。

【解 1】 因为 Δ_A 方向未知,沿任意方向 α 加单位荷载,求出的是 Δ_A 在 α 方向上的投影,如果 α 方向与 β 方向重合,该投影取最大值,即 Δ_A。

作荷载弯矩图和单位弯矩图如图 5-21(b)、(c),图乘求出 A 点 α 方向位移,

$$\Delta_A^\alpha = \frac{1}{EI}\left(\frac{1}{3}\frac{ql^2}{2}l \times \frac{3}{4}l\cos\alpha + \frac{l}{2}\left[l\cos\alpha + l(\cos\alpha + \sin\alpha)\right]\frac{ql^2}{2}\right) = \frac{ql^4}{8EI}(5\cos\alpha + 2\sin\alpha)$$

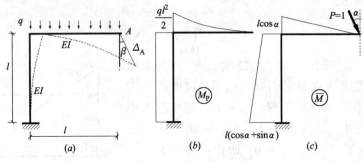

图 5-21

求其极值得到 Δ_A 及其方向:

$$\frac{d\Delta_A^\alpha}{d\alpha} = \frac{ql^4}{8EI}(-5\sin\alpha + 2\cos\alpha) = 0,$$

$$\therefore \tan\alpha = 0.4,即:\alpha = 21.8° 时 \Delta_{Amax}^\alpha = \Delta_A = 0.673\frac{ql^4}{EI}$$

【解2】 求出 Δ_A 的水平分量和竖向分量,再合成。

作荷载弯矩图和单位弯矩图如图 5-22(a)、(b)、(c),图乘求出 A 点位移的两个投影,

$$\Delta_A^H = \frac{1}{EI}\frac{l^2}{2}\frac{ql^2}{2} = \frac{ql^4}{4EI},\ \Delta_A^V = \frac{1}{EI}\left(\frac{1}{3}\frac{ql^2}{2}l \times \frac{3}{4}l + \frac{ql^2}{2}l \times l\right) = \frac{5ql^4}{8EI}$$

$$\Delta_A = \sqrt{\Delta_A^{H^2} + \Delta_A^{V^2}} = 0.673\frac{ql^4}{EI},\ \beta = \arctan\frac{\Delta_A^H}{\Delta_A^V} = \arctan 0.4 = 21.8°$$

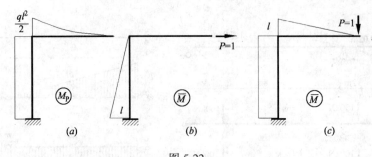

图 5-22

三、单元测试

1. 判断题

1-1 静定结构由于支座移动引起的位移与刚度无关。 ( )

1-2 结构发生了变形,必然会引起位移,反过来,结构有位移必然有变形发生。 ( )

1-3 功的互等原理是由虚功原理推出的,因此它适用于弹性体系和非弹性体系。 ( )

1-4 反力互等定理仅对超静定结构才有使用的价值。 ( )

1-5 图 5-23 所示体系角位移 δ_{21} 和线位移 δ_{12} 不仅数值相等,且量纲也相同。 ( )

1-6 图 5-24 所示斜梁与水平梁弯矩图相同,刚度相同,所以两者的 θ_B 也相同。 ( )

86

1-7　图 5-25 所示两个图形相乘的结果是 $S=ac\times\frac{a}{2}+\frac{1}{3}da\times\frac{3a}{4}$。　（　）

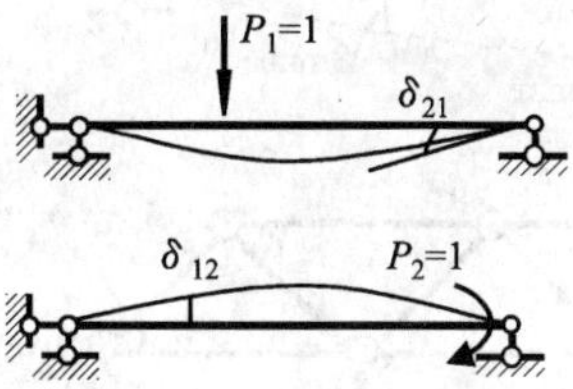

$P_1=1$
δ_{21}
δ_{12}
$P_2=1$

图 5-23　题 1-5 图

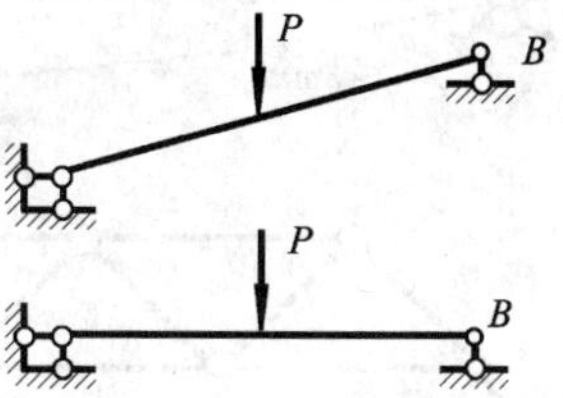

P
B
P
B

图 5-24　题 1-6 图

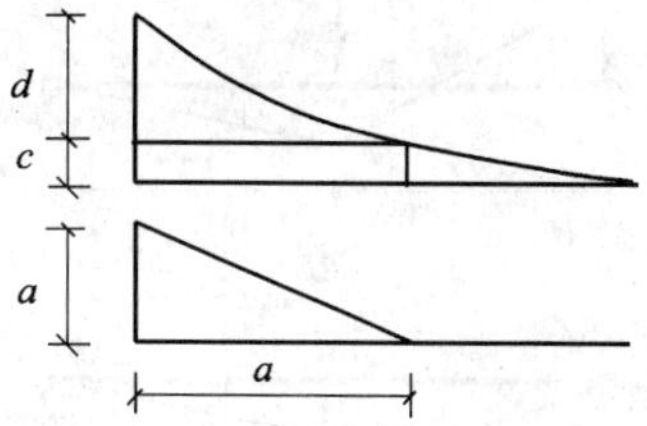

d
c
a
a

图 5-25　题 1-7 图

1-8　判断图 5-26 所示各图乘结果正确与否。　（　）

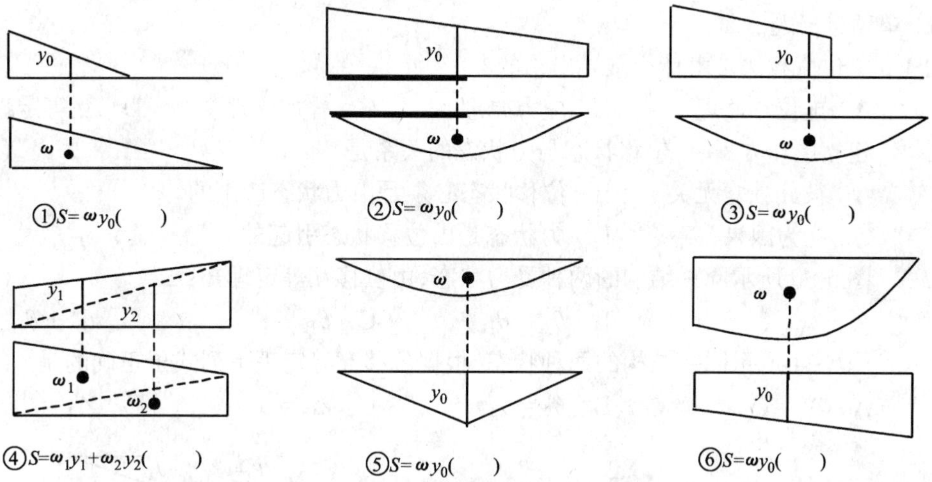

①$S=\omega y_0$(　)
②$S=\omega y_0$(　)
③$S=\omega y_0$(　)
④$S=\omega_1 y_1+\omega_2 y_2$(　)
⑤$S=\omega y_0$(　)
⑥$S=\omega y_0$(　)

图 5-26　题 1-8 图

1-9　图 5-27 所示同一结构的两种状态，其中 $r_{12}=r_{21}$。　（　）

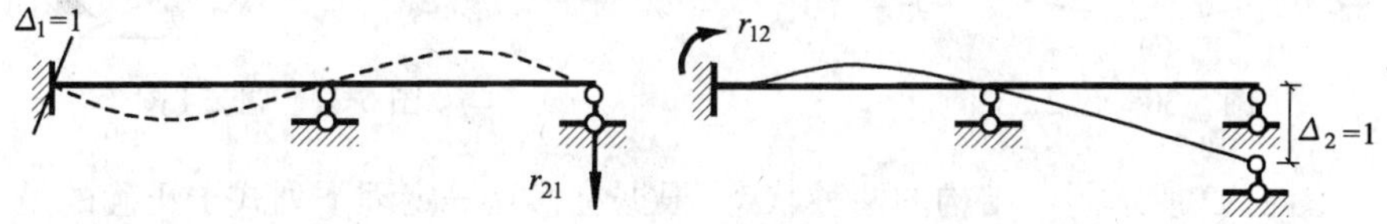

$\Delta_1=1$
r_{21}
r_{12}
$\Delta_2=1$

图 5-27　题 1-9 图

1-10　已知图 5-28(*a*)结构的弯矩图，得到图 5-28(*b*)所示同一结构由于支座 *A* 的转动引起的 *C* 点的挠度 $\Delta_C=\frac{3}{16}l\theta_A$　（　）

1-11　某桁架支座 *B* 被迫下沉 5mm，并测得下弦结点相应的挠度如图 5-29(*a*)所示，此时桁架上无其他荷载。图 5-29(*b*)所示荷载作用下引起的支座 *B* 的反力为 30kN。（　）

1-12　位移计算公式 $\Delta_{it}=\Sigma\alpha t_0\int\overline{N}\mathrm{d}s\pm\frac{\alpha\Delta t}{h}\int\overline{M}\mathrm{d}s=\Sigma\alpha t_0\omega_N\pm\frac{\alpha\Delta t}{h}\omega_M$ 和 $\Delta_{ic}=-\Sigma\overline{R}c$ 只适用于静定结构。　（　）

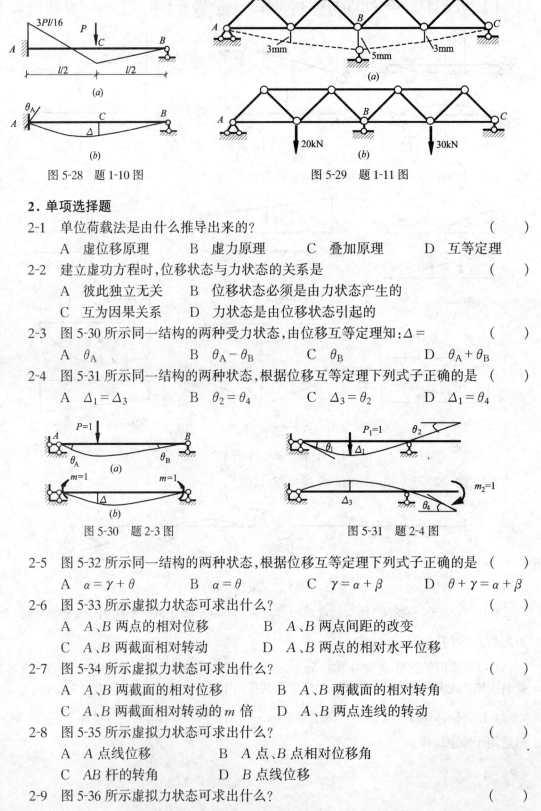

图 5-28 题 1-10 图　　　　　　　图 5-29 题 1-11 图

2. 单项选择题

2-1　单位荷载法是由什么推导出来的?　　　　　　　　　　　　　（　　）

    A　虚位移原理　　　B　虚力原理　　　C　叠加原理　　　D　互等定理

2-2　建立虚功方程时,位移状态与力状态的关系是　　　　　　　　（　　）

    A　彼此独立无关　　　B　位移状态必须是由力状态产生的

    C　互为因果关系　　　D　力状态是由位移状态引起的

2-3　图 5-30 所示同一结构的两种受力状态,由位移互等定理知:$\Delta =$　　（　　）

    A　θ_A　　　　B　$\theta_A - \theta_B$　　　C　θ_B　　　D　$\theta_A + \theta_B$

2-4　图 5-31 所示同一结构的两种状态,根据位移互等定理下列式子正确的是　（　　）

    A　$\Delta_1 = \Delta_3$　　　B　$\theta_2 = \theta_4$　　　C　$\Delta_3 = \theta_2$　　　D　$\Delta_1 = \theta_4$

图 5-30 题 2-3 图　　　　　　　图 5-31 题 2-4 图

2-5　图 5-32 所示同一结构的两种状态,根据位移互等定理下列式子正确的是　（　　）

    A　$\alpha = \gamma + \theta$　　　B　$\alpha = \theta$　　　C　$\gamma = \alpha + \beta$　　　D　$\theta + \gamma = \alpha + \beta$

2-6　图 5-33 所示虚拟力状态可求出什么?　　　　　　　　　　　（　　）

    A　A、B 两点的相对位移　　　　　B　A、B 两点间距的改变

    C　A、B 两截面相对转动　　　　　D　A、B 两点的相对水平位移

2-7　图 5-34 所示虚拟力状态可求出什么?　　　　　　　　　　　（　　）

    A　A、B 两截面的相对位移　　　　B　A、B 两截面的相对转角

    C　A、B 两截面相对转动的 m 倍　D　A、B 两点连线的转动

2-8　图 5-35 所示虚拟力状态可求出什么?　　　　　　　　　　　（　　）

    A　A 点线位移　　　　　　　B　A 点、B 点相对位移角

    C　AB 杆的转角　　　　　　D　B 点线位移

2-9　图 5-36 所示虚拟力状态可求出什么?　　　　　　　　　　　（　　）

A A 点的线位移   B AB 杆的转角

C AB、AC 的相对转动   D AC 杆的转角

2-10 图 5-37 所示斜梁在均布荷载作用下左支座截面角位移等于   (   )

A $\dfrac{ql^3}{24EI}$ B $\dfrac{ql^3}{24EI\cos\beta}$ C $\dfrac{ql_1^3}{24EI}$ D $\dfrac{ql^3\cos\beta}{24EI}$

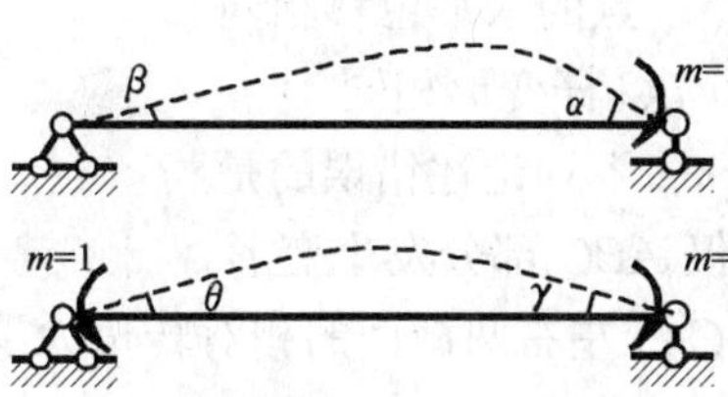

图 5-32 题 2-5 图 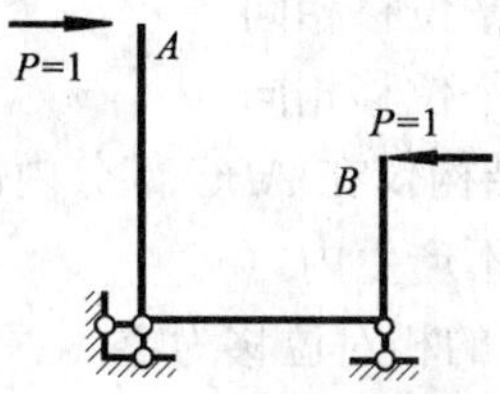   图 5-33 题 2-6 图 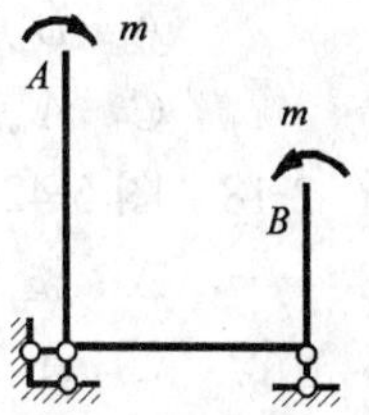   图 5-34 题 2-7 图

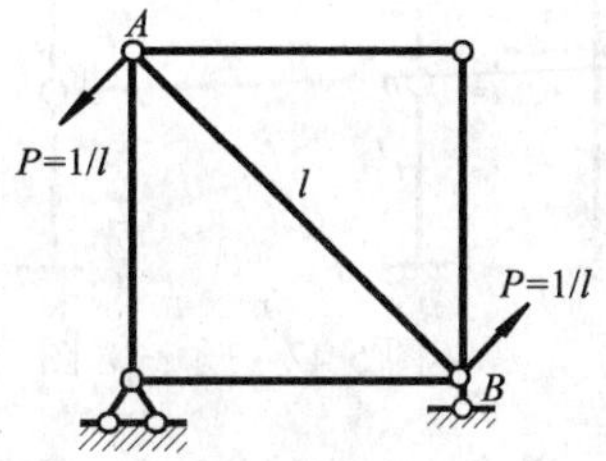

图 5-35 题 2-8 图 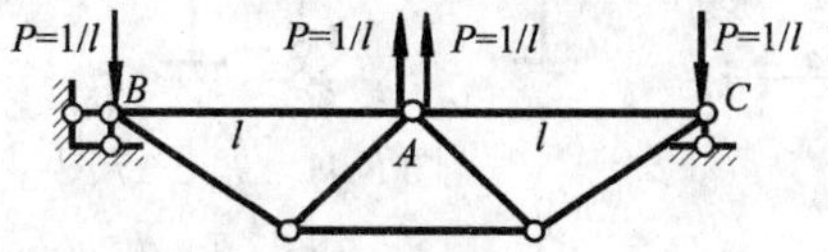   图 5-36 题 2-9 图 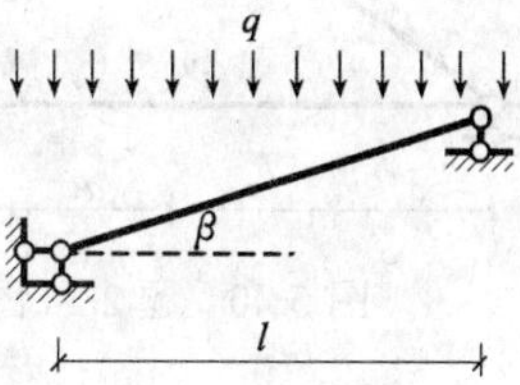   图 5-37 题 2-10 图

2-11 图 5-38 所示同一结构的两种受力状态,在图 5-38(b)结构中 B 点的水平位移等
于   (   )

A θ_C B Δ_B C $l\theta_C$ D $\sqrt{\Delta_B^2+(l\theta_C)^2}$

2-12 图 5-39 所示结构由于支座移动引起的 A 点的竖向位移是   (   )

A $0.03\times2a(\downarrow)$ B $0.03\times2a(\uparrow)$

C $0.03\times2a+0.01\times2(\uparrow)$ D $0.03\times2a-0.01\times2(\downarrow)$

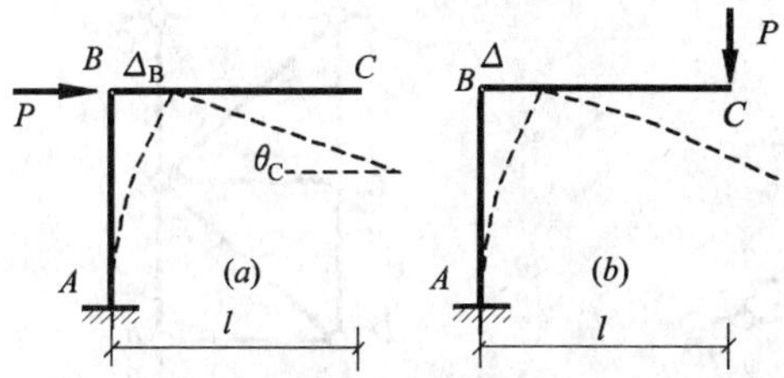

图 5-38 题 2-11 图 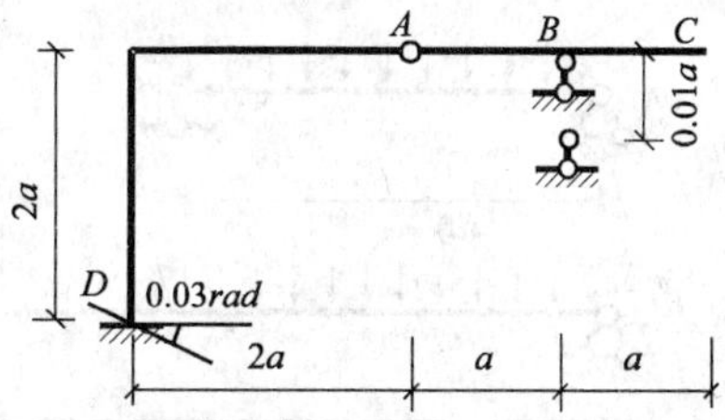   图 5-39 题 2-12 图

2-13 下列哪一条不是图乘法求位移的适用条件?   (   )

A 直杆   B EI 为常数

C M_P、$\overline{M}$ 至少有一个为直线形   D M_P、$\overline{M}$ 都必须是直线形

2-14 图 5-40 所示三铰拱的拉杆温度升高 t^0,由此引起的 C 点竖向位移是   (   )

A $5a\alpha t/8(\downarrow)$ B $4a\alpha t/5(\downarrow)$ C $4a\alpha t(\downarrow)$ D $3a\alpha t(\uparrow)$

2-15 功的互等定理仅适用于什么体系?   (   )

A 静定结构　　　B 线弹性体系　　　C 梁和刚架　　　D 平面体系

2-16 在位移计算公式(5-4)中第一项表示 （　）

A 弯曲变形对位移的影响　　　　B 轴向变形对位移的影响

C 剪切变形对位移的影响　　　　D 扭转变形对位移的影响

2-17 图5-41所示同一结构在两种不同的荷载作用下,它们之间的关系是 （　）

A B点的水平位移相同　　　　B C点的水平位移相同

C A点的水平位移相同　　　　D BC杆变形相同

2-18 图5-42所示结构仅在ABC部分内侧温度升高,下列论述错误的是 （　）

A 整个结构不产生内力　　　　B 仅ABC部分发生变形

C A、B两点的相对位移为零　　　　D C铰左右两截面的相对转角为零

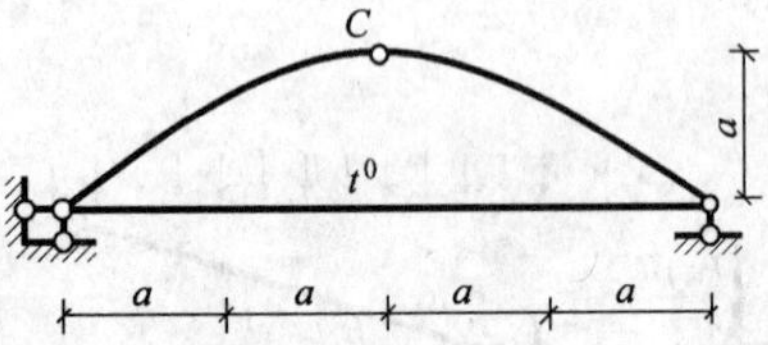

图5-40　题2-14图 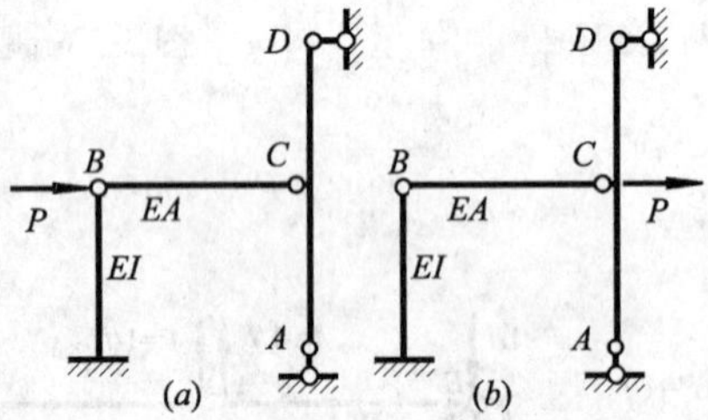　　　　图5-41　题2-17图 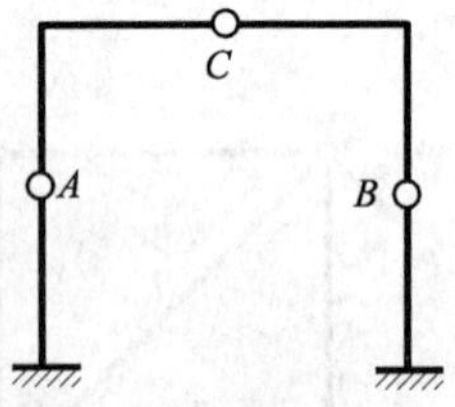　　　　图5-42　题2-18图

2-19 已知图5-43(a)中B截面的转角为$\dfrac{ql^3}{24EI}$,则图5-43(b)中B截面的转角为(逆时针为正)（　）

A $\dfrac{5ql^3}{48EI}$　　　B $\dfrac{5ql^3}{24EI}$　　　C $\dfrac{7ql^3}{48EI}$　　　D $\dfrac{9ql^3}{48EI}$

2-20 图5-44所示桁架各杆EA相同,设Δ_{AH}、Δ_{BH}分别为A、B两点的水平位移,则 （　）

A $\Delta_{AH}=0,\Delta_{BH}=0$　　　　B $\Delta_{AH}\neq0,\Delta_{BH}=0$

C $\Delta_{AH}=0,\Delta_{BH}\neq0$　　　　D $\Delta_{BH}=2\Delta_{AH}\neq0$

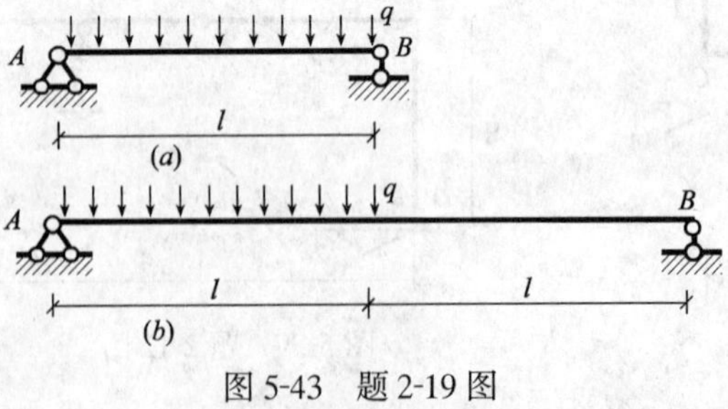

图5-43　题2-19图 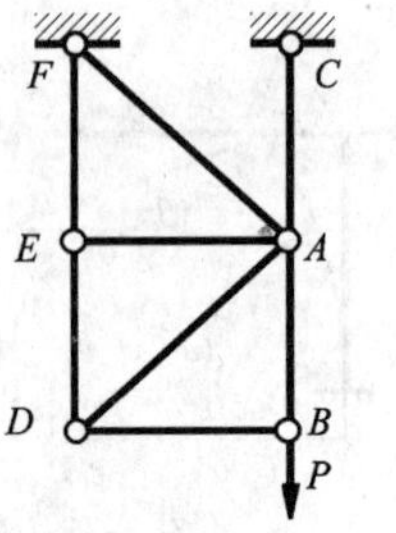　　　　图5-44　题2-20图

2-21 图5-45所示各桁架,C点能发生竖向位移的是 （　）

A (b)　　　B (b)、(c)　　　C (a)、(b)　　　D (a)、(c)

2-22 图5-46所示同一等截面简支梁的三种受力状态,(a)梁中点竖向位移等于 （　）

A (b)梁中点竖向位移　　　　B (b)梁中点竖向位移2倍

C (c)梁中点竖向位移　　　　D (c)梁中点竖向位移2倍

90

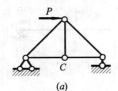 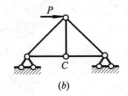 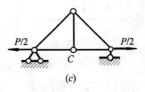

图 5-45 题 2-21 图

2-23 图 5-46 所示同一等截面简支梁的三种受力状态，(*a*)梁中点截面转角等于 （　　）

A （*b*）梁中点截面转角

B （*b*）梁中点截面转角 2 倍

C （*c*）梁中点截面转角

D （*c*）梁中点截面转角 2 倍

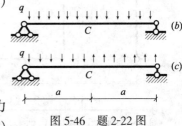

图 5-46 题 2-22 图

2-24 求图 5-47 所示桁架中 *AB* 杆的转角，虚拟的力状态是 （　　）

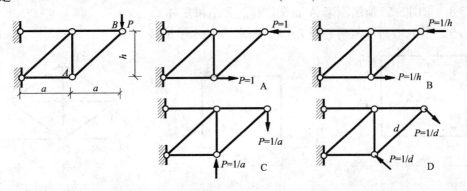

图 5-47 题 2-24 图

3．分析与计算题

3-1 试求图 5-48 所示 1/4 圆弧曲梁在径向均布荷载作用下的 *B* 点水平位移。假定曲梁在计算位移时可以采用直杆的计算公式，且可忽略轴力和剪力的影响。*EI* = 常数。

3-2 已知图 5-49 所示桁架中各杆 *EA* 相同，求 *AB*、*BC* 两杆之间的相对转角。

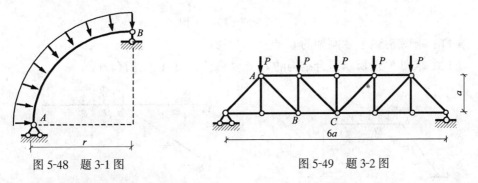

图 5-48 题 3-1 图　　　　　　　　图 5-49 题 3-2 图

3-3 求图 5-50 所示梁 *B* 端转角。

3-4 求图 5-51 所示梁中点的竖向位移。

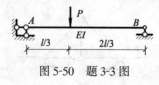

图 5-50 题 3-3 图

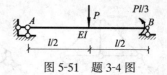

图 5-51 题 3-4 图

3-5 求图 5-52 所示刚架 K 点转角。

3-6 求图 5-53 所示刚架 A、B 两截面的相对转角和 A、B 两点相对水平位移。

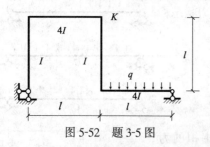

图 5-52 题 3-5 图

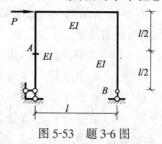

图 5-53 题 3-6 图

3-7 求图 5-54 所示刚架 A、B 两截面的竖向相对位移、水平相对位移及相对转角。

3-8 求图 5-55 所示刚架 A 点全位移的大小和方向。

3-9 图 5-56 所示桁架各杆 EA 相同,求 B 的水平位移。

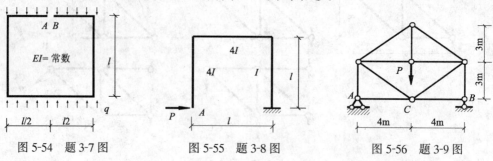

图 5-54 题 3-7 图　　　　图 5-55 题 3-8 图　　　　图 5-56 题 3-9 图

3-10 求图 5-57 所示梁 C 点竖向位移。EI 为常数

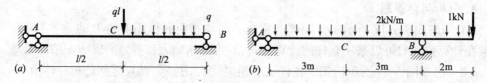

图 5-57 题 3-10 图

3-11 求图 5-58 所示刚架的 C 点竖向位移。

3-12 求图 5-59 所示组合结构的 C 点竖向位移,$EA = 2EI(1/m^2)$。

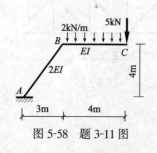

图 5-58 题 3-11 图

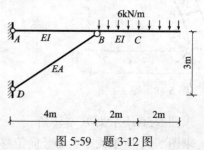

图 5-59 题 3-12 图

3-13　求图 5-60 所示组合结构的 A 点水平位移。$A = I/a^2$，$a = 6\text{m}$。

3-14　已知 $k_N = \dfrac{EI}{l^3}$，$k_M = \dfrac{EI}{l}$，求图 5-61 所示梁内 D 点的竖向位移。

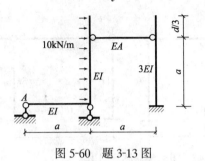

图 5-60　题 3-13 图

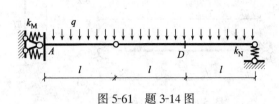

图 5-61　题 3-14 图

3-15　图 5-62 所示刚架各杆为矩形截面，$h = l/20$，线膨胀系数为 α。试求图 5-62 所示温度变化情况下 A 点的竖向位移和水平位移。

3-16　现欲使图 5-63 所示桁架下弦中点 C 设置向上拱度 2cm，问四根上弦杆如何制造才能达到要求？（上弦杆增大的长度 λ 相等，其他各杆按精确尺寸。）

3-17　图 5-64 所示静定梁中，由于制造误差，AB、BC 两段均成为半径为 $\rho_0 = 400\text{m}$ 的圆弧形，装配时按图中虚线位置放置，试求 D 点的竖向位移。

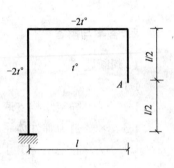

图 5-62　题 3-15 图

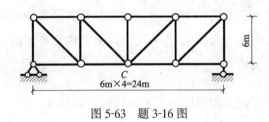

图 5-63　题 3-16 图

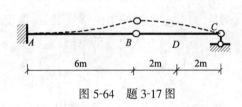

图 5-64　题 3-17 图

3-18　求图 5-65 所示三铰刚架由于支座移动引起的 C 铰两侧截面的相对角位移。

3-19　图 5-66 所示结构由于制造误差，AB、BC 两段均成圆弧形，装配时按图中虚线位置放置，B 点仍为直角且无线位移，已知 BC 的半径为 $\rho_0 = 1000\text{m}$，求 AB 的半径。

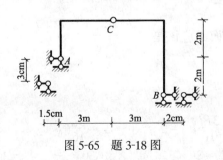

图 5-65　题 3-18 图

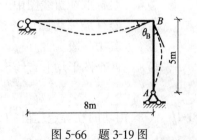

图 5-66　题 3-19 图

3-20　在图 5-67(a)中，当支座 B 被迫下沉 Δ_B 时，测得 D 点的竖向位移 $\Delta_D = \dfrac{11\Delta_B}{16}$，试

93

作出图 5-67(b)所示同一结构在荷载 P 作用下的弯矩图。

3-21 分析图 5-68 所示两结构各点位移之间的关系。

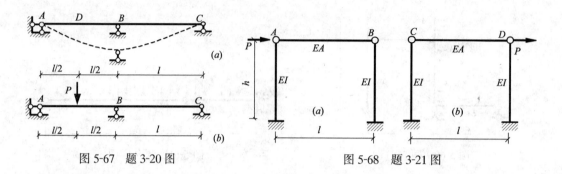

图 5-67 题 3-20 图   图 5-68 题 3-21 图

四、答案与解答

1. 判断题

1-1 $\sqrt{}$

1-2 $\times$ 静定结构支座移动时,整个结构发生刚体运动,并无变形发生。

1-3 $\times$ 是由弹性体系的虚功方程推出的。

1-4 $\sqrt{}$ 静定结构由于支座位移产生的反力为零,得到的是 $0 = 0$ 恒等式,无使用意义。

1-5 $\sqrt{}$ 实际力偶的量纲是[力×长],它产生的线位移量纲是[长],单位力偶无量纲,即: $\dfrac{[力×长]}{[力×长]}$,由它产生的线位移 δ_{12} 的量纲 $= \dfrac{线位移的量纲[长]}{[力×长]} = [力]^{-1}$;实际集中力的量纲是[力],它产生的角位移量纲是[弧度],单位力无量纲,即:[力]/[力],由它产生的角位移 δ_{21} 的量纲 $= \dfrac{角位移的量纲[弧度]}{[力]} = [力]^{-1}$

1-6 $\times$ 因为 $\Delta = \displaystyle\int_{杆长} \dfrac{\overline{M}M_P}{EI} \mathrm{d}s$,在刚度内力相同的情况下,斜梁长,$\theta_B$ 也大。

1-7 $\times$ 在图 5-69 中的阴影部分不是标准抛物线,因为 A 点剪力不为零,所以 A 点不是抛物线的顶点。

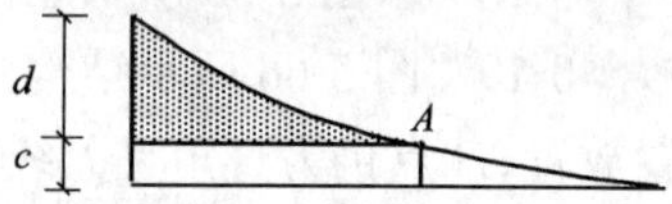

1-8 ①$\times$ 竖标取在折线图中。

②$\times$ 各段刚度不同应分段图乘。

③$\times$ 竖标取在折线图中。

④$\times$ 竖标应该为图形的整个竖标,而不应该是
其中一段。

⑤$\times$ 两个图形均非直线形。   ⑥$\sqrt{}$

图 5-69 题 1-7 答图

1-9 $\sqrt{}$

1-10 $\sqrt{}$ 由功的互等定理得: $T_{ab} = P\Delta_c - \dfrac{3Pl}{16}\theta_A = T_{ba} = 0 \rightarrow \Delta_c = \dfrac{3l}{16}\theta_A$

1-11 $\sqrt{}$ 由功的互等定理得: $T_{ab} = 0 = T_{ba} = 20 \times 3 - R_B^{(b)} \times 5 + 30 \times 3 \rightarrow R_B^{(b)} = 30\text{kN}$

1-12 $\sqrt{}$

2.单项选择题

2-1　B　　　　2-2　A　　　　2-3　D　　　　2-4　C　　　　2-5　C　　　　2-6　D

2-7　C　　　　2-8　C　　　　2-9　C

2-10　B　图乘时应沿杆长 l_1 进行。

2-11　C　由功的互等定理得：$T_{ab}=P\Delta=T_{ba}=Pl\theta_C \rightarrow \Delta=l\theta_C$

2-12　A　　　　2-13　D　　　　2-14　C　　　　2-15　B　　　　2-16　A

2-17　A　在两结构中，AD 杆不受力不变形，左柱受力相同，所以两者 B 点位移相同，在图 5-41(a) 中 BC 杆不受力无变形，在图 5-41(b) 中 BC 杆受拉有变形，所以两者的 C 点和 A 点位移不同。

2-18　D

2-19　C　将图 5-43(b) 的荷载分成对称和反对称两种，对称荷载产生的 $\theta'_B=\dfrac{(q/2)(2l)^3}{24EI}=\dfrac{ql^3}{6EI}$；反对称荷载作用下取半边结构后为一跨度为 l 的简支梁 $\theta''_B=-\dfrac{(q/2)l^3}{24EI}=-\dfrac{ql^3}{48EI}$，$\therefore \theta_B=\dfrac{7ql^3}{48EI}$。

2-20　D　荷载作用下仅 $N_{AB}=N_{AC}=-P$，在 A、B 点分别加水平单位荷载时，产生的 $N_{AB}=0$，$N_{AC}=-1$ 和 -2。或者这样分析：荷载作用下，$ADEF$ 部分不受力，又是几何不变部分，故绕 F 点刚体转动。D 点水平位移（即 B 点水平位移）是 E 点水平位移（即 A 点水平位移）的两倍。

2-21　D　图 5-45(b) 属于对称结构在反对称荷载作用下，对称轴上的点沿对称轴方向不能移。

2-22　A　在荷载作用下，梁(a) 的效应等于梁(b) 与梁(c) 的效应之和，而梁(b) 是对称结构受对称荷载作用，对称轴处的截面转角 $\theta_{c对}=0$，而梁(c) 是对称结构在反对称荷载作用，对称轴处的截面挠度 $y_{c反}=0$，所以梁(a) 的中点的竖向位移 $=y_{c对}+y_{c反}=y_{c对}$；梁(a) $\theta_c=\theta_{c对}+\theta_{c反}=\theta_{c反}$。

2-23　C　（见 2-22 说明）

2-24　D　当桁架中的杆件 AB 由原位置位移到新位置后，杆件的微小转角为：

$$\varphi_{AB}=\frac{\Delta_A+\Delta_B}{d}=\frac{1}{d}\Delta_B+\frac{1}{d}\Delta_A$$

这表明，AB 杆的转角即图 5-70(b) 的荷载在图 5-70(a) 的位移上作的虚功。

所以，与杆件的转角相应的虚拟力状态是：在杆件两端施加一对大小等于杆长的倒数、垂直于杆件的反向集中力。

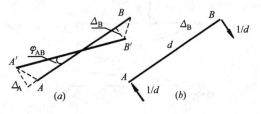

图 5-70　题 2-24 答图

3.分析与计算题

3-1 解：如图 5-71 所示，$\sum M_A=\displaystyle\int_0^{\frac{\pi}{2}} qr^2\cos\theta\,\mathrm{d}\theta$

$-R_B r=0 \rightarrow R_B=qr$

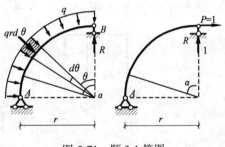

图 5-71　题 3-1 答图

$$M_P(\alpha) = R_B r\sin\alpha - \int_0^\alpha qr^2\sin(\alpha - \theta)\mathrm{d}\theta = qr^2(\sin\alpha - (1 - \cos\alpha))$$

$$\overline{M}(\alpha) = r(\sin\alpha - (1 - \cos\alpha))$$

$$\Delta_{BH} = \int_{BA} \frac{\overline{M}M_P}{EI}\mathrm{d}s = \frac{qr^4}{EI}\int_0^{\pi/2}(\sin\alpha - (1 - \cos\alpha))^2\mathrm{d}\alpha$$

$$= \frac{qr^4}{EI}\int_0^{\pi/2}2(1 - \sin\alpha - \cos\alpha + \sin2\alpha)\mathrm{d}\alpha = \frac{qr^4}{EI}(\pi - 3)$$

3-2 解:如图 5-72 所示,$\overline{N}_{AB} = -\dfrac{1}{\sqrt{2}a}$,$\overline{N}_{DC} = \dfrac{\sqrt{2}}{a}$,$\overline{N}_{DB} = -\dfrac{1}{a}$,$\overline{N}_{AD} = \dfrac{1}{a}$,$\overline{N}_{CB} = -\dfrac{1}{a}$.

$$N_{AB} = \frac{3\sqrt{2}P}{2}, N_{DC} = \frac{\sqrt{2}P}{2}, N_{DB} = -\frac{3P}{2}, N_{AD} = -4P, N_{CB} = 4P$$

$$\varphi_{AB-BC} = \frac{1}{EA}\left[-\frac{1}{\sqrt{2}a}\times\frac{3\sqrt{2}P}{2}\times\sqrt{2}a + \frac{\sqrt{2}}{a}\times\frac{\sqrt{2}P}{a}\times\sqrt{2}a\right.$$

$$\left.+\left(-\frac{1}{a}\right)\left(-\frac{3P}{2}\right)\times a - \frac{1}{a}\times4P\times a\times2\right] = -\frac{13 + \sqrt{2}}{2EA}P$$

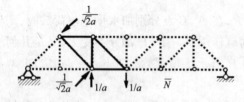
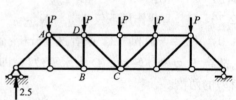

图 5-72 题 3-2 答图

3-3 解:如图 5-73 所示,$\varphi_B = -\dfrac{1}{EI}\times\dfrac{1}{2}\times\dfrac{2Pl}{9}\times l\times\dfrac{l + l/3}{3}\times\dfrac{1}{l} = -\dfrac{4Pl^2}{81EI}$ (逆时针转动)

3-4 解:如图 5-74 所示,$\Delta = \dfrac{1}{EI}\left(\dfrac{1}{2}\dfrac{l}{2}\dfrac{5Pl}{12}\times\dfrac{2}{3}\dfrac{l}{4} + \dfrac{l/2}{6}\left(2\times\dfrac{5Pl}{12}\dfrac{l}{4} + \dfrac{Pl}{3}\dfrac{l}{4}\right)\right) = \dfrac{Pl^3}{24EI}$ (↓)

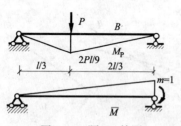

图 5-73 题 3-3 答图

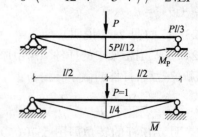

图 5-74 题 3-4 答图

3-5 解:如图 5-75 所示,$\theta_k = \dfrac{25ql^3}{192EI}$(顺时针转动)

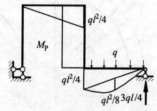
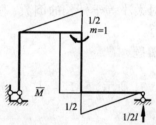

图 5-75 题 3-5 答图

3-6 解：如图 5-76 所示，$\Delta_{AB}^{H} = -\dfrac{7Pl^3}{16EI}(\leftarrow\quad\rightarrow)$

$$\theta_{AB} = -\frac{1}{EI}\left(\frac{Pl + Pl/2}{2}\cdot\frac{l}{2} + \frac{1}{2}Pl\right) = -\frac{7Pl^2}{8EI}\;(\;\curvearrowright\!\!\curvearrowleft\;)$$

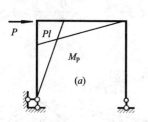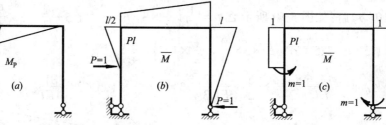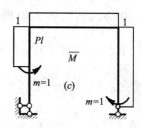

图 5-76　题 3-6 答图

3-7 解：如图 5-77 所示，$\Delta_{AB}^{V} = 0$　$\because M_P$ 对称 $\overline{M}_1$ 反对称。

$$\Delta_{AB}^{H} = \frac{-2}{EI}\left(\frac{ql^2}{8}\,l\times\frac{l}{2} + \frac{1}{3}\frac{ql^2}{8}\frac{l}{2}\times 1\right) = \frac{-ql^4}{6EI}(\rightarrow\!\!\leftarrow)$$

$$\theta_{AB} = -\frac{1}{EI}\left(\frac{1}{3}\frac{ql^2}{8}\frac{l}{2}\times 1\times 4 + \frac{ql^2}{8}\,l\times 1\times 2\right) = -\frac{ql^3}{3EI}\;(\;\curvearrowright\!\!\curvearrowleft\;)$$

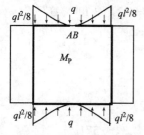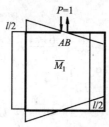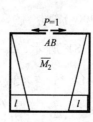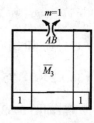

图 5-77　题 3-7 答图

3-8 解：如图 5-78 所示，$\Delta_{A}^{H} = \left(\dfrac{1}{4EI} + \dfrac{1}{EI}\right)\dfrac{l}{2}Pl\times\dfrac{2l}{3} + \dfrac{1}{4EI}Pl\times l\times l = \dfrac{2Pl^3}{3EI}(\rightarrow)$

$$\Delta_{A}^{V} = \frac{1}{4EI}Pl\times l\times\frac{l}{2} + \frac{1}{EI}\frac{Pl}{2}l\times 1 = \frac{5Pl^3}{8EI}\;(\downarrow)$$

$$\Delta_{A} = \sqrt{(\Delta_{A}^{H})^2 + (\Delta_{A}^{V})^2} = 0.914\frac{Pl^3}{EI}\quad\text{设}\ \Delta_{A}\ \text{与水平方向夹角为}\ \alpha,\text{则}$$

$$\tan\alpha = \frac{\Delta_{A}^{V}}{\Delta_{A}^{H}} = \frac{15}{16}\quad\text{所以}\ \alpha = 43.14°\text{。指向右下方}$$

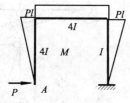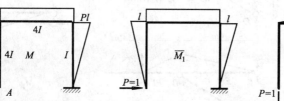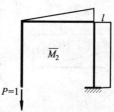

图 5-78　题 3-8 答图

3-9 解:在 N_P 图中,N_{AC}、N_{CB}为零;在 $\bar{N}$ 图中,除 AC、CB 杆外其余杆轴力为零,所以 $\Delta_{BH}=0$。

3-10(a)解:如图 5-79 所示

$$\Delta_k^V = \frac{1}{EI}\left[\left(\frac{1}{2}\times\frac{l}{2}\times\frac{5ql^2}{16}\times\frac{2}{3}\times\frac{l}{4}\times2\right)+\left(\frac{2}{3}\times\frac{ql^2}{32}\times\frac{l}{2}\times\frac{l}{8}\right)\right]=\frac{7ql^4}{256EI}(\downarrow)$$

3-10(b)解:如图 5-80 所示 $\Delta_{CV}=\dfrac{1}{EI}\left(\dfrac{1}{2}\times3\times6\times\dfrac{2}{3}\times1.5+\dfrac{2}{3}\times3\times\dfrac{9}{4}\times\dfrac{1}{2}\times1.5\right)+\dfrac{1}{EI}$

$\left(\dfrac{3}{6}(2\times1.5\times6-1.5\times6)+\dfrac{2}{3}\times3\times\dfrac{9}{4}\times\dfrac{1}{2}\times1.5\right)=\dfrac{81}{4EI}$

或:$\Delta_{CV}=-\dfrac{1}{EI}\dfrac{6\times1.5}{2}\times\dfrac{6}{2}+\dfrac{1}{EI}\dfrac{2}{3}\times3\times9\times\dfrac{5}{8}\times1.5\times2=\dfrac{81}{4EI}(\downarrow)$。

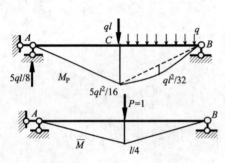

图 5-79　题 3-10(a)答图

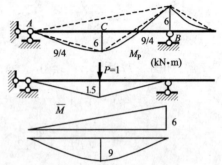

图 5-80　题 3-10(b)答图

3-11 解:如图 5-81 所示,$\Delta_{CV}=\dfrac{1}{EI}\left(\dfrac{36\times4}{2}\times\dfrac{2\times4}{3}-\dfrac{2}{3}\times4\times4\times\dfrac{4}{2}\right)+\dfrac{5}{6(2EI)}$

$(2\times4\times36+2\times7\times75+4\times75+7\times36)=\dfrac{958.17}{EI}(\downarrow)$

3-12 解:如图 5-82 所示,$\Delta_{CV}=\dfrac{1}{EI}\left(\dfrac{2}{6}(2\times2\times48+2\times12)-\dfrac{2}{3}\times2\times3\times\dfrac{2}{2}+\dfrac{4\times48}{2}\right.$

$\left.\times\dfrac{2\times2}{3}\right)+\dfrac{5}{EA}(-2.5)(-60)=\dfrac{571}{EI}(\downarrow)$

3-13 解:如图 5-83 所示,

$$\Delta_{AV}=\dfrac{1}{EI}\left(\dfrac{6\times160}{2}\times\dfrac{2\times6}{3}+\dfrac{6}{6}(2\times6\times160-6\times20)+\dfrac{2}{3}\times6\times45\times3\right)$$

$$+\dfrac{1}{3EI}\left(\dfrac{6\times480}{2}\times\dfrac{2\times6}{3}\right)+\dfrac{6}{EA}(-1)(-80)=\dfrac{23460}{EI}(\rightarrow)$$

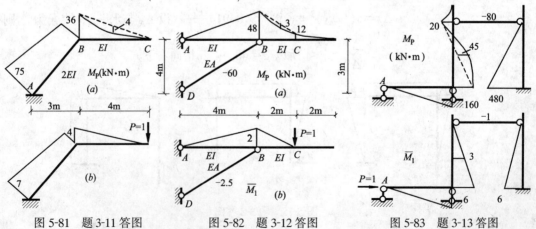

图 5-81　题 3-11 答图　　　　图 5-82　题 3-12 答图　　　　图 5-83　题 3-13 答图

3-14 解:如图 5-84 所示,

$$\Delta_{DV} = \Sigma\int \frac{\overline{M}M_P}{EI}ds + \Sigma\frac{\overline{R}R_P}{k} = \frac{1}{EI}\left(\frac{2}{3} \times l \times \frac{ql^2}{2} \times \frac{5}{8} \times \frac{l}{2} \times 2\right)$$

$$+ \frac{1}{EI}\left(\frac{1}{2} \times l \times \frac{3ql^2}{2} \times \frac{2}{3} \times \frac{l}{2} - \frac{2}{3} \times l \times \frac{ql}{8} \times \frac{1}{2} \times \frac{l}{2}\right)$$

$$+ ql \times \frac{1}{2} \times \frac{1}{k_N} + \frac{3ql^2}{2} \times \frac{l}{2} \times \frac{1}{k_M} = \frac{51ql^4}{48EI}(\downarrow)$$

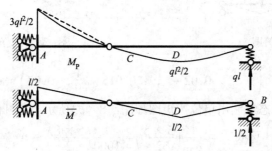

图 5-84 题 3-14 答图

3-15 解:如图 5-85 所示,$t_0 = -0.5t°$,$\Delta t = 3t$

$$\Delta_{AV} = \Sigma\alpha t_0\omega_{\overline{N}} \pm \Sigma\alpha\frac{\Delta t_0}{h}\omega_{\overline{N}} = -\frac{t°}{2}\alpha\left(1 \times \frac{l}{2} - 1 \times l\right)$$

$$- \alpha\frac{3t° \times 20}{l}\left(\frac{l^2}{2} + l^2\right) = -89.75\alpha t°l(\uparrow)$$

$$\Delta_{AH} = \Sigma\alpha t_0\omega_{\overline{N}} \pm \Sigma\alpha\frac{\Delta t_0}{h}\omega_{\overline{N}} = -\frac{t°}{2}\alpha(-1 \times l) - \alpha\frac{3t° \times 20}{l}\left(\frac{1}{2}\frac{l}{2}\frac{l}{2} + l \times \frac{1}{2}\right)$$

$$= -37\alpha t°l(\rightarrow)$$

3-16 解:如图 5-86 所示 $\Delta_{CV} = \lambda \times \left(\frac{1}{2} + \frac{1}{2} + 1 + 1\right) = 2(cm)$,解出:$\lambda = \frac{2}{3}$ cm

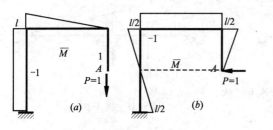

图 5-85 题 3-15 答图

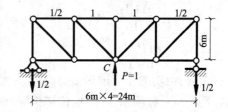

图 5-86 题 3-16 答图

3-17 解:虚拟力状态,绘制出单位弯矩图如图 5-87 所示。因为各杆曲率为常数,所以

$$\Delta_{DV} = \Sigma\int k\overline{M}ds = \Sigma k\int\overline{M}ds = -\frac{1}{400}\left(\frac{1 \times 4}{2} + \frac{3 \times 6}{2}\right) = -0.0275\ (m)(\uparrow)$$

3-18 解:如图 5-88 所示,

整体平衡: $\Sigma M_A = 6\overline{Y}_B - 2\overline{X}_B = 0$ (1)   解出:$\overline{X}_B = \frac{1}{3}(m^{-1})$

右半边平衡:$\Sigma M_B = 3\overline{Y}_B - 4\overline{X}_B + 1 = 0$ (2) $\overline{Y}_B = \frac{1}{9}(m^{-1})$

整体投影平衡得：$\overline{X}_A = \frac{1}{3}(m^{-1})$，$\overline{Y}_A = -\frac{1}{9}(m^{-1})$

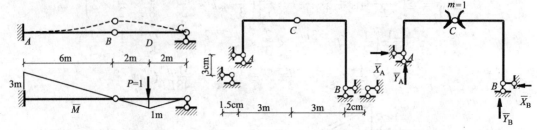

图 5-87　题 3-17 答图　　　　　　　图 5-88　题 3-18 答图

$$\theta_{C\text{-}C} = -\Sigma\overline{R}_C = -\left(-\frac{1}{3}\times0.02 - \frac{1}{3}\times0.015 + \frac{1}{9}\times0.03\right) = 0.0083(\text{rad})(\ )$$

3-19 解：虚拟力状态绘制出单位弯矩图如图 5-89(b)所示。各杆曲率为常数，所以：

$$\Delta_{DV} = \Sigma\int k\overline{M}\mathrm{d}s = \Sigma k\int\overline{M}\mathrm{d}s = -\frac{1}{\rho_{AB}}\left(\frac{5\times5}{2}\right) + \frac{1}{1000}\left(\frac{5\times8}{2}\right) = 0$$，解得：$\rho_{AB} = 625(\text{m})$

另解：虚拟力状态如图 5-89(c)所示，用虚功原理求解：

$$T_{ca} = 1\times\theta_B - 1\times\theta_B = V_{ca} = \frac{1}{1000}\times1\times8 - \frac{1}{\rho_{AB}}\times1\times5$$，由此解得：$\rho_{AB} = 625(\text{m})$

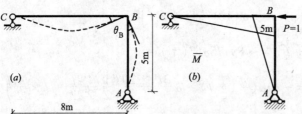

图 5-89　题 3-19 答图

3-20 解：如图 5-90 所示，由功的互等定理：

$$T_{ba} = P\times\frac{11\Delta_B}{16} - Y_B\times\Delta_B = T_{ab} = 0,$$

解得：$Y_B = \dfrac{11P}{16}$

3-21 解：由功的互等定理知 $\Delta_B = \Delta_C$；如将两结构相加后是一反对称问题，两结点位移相等，即 $\Delta_A + \Delta_C = \Delta_B + \Delta_D$；由此知 $\Delta_A = \Delta_D$。

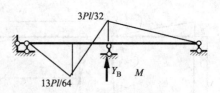

图 5-90　题 3-20 答图

第六章　力　法

一、重点难点分析

1. 超静定结构的特性

与静定结构比较,超静定结构有如下特性:

	静 定 结 构	超 静 定 结 构
几何特性	无多余约束的几何不变体系	有多余约束的几何不变体系
静力特性	满足平衡条件内力解答是惟一的,即仅由平衡条件就可求出全部内力和反力	满足平衡条件内力解答有无穷多种,即仅由平衡条件求不出全部内力和反力,还必须考虑变形条件
非荷载外因的影响	不产生内力	产生自内力
内力与刚度的关系	无关	荷载引起的内力与各杆刚度的比值有关,自内力与各杆刚度的绝对值有关

2. 超静定次数的确定

结构的超静定次数为其多余约束的数目,因此,结构的超静定次数等于将原结构变成静定结构所去掉的多余约束的数目。

在超静定结构上去掉多余约束的基本方式,通常有如下几种:

(1)切断一根链杆、去掉一个支杆、将一刚接处改为单铰联接、将一固定端改为固定铰支座,相当于去掉一个约束。如图 6-1、图 6-2(b)所示。

(2)切断一根弯杆、去掉一个固定端,相当于去掉三个约束。如图 6-2(c)、(d)所示。

(3)打开一个单铰、去掉一个固定铰支座、去掉一个定向支座,相当于去掉两个约束。如图 6-3 所示。

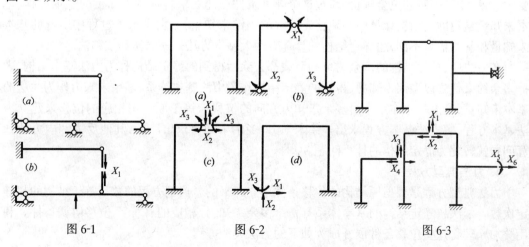

图 6-1　　　　　图 6-2　　　　　图 6-3

几点注意：

①由图 6-2 结构的分析可得出结论：一个无铰闭合框有三个多余约束，其超静定次数等于三。对于无铰闭合框结构其超静定次数＝3×无铰闭合框数，如图 6-4 所示结构。对于带铰闭合框结构，其超静定次数＝3×闭合框数－结构中的单铰数(复铰要折算成单铰)，如图 6-5 所示结构。D 点是连接 4 个刚片的复铰，相当于(4－1)＝3 个单铰。

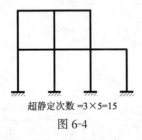

超静定次数 =3×5=15

图 6-4

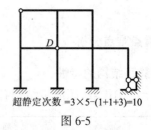

超静定次数 =3×5-(1+1+3)=10

图 6-5

②一结构的超静定次数是确定不变的，但去掉多余约束的方式是多种多样的，如图 6-2 结构。

③在确定超静定次数时，要将内外多余约束全部去掉。如图 6-6 结构外部一次超静定，内部 5 次超静定，结构的超静定次数是 6。

④只能去掉多余约束，不能去掉必要的约束，不能将原结构变成瞬变体系或可变体系。图 6-6 结构中 A 点的水平支杆不能作为多余约束去掉。图 6-7 结构中支杆①②和链杆③不能作为多余约束去掉，否则就将原结构变成了瞬变体系。

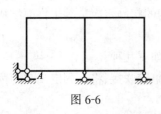

图 6-6

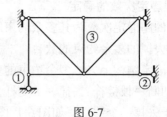

图 6-7

3. 超静定结构的求解思路

欲求解超静定结构，先选取一个会计算的结构作为基本体系，然后让基本体系与原结构受力一致，变形一致即完全等价，通过这个等价条件去建立求解基本未知量的基本方程(基本未知量是超静定结构计算中必须首先求解的关键未知量)。由于求解过程中所选的基本未知量和基本体系不同，超静定结构的计算有两大基本方法——力法和位移法。

在力法中，把原结构的多余约束和荷载都去除后得到的静定结构称为力法基本结构，去掉多余约束代之以多余未知力，得到的静定结构作为力法基本体系，多余未知力作为力法的基本未知量，通过基本体系中沿多余未知力方向的位移应等于原结构相应的位移来建立力法基本方程，解力法基本方程求出多余未知力；多余未知力求出以后，其他反力和内力的计算问题就转化为静定结构的计算问题。

4. 力法典型方程

力法典型方程是根据原结构的位移条件建立起来的。典型方程的数目等于结构的超静定次数。n 次超静定结构的基本体系有 n 个多余未知力，相应的有 n 个位移协调条件。利用叠加原理将这些位移条件展开成为如下的力法典型方程：

$$\delta_{11}X_1 + \delta_{12}X_2 + \cdots + \delta_{1n}X_n + \Delta_{1P} + \Delta_{1C} + \Delta_{1t} = \Delta_1$$
$$\delta_{21}X_1 + \delta_{22}X_2 + \cdots + \delta_{2n}X_n + \Delta_{2P} + \Delta_{2C} + \Delta_{2t} = \Delta_2 \qquad (6\text{-}1)$$
$$\cdots\cdots$$
$$\delta_{n1}X_1 + \delta_{n2}X_2 + \cdots + \delta_{nn}X_n + \delta_{nP} + \Delta_{nC} + \Delta_{nt} = \Delta_n$$

①力法方程实质上是位移协调条件。其物理含义是:在外部因素和诸多余未知力共同作用下,在基本体系上产生的多余未知力 X_i 方向上的位移应等于原结构 X_i 方向上的实际位移 Δ_i。

②主系数 δ_{ii} 表示基本结构由 $X_i = 1$ 作用所产生的 X_i 方向的位移, $\delta_{ii} = \int \dfrac{\overline{M_i}^2}{EI}\,\mathrm{d}s$。副系数 δ_{ij} 表示基本结构由 $X_j = 1$ 作用所产生的 X_i 方向的位移, $\delta_j = \int \dfrac{\overline{M_i}\,\overline{M_j}}{EI}\,\mathrm{d}s = \delta_{ji}$。主系数恒大于零,负系数可正、可负、可为零。力法方程的系数只与基本结构的选择有关,是基本结构的固有特性,与结构上的外因无关。

③自由项 $\Delta_{iP} = \int \dfrac{\overline{M_i}M_P}{EI}\,\mathrm{d}s$, $\Delta_{iC} = -\Sigma\overline{R}c$, $\Delta_{it} = \Sigma \alpha t\omega_{\overline{N}} + \Sigma \dfrac{\alpha\Delta t}{h}\omega_{\overline{M}}$,分别表示基本结构在荷载、支座移动、温度变化单独作用时产生的 X_i 方向的位移,可正、可负、可为零。

几个需要注意的问题:

①当超静定结构发生支座位移时,选取不同的基本结构,力法典型方程有可能不同。

用力法计算图 6-8(a) 所示超静定结构时,如取图 6-8(b) 所示基本体系,解除的多余约束是有支座位移 Δ_i 的支座约束,则方程右边不为零,应为 $\pm\Delta_i$(多余未知力与支座位移同向时取正,反向取负);基本体系的支座无支座位移,则方程的左边无自由项 Δ_{ic}。力法方程为:

$$\delta_{11}X_1 + \delta_{12}X_2 = -b \qquad \delta_{21}X_1 + \delta_{22}X_2 = a$$

如取图 6-8(c) 所示基本体系,解除的多余约束无支座位移,则方程右边为零,基本体系的支座有支座位移,将产生自由项 Δ_{iC}。力法方程为:

$$\delta_{11}X_1 + \delta_{12}X_2 + \Delta_{1C} = 0 \qquad \delta_{21}X_1 + \delta_{22}X_2 + \Delta_{1C} = 0$$

如取图 6-8(d) 所示基本体系,解除的多余约束是有支座位移的支座约束,基本体系的支座有支座位移,则力法方程为:

$$\delta_{11}X_1 + \delta_{12}X_2 + \Delta_{1C} = 0 \qquad \delta_{21}X_1 + \delta_{22}X_2 + \Delta_{1C} = a$$

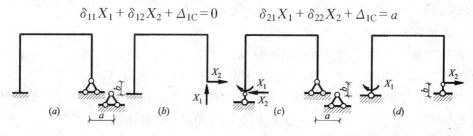

图 6-8

有支座位移的超静定结构力法方程的特点是:与解除的多余约束相应的支座位移出现在方程的右边,基本体系的支座位移产生自由项,出现在方程的左边。

②在超静定桁架和组合结构的力法计算中,取基本体系时,切开和撤去多余链杆,建立的力法方程是不同的。

用力法计算图 6-9(a) 所示超静定结构时,基本体系取图 6-9(b),力法方程为: $\delta_{11}X_1 + \Delta_{1P} = 0$,其物理意义是:基本体系中链杆切口处相邻两截面相对轴向位移应等于原结构该相邻两截面的相对轴向位移(等于零)。$\delta_{11} = \Sigma \int \dfrac{\overline{M}_1^2}{EI}ds + \dfrac{\overline{N}_1^2 l}{EA}$，包含了被切断链杆变形的影响。

基本体系取图 6-9(c)，力法方程为：$\delta_{11}^* X_1 + \Delta_{1P} = -X_1 l/EA$，其物理意义是：基本体系中链杆两端沿 X_1 方向的相对线位移等于原结构中链杆的伸长量(因为所设 X_1 使链杆受压而缩短，故右端有一负号)。$\delta_{11}^* = \Sigma \int \dfrac{\overline{M}_1^2}{EI}ds$，不包含被撤去链杆变形的影响。

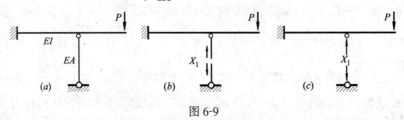

图 6-9

比较以上两种基本体系可以看到：两者力法方程的形式及物理意义不同，柔度系数也不相同。但将后者的力法方程合并同类项即为前者的力法方程。可见这两种基本体系相应的力法方程只是形式上的不同，实质上是等价的。两者柔度系数的关系是：$\delta_{11} = \delta_{11}^* + \dfrac{l}{EA}$。

③如图 6-10 所示，具有弹性支承和内部弹性联结的超静定结构，计算系数和自由项时，要考虑弹性约束的变形影响。若取弹性约束力作为基本未知力 X_i，相应力法方程的右端项为 $-\dfrac{X_i}{k}$，若基本体系中有弹性约束，在计算 δ_{ij}、

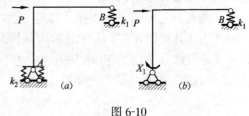

图 6-10

Δ_{iP} 要考虑弹性约束的变形影响：

$$\delta_{ij} = \Sigma \int \dfrac{\overline{M}_i \overline{M}_j}{EI}ds + \Sigma \dfrac{\overline{R}_i \overline{R}_j}{k}$$

$$\Delta_{iP} = \Sigma \int \dfrac{\overline{M}_i M_P}{EI}ds + \Sigma \dfrac{\overline{R}_i R_P}{k}$$

两种情况下的反力同向时乘积为正。

5. 内力叠加公式

梁、刚架和组合结构中的弯杆：$M = \overline{M}_1 X_1 + \overline{M}_2 X_2 + \cdots + \overline{M}_2 X_2 + M_P$ (6-2)

桁架和组合结构中的链杆：$N = \overline{N}_1 X_1 + \overline{N}_2 X_2 + \cdots + \overline{N}_2 X_2 + N_P$ (6-3)

若求受弯杆的剪力和轴力，可取杆件为分离体，建立力矩平衡方程，由已知的杆端弯矩求出剪力；再取节点为分离体，建立投影平衡方程，由已知的杆端剪力求出轴力。

6. 超静定结构的位移计算

因为基本体系的内力和变形与原结构相同，所以求超静定结构的位移问题就可转化为求静定基本体系的位移问题。相应的虚拟单位荷载可以加在任意基本结构上，按位移计算公式求位移。

仅荷载作用时：

$$\Delta_{iP} = \Sigma \int \dfrac{M}{EI}\overline{M}ds \qquad (6-4)$$

有支座位移时：

$$\Delta_{iP} = \Sigma \int \dfrac{M}{EI}\overline{M}ds - \Sigma \overline{R}C \qquad (6-5)$$

有温度改变时：
$$\Delta_{iP} = \Sigma\int\frac{M}{EI}\overline{M}\mathrm{d}s + \Sigma\int\overline{M}\frac{\alpha\Delta t}{h}\mathrm{d}s + \Sigma\int\overline{N}\alpha t_0\mathrm{d}s \qquad (6\text{-}6)$$

其中 M、N 是超静定结构的内力，$\overline{M}$、$\overline{N}$ 是虚拟的单位荷载在基本结构上引起的内力。

如果求超静定结构仅由于温度改变、支座移动引起的位移，将虚拟的单位荷载加在原结构上，计算公式将更简洁。

$$\Delta_{(t,\mathrm{C})} = \Sigma\int\overline{N}^*\alpha t_0\mathrm{d}s + \Sigma\int\overline{M}^*\frac{\alpha\Delta t}{h}\mathrm{d}s - \Sigma\overline{R}^*c \qquad (6\text{-}7)$$

其中 $\overline{N}^*$、$\overline{M}^*$、$\overline{R}^*$ 是超静定结构在虚拟单位荷载作用下求得的。

7．对称性的利用

对称结构、对称荷载、反对称荷载和关于对称性的重要结论见第二章对称性的利用。

半边结构的选取：

①奇数跨(无中柱)对称结构在对称荷载作用下，在对称轴上的截面处设置定向支座，对称轴上的铰节点设置成与对称轴垂直的支杆，取半刚架，如图 6-11(b)、图 6-12(b)所示。

②奇数跨(无中柱)对称结构在反对称荷载作用下，在对称轴上设置一根与对称轴重合的支杆，取半刚架，如图 6-11(c)、图 6-12(c)所示。

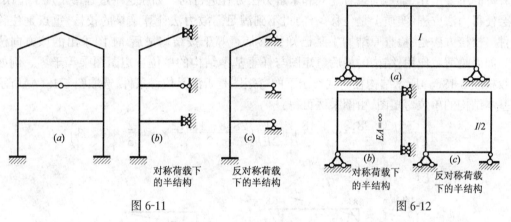

图 6-11   图 6-12

③偶数跨对称结构(有中柱结构)在对称荷载作用下，将对称轴上的刚节点组合结点化成固定端；铰节点化成固定铰支座，取半刚架。如图 6-13(b)所示。

④偶数跨对称结构(有中柱结构)在反对称荷载作用下，将中柱的惯性矩减半，取半边结构。如图 6-13(c)。

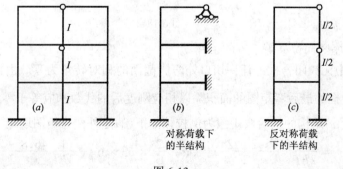

图 6-13

8. 无弯矩图状态的判定

在忽略轴向变形时,下列三种情况处于无弯矩状态:

(1)一集中力沿一柱子轴线作用,如图 6-14。

(2)一对等值、反向、共线的集中力沿一受弯直杆轴线作用,如图 6-15、图 6-17。

(3)无线位移的结构受集中节点力作用,如图 6-16。

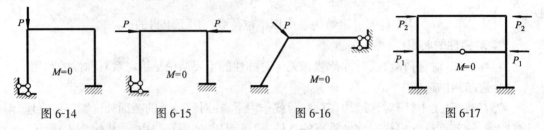

图 6-14　　　　图 6-15　　　　图 6-16　　　　图 6-17

9. 超静定结构内力图的校核

超静定结构的内力图要同时满足平衡条件和变形条件。由力法计算步骤可以看出,力法计算的主要工作,都是围绕着建立和求解力法方程进行的。如在这个过程中出现了错误,都会使得力法方程(实质上是位移条件)得不到满足。故力法计算结果的校核,重点是位移条件。校核方法是:检查原结构中某已知位移是否等于按结构最后 M 图求出的该方向位移。如果是荷载作用,结构的最后弯矩图与任意基本结构的单位弯矩图图乘等于零。例如要校核图 6-18(a)所示结构在荷载作用下的弯矩图是否满足位移条件,选取图 6-18(b)所示的基本结构的单位弯矩图,由图乘法可得:

$$\Delta_{\mathrm{B}}^{\mathrm{V}} = \frac{1}{3EI} \frac{6^2}{2} \left(\frac{2 \times 28.8}{3} - \frac{46.8}{3} \right) + \frac{1}{2EI} \left(\frac{28.8 - 115.2}{2} \times 6 + \frac{2}{3} \times 6 \times 63 \right) \times 6$$

$$= \frac{21.6}{EI} + \frac{-43.2}{2EI} = 0$$

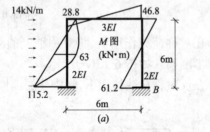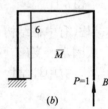

图 6-18

可知满足 B 支座竖向位移等于零的条件。

由于刚架中无铰闭合框上任一切口处两侧截面的相对转角为零。由此得到,在荷载作用下,任意闭合框的最后弯矩图的面积除以相应刚度后的代数和应等于零。即 $\int \dfrac{M}{EI} \mathrm{d}s = 0$。

以图 6-18(a)结构的最后弯矩图为例校核如下(假定外侧弯矩图取正):

$$\int \frac{M}{EI} \mathrm{d}s = \frac{1}{2EI} \left(\frac{115.2 - 28.8}{2} \times 6 - \frac{2}{3} \times 63 \times 6 \right) + \frac{1}{3EI} \frac{46.8 - 28.8}{2} \times 6$$

$$+ \frac{1}{2EI} \frac{46.8 - 61.2}{2} \times 6 = \frac{3.6}{EI} + \frac{18}{EI} - \frac{21.6}{EI} = 0$$

二、典型示例分析

【例 6-1】 用力法解图 6-19(a)所示结构,绘制弯矩图。

【解 1】 ①本结构为一次超静定,取基本体系如图 6-19(b)所示。

②典型方程 $\delta_{11}X_1 + \Delta_{1P} = 0$

③绘制 $\overline{M}_1$、M_P 如图 6-19(c)、(d)。

④用图乘法求系数和自由项。

$$\delta_{11} = \frac{1}{EI}\frac{l^3}{3} + l^3 = \frac{4l^3}{3EI}, \Delta_{1P} = \frac{-1}{EI}\frac{l^2}{2}\left(\frac{2 \times 2Pl}{3} + \frac{Pl}{3}\right) + l^2 \times 2Pl = \frac{-17Pl^3}{6EI}$$

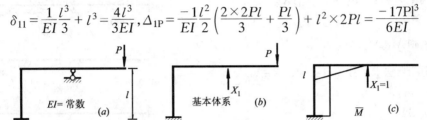

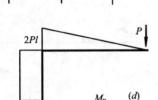
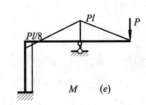

图 6-19

⑤解方程得 $\qquad\qquad X_1 = \frac{17P}{8}$。

⑥绘弯矩图,$M = M_P + \overline{M}X_1$。

【解 2】 取基本体系如图 6-20(a)所示。

典型方程 $\delta_{11}X_1 + \Delta_{1P} = 0$,$\overline{M}$、$M_P$ 如图 6-20(c)、(d)。

$$\Delta_{1P} = \frac{1}{EI}\frac{l}{2}\frac{Pl}{3} = \frac{Pl^2}{6EI}, \delta_{11} = \frac{1}{EI}\frac{l}{3} + l = \frac{4l}{3EI}$$

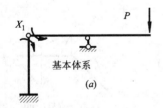
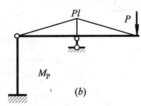
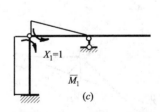

图 6-20

解方程得 $X_1 = \frac{Pl}{8}$,绘弯矩图,结果同方法 1。Δ_{1P} 的计算比解 1 简单。

由此例可见:同一结构取不同的基本结构计算,力法典型方程代表的位移条件不同,力法方程中的系数、自由项不同,计算过程的简繁程度不同,最后内力图相同。因此,力法计算时,尽量选择恰当的基本结构,使力法方程中的系数和自由项计算简单,并有较多的副系数和自由项等于零。另外,应使基本结构是由几个独立的基本部分形成,荷载所在部分尽量是基本部分,这样可使各单位弯矩图和荷载弯矩图分布局部,减少它们之间的重叠,使副系数和自由项的计算简单,也有可能为零。如下面的【例 6-2】、【例 6-3】、【例 6-4】。

【例 6-2】 试用力法解图 6-21(a)所示结构,绘制弯矩图。(EI = 常数)

【解】 ①两次超静定,取基本体系如图 6-21(b)所示(含有三个基本梁,一个附属梁,荷载作用在一个基本梁上)。

②典型方程:
$$\delta_{11}X_1 + \delta_{12}X_2 + \Delta_{1P} = 0$$
$$\delta_{21}X_1 + \delta_{22}X_2 + \Delta_{2P} = 0$$

③绘制 $\overline{M}_1$、$\overline{M}_2$、M_P 如图 6-21(c)、(d)、(e)所示。

④用图乘法求系数和自由项,$\delta_{11} = \dfrac{1}{EI}\dfrac{l}{2}\dfrac{2}{3} \times 3 = \dfrac{l}{EI}$

$\delta_{22} = \dfrac{2l}{3EI}$,

$\delta_{12} = \delta_{21} = \dfrac{1}{EI}\dfrac{l}{2}\dfrac{1}{3} = \dfrac{l}{6EI}$,$\Delta_{1P} = 0$,

$\Delta_{2P} = \dfrac{-1}{EI}\dfrac{1}{3}l\dfrac{ql^2}{2}\dfrac{1}{4} = \dfrac{-ql^2}{24EI}$

⑤代入典型方程后解得:$X_1 = -ql^2/92$,
$$X_2 = 3ql^2/46$$

⑥叠加法绘弯矩图:$M = M_P + \overline{M}_1 X_1 + \overline{M}_2 X_2$

以上结果可以看出:在荷载作用下,多余未知力及结构内力的大小只与各杆的相对刚度有关,而与其绝对刚度无关;对于同一种材料构成的结构,也与材料的性质(即弹性模量)无关。

【例 6-3】 试用力法解图 6-22(a)所示结构弯矩图。

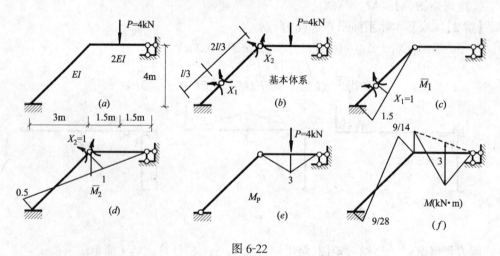

图 6-22

【解】 ①两次超静定,取基本体系如图 6-22(b)所示。

②典型方程 $\delta_{11}X_1 + \delta_{12}X_2 + \Delta_{1P} = 0$ $\delta_{21}X_1 + \delta_{22}X_2 + \Delta_{2P} = 0$

③绘制 $\overline{M}_1$、$\overline{M}_2$、M_P 如图 6-22(c)、(d)、(e)所示。

④用图乘法求系数和自由项:

$$\delta_{11} = \frac{1}{EI}\frac{1.5 \times 5}{2} \times 1 = \frac{15}{4EI},$$

$$\delta_{22} = \frac{1}{2EI}\frac{1 \times 3}{2} \times \frac{2}{3} + \frac{1}{EI}\frac{5}{6}(2 \times 0.5^2 + 2 \times 1^2 - 2 \times 0.5 \times 1) = \frac{7}{4EI}$$

$$\delta_{12} = \delta_{21} = 0, \Delta_{1P} = 0, \Delta_{2P} = \frac{1}{2EI}\frac{3 \times 3}{2}\frac{1}{2} = \frac{9}{8EI}$$

⑤代入典型方程后解得：$X_1 = 0, X_2 = -9/14$

⑥由叠加公式 $M = M_P + \overline{M}_1 X_1 + \overline{M}_2 X_2$ 绘出弯矩图如图 6-22(f)所示。

【例 6-4】 试用力法解图 6-23(a)所示结构,绘制弯矩图并求 B 点的水平位移和 BC 梁中点的竖向位移。

【解】 ①两次超静定,取基本体系如图 6-23(b)所示。(含有两个基本部分,荷载作用在一个基本部分上)。

②典型方程　$\delta_{11}X_1 + \delta_{12}X_2 + \Delta_{1P} = 0, \delta_{21}X_1 + \delta_{22}X_2 + \Delta_{2P} = 0$

③绘制 M_P、$\overline{M}_1$、$\overline{M}_2$ 如图 6-23(c)、(d)、(e)所示。

④用图乘法求系数和自由项:

$$\delta_{11} = \frac{1}{EI}\frac{l^2}{2}\frac{2l}{3} \times 2 = \frac{2l^2}{3EI}, \delta_{22} = \frac{l^3}{3EI} + \frac{l^3}{EI} = \frac{4l^3}{3EI}, \delta_{12} = \delta_{21} = \frac{1}{EI}\frac{l^2}{2}l = \frac{l^3}{2EI},$$

$$\Delta_{1P} = \frac{-1}{EI}\frac{1}{3}\frac{ql^2}{2}\frac{3l}{4} = \frac{-ql^4}{8EI}, \Delta_{2P} = 0$$

⑤代入典型方程后解得　$X_1 = 6ql/23, X_2 = -9ql/92$

⑥由叠加公式 $M = M_P + \overline{M}_1 X_1 + \overline{M}_2 X_2$ 绘弯矩图如图 6-23(f)。

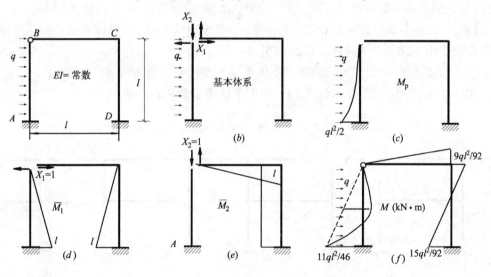

图 6-23

⑦求结构中 B 点的水平位移,因为 B 点的水平位移等于 C 点的水平位移,所以虚拟单位荷载加在基本体系上的 C 点,画单位弯矩图如图 6-24 所示,将它与图 6-23(f)所示结构的最后弯矩图相乘得: $\Delta_C^H = \frac{1}{EI}\frac{l^2}{2}\left(\frac{2 \times 15}{3} - \frac{9}{3}\right)\frac{ql^2}{92} = \frac{7ql^4}{184EI}$。

⑧因为计算超静定结构时不论选什么样的基本结构,基本体系的内力和位移都与原结构相同,故求位移时虚拟单位荷载可以加在任一基本结构上。为了计算简便,应选取虚拟单

位弯矩图便于图乘的基本结构来计算。

如求梁中点的竖向位移,选图 6-25 所示的基本结构,画虚拟单位弯矩图,将它与图 6-23 (f)结构的最后弯矩图相乘得:

$$\Delta_E^V = \frac{-1}{EI} \frac{l \times 1/4}{2} \frac{9}{2} \frac{ql^2}{92} = \frac{-9ql^4}{1472EI}$$

注意:不论用什么方法求得超静定结构的最后内力图,都可以用上述方法,选取一个便于计算的基本结构加单位荷载。

例如已知图 6-26(a)所示结构的最后 M 图,求节点 D 的转角,可取图 6-26(b)所示的基本结构,虚拟单位弯矩图来计算。

$$\varphi_D = \frac{1}{3EI} \times 5 \times 1 \times \frac{21.601 - 16.293}{2} = \frac{4.423}{EI}$$

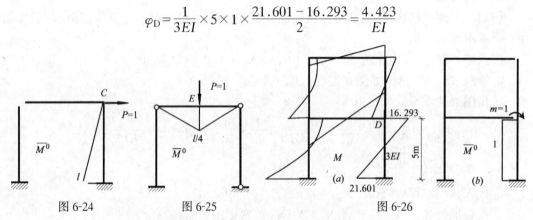

图 6-24   图 6-25   图 6-26

【**例 6-5**】 利用对称性计算图 6-27(a)所示结构,绘制弯矩图。(各杆 EI 相同)

【**解**】 ①将荷载分成对称和反对称两组,如图 6-27(b)、(c)。对称荷载不产生弯矩,反对称荷载作用下选半边结构如图 6-27(d)。

②半边结构为一次超静定,力法基本体系如 6-27(e),力法方程 $\delta_{11}X_1 + \Delta_{1P} = 0$

③绘制 $\overline{M}_1$、M_P 如图 6-27(g)、(f),用图乘法求系数和自由项:

$$\Delta_{1P} = \frac{-l^2}{EI} \frac{Pl}{2} - \frac{-1}{EI} \frac{l^2}{2} \frac{2 \times 2Pl}{3} = \frac{-7Pl^3}{6EI} \qquad \delta_{11} = \frac{1}{EI} \frac{l^3}{3} \times 2 + l^3 = \frac{5l^3}{3EI}$$

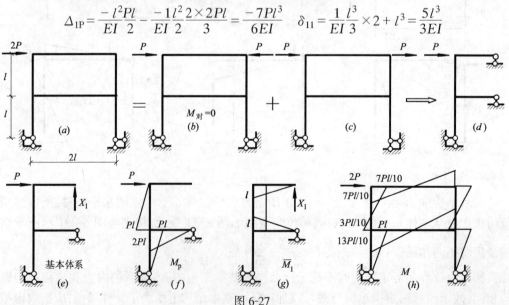

图 6-27

④解方程得：$X_1 = -\dfrac{\Delta_{1P}}{\delta_{11}} = \dfrac{7P}{10}$，

⑤由叠加公式 $M = M_P + \overline{M}_1 X_1$ 绘弯矩图如图 6-27(h)。

【例6-6】 利用对称性计算图 6-28(a)所示结构,绘制弯矩图(EI = 常数)。

【解】 ①取半边结构如图 6-28(b);基本体系如图 6-28(c);

②列典型方程：$\delta_{11} X_1 + \Delta_{1P} = 0$,③绘制 $\overline{M}_1$、M_P 如图 6-28(d)、(e)所示;④用图乘法求系数和自由项:

$$\Delta_{1P} = \frac{-1}{EI}\frac{1}{3}\frac{ql^2}{8}\frac{l}{2} \times \frac{3}{4}\frac{l}{2} = \frac{-ql^4}{128EI}, \quad \delta_{11} = \frac{1}{EI}\frac{1}{2}\frac{l}{2}\frac{l}{2} \times \frac{l}{3} + \frac{1}{EI}\frac{1}{2}\frac{l}{2}l\frac{l}{3} = \frac{l^3}{8EI}$$

⑤解方程得 $X_1 = -\dfrac{\Delta_{1P}}{\delta_{11}} = \dfrac{ql}{16}$,⑥由叠加公式 $M = M_P + \overline{M}_1 X_1$ 绘弯矩图如图 6-28(f)。

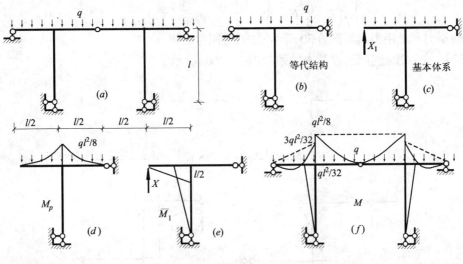

图 6-28

【例6-7】 试用力法解图 6-29(a)所示对称结构,绘制弯矩图。

【解】 ①取半边结构如图 6-29(b)。

②两次超静定,取基本体系如图 6-29(c)所示。

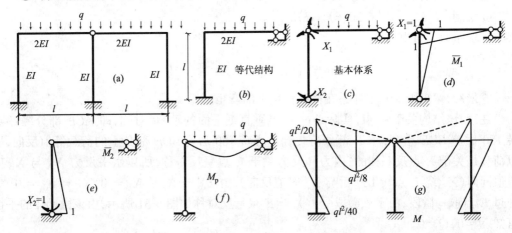

图 6-29

③典型方程　$\delta_{11}X_1 + \delta_{12}X_2 + \Delta_{1P} = 0, \delta_{21}X_1 + \delta_{22}X_2 + \Delta_{2P} = 0$

④绘制 $\overline{M}_1$、$\overline{M}_2$、M_P 如图 6-29(d)、(e)、(f)。

⑤用图乘法求系数和自由项：

$$\delta_{11} = \frac{1}{EI}\frac{l}{2}\times1\frac{2}{3} + \frac{1}{2EI}\frac{l}{2}\times1\frac{2}{3} = \frac{l}{2EI}, \quad \delta_{22} = \frac{1}{EI}\frac{l}{2}\times1\frac{2}{3} = \frac{l}{3EI}, \quad \delta_{12} = \delta_{21} = \frac{1}{EI}\frac{l}{2}\times1\frac{1}{3} = \frac{l}{6EI}$$

$$\Delta_{1P} = \frac{1}{2EI}\frac{2}{3}l\frac{ql^2}{8}\frac{1}{2} = \frac{ql^3}{48EI}, \quad \Delta_{2P} = 0$$

⑥代入典型方程后解得：$X_1 = -ql^2/20, X_2 = ql^2/40$

⑦按 $M = M_P + \overline{M}_1X_1 + \overline{M}_2X_2$，绘出最后弯矩图如图 6-29($g$)所示。

⑧校核：
$$\Delta_1 = \Sigma\int\frac{\overline{M}_1 M}{EI}\mathrm{d}s = \frac{1}{EI}\frac{l}{2}\left(\frac{1}{3}\frac{ql^2}{40} - \frac{2}{3}\frac{ql^2}{20}\right)$$
$$+ \frac{1}{2EI}\left(\frac{2}{3}\frac{ql^2}{8}l\times\frac{1}{2} - \frac{l}{2}\frac{ql^2}{20}\times\frac{2}{3}\right) = \frac{-ql^3}{80EI} + \frac{ql^3}{80EI} = 0。$$

【例 6-8】　试用力法解图 6-30 所示结构，绘制弯矩图。

【解】　①一次超静定，取基本体系如图 6-30(b)所示。

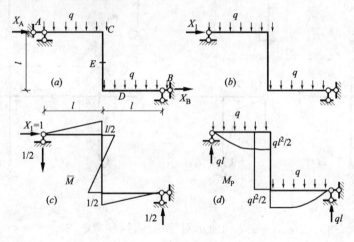

图 6-30

②典型方程：$\delta_{11}X_1 + \Delta_{1P} = 0$,

③绘制 $\overline{M}$、M_P 如图 6-30(c)、(d)所示。

④求系数和自由项：

$$\Delta_{1P} = 0, \delta_{11} > 0, X_1 = -\frac{\Delta_{1P}}{\delta_{11}} = 0$$

⑤最后，弯矩图即基本体系在荷载作用下的弯矩图。

注意：该结构关于 E 点(实际是过 E 点垂直纸平面的轴)呈对称，即 ACE 部分绕 E 点转 180°后与 BDE 重合；ACE 部分荷载绕 E 点转 180°后与 BDE 部分上的荷载等值反向，所以荷载是关于 E 点反对称的；内力和反力关于 E 点呈反对称，所以水平反力 X_A 与 X_B 应等值同向(X_A 绕 E 点转 180°后与 X_B 等值反向)，由 $\Sigma X = X_A + X_B = 0, X_A = X_B = 0$；另外过 E 点取一微段，由于该微段受力关于 E 点呈反对称如图 6-31 所示，由该微元体的平衡可知 $N = 0, Q = 0$。

所以点对称结构在反对称荷载作用下，对称点处截面上的轴力和剪力为零；同理在对称荷载(即绕对称点转180°后重叠部分上的荷载等值同向)作用下对称点处截面上的弯矩为零。

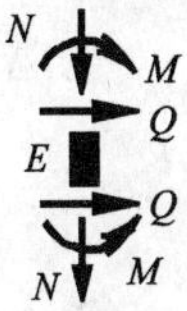

【例6-9】 试用力法解图6-32(a)所示结构,绘制内力图,并进行校核。

【解】 ①该结构关于 E 点呈对称,荷载是关于 E 点反对称的,所以 E 截面 $N=0$, $Q=0$。一次超静定,选半刚架计算,取基本体系如图6-32(b)所示。

②典型方程 $\delta_{11}X_1 + \Delta_{1P} = 0$。

③绘制 $\overline{M}_1$, M_P 如图6-32(c)、(d)所示。

图6-31

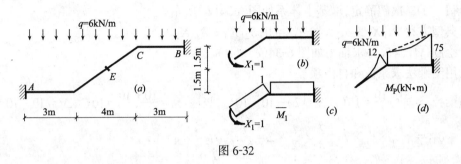

图6-32

④用图乘法求系数和自由项:

$$\delta_{11} = \frac{1}{EI}(1 \times 2.5 \times 1 + 1 \times 3 \times 1) = \frac{5.5}{EI},$$

$$\Delta_{1P} = \frac{1}{EI}\left(\frac{1}{3} \times 12 \times \frac{5}{2} \times 1 + \frac{12+75}{2} \times 3 \times 1 - \frac{2}{3} \times \frac{6 \times 3^2}{8} \times 3 \times 1\right) = \frac{127}{EI}$$

$$X_1 = -\frac{\Delta_{1P}}{\delta_{11}} = -\frac{127}{EI} \times \frac{EI}{5.5} = -23.09 \text{kN}$$

⑤将多余未知力的值加在基本体系上,按静定结构计算各截面的弯矩、剪力和轴力,再由对称性作出内力图如图6-33所示。

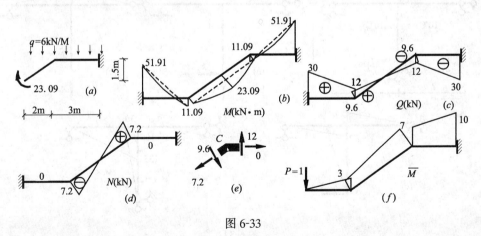

图6-33

⑥平衡条件校核:取节点 C 画受力图如图6-33(e)所示。

$\Sigma X = 9.6 \times \frac{3}{5} - 7.2 \times \frac{4}{5} = 0$, $\Sigma Y = 12 - 9.6 \times \frac{4}{5} - 7.2 \times \frac{3}{5} = 0$, 满足平衡。

⑦位移条件校核:取基本体系如图6-33(f),校核 A 点竖向位移以否为零。

113

$$EI\Delta_A = \left[\frac{3}{6}(-2\times3\times11.09+3\times51.91)-\frac{2}{3}\times\frac{6\times3^2}{8}\times3\times\frac{3}{2}\right]$$

$$+\left[-\frac{3+7}{2}\times5\times11.09-\frac{2}{3}\times\frac{6\times4^2}{8}\times5\times\frac{3+7}{2}\right]+\left[\frac{3}{6}(-2\times7\times11.09+2\right.$$

$$\left.\times10\times51.91+7\times51.91-10\times11.09)-\frac{2}{3}\times\frac{6\times3^2}{8}\times3\times\frac{7+10}{2}\right]=0$$

【例 6-10】 试用力法解图 6-34(a)所示结构由于温度改变引起的弯矩图。各杆截面相同,均为矩形,截面高度 $h=0.1l$。

【解】 ①二次超静定,取基本体系如图 6-34(b)所示。

②典型方程 $\delta_{11}X_1+\delta_{12}X_2+\Delta_{1t}=0,\delta_{21}X_1+\delta_{22}X_2+\Delta_{2t}=0$。

③绘制 $\overline{M}_1$、$\overline{M}_2$ 并求轴力如图 6-34(c)、(d)。

④用图乘法求系数和自由项。

横梁:$t_0=\dfrac{20+10}{2}=15℃$,$\Delta t=20-10=10℃$,竖柱:$t_0=\dfrac{10+10}{2}=10℃$,$\Delta t=10-10=0℃$

$$\delta_{11}=\frac{1}{2EI}\times\frac{l}{2}\times l\times\frac{2}{3}\times\frac{l}{2}\times2=\frac{l^3}{6EI},\delta_{12}=\delta_{21}=0,$$

$$\delta_{22}=\frac{1}{2EI}\times l\times l\times\frac{2l}{3}+\frac{1}{2EI}\times\frac{l}{2}\times l\times\frac{2}{3}\times\frac{l}{2}\times2=\frac{l^3}{2EI}$$

$$\Delta_{1t}=\Sigma\alpha t_0\omega_{\overline{N}}+\Sigma\frac{\alpha\Delta t}{h}\omega_{\overline{M}}=\alpha\times10\times(-1\times l)+\alpha\times\frac{10}{0.1l}\times\frac{1}{2}\times l\times\frac{l}{2}\times2=40\alpha l$$

$$\Delta_{2t}=\Sigma\alpha t_0\omega_{\overline{N}}+\Sigma\frac{\alpha\Delta t}{h}\omega_{\overline{M}}=\alpha\times15\times(-1\times l)=-15\alpha l$$

⑤代入典型方程后解得:$X_1=-\dfrac{240\alpha EI}{l^2},X_2=\dfrac{30\alpha EI}{l^2}$。绘出最后弯矩图如图 6-34($e$)所示。

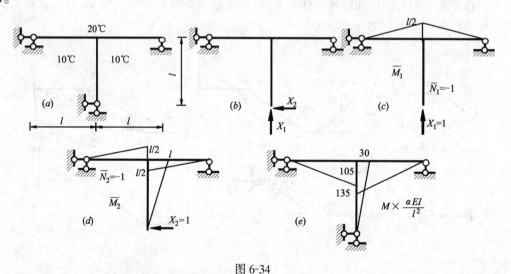

图 6-34

【例 6-11】 求图 6-35(a)所示结构由于温度改变引起的 B 点水平位移。各杆截面相同,均为矩形,截面高度 $h=0.1l$。

【解】 ①在原结构上虚拟单位荷载,绘制单位弯矩图并求轴力如图 6-35(b)所示。

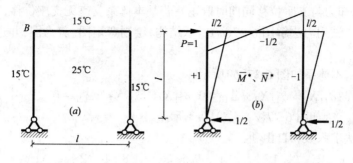

图 6-35

②代入式(6-7):

$$t_0 = (25+15)/2 = 20℃ , \Delta t = 25-15 = 10℃$$

$$\Delta_{BH} = \alpha \times 20 \times (1 \times l - 1 \times l - 1/2 \times l) + \frac{\alpha \Delta t}{0.1l} \omega_{\overline{M}} = -10\alpha l \; (\leftarrow)$$

【例 6-12】 试用力法解图 6-36(a)所示结构,绘制弯矩图。已知 $a = b = 2\text{cm}$。

【解】 ①基本体系如图 6-36(b)。

②典型方程:$\delta_{11}X_1 + \delta_{12}X_2 = -0.02$,$\delta_{21}X_1 + \delta_{22}X_2 = -0.02$。

③绘制 $\overline{M}_1$、$\overline{M}_2$ 如图 6-36(c)、(d)。

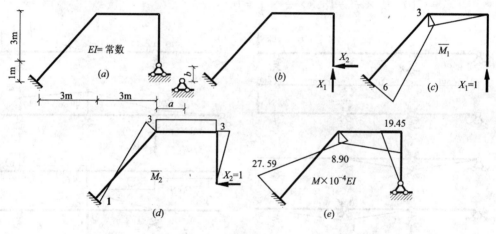

图 6-36

④用图乘法求系数。

$$\delta_{11} = \frac{1}{EI} \left[\left(\frac{3 \times 32 \times 3}{2} \frac{3}{3} \right) + \frac{5}{6} (2 \times 3 \times 3 + 2 \times 6 \times 6 + 2 \times 3 \times 6) \right] = \frac{114}{EI}$$

$$\delta_{22} = \frac{1}{EI} \left[\left(\frac{3 \times 32 \times 3}{2} \frac{3}{3} \right) + (3 \times 3 \times 3) + \frac{5}{6} (2 \times 3 \times 3 + 2 \times 1 \times 1 - 2 \times 3 \times 1) \right] = \frac{143}{3EI}$$

$$\delta_{12} = \delta_{21} = \frac{1}{EI} \left[\left(-\frac{3 \times 3}{2} \times 3 \right) + \frac{5}{6} (-2 \times 3 \times 3 + 2 \times 1 \times 6 - 3 \times 6 + 1 \times 3) \right] = -\frac{31}{EI}$$

⑤代入典型方程后解得:$X_1 = -6.483 \times 10^{-4} EI$,$X_2 = -3.517 \times 10^{-4} EI$。

⑥按 $M = \overline{M}_1 X_1 + \overline{M}_2 X_2$ 绘出最后弯矩图如图 6-36(e)所示。

注意: ①支座移动引起自内力与各杆的刚度绝对值成正比。

②选基本体系时,如果解除的多余约束是有支座位移 Δ_i 的支座约束,则方程右边 $=$

（±）Δ_i（多余未知力与支座位移同向时取正）；若基本体系支座无支座位移，则无 Δ_{ic}。

【例 6-13】 试用力法解图 6-37(*a*)所示结构，绘制弯矩图、剪力图，并进行校核。$EI = 168k$。

【解】 ①基本体系如图 6-37(*b*)所示。

②典型方程：$\delta_{11}X_1 + \delta_{12}X_2 + \Delta_{1P} = 0$，$\delta_{21}X_1 + \delta_{22}X_2 + \Delta_{2P} = 0$。

③绘制 $\overline{M}$、M_P 如图 6-37(*c*)、(*d*)、(*e*)所示。

④用图乘法求系数和自由项：

$$\delta_{11} = \frac{1}{EI}\frac{8 \times 1}{2} \times \frac{2}{3} \times 2 + \frac{1}{4} \times \frac{1}{4} \times \frac{1}{k} = \frac{9.5}{6EI}, \quad \delta_{22} = \frac{1}{EI}\frac{8 \times 1}{2} \times \frac{2}{3} \times 2 + \frac{1}{8} \times \frac{1}{8} \times \frac{1}{k} \times 2 = \frac{127}{12EI},$$

$$\delta_{12} = \frac{1}{EI}\frac{8 \times 1}{2} \times \frac{1}{3} - \frac{1}{4} \times \frac{1}{8} \times \frac{1}{k} = -\frac{47}{12EI}, \quad \Delta_{1P} = 0,$$

$$\Delta_{2P} = -\frac{1}{EI}\frac{8 \times 1}{2} \times \frac{40}{3} + \frac{1}{8} \times 25 \times \frac{1}{k} = \frac{1415}{3EI}$$

⑤代入典型方程后解得：$X_1 = -12.14$，$X_2 = -49.06$。

⑥最后弯矩图、剪力图如图 6-37(*f*)、(*g*)所示。

⑦取基本体系，虚拟力状态如图 6-37(*h*)所示，验证 *D* 点的竖向位移等于零。

$$\Delta_{DV} = \frac{1}{EI}\frac{4 \times 8}{2}\left(\frac{12.14}{3} + \frac{2 \times 49.06}{3}\right) + \frac{1}{EI}\frac{4 \times 8}{2}\left(\frac{40}{3} + \frac{2 \times 49.06}{3}\right)$$

$$+ 3.10 \times \frac{1}{2} \times \frac{1}{k} - 18.8 \times \frac{1}{2} \times \frac{1}{k} = 0。$$

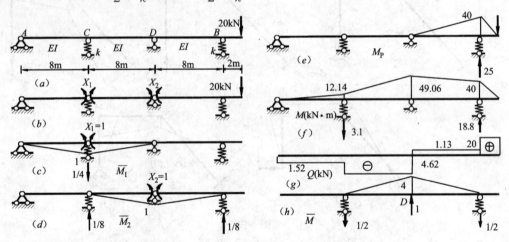

图 6-37

注意：①因为解除的约束不是弹性约束，所以力法方程的右端为零；

②基本体系有弹性支座，计算系数和自由项是要考虑弹性支座的变形产生的位移。

【例 6-14】 试用力法解图 6-38(*a*)所示结构，绘制弯矩图，并进行校核。$EA = 6EI/l^2$，$l = 4\mathrm{m}$。

【解】 ①取半边结构如图 6-38(*b*)；

②一次超静定，取基本体系如图 6-38(*c*)所示。

③典型方程 $\delta_{11}X_1 + \Delta_{1P} = 0$；

④绘制 $\overline{M}_1$、M_P 如图 6-38(*d*)、(*e*)。

⑤求系数和自由项。

$$\delta_{11} = \frac{1}{EI}\left(4\times 2\times 4 + \frac{4\times 42\times 4}{2}\frac{4}{3}\right) + \frac{1\times 1\times 2}{3EI/4^2} = \frac{64}{EI}, \quad \Delta_{1P} = -\frac{2}{3EI}\times 20\times 2\times 4 = -\frac{320}{3EI}$$

⑥代入典型方程后解得 $X_1 = 5/3\text{(kN)}$,

⑦按 $M = M_P + \overline{M}_1 X_1$,绘出最后弯矩图如图 6-38($f$)。

⑧最后弯矩图校核,虚拟单位弯矩图如图 6-38(g)所示。

$$\Delta_1 = \Sigma\int \frac{\overline{M}M}{EI}\mathrm{d}s = -\frac{4}{6EI/4^2}\times\frac{1}{4}\times\frac{10}{3}$$

$$+ \frac{1}{EI}\left(\frac{2}{3}\times 20\times 4\times 1 - \frac{20}{3}\times 4\times 1 - \frac{1}{2}\times\frac{20}{3}\times 4\times\frac{2}{3}\times 2\right) = 0$$

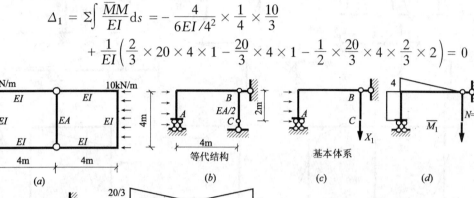

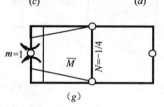

图 6-38

注意:①因为链杆不能忽略轴向变形,B 点有竖向位移,不能设为固定铰支座;取半边结构时,与对称轴重合的杆的刚度取原来的一半。

②解除约束时,去掉支杆 C(或截断链杆 BC),力法方程的右端项是零,但在计算系数时要考虑链杆 BC 的变形产生的位移。如解除约束时去掉链杆 BC,计算系数时不考虑链杆 BC 变形产生的位移,但力法方程的右端项(B 点的实际位移)等于链杆的变形 $\left(-\frac{X_1\times 2}{3EI/4^2}\right)$。

三、单元测试

1. 判断题

1-1 无荷载就无内力,这句话只适用于静定结构,不适用于超静定结构。 ( )

1-2 图 6-39 所示结构截断三根链杆,可以变成一个简支梁,故它有三次超静定。 ( )

1-3 图 6-40 所示两次超静定结构,可以选图 6-40(b)为基本结构进行力法计算。 ( )

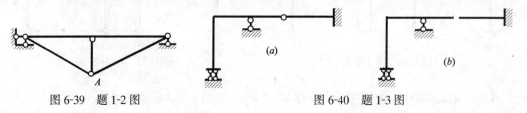

图 6-39 题 1-2 图　　　　　　　　　　图 6-40 题 1-3 图

1-4　求超静定结构的位移时,可将虚拟单位荷载加在任意静定的基本体系上。　　（　）

1-5　超静定结构支座移动时,如果刚度增大一倍,内力也增大一倍,而位移不变。（　）

1-6　判定图 6-41 所示各超静定结构的弯矩图的形状是否正确。　　　　　　（　）

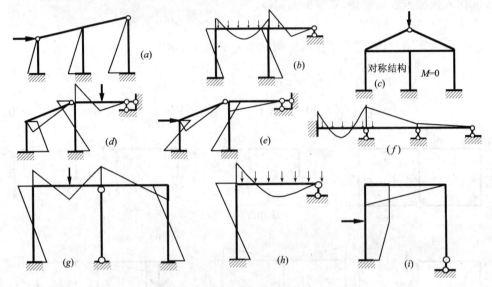

图 6-41　题 1-6 图

1-7　图 6-42(a)、(b)两结构刚度相同、尺寸相同、荷载相同,如选图 6-42(c)为基本体系,则两者的力法方程相同,物理意义也相同。　　　　　　　　　　　　　　　　（　）

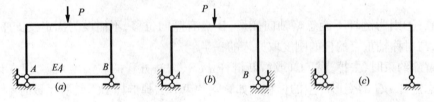

图 6-42　题 1-7 图

1-8　在图 6-42 所示的两结构中,6-42(a)中拉杆的轴力 N 与 6-42(b)中的水平反力 X_B 的关系是:当拉杆的刚度 EA =有限值时,$N<X_B$;当拉杆的刚度 EA =无穷大时,$N=X_B$。（　）

1-9　图 6-43(a)所示对称结构在支座移动下的弯矩图形状如图 6-43(b)所示。　（　）

1-10　图 6-44(a)所示对称结构,内部温度升高 t,其弯矩图形状如图 6-44(b)所示。
　　　　　　　　　　　　　　　　　　　　　　　　　　　　　　　　　　　　　（　）

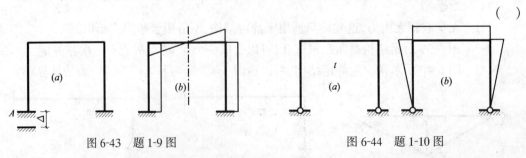

图 6-43　题 1-9 图　　　　　　　　　　图 6-44　题 1-10 图

1-11　在图 6-44 中由于弯矩图不满足。$\int \dfrac{M}{EI}\mathrm{d}s = 0$,所以它是错误的。　　　　（　）

1-12　在力法计算时,多余未知力由位移条件来求,其他未知力由平衡条件来求。（　）

1-13　在图 6-45 所示结构中若增大柱子的 EI 值,则梁跨中点截面弯矩值减少。（　）

1-14　对图 6-46(a)所示结构,选 6-46(b)为基本体系,则力法典型方程为 $\delta_{11}X_1 + \Delta_{1P}$ ＝0。（　）

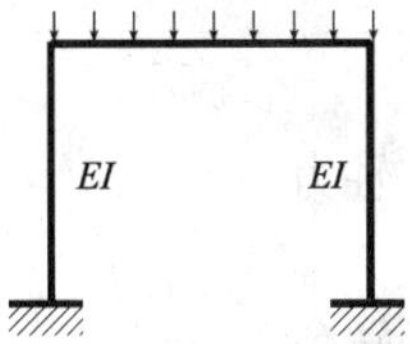

图 6-45　题 1-13 图 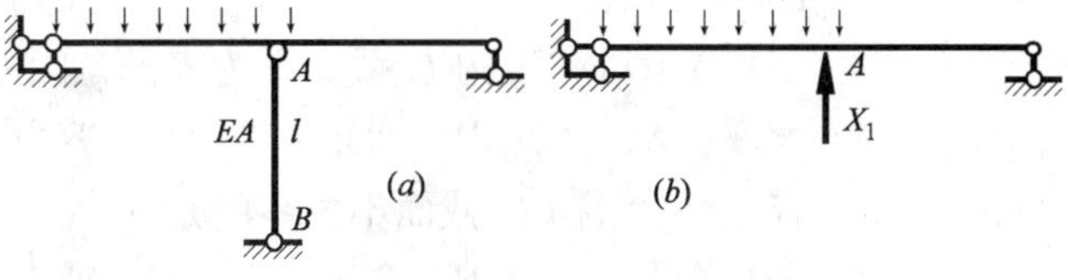　　　　　　　图 6-46　题 1-14 图

1-15　图 6-47(a)和图 6-47(b)为同一结构的两种外因状态,若都选图 6-47(c)为基本体系计算,则它们的力法方程中的主系数相同,副系数相同,自由项不同,右端项不同。（　）

1-16　在图 6-48 所示结构中,如将刚节点 A 化成铰节点,相当于去掉了两个约束。（　）

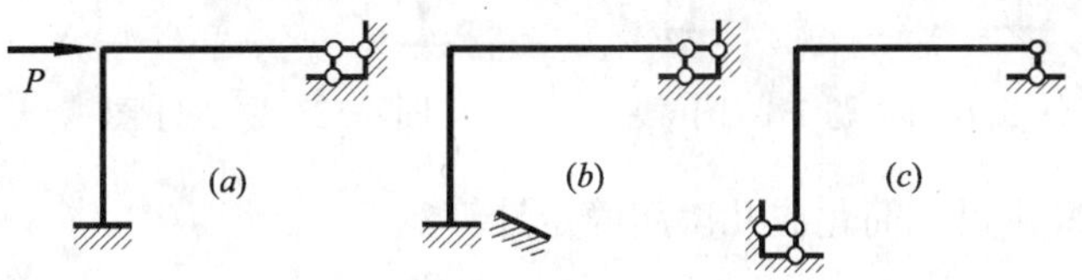

图 6-47　题 1-15 图 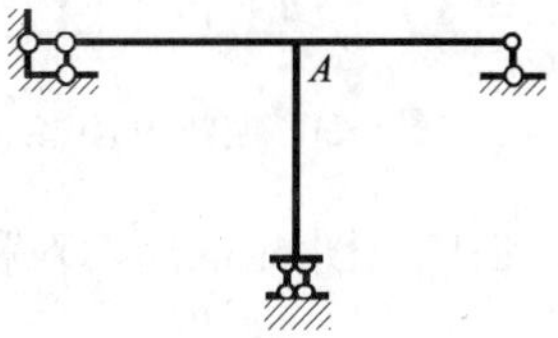　　　　　　　图 6-48　题 1-16 图

2. 选择题

2-1　在力法典型方程中,恒大于零的是　　　　　　　　　　　　　（　）

　　A　主系数　　　　B　副系数　　　　C　自由项　　　　D　右端项

2-2　在力法典型方程中,副系数　　　　　　　　　　　　　　　　（　）

　　A　恒大于零　　　B　恒小于零　　　C　恒等于零　　　D　可正、可负、可为零

2-3　力法的基本未知量是　　　　　　　　　　　　　　　　　　（　）

　　A　多余未知力　　B　支座反力　　　C　角位移　　　　D　独立的结点线位移

2-4　打开联接三刚片的复铰,相当于去掉几个约束?　　　　　　　　（　）

　　A　2　　　　　　B　3　　　　　　C　4　　　　　　D　5

2-5　力法方程中的系数 δ_{ki} 表示的是基本结构由　　　　　　　　　（　）

　　A　X_i 产生的 X_k 方向的位移　　　　　B　$X_i = 1$ 产生的 X_k 方向的位移

　　C　$X_i = 1$ 产生的 X_i 方向的位移　　　D　$X_k = 1$ 产生的 X_i 方向的位移

2-6　图 6-49(a)结构如选图 6-49(b)为基本体系,其力法方程为(　　　)

　　A　$\delta_{11}X_1 + \Delta_{1P} = 0$

　　B　$\delta_{11}X_1 + \Delta_{1P} = a/EA$

　　C　$\delta_{11}X_1 + \Delta_{1P} = -X_1 a/EA$

　　D　$\delta_{11}X_1 + \Delta_{1P} = X_1 a/EA$

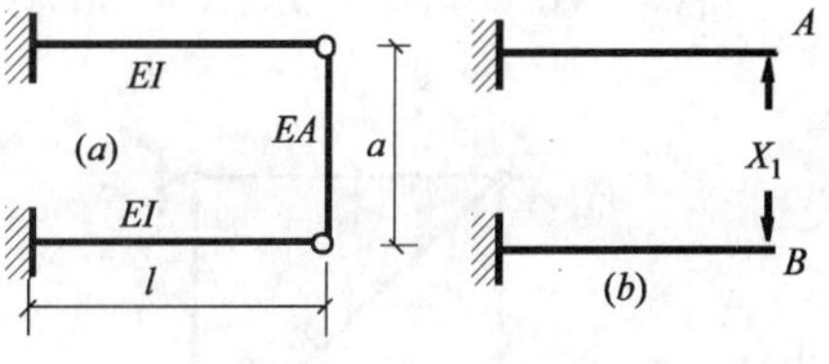

图 6-49　题 2-6 图

2-7　力法方程的实质是　　　　　　　　　（　　　）

　　A　平衡条件　　　　B　位移条件　　　　C　物理条件　　　D　互等定理

2-8　力法基本结构决不能取　　　　　　　　　　　　　　　　　　　　（　　）

　　A　静定结构　　　　B　超静定结构　　C　可变体系　　　D　不变体系

2-9　关于图 6-50 所示结构,下列论述正确的是　　　　　　　　　　　（　　）

　　A　A 点线位移为零　　　　　　　　B　AB 杆无弯矩

　　C　AB 杆无剪力　　　　　　　　　　D　AB 杆无轴力

2-10　图 6-51 所示对称结构 C 截面不为零的是　　　　　　　　　　　（　　）

　　A　水平位移　　　　B　弯矩　　　　C　剪力　　　　D　轴力

2-11　图 6-52 所示结构 C 截面不为零的是　　　　　　　　　　　　　（　　）

　　A　竖向位移　　　　B　弯矩　　　　C　轴力　　　　D　转角

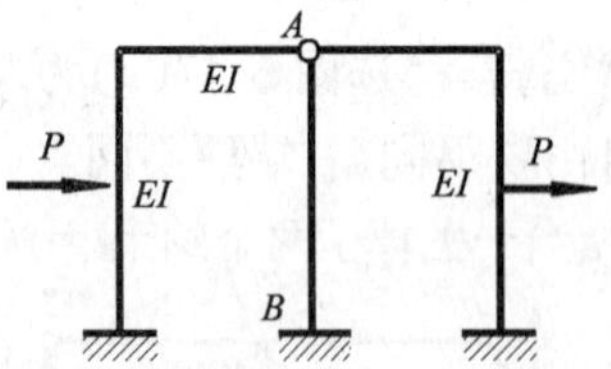

图 6-50　题 2-9 图 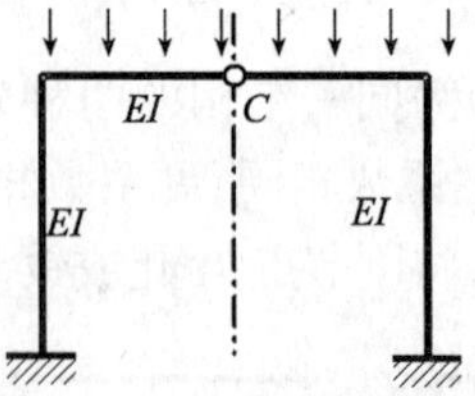　　　　　图 6-51　题 2-10 图 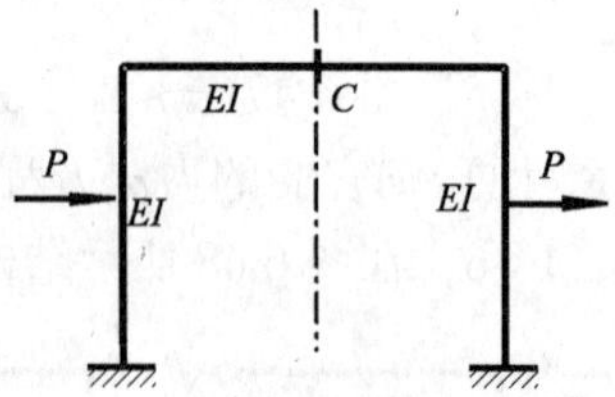　　　　　图 6-52　题 2-11 图

2-12　图 6-53 所示对称结构最少可以简化成几次超静定计算?　　　　　（　　）

　　A　1　　　　　　　B　2　　　　　　C　3　　　　　　D　4

2-13　在图 6-54 所示结构中,针对 a,b,c,d 四杆而言,不能作为多于约束去掉的是（　　）

　　A　a　　　　　　　B　b　　　　　　C　c　　　　　　D　d

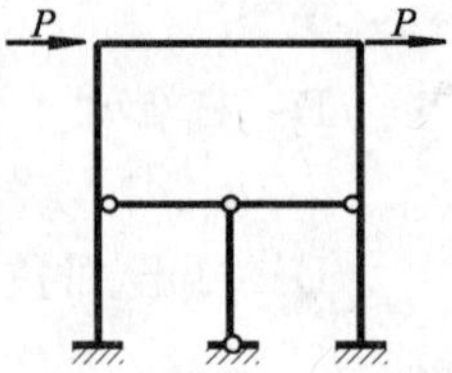

图 6-53　题 2-12 图 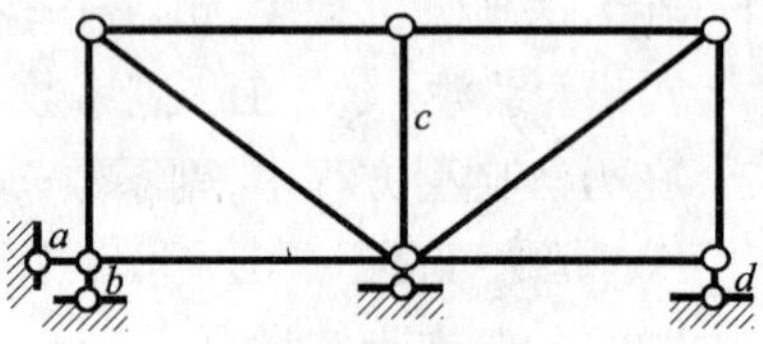　　　　　　　　图 6-54　题 2-13 图

2-14　在图 6-55 所示一次超静定结构中,不能作为力法基本未知量的是　　（　　）
　　①任一竖向支杆的反力;②任一水平支杆的反力;③a 杆轴力;④b 杆轴力

　　A　1、2、3、4　　　B　1、3、4　　　C　1、2　　　　D　2、3

2-15　在图 6-56 所示结构中,若增大拉杆的刚度 EA,则梁内 D 截面弯矩如何?　（　　）

　　A　不变　　　　　　B　增大　　　　C　减小　　　　D　可能会下侧受拉

2-16　在图 6-56 所示结构中,若减小拉杆的刚度 EA,则梁内 D 截面弯矩如何?　（　　）

　　A　不变　　　　　　B　增大　　　　C　减小　　　　D　可能会大于 Pl

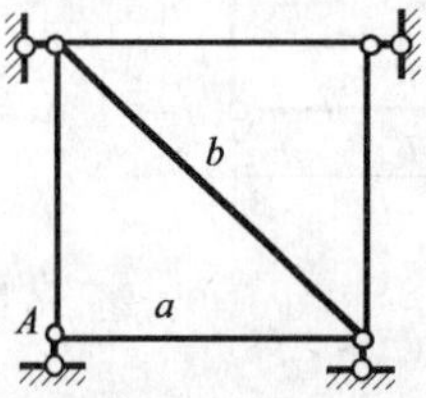

图 6-55　题 2-14 图 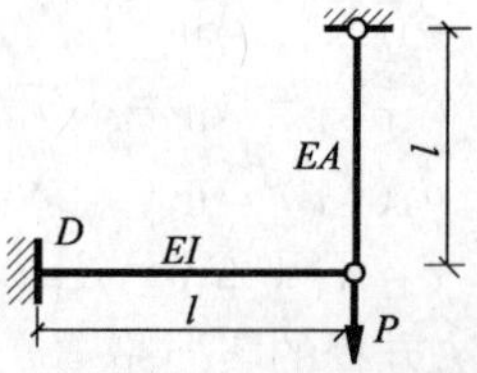　　　　　　　图 6-56　题 2-15 图

2-17 图 6-57(a)结构如选图 6-57(b)为基本体系,其力法方程为(   )

A $\delta_{11}X_1 + \Delta_{1P} = 0$ B $\delta_{11}X_1 + \Delta_{1P} = 1/k$

C $\delta_{11}X_1 + \Delta_{1P} = -X_1/k$ D $\delta_{11}X_1 + \Delta_{1P} = X_1 + k$

2-18 图 6-58 所示结构各杆 E = 常数,在给定荷载作用下,若使 A 支座反力为零,则应使(   )

A $I_1 = I_2$ B $I_1 = 2I_2$ C $I_1 = 4I_2$ D $4I_1 = I_2$

2-19 图 5-59 所示结构各杆 EI = 常数,在给定荷载作用下,若使 A 支座反力为零,则应使(   )

A $P = ql$ B $P = 0.5ql$ C $P = 1.5ql$ D $P = 1.25ql$

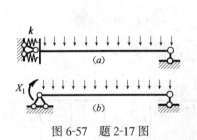

图 6-57 题 2-17 图

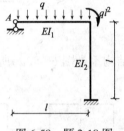

图 6-58 题 2-18 图

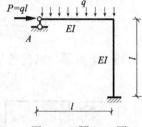

图 6-59 题 2-19 图

2-20 图 6-60 所示十字架超静定刚架,各杆 EI 相同,在图示荷载作用下,Q_{AB} 为 (   )

A $0.5P$ B $0.25P$ C $-0.25P$ D 0

2-21 图 6-61 所示两结构跨中点截面的弯矩之间的关系是   (   )

A 跨中点截面的弯矩相等

B C 截面弯矩大于 D 截面弯矩

C 当 n 很大时 C 截面弯矩小于 D 截面弯矩

D 当 n 很小时 C 截面弯矩小于 D 截面弯矩

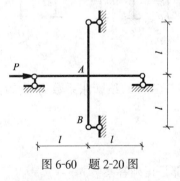

图 6-60 题 2-20 图

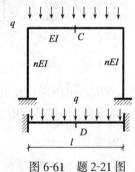

图 6-61 题 2-21 图

2-22 图 6-62 所示各结构在图示荷载作用下,产生弯矩的是   (   )

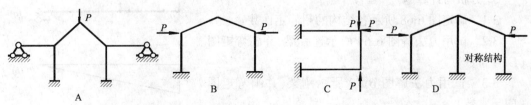

图 6-62 题 2-22 图

2-23　图 6-63(a)所示结构,取图 6-63(b)所示基本体系计算,下列结论正确的是　　（　　）

　　A　结构弯矩、剪力为零　　　　　　　B　结构轴力为零

　　C　$X_1 = 0$　　　　　　　　　　　　D　$X_2 = 0$

2-24　下列关于图 6-64 所示两结构论述错误的是　　　　　　　　　　（　　）

　　A　内力相同　　　B　反力相同　　　C　应力相同　　　D　结构(a)的变形大

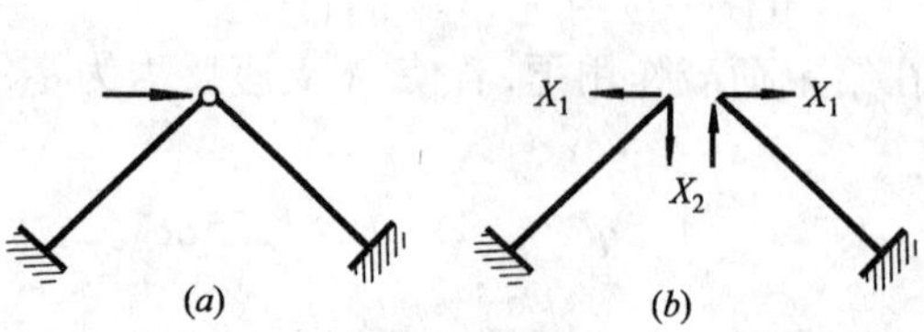

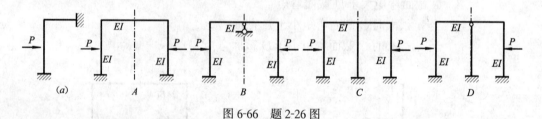

图 6-63　题 2-23 图　　　　　　　　　　　図 6-64　题 2-24 图

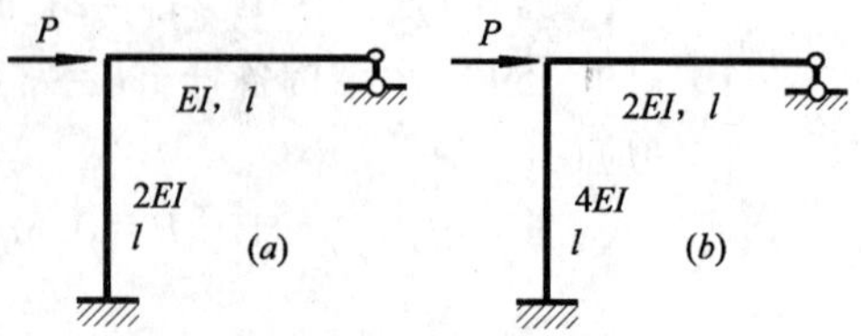

2-25　下列哪个结构的半边结构不是图 6-65(a)所示结构?　　　　　　　（　　）

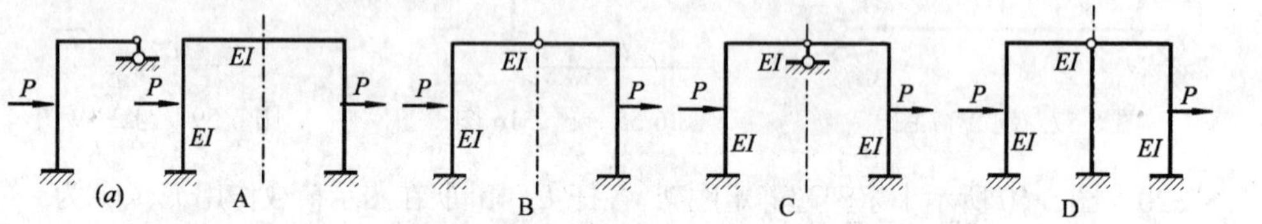

图 6-65　题 2-25 图

2-26　下列哪个结构的半边结构不是图 6-66(a)所示结构?　　　　　　　（　　）

图 6-66　题 2-26 图

2-27　图 6-67(a)梁因温度变化引起的弯矩如图 6-67(b),线膨胀系数为 α,梁截面(矩形)高度为 h,右端转角(顺时针为正)为　　　　　　　　　　（　　）

　　A　0　　　　　　　　　　　　　B　$\dfrac{\alpha t l}{2h}$

　　C　$-\dfrac{dl}{2EI} + \dfrac{2a+l}{h}$　　　D　B 和 C 都是正确答案

3. 分析与计算题

3-1　确定图 6-68 所示各结构的超静定次数。

3-2　试用力法解图 6-69 所示连续梁,并画弯矩图。
（EI = 常数）

3-3　试用力法解图 6-70 所示刚架,并画弯矩图。
（EI = 常数）

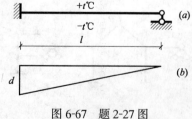

图 6-67　题 2-27 图

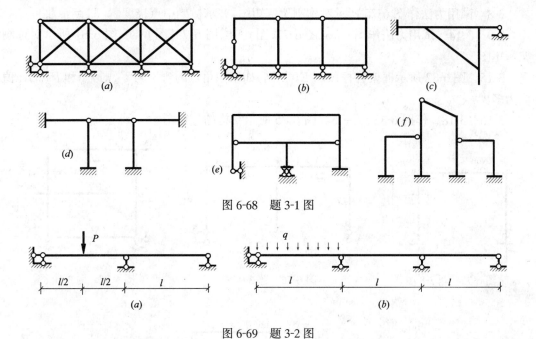

图 6-68　题 3-1 图

图 6-69　题 3-2 图

3-4　用力法求图 6-71 所示结构的内力,并讨论:当刚度比 $k = EI/EA$ 变化时,各杆内力的变化规律及由此应得出的结论。

3-5　试用力法解图 6-72 所示刚架,并画弯矩图。(EI = 常数)

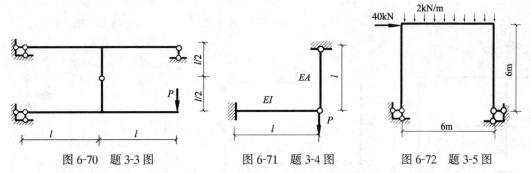

图 6-70　题 3-3 图　　　　图 6-71　题 3-4 图　　　　图 6-72　题 3-5 图

3-6　对图 6-73(a)结构,按图 6-73(b)所给的基本体系进行计算,并绘制弯矩图。

3-7　对图 6-74(a)结构,按图 6-74(b)所给的基本体系进行计算绘制弯矩图,并解释力法方程的物理意义。

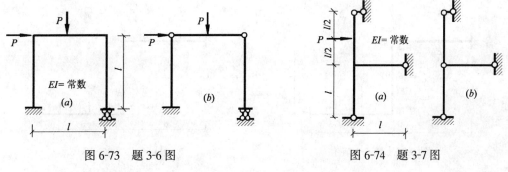

图 6-73　题 3-6 图　　　　　　图 6-74　题 3-7 图

3-8　试用力法作图 6-75 所示对称刚架弯矩图,并求横梁中点挠度。(EI = 常数)

3-9~3-14　试用力法作图 6-76、图 6-77、图 6-78、图 6-79、图 6-80、图 6-81 所示对称刚架弯矩图。

3-15　图 6-82 所示框架各杆截面 EI 相同,如果四角点的弯矩为零,则 P_1 和 P_2 的比值应为多少?

3-16~3-18　作图 6-83、图 6-84、图 6-85 所示结构的弯矩图。

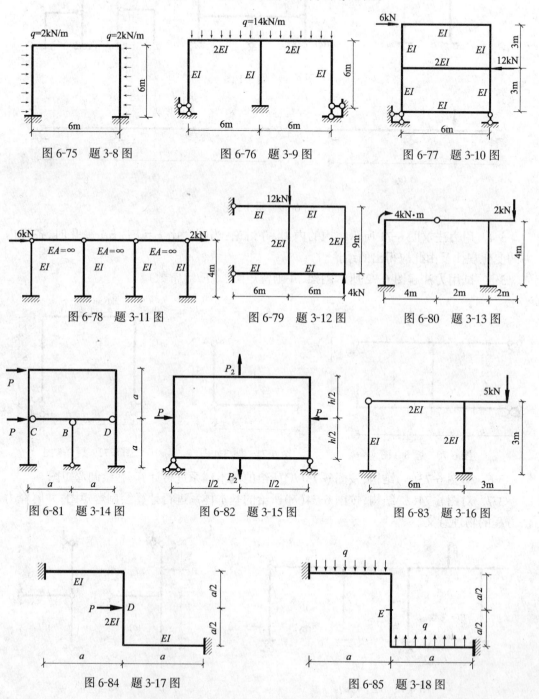

图 6-75　题 3-8 图　　　　图 6-76　题 3-9 图　　　　图 6-77　题 3-10 图

图 6-78　题 3-11 图　　　　图 6-79　题 3-12 图　　　　图 6-80　题 3-13 图

图 6-81　题 3-14 图　　　　图 6-82　题 3-15 图　　　　图 6-83　题 3-16 图

图 6-84　题 3-17 图　　　　图 6-85　题 3-18 图

3-19　图 6-86 所示简支梁 $E = 20GPa$,矩形截面 $b \times h = 20cm \times 50cm$,在梁的中点处距离梁底 1cm 有一刚性楔块,在图示荷载作用下,C 点与刚性块接触,用力法计算,作弯矩图。

3-20　求图 6-87 所示超静定梁,由于 C 支座移动所引起的 B 截面的转动。

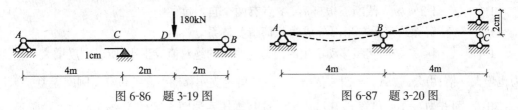

图 6-86　题 3-19 图　　　　　　　　图 6-87　题 3-20 图

3-21　试用力法计算图 6-88 所示结构作弯矩图,并校核。各杆 EI 为常数,$k_1 = 12EI/l$,$k_2 = EI/l^3$。

3-22　试用力法计算图 6-89 所示结构,并作弯矩图。各杆 EI 为常数,$k = 3EI/l^3$。

3-23　试用力法计算图 6-90 所示结构,并作弯矩图。各杆 EI,a 为常数。$h = 0.1a$。

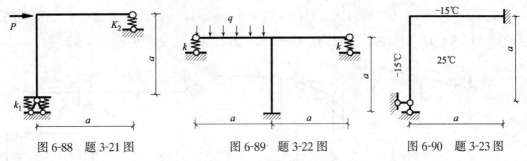

图 6-88　题 3-21 图　　　　图 6-89　题 3-22 图　　　　图 6-90　题 3-23 图

3-24　图 6-91(a) 所示变截面梁,用力法计算并取图 6-91(b) 所示的基本体系,则可列出力法方程 $\delta_{11}X_1 + \Delta_Q = \Delta_1$,试写出 δ_{11}、Δ_Q、Δ_1 的具体表达式。

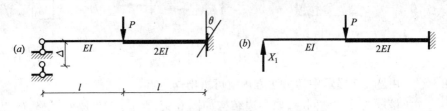

图 6-91　题 3-24 图

3-25　计算图 6-92 所示等截面梁,并画弯矩图。

3-26　已知图 6-93(a) 所示结构角点处截面弯矩为 $Pa/8$(外侧受拉),利用这一结论,计算图 6-93(b) 所示结构,并作弯矩图。

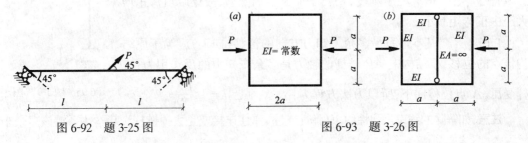

图 6-92　题 3-25 图　　　　　　　图 6-93　题 3-26 图

125

1．判断题

1-1　√　1-2　×　截断三根杆后，A 点有两个自由度。

1-3　×　解除约束后左半部分成为几何瞬变体系。

1-4　√　1-5　√　支座移动产生的内力与刚度的绝对值成正比，所以刚度增大一倍，内力也增大一倍；由公式：$\Delta_{it} = \Sigma \int \dfrac{M}{EI}\overline{M}\mathrm{d}s - \Sigma\overline{R}C$ 可见支座移动引起的位移与刚度无关。

1-6　图 6-41(a)、(d)、(f)、(i)　×　选基本体系如图 6-94(a)、(d)、(f)、(i)所示，求出相应位移不为零，弯矩图不满足位移协调条件。

图 6-41(b)、(g)、(h)　×　不满足水平投影平衡，取分离体如图 6-94(b)、(g)、(h)所示。

图 6-41(c)　√　图 6-41(e)　×　无节点线位移的结构在节点集中力作用下不产生弯矩。

1-7　×　图 6-42(a)的力法方程：$\delta_{11}X_1 + \Delta_{1P} = -\dfrac{lX_1}{EA}$，表示 B 点的水平位移等于拉杆的变形；图 6-42(b)的力法方程：$\delta_{11}X_1 + \Delta_{1P} = 0$，表示 B 支座的水平位移等于零。

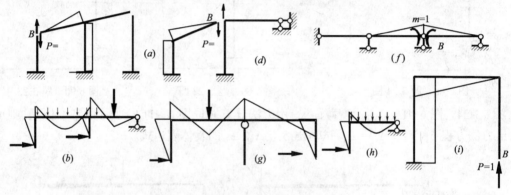

图 6-94　题 1-6 答图

1-8　√　由题 1-7 提示中的力法方程就可看出这一点。

1-9　√　该题为反对称问题，取半边结构如图 6-95 所示，A 支座向下移，C 点有向上的反力。

1-10　√　超静定结构，温度改变作用下，温度较低侧受拉。

1-11　×　该位移条件校核公式仅适用于荷载作用下的无铰封闭框部分。　1-12　√

1-13　√　增大柱子刚度，相当于加大梁端支承，故梁端负弯矩增大跨中正弯矩减小。

1-14　×　基本体系沿多余未知力方向的位移（向上）应等于原结构该点的位移，原结构中 AB 链杆的轴力是多余未知力的反作用力，链杆受压，A 点位移向下，所以力法方程为：$\delta_{11}X_1 + \Delta_{1P} = -\dfrac{LX_1}{EA}$。

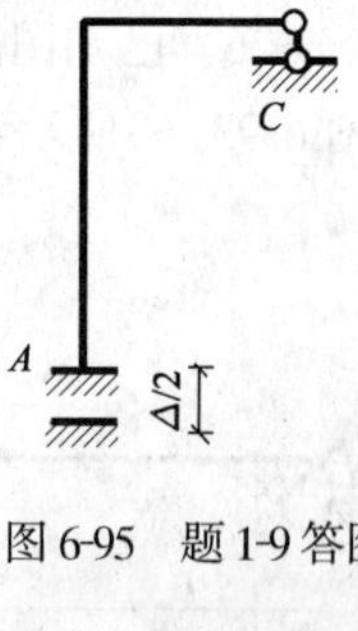

图 6-95　题 1-9 答图

注意：如解除的约束是弹性约束（弹性支座、弹性连接或是去掉链杆），基本体系沿该多余未知力方向的位移应等于原结构中相应弹性约束的变形,弹性约束力是该多余未知力反作用力,故该弹性约束的变形(即力法方程的右端项)等于负的多余未知力除以弹性约束的刚度系数。

1-15 √   1-16 √

2. 单项选择题

2-1 A   2-2 D   2-3 A   2-4 C   2-5 B

2-6 C   见题 1-14 的解答提示。

2-7 B   2-8 C   力法基本结构也可以是超静定结构。

2-9 D   对称结构在反对称荷载作用下与对称轴重合的杆轴力为零。

2-10 D   对称结构在对称荷载作用下对称轴处的截面,剪力为零、水平位移为零、转角为零,但这里 C 截面是铰结截面,所以弯矩为零,可以自由转动。

2-11 D   对称结构在反对称荷载作用下对称轴处的截面,轴力为零、弯矩为零、竖向位移为零、转角不为零。

2-12 A   对称结构在反对称荷载作用下对称轴处的截面,轴力为零、弯矩为零、与对称轴重合的杆轴力为零、与对称轴垂直贯穿的杆轴力为零。

2-13 A   支杆 a 去除后结构成为瞬变体系。

2-14 B   去一竖向支杆,剩下的三根支杆交于一点;去掉 a 杆,在 A 处两根共线的杆联结一点;去掉 b 杆,剩下的体系是三刚片用共线的三铰相连;都是瞬变体系。

2-15 C 2-16 B   超静定结构中的相邻部分是按能者多劳的原则承担荷载的,刚度大者承担的荷载也大。该题结构一般情况下梁的上侧受拉。当 $EA = \infty$ 时,荷载完全由链杆承当,梁的内力为零;当 $EA = 0$ 时,链杆的内力为零,荷载完全由梁承当,D 截面弯矩最大为 Pl。

2-17 C   见题 1-14 的解答提示。

2-18 C   以 A 支座反力作为多余未知力,令 $\Delta_{1P} = 0$。

2-19 D   见 2-18 的提示。

2-20 A   结构关于水平杆对称、荷载对称,两水平反力对称,各等于 $P/2$。

2-21 B $n = $ 无穷大时,$M_C = M_D$ 达到最小值。

2-22 B 2-23 A X_1、X_2 不为零,合成为杆的轴力。

2-24 C 2-25 D 2-26 A 2-27 D   可分别用公式(6-6)、(6-7)计算。

3. 分析与计算题

3-2(a)解:如图 6-96 所示,$\Delta_{1P} = \dfrac{1}{EI} \dfrac{1}{2} \dfrac{Pl}{4} l \dfrac{l}{2} = \dfrac{Pl^3}{16EI}$,$\delta_{11} = \dfrac{1}{EI} \dfrac{l^2}{2} \dfrac{2l}{3} \times 2 = \dfrac{2l^3}{3EI}$,$X_1 = -\dfrac{3P}{32EI}$

3-2(b)解:如图 6-97 所示,$\delta_{11} = \dfrac{1}{EI} \dfrac{l \times 1}{2} \dfrac{2}{3} \times 2 = \dfrac{2l}{3EI} = \delta_{22}$,$\delta_{12} = \delta_{21} = \dfrac{1}{EI} \dfrac{l \times 1}{2} \dfrac{1}{3} = \dfrac{l}{6EI}$,$\Delta_{2P} = 0$ $\Delta_{1P} = \dfrac{1}{EI} \dfrac{2}{3} l \dfrac{ql^2}{8} \dfrac{1}{2} = \dfrac{ql^3}{24EI}$,$X_1 = -ql^2/15$,$X_2 = ql^2/60$

3-3 解:如图 6-98 所示 $\delta_{11} = \dfrac{1}{EI}\left(\dfrac{l^2}{2} \dfrac{2l}{3} + \dfrac{1}{2} l \dfrac{l}{2} \dfrac{2l}{3} \right) \times 2 = \dfrac{l^3}{EI}$,$\Delta_{1P} = \dfrac{1}{EI} \dfrac{Pl}{2} \dfrac{l}{2} \dfrac{2l}{3} \times 2 = \dfrac{Pl^3}{3EI}$,$X_1 = -P/3$。

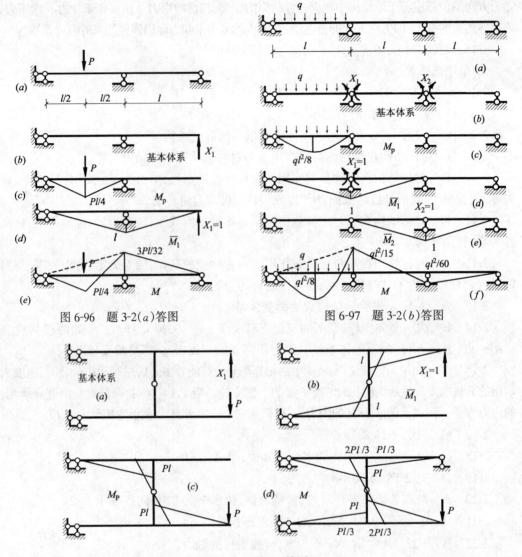

图 6-96 题 3-2(a)答图

图 6-97 题 3-2(b)答图

图 6-98 题 3-3 答图

3-4 解：如图 6-99 所示 $\delta_{11} = \dfrac{l^3}{3EI} + \dfrac{l}{EA} =$

$\dfrac{l^3}{3EI}\left(1 + \dfrac{3k}{l^2}\right)$ $\Delta_{1P} = \dfrac{1}{EI}\,\dfrac{Pl}{2}\,l\,\dfrac{2l}{3} = \dfrac{Pl^3}{3EI}$,

$X_1 = -\dfrac{\Delta_{1P}}{\delta_{11}} = \dfrac{-P}{1 + 3k/l^2}$

当 $k = EI/EA \to 0$ 时，梁的内力 = 0，链杆的轴力 = P。

当 $k = EI/EA$ 由 0 开始增大时，梁的弯矩增大，而链杆的轴力减小。

当 $k = EI/EA \to \infty$ 时，梁的 $M = M_P$，链杆的轴力 = 0。可见，在荷载作用下，超静定结构

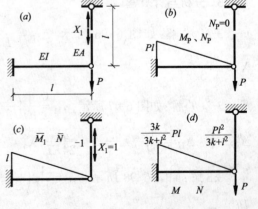

图 6-99 题 3-4 答图

128

内力分布与刚度的相对比值有关。刚度较大的部分内力也较大。

3-5 解:如图 6-100 所示,$\Delta_{1P} = \dfrac{-1}{EI}\left(\dfrac{240 \times 6}{2} \times \dfrac{2 \times 6}{3} + \left(\dfrac{240 \times 6}{2} + \dfrac{2}{3} \times 90 \times 6\right) \times 6\right) =$

$\dfrac{-9360}{EI}$,$\delta_{11} = \dfrac{1}{EI}\left(\dfrac{6 \times 6}{2} \times \dfrac{2 \times 6}{3} \times 2 + 6^3\right) = \dfrac{360}{EI}$ $\quad X_1 = -\dfrac{\Delta_{1P}}{\delta_{11}} = 26(\text{kN})$。

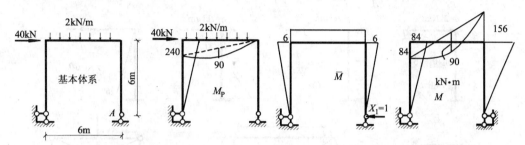

图 6-100 题 3-5 答图

3-6 解:如图 6-101 所示,$\delta_{11} = \dfrac{1}{EI}\dfrac{l \times 1}{2}\dfrac{2}{3} + \dfrac{l}{EI} = \dfrac{4l}{3EI} = \delta_{22}$,$\delta_{12} = \delta_{21} = \dfrac{1}{EI}\dfrac{l \times 1}{2}\dfrac{1}{3} = \dfrac{l}{6EI}$,$\Delta_{1P}$

$= \dfrac{1}{EI}\left(\dfrac{l}{2}\dfrac{Pl}{4} \times \dfrac{1}{2} - 1 \times l \times \dfrac{Pl}{2}\right) = \dfrac{-7Pl^3}{16EI}$,$\Delta_{2P} = \dfrac{1}{EI}\dfrac{1}{2}\dfrac{Pl}{4} \times \dfrac{1}{2} = \dfrac{Pl^3}{16EI}$,$X_1 = \dfrac{5Pl}{56}$,$X_2 = \dfrac{19Pl}{56}$

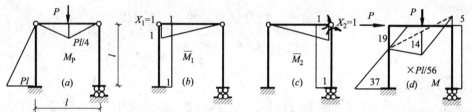

图 6-101 题 3-6 答图

3-7 解:如图 6-102 所示,$\delta_{11} = \dfrac{1}{EI}\dfrac{l \times 1}{2}\dfrac{2}{3} \times 2 = \dfrac{2l}{3EI} = \delta_{22}$,$\delta_{12} = \delta_{21} = \dfrac{-1}{EI}\dfrac{l \times 1}{2}\dfrac{2}{3} = \dfrac{-1}{3EI}$,

$\Delta_{1P} = \dfrac{1}{EI}\dfrac{l}{2}\dfrac{Pl}{4} \times \dfrac{1}{2} = \dfrac{Pl^2}{16EI}$,$\Delta_{2P} = 0$,$X_1 = -Pl/8$,$X_2 = -Pl/16$

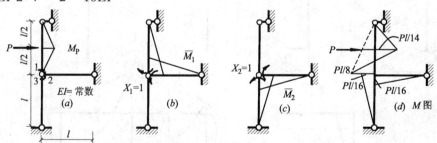

图 6-102 题 3-7 答图

说明:由于原结构中刚节点处各杆端的相对转角等于零,所以基本体系中 1、2 两截面的相对转角 = 0(典型方程 1),2、3 两截面的相对转角 = 0(典型方程 2)。如果这两个方程成立,必然有 1、3 两截面的相对转角 = 0。

3-8 解:如图 6-103 所示 $\delta_{11} = \dfrac{1}{EI} \dfrac{6 \times 6}{2} \dfrac{2}{3} \times 6 = \dfrac{72}{EI}$ $\delta_{22} = \dfrac{1 \times 3 + 1 \times 6}{EI} \times 1 = \dfrac{9}{EI}$

$\delta_{12} = \delta_{21} = \dfrac{1}{EI} \dfrac{6 \times 6}{2} \times 1 = \dfrac{18}{EI}$，$\Delta_{1P} = \dfrac{-1}{EI} \dfrac{36 \times 6}{3} \dfrac{3 \times 6}{4} = \dfrac{-324}{EI}$，$\Delta_{2P} = \dfrac{-1}{EI} \dfrac{36 \times 6}{3} \times 1 = \dfrac{-72}{EI}$，

$X_1 = 5$，$X_2 = -2$ $\Delta_D^V = \dfrac{-16 \times 1.5}{EI} \times 2 = \dfrac{-9}{EI}$

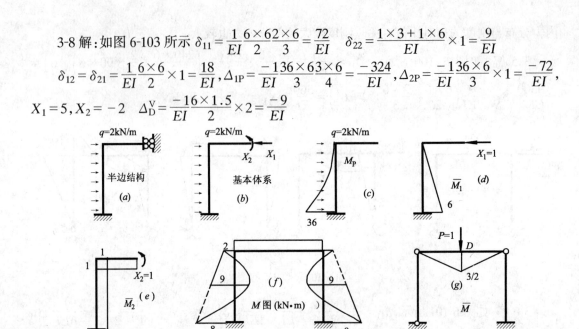

图 6-103   题 3-8 答图

3-9 解:如图 6-104 所示，$\delta_{11} = \dfrac{1}{2EI} \dfrac{6 \times 6}{2} \dfrac{2}{3} \times 6 = \dfrac{36}{EI}$，$\delta_{22} = \dfrac{1}{EI} \dfrac{6^3}{3} + \dfrac{6^3}{2EI} = \dfrac{180}{EI}$，$\delta_{12} = \delta_{21} =$

$\dfrac{1}{2EI} \dfrac{6 \times 6}{2} \times 6 = \dfrac{54}{EI}$，$\Delta_{1P} = \dfrac{-1}{2EI} \dfrac{252 \times 6}{3} \dfrac{3 \times 6}{4} = \dfrac{-1134}{EI}$，$\Delta_{2P} = \dfrac{-1}{2EI} \dfrac{252 \times 6}{3} \times 6 = \dfrac{-1512}{EI}$，

$X_1 = 33 - 36 \text{kN}$，$X_2 = -1.91 \text{kN}$

校核: $\Delta_D^V = \dfrac{-1}{EI} \dfrac{6 \times 6}{2} \dfrac{2 \times 11.45}{3} + \dfrac{1}{2EI} \left(\dfrac{2 \times 63 \times 6}{3} - \dfrac{11.45 + 57.3}{2} \times 6 \right) \times 6 =$

$\dfrac{-137.4 + 137.3}{EI} \approx 0$。

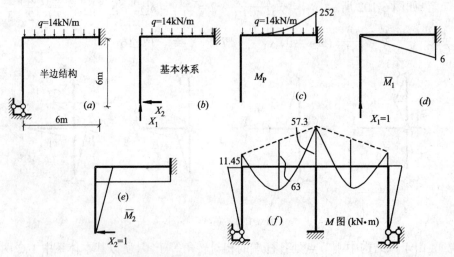

图 6-104   题 3-9 答图

3-10 解:如图 6-105 所示，①荷载分组如图 6-105(b)、(c)，对称荷载不产生弯矩，反对称荷载作用下的半边结构如图 6-105(d)(A 点的水平支杆移到 B 点不会改变变形)，图

6-105(d)又是对称结构受对称荷载,其半边结构如图 6-105(e)。

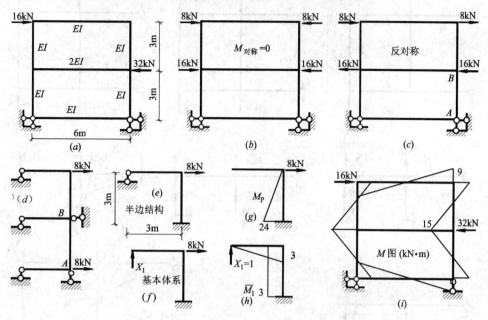

图 6-105　题 3-10 答图

②解半边结构:$\delta_{11} = \dfrac{1}{EI} \dfrac{3 \times 32 \times 3}{2} \dfrac{3}{3} + \dfrac{3 \times 3 \times 3}{EI} = \dfrac{36}{EI}$,$\Delta_{1P} = \dfrac{1}{EI} \dfrac{24 \times 3}{2} \times 3 = \dfrac{108}{EI}$,$X_1 = -3\text{kN}$。

3-11 解:如图 6-106 所示,①依次将荷载分成对称和反对称两组,对称荷载不产生弯矩,反对称荷载作用下的最后半边结构如图 6-106(f)。四根柱子的弯矩图相同,都是悬臂梁半边结构的弯矩图。

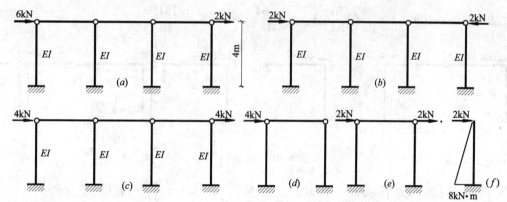

图 6-106　题 3-11 答图

3-12 解:如图 6-107 所示,将荷载分组,对称荷载不产生弯矩,反对称荷载作用下的半边结构如图 6-107(d)所示;

解半边结构:$\delta_{11} = \dfrac{1}{2EI} \dfrac{4.5 \times 4.5^2}{2} \dfrac{2 \times 4.5}{3} \times 2 + \dfrac{4.5 \times 4.5 \times 6}{EI} = \dfrac{1215}{8EI}$,

$\Delta_{1P} = \dfrac{4.5 \times 6 \times 6}{EI} - \dfrac{1}{2EI} \dfrac{12 \times 4.5^2}{2} \dfrac{4.5}{3} = \dfrac{121.5}{EI}$,$X_1 = 0.8\text{kN}$

校核:$\Delta_1 = \dfrac{-13.6 \times 4.5}{2EI} \times 3 + \dfrac{1}{EI} \dfrac{8.4 - 3.6}{2} \times 6 \times 4.5 - \dfrac{1}{2EI} \dfrac{15.6 \times 4.5}{2} \times 3 = 0$。

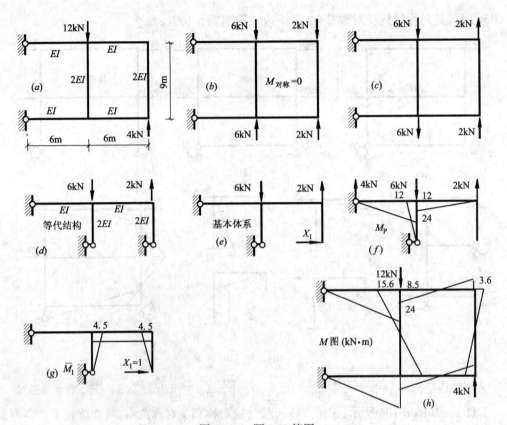

图 6-107　题 3-12 答图

3-13 解:将悬臂去掉,结构成为对称结构受反对称荷载作用,如图 6-108(a)所示,取半边结构如图 6-108(b),$\delta_{11}=\dfrac{256}{3EI}$,$\Delta_{1P}=-\dfrac{64}{4EI}$,解得:$X_1=\dfrac{15P}{28}$

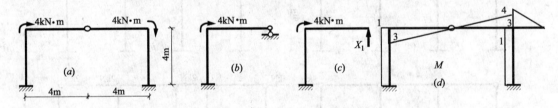

图 6-108　题 3-13 答图

3-14 解:取半边结构如图 6-109(a)。$\delta_{11}=\dfrac{7a^3}{3EI}$,$\Delta_{1P}=-\dfrac{5Pa^3}{4EI}$,解得:$X_1=\dfrac{15P}{28}$

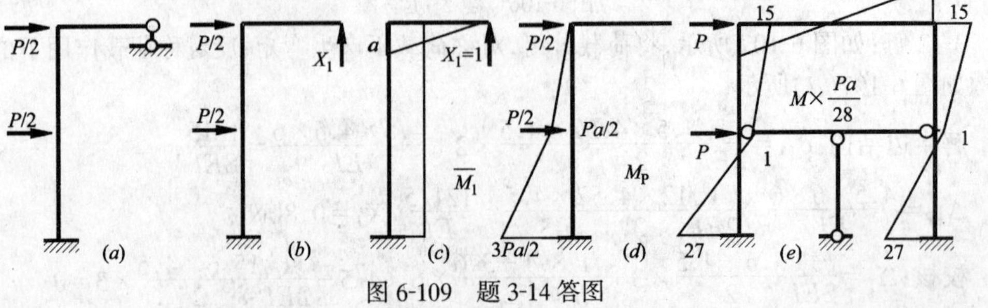

图 6-109　题 3-14 答图

3-15 解:结构与荷载关于竖向和水平轴对称,于是得到半边结构如图 6-110(a)所示。

欲使 $X_1 = 0$,应有:$\Delta_{1P} = \dfrac{1}{EI}\left(\dfrac{1}{2} \times 1 \times \dfrac{h}{2} \times \dfrac{P_1 h}{4} - \dfrac{1}{2} \times 1 \times \dfrac{l}{2} \times \dfrac{P_1 l}{4}\right) = 0$,解得:$\dfrac{P_1}{P_2} = \dfrac{l^2}{h^2}$。

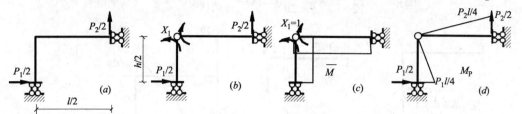

图 6-110　题 3-15 答图

3-16 解:如图 6-111 所示 $\delta_{11} = \dfrac{1}{EI}\dfrac{1}{2}\dfrac{1\times 6}{2}\dfrac{2}{3} + \dfrac{1}{2EI}\dfrac{1\times 6}{2}\dfrac{2}{3} = \dfrac{3}{EI}$,$\delta_{22} = \dfrac{1}{2EI}\dfrac{1\times 6}{2}\dfrac{2}{3} + \dfrac{6}{2EI} = \dfrac{4}{EI}$

$\delta_{12} = \delta_{21} = -\dfrac{1}{2EI}\dfrac{1\times 6}{2}\times 1 = \dfrac{-1.5}{EI}$,$\Delta_{1P} = 0$,$\Delta_{2P} = -\dfrac{1}{2EI}\dfrac{15\times 6}{2}\dfrac{2}{3}$,$X_1 = \dfrac{30}{13}$,$X_2 = \dfrac{60}{13}$。

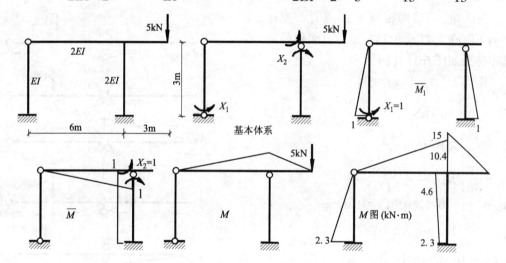

图 6-111　题 3-16 答图

3-17 解:该结构关于 D 点呈对称,荷载是关于 D 点反对称的,所以 E 截面 $N = 0$,$Q = 0$。一次超静定,选半刚架计算,取基本体系如图 6-112(a)所示。

$$\delta_{11} = \dfrac{5a}{4EI},\quad \Delta_{1P} = \dfrac{9Pa^2}{32EI},\quad X_1 = -\dfrac{\Delta_{1P}}{\delta_{11}} = -\dfrac{9Pa}{40}$$

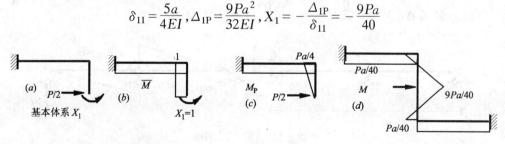

图 6-112　题 3-17 答图

3-18 解:该结构关于 E 点呈对称,荷载是关于 E 点对称的,所以 E 截面 $M = 0$,二次超静定,选半刚架计算,取基本体系如图 6-113(a)所示。

$$\delta_{11}=\frac{a^3}{3EI}, \delta_{22}=\frac{7a^3}{24EI}, \delta_{12}=\delta_{21}=\frac{a^3}{4EI}, \Delta_{1P}=-\frac{qa^4}{8EI},$$

$$\Delta_{2P}=-\frac{qa^4}{12EI}, X_1=\frac{9}{20}qa, X_2=-\frac{1}{10}qa。$$

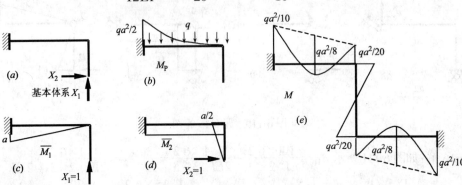

图 6-113　题 3-18 答图

3-19 解：该结构相当于 C 点有一支座，支座向下沉降。如图 6-114(a)，一次超静定，取基本体系如图 6-114(b)所示。

$$\delta_{11}X_1+\Delta_{1P}+\Delta_{1C}=0,$$

$$EI=20\times10^6(\mathrm{kN/m^2})\times\frac{0.2\times0.5^3}{12}(\mathrm{m^4})$$

$$=\frac{125}{3}\times10^3(\mathrm{kN\cdot m^2})$$

$$\delta_{11}=\frac{8}{3EI}, \Delta_{1P}=-\frac{180}{EI},$$

$$\Delta_{1C}=-(-0.5\times0.01)=0.005,$$

$$X_1=\frac{180\times3}{8}-\frac{3EI\times0.005}{8}$$

$$=-10.625(\mathrm{kN\cdot m})$$

3-20 解：①在原结构上虚拟单位荷载，对称结构受反对称荷载极易得到 $\overline{M}^*$ 如图 6-115(b)所示，

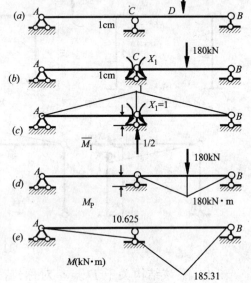

图 6-114　题 3-19 答图

②代入公式 $\Delta_{(t,C)}=-\Sigma\overline{R}^*c=-\frac{0.02}{8}=-0.0025(\mathrm{rad})$

图 6-115　题 3-20 答图

3-21 解：如图 6-116 所示，典型方程：$\delta_{11}X_1+\Delta_{1P}=-X_1/k_2, \delta_{11}=\frac{4a^3}{3EI}+a\times a\times\frac{a}{12EI}$

$$= \frac{17a^3}{12EI}, \Delta_{1P} = -\frac{Pa^3}{2EI} - Pa \times a \times \frac{a}{12EI} = -\frac{7Pa^3}{12EI}, X_1 = \frac{7P}{29}\text{。}$$

取一基本体系，绘单位弯矩图如图 6-116(e)，验证 B 点相邻两截面的相对转角是否为零。

$$\theta_{\text{B-B}} = \frac{1}{EI}\left(\frac{1}{2}\frac{7Pa \times a}{29}\frac{2}{3} + \frac{7-22}{2}\frac{Pa}{29} \times a \times 1 \right) + \frac{1}{a}\frac{7P}{29}\frac{a^3}{EI} - 1 \times \frac{22Pa}{29}\frac{a}{12EI} = 0\text{。}$$

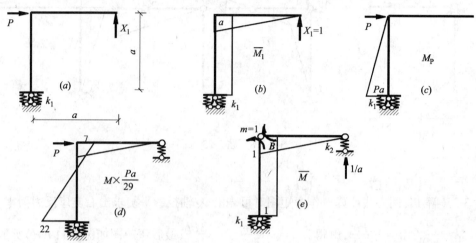

图 6-116　题 3-21 答图

3-22 解：如图 6-117 所示，$\delta_{11}X_1 + \delta_{12}X_2 + \Delta_{1P} = 0, \delta_{21}X_1 + \delta_{22}X_2 + \Delta_{2P} = 0$。

$$\delta_{11} = \frac{4a}{3EI} + \frac{1}{a} \times \frac{1}{a} \times \frac{a^3}{3EI} = \frac{5a}{3EI} = \delta_{22}, \delta_{12} = \delta_{21} = -\frac{a}{EI},$$

$$\Delta_{1P} = \frac{2}{3EI} \times \frac{qa^2}{8} \times a \times \frac{1}{2} + \frac{1}{a} \times \frac{qa}{2}\frac{a^3}{3EI} = \frac{5qa^3}{24EI}, \Delta_{2P} = 0, X_1 = -\frac{25qa^2}{128}, X_2 = -\frac{15qa^2}{128}$$

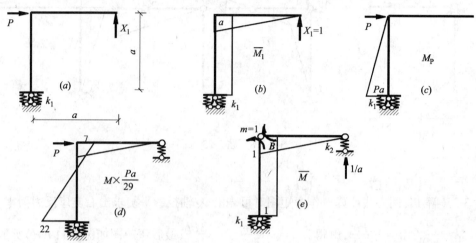

图 6-117　题 3-22 答图

3-23 解：取基本体系如图 6-118(a)所示。$\delta_{11}X_1 + \delta_{12}X_2 + \Delta_{1t} = 0, \delta_{21}X_1 + \delta_{22}X_2 +$

$$\Delta_{2t} = 0, \delta_{11} = \frac{a}{3EI} + \frac{a}{6EI}\left(2 \times 1 \times 1 + 2 \times \frac{1}{2} \times \frac{1}{2} - 2 \times 1 \times \frac{1}{2} \right)$$

$$= \frac{7a}{12EI}, \delta_{12} = \delta_{21} = 0, \delta_{22} = \frac{1.5a \times 1}{2EI} = \frac{3a}{4EI},$$

$$t_0 = \frac{25-15}{2} = 5\text{℃}, \Delta t = 25 - (-15) = 40\text{℃}$$

$$\Delta_{1t} = \frac{\alpha \times 40}{0.1a}\left(\frac{1 \times a}{2} + \frac{1-0.5}{2} \times a\right) + 5\alpha\left(\frac{3}{2a} \times a + \frac{1}{a}\right) = 312.5\alpha,$$

$$\Delta_{2t} = \frac{\alpha \times 40}{0.1a} \times \frac{1.5 \times a}{2} - 5\alpha \times \frac{3}{2a} \times a = 292.5\alpha, \quad X_1 = -535.7\frac{\alpha EI}{a}, \quad X_2 = -390\frac{\alpha EI}{a}$$

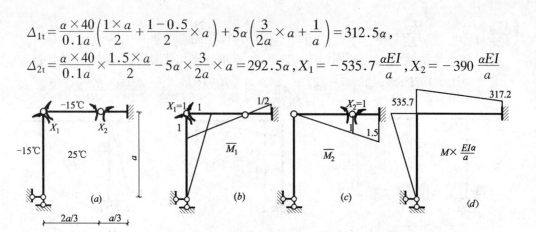

图 6-118　题 3-23 答图

3-24 解：$\delta_{11} = \dfrac{3l^3}{2EI}$，$\Delta_Q = -\dfrac{5Pl^3}{12EI} + 2l\theta$，$\Delta_1 = -a$

3-25【解 1】：用力法计算。作弯矩图时可先沿 X 轴投影平衡求出右支座反力为零。

$\delta_{11} = \dfrac{l}{EI}$，$\Delta_{1P} = \dfrac{\sqrt{2}Pl^2}{16EI}$，解得：$X_1 = -\dfrac{\Delta_{1P}}{\delta_{11}} = -\dfrac{\sqrt{2}Pl}{16}$；最后弯矩图如图 6-119$(d)$ 所示。

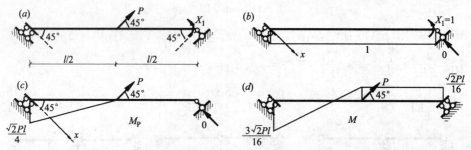

图 6-119　题 3-25 答图 1

【解 2】：将荷载分解为对称和反对称两种情况，如图 6-120(a)、(b)。图 6-120(a) 左右两支座不能移动，相当于两端固定梁，弯矩图可由载常数表得到；取图 6-120(b) 的半边结构如图 6-120(c)，它是静定结构，反力和弯矩图如图 6-120(c) 所示。最后弯矩图 $M = M_{对称} + M_{反对称}$，如图 6-120(d) 所示。

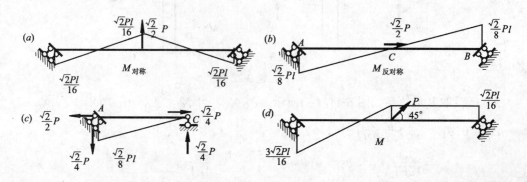

图 6-120　题 3-25 答图 2

3-26 解：取超静定结构为基本体系如图 6-121(a)，利用所给结论绘制单位弯矩图、荷载弯矩图如图 6-121(b)、(c)所示。

$$\delta_{11} = \frac{a}{6EI}\left(2\times\frac{a^2}{8^2}+2\times\frac{3(a)^2}{8^2}+2\times\frac{3a^2}{8^2}\right)\times4+\frac{a}{8}\times2a\times\frac{a}{8}\times2=\frac{a^3}{3EI},$$

$$\Delta_{1P}=\left(\frac{a}{8}-\frac{3a}{8}\right)\times\frac{a}{2}\times\frac{Pa}{8}\times8=-\frac{Pa^3}{8EI},\text{解得：}X_1=-\frac{\Delta_{1P}}{\delta_{11}}=\frac{3P}{8}。$$

最后弯矩图如图 6-121(d)。

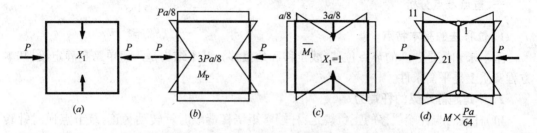

图 6-121　题 3-26 答图

第七章 位 移 法

一、重点难点分析

1. 位移法的基本特点

基本未知量是独立的节点位移(线位移和角位移);基本结构是一组单跨超静定梁;基本方程实质上是平衡条件。

2. 单跨超静定梁的杆端力

(1)杆端力与杆端位移的正负规定:杆端弯矩绕杆端顺时针转动为正,绕节点逆时针转动为正;角位移顺时针转动为正;杆件两端相对线位移使杆端连线顺时针转动时为正。

(2)形常数:单位杆端位移产生的单跨超静定梁的杆端力称为形常数。

(3)载常数:跨中荷载产生的单跨超静定梁的杆端力称为载常数(也叫固端力)。形常数和载常数都可由力法计算求得,然后按位移法的规定,确定杆端力的正负。形常数表和载常数表中,常用的杆端弯矩要记住,杆端剪力可由杆端弯矩求得。

(4)转角位移方程:如果杆件上同时受到杆端转角、相对线位移、外荷载、温度变化等多种因素作用,其杆端力可按叠加法求出。并称为杆件的转角位移方程。

①两端固定或为刚节点的杆件,如图 7-1(a)所示。

$$M_{AB} = 4i\theta_A + 2i\theta_B - 6i\frac{\Delta}{l} + M_{AB}^{F}$$
$$M_{BA} = 2i\theta_A + 4i\theta_B - 6i\frac{\Delta}{l} + M_{BA}^{F}$$
$$(7-1)$$

②一端刚结另一端铰结的杆件,如图 7-1(b)所示。

$$M_{AB} = 3i\theta_A - 3i\frac{\Delta}{l} + M_{AB}^{F}$$
$$M_{BA} = 0$$
$$(7-2)$$

③一端固定或刚节点另一端为定向支座的杆件(即剪力静定杆),如图 7-1(c)所示。

$$M_{AB} = i\theta_A - i\theta_B + M_{AB}^{F}$$
$$M_{BA} = i\theta_B - i\theta_A + M_{BA}^{F}$$
$$(7-3)$$

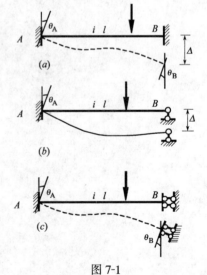

图 7-1

(5)已知杆端弯矩求杆端剪力:取杆件 AB 为分离体,$\Sigma M_A = 0$ 可求出 V_{BA},也可整理成公式为:

$$V_{AB} = -\frac{M_{AB} + M_{BA}}{l} + V_{AB}^{0}$$
$$(7-4)$$

其中:V_{AB}^{0} 是相应的简支梁由跨间荷载产生的剪力。M_{AB} 和 M_{BA} 绕杆端顺时针转动为正。

3. 位移法基本未知量、基本结构的确定

位移法基本未知量是独立的节点位移(角位移、线位移)。

角位移的数目＝结构中刚节点的数目(包含组合节点的数目)；

在确定独立的节点线位移时假定：弯杆忽略轴向变形和剪切变形；弯曲变形也微小。这样，受弯直杆变形前后两端之间距离不变。于是可用以下两种方法确定独立的节点线位移的数目。

铰化体系法。将原结构中所有的刚性连接(包括固定端)改为铰链结化成铰结体系,其自由度数即为原结构独立的节点线位移数目。该法仅适用于不计轴向变形的受弯直杆结构,且杆件边界端有垂直杆轴方向的支承。

附加链杆法。在结构中的可移动节点加附加支杆,使其不能发生线位移,则附加链杆数即为独立的节点线位移数。

注意:

① 如杆件边界端无垂直杆轴方向的支承,该杆端剪力等于零,与杆件轴向垂直的线位移不作为位移法基本未知量。如图7-2(a)、(b)、(c)结构中的杆件边界端D、C的线位移不作为位移法基本未知量。这些结构只有一个独立的节点线位移。

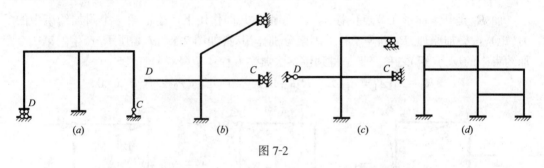

图 7-2

② 铰支座铰节点处的转角不作为基本未知量,杆端为铰支座或铰节点杆件,其杆端力按一端固定一端铰支的单跨超静定梁确定。

③ 对于由横梁竖柱组成的矩形框架,其独立的线位移数目等于其层数。图7-2(d)所示结构有三层,所以结构有三个独立的节点线位移。

④ 结构带无限刚性梁时,梁端节点转动不是独立的节点位移。若柱子平行,则梁端节点转角＝0,如图7-3(a)所示。若柱子不平行,则梁端节点转角可由柱顶侧移表示出来,如图7-3(b)所示。

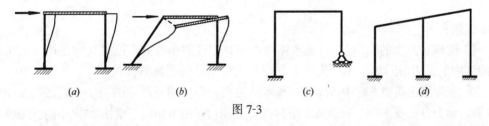

图 7-3

⑤ 对于平行柱刚架,不论柱子等高不等高,横梁是平的或是斜的,柱顶线位移都相等。如图7-3(c)、(d)所示结构柱顶线位移相等。

位移法的基本结构是一组单跨超静定梁(图7-1所示的三种梁),在原结构的刚节点和组合节点上加刚臂约束刚结杆端的转动；在适当位置加支杆,约束节点移动。将原结构化成一组单跨超静定梁的组合体即位移法基本结构。

如图7-4(a)所示结构,有5个刚节点(C、D、E、F、G),所以有5个角位移未知量；将它化成图 7-4(b) 的铰结体系后,加支杆①、②、③则成为几何不变体系,所以节点独立线位移未知量的数目为 3。总的未知量数目为 $5 + 3 = 8$。基本结构如图 7-4(c) 所示。

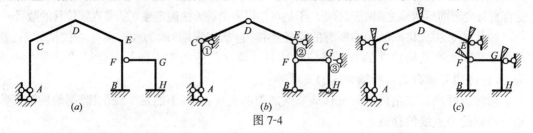

图 7-4

4. 位移法的典型方程

用位移法求解图 7-5(a) 所示结构,使基本结构发生与原结构相同的节点位移,受相同的荷载,又因原结构中无附加约束,故基本体系的附加约束中的约束反力(矩)必须为零,即:$R_1 = 0$, $R_2 = 0$。

而 R_i 是基本体系在节点位移 Z_1、Z_2 和荷载共同作用下产生的第 i 个附加约束中的反力(矩),按叠加原理,R_i 也等于各个因素分别作用时(如图 7-5c、d、e 所示)产生的第 i 个附加约束中的反力(矩)之和。于是得到位移法典型方程:

$$R_1 = r_{11}Z_1 + r_{12}Z_2 + R_{1P} = 0, \quad R_2 = r_{21}Z_1 + r_{22}Z_2 + R_{2P} = 0$$

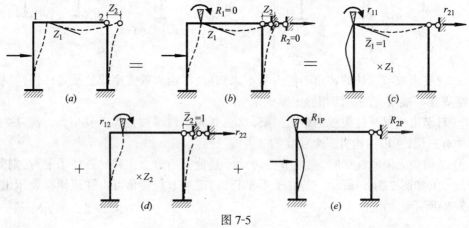

图 7-5

注意:

① 位移法方程的物理意义:基本体系在荷载等外因和各节点位移共同作用下产生的附加约束中的反力(矩)等于零。实质上是原结构应满足的平衡条件。

② 在位移法典型方程中,R_{iP} 表示基本结构在荷载作用下产生的第 i 个附加约束中的反力(矩);称为自由项。$r_{ij}Z_j$ 表示基本结构在 Z_j 作用下产生的第 i 个附加约束中的反力(矩)。

③ 主系数 r_{ii} 表示基本结构在 $Z_i = 1$ 作用下产生的第 i 个附加约束中的反力(矩);r_{ii} 恒大于零。

④ 副系数 r_{ij} 表示基本结构在 $Z_j = 1$ 作用下产生的第 i 个附加约束中的反力(矩);根据反力互等定理有 $r_{ij} = r_{ji}$,副系数可大于零、等于零或小于零。

⑤ 由于位移法的计算过程主要是建立和求解位移法方程,而位移法方程是平衡条件,所以位移法校核的重点是平衡条件(刚节点的力矩平衡和截面的投影平衡)。

5. 两种求解思路

位移法可按两种思路求解节点位移和杆端弯矩:基本体系法和直接列平衡方程法。

(1)基本体系法解题步骤可概括如下:

① 确定位移法基本未知量,加入附加约束,取位移法基本结构。

② 令附加约束发生与原结构相同的节点位移,根据基本结构在荷载等外因和节点位移共同作用下产生的附加约束中的总反力(矩)＝0,列位移法典型方程。

③ 绘出单位弯矩图、荷载弯矩图 $\bar{M}_i$、M_P,利用平衡条件求系数和自由项。

④ 解方程,求出节点位移。

⑤ 用公式 $M = \Sigma\bar{M}_i\bar{Z}_i + M_P$ 叠加最后弯矩图,并校核平衡条件。

⑥ 根据 M 图由杆件平衡求 V,绘 V 图,再根据 V 图由节点投影平衡求 N,绘 N 图。

(2)直接列平衡方程法解题步骤可概括如下:

① 确定位移法基本未知量。

② 利用转角位移方程写出各杆端弯矩表达式。

③ 对每个角位移 θ_i,建立节点的力矩平衡方程:

$$\Sigma M_i = 0 \tag{7-5}$$

对每个线位移 Δ_j,建立截面投影平衡方程:

$$\Sigma X_i = 0 \text{,或} \Sigma Y_i = 0 \tag{7-6}$$

④ 联立求解由式(7-5)、(7-6)组成的位移法方程,求出节点位移。

⑤ 将求得的节点位移代入杆端弯矩表达式,求出杆端弯矩并绘最后弯矩图。

⑥ 根据 M 图由杆件平衡求 V,绘 V 图,再根据 V 图由节点投影平衡求 N,绘 N 图。

6. 力法与位移法的比较

欲求解超静定结构,先选取基本体系,然后让基本体系与原结构受力一致(或变形一致),由此建立求解基本未知量的基本方程。由于求解过程中所选的基本未知量和基本体系不同,超静定结构的计算有两大基本方法——力法和位移法。所以力法和位移法有相同之处也有不同之处,比较如表 7-1 所示。

力法与位移法的比较 表 7-1

	位 移 法	力 法
求解依据	综合应用静力平衡、变形协调条件,使基本体系与原结构的变形和受力情况一致,从而利用基本体系建立典型方程求解原结构	
基本未知量	独立的节点位移,基本未知量与结构的超静定次数无关	多余未知力,基本未知量的数目等于结构的超静定次数
基本结构	加入附加约束后得到的一组单跨超静定梁作为基本结构。对同一结构,位移法基本结构是惟一的	去掉多余约束后得到的静定结构作为基本结构,同一结构可选取多个不同的基本结构
典型方程的物理意义	基本体系附加约束中的反力(矩)等于零。实质上是原结构应满足的平衡条件。方程右端项总为零	基本体系沿多余未知力方向的位移等于原结构相应的位移。实质上是位移条件。方程右端项也可能不为零
系数的物理意义	r_{ij} 表示基本结构由 $Z_j = 1$ 产生的第 i 个附加约束中的反力(矩)	δ_{ij} 表示基本结构在 $X_j = 1$ 作用下产生的第 i 个多余未知力方向的位移
自由项的物理意义	R_{iP} 表示基本结构由荷载产生的第 i 个附加约束中的反力(矩)	Δ_{iP} 表示基本结构在荷载作用下产生的第 i 个多余未知力方向的位移
方法的应用范围	只要有节点位移,就有位移法基本未知量,所以位移法既可求解超静定结构,也可求解静定结构	只有超静定结构才有多余未知力,才有力法基本未知量,所以力法只适用于求解超静定结构

7. 简化计算

(1)对称性的利用

将荷载分成对称和反对称荷载两组,然后取半边结构计算,详见力法(对称性的利用)。

(2)剪力分配法

具有无限刚性梁的刚架或排架在水平节点荷载作用下,可将水平节点荷载按同层各柱的剪力分配系数分配给各柱,得到柱子剪力,再由反弯点的位置(弯矩等零处)求得柱端弯矩。

① 抗剪刚度(侧移刚度)D:当杆端发生单位相对侧移时产生的杆端剪力(如图 7-6)

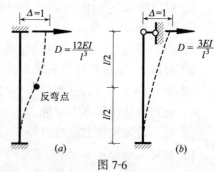

图 7-6

② 柱子的剪力分配系数:

$$\beta_i = \frac{D_i}{\Sigma D}, \Sigma\beta_i = 1$$

③ 柱子的剪力计算:

水平节点荷载作用下,$V_i = \beta_i P$

式中,P 为柱顶总剪力,以向右为正。

任意荷载作用下,先沿节点侧移方向加附加支杆,再根据固端剪力由平衡条件求得附加支杆中的反力 R_{iP},以向右为正,$V_i = \beta_i(-R_{iP})$。

④ 将 V_i 作用在反弯点处,由剪力求得杆端弯矩。

(3)剪力静定杆的利用

剪力静定杆是剪力可由静力平衡条件求出的杆件,其杆端侧移可以不作为位移法基本未知量,而该杆的形常数和载常数及转角位移方程按一端固定一端定向支承的单跨梁确定,见【例 7-7】。

(4)静定部分的处理

去除静定部分,将静定部分的荷载向剩余部分的节点上等效平移,如图 7-7(a)、(c)、(e)各结构简化后为图 7-7(b)、(d)、(f),都只有一个基本未知量。

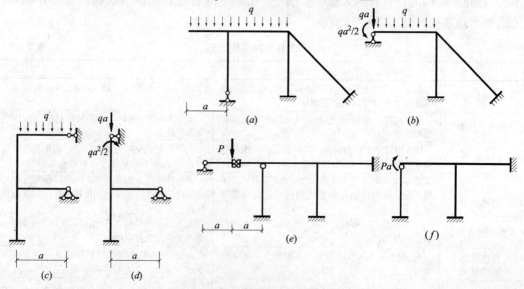

图 7-7

二、典型示例分析

【例 7-1】 用位移法计算图 7-8(a)所示刚架,并绘制内力图。

【解】 ① 确定基本未知量 Z_1,基本体系如图 7-8(b)。

② 列典型方程 $r_{11}Z_1 + R_{1P} = 0$。

③ 画 M_P、$\overline{M}_1$ 如图 7-8(c)、(d),由节点平衡求系数和自由项,$r_{11} = 4i + i + 3i = 8i$,$R_{1P} = 20 - 60 = -40$。

④ 解方程 $Z_1 = -R_{1P}/r_{11} = 5/i$。

⑤ 叠加 M 图如图 7-8(e)所示。

⑥ 求剪力,$V_{A1} = -\dfrac{M_{A1} + M_{1A}}{l} + V_{A1}^0 = -\dfrac{-10 + 40}{4} + \dfrac{15 \times 4}{2} = 22.5\text{kN}$

$$V_{1A} = V_{A1} - ql = 22.5 - 15 \times 4 = -37.5\text{kN}$$

$$V_{1C} = -\dfrac{-45}{4} + \dfrac{80}{2} = 28.75\text{kN} \quad V_{1B} = 0$$

画 V 图如图 7-8(f)所示。

⑦ 节点平衡求轴力,画 N 图如图 7-8(g)所示。

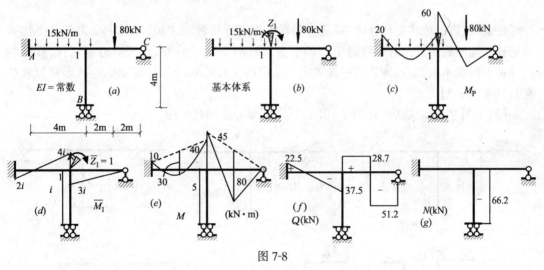

图 7-8

注意:杆端弯矩(内力矩)作用在节点上逆时针为正,节点力偶荷载、附加刚臂中的约束力矩(外力矩)顺时针为正,由节点平衡可得,附加刚臂中的约束力矩等于各杆端弯矩之和。

【例 7-2】 用位移法计算图 7-9(a)所示刚架并绘制弯矩图。

【解】 ① 结构对称、荷载对称,取等代结构如图 7-9(b),其横梁弯矩、剪力是静定的,故将静定的横梁去掉,横梁所受的力向节点等效平移,得图 7-9(c)所示体系。一个节点角位移未知量 Z_1。

② 列典型方程 $r_{11}Z_1 + R_{1P} = 0$。

③ 画 $\overline{M}$、M_P 如图 7-9(d)、(e)所示,求系数和自由项:

$$r_{11} = 4i + 4i + 3i = 11i, R_{1P} = 40 + 15 = 55。$$

④ 解方程 $Z_1 = -R_{1P}/r_{11} = 5/i$。

⑤叠加 M 图如图 7-9(f)所示。

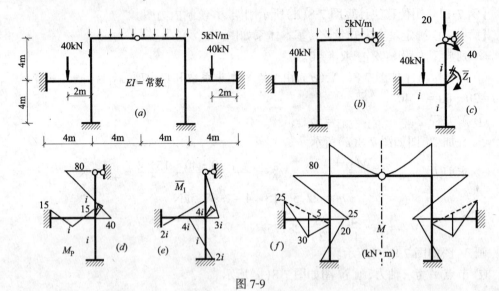

图 7-9

注意:在进行位移法计算时,静定杆和弯矩静定杆可暂时去掉,将其上受力向节点作等效平移。画最后内力图时再将静定杆加上去,如【例 7-2】。另外,对于剪力静定杆,其杆端侧移可不作基本未知量,将其按一端固定一端定向支座的单跨超静定梁确定其形常数和载常数,如【例 7-3】。

【例 7-3】 用位移法计算图 7-10(a)所示刚架并绘制弯矩图。

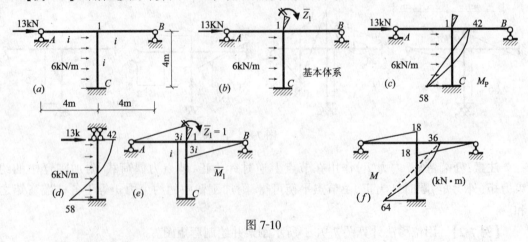

图 7-10

【解】 ① 因 $1C$ 杆剪力静定,故节点 1 的侧移不作基本未知量,转角 Z_1 作基本未知量,如图 7-10(b)所示。

② 列典型方程 $r_{11}Z_1 + R_{1P} = 0$。

③ 在画 M_P 时,先求出杆端剪力 $V_{1C} = P$,然后,将该端视为定向支座并且将 V_{1C} 作为集中荷载加在该端,另端视为固定,按图 7-10(d)所示的单跨超静定梁,确定形常数和载常数。

$$M^{\mathrm{F}}_{1C} = -\frac{Pl}{2} - \frac{ql^2}{6} = -42, \qquad M^{\mathrm{F}}_{C1} = -\frac{Pl}{2} - \frac{ql^2}{3} = -58$$

作出 M_P、$\overline{M}_1$ 如图 7-10(c)、(e)所示,由节点平衡求系数和自由项,$r_{11} = 3i + i + 3i = 7i$,$R_{1P} = -42$。

④ 解方程 $Z_1 = -\dfrac{R_{1P}}{r_{11}} = \dfrac{6}{i}$。

⑤ 叠加 M 图如图 7-10(f)所示。

【例 7-4】 用位移法计算图 7-11(a)所示刚架并绘制弯矩图。

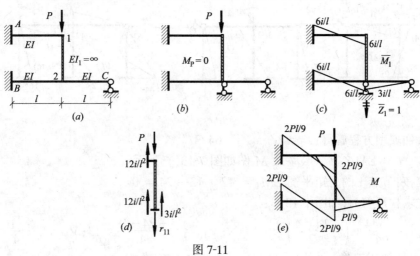

图 7-11

【解】 ① 结构只有 1 点侧移未知量 Z_1。

② 列典型方程 $r_{11}Z_1 + R_{1P} = 0$。

③ 画 $\overline{M}$、M_P 如图 7-11(b)、(c)所示,求系数和自由项:$r_{11} = 27i/l^2$,$R_{1P} = -P$。

④ 解方程 $Z_1 = -\dfrac{R_{1P}}{r_{11}} = \dfrac{Pl^2}{27i}$。

⑤ 叠加 M 图如图 7-11(e)所示。

另外,本题也可用剪力分配法求解:

① 确定各杆的抗剪刚度和反弯点的位置,$D_{1A} = D_{2B} = \dfrac{12EI}{l^3}$,反弯点在中点,$D_{2C} = \dfrac{3EI}{l^3}$。

② 计算剪力分配系数,$\beta_{1A} = \beta_{2B} = \dfrac{12EI}{l^3} \Big/ \left(\dfrac{12EI}{l^3} + \dfrac{12EI}{l^3} + \dfrac{3EI}{l^3}\right) = \dfrac{4}{9}$, $\beta_{2C} = \dfrac{1}{9}$。

③ 计算杆端剪力,$V_{1A} = V_{1A} = \dfrac{4}{9} \times P$,$V_{2C} = \dfrac{1}{9} \times P$。

④ 将剪力作用在反弯点处,由平衡条件画弯矩图(如图 7-12)。

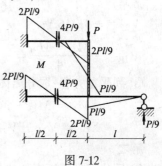

图 7-12

【例 7-5】 按两种方法计算图 7-13(a)所示刚架并绘制弯矩图。

【解法一】 基本体系法:

① 基本未知量 Z_1、Z_2 及基本体系如图 7-13(b)所示。

② 位移法典型方程：$r_{11}Z_1 + r_{12}Z_2 + R_{1P} = 0$；$r_{21}Z_1 + r_{22}Z_2 + R_{2P} = 0$。

③ 画 $\overline{M}_1$、$\overline{M}_2$、M_P 求系数和自由项如图 7-13(c)、(d)、(e)所示。

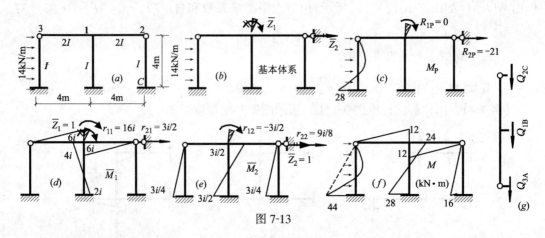

图 7-13

④ 代回典型方程解得：$Z_1 = 2/i$　$Z_2 = 64/3i$。

⑤ 按 $M = \Sigma\overline{M}_i Z_i + M_P$ 叠加 M 图如图 7-13(f)所示。

⑥ 校核：节点 1 的力矩平衡 $\Sigma M_1 = 12 + 12 - 24 = 0$。

⑦ 先求柱顶剪力（如图 7-13g）：

$$V_{3A} = -\frac{-44}{4} + \left(-\frac{14\times4}{2}\right) = -17\text{kN}; \quad V_{1B} = -\frac{-24-28}{4} = 13; \quad V_{2C} = -\frac{-16}{4} = 4。$$

校核截面投影平衡　$\Sigma X = V_{3A} + V_{1B} + V_{2C} = -17 + 13 + 4 = 0$。
故弯矩图满足平衡条件。

【解法二】　直接列平衡方程法：

① 基本未知量 θ，Δ 如图 7-14(a)所示。

② 由转角位移方程写出杆端力表达式：

$$M_{A3} = -3i/4\Delta - \frac{14\times4^2}{8} = -3i/4\Delta - 28;$$

$$M_{1B} = 4i\theta - 6i/4\Delta = 4i\theta - 3i/2\Delta,$$

$$M_{13} = M_{12} = -6i;$$

$$M_{B1} = 2i\theta - 3i/2\Delta, \quad M_{C2} = -3i/4\Delta;$$

$$V_{3A} = -\frac{M_{A3}}{4} + V_{3A}^0 = \frac{3i}{16}\Delta - 21,$$

$$V_{2C} = -3i/16\Delta;$$

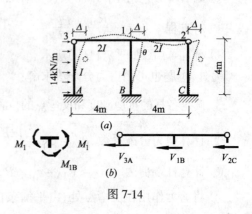

图 7-14

$$V_{1B} = -\frac{M_{1B} + M_{B1}}{4} = -3i/2\theta + 3i/4\Delta。$$

③ 列平衡方程：取分离体如图 7-14(b)所示，

$$\Sigma M_1 = M_{13} + M_{1B} + M_{12} = 0, \qquad 16i\theta - 3i/2\Delta = 0;$$

$$\Sigma X = V_{3A} + V_{1B} + V_{2C} = 0, \qquad -3i/2\theta + 9i/8\Delta - 21 = 0;$$

解之　　　　　　　　$\theta = 2/i, \Delta = 64/3i$。

④ 回代杆端弯矩表达式求杆端弯矩：

146

$M_{A3} = -16 - 28 = -44\text{kN·m}, \quad M_{1B} = 8 - 32 = -24\text{kN·m}, M_{B1} = 4 - 32 = -28\text{kN·m},$

$M_{13} = M_{12} = 12\text{kN·m}, \qquad M_{C2} = 16\text{kN·m}$

【例 7-6】 用位移法计算图 7-15(a)所示对称结构。

【解】 ① 取半边结构如图 7-15(b),将 A 处的反力留下,支杆(约束竖向刚体位移)移到 B 处,半边结构化成如图 7-15(c)所示,再将荷载分成反对称和对称两组,如图 7-15(d)、(e),分别取它们的半边结构如图 7-15(f)、(g)所示。

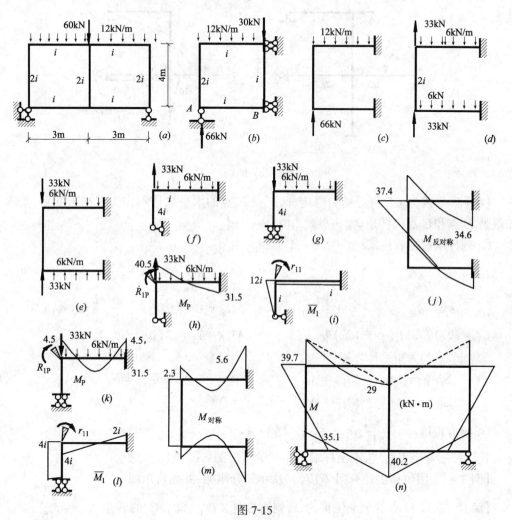

图 7-15

② 计算图 7-15(f),横梁是剪力静定杆,只有刚节点的角位移未知量,典型方程:$r_{11}Z_1 + R_{1P} = 0$

$$M_{1A}^F = -\frac{33 \times 3}{2} + \frac{6 \times 3^2}{6} = -40.5, \quad M_{A1}^F = -\frac{33 \times 3}{2} + \frac{6 \times 3^2}{3} = -31.5$$

画出 M_P、$\overline{M}_1$ 如图 7-15(h)、(i),求系数和自由项,$R_{1P} = -40.5$ $r_{11} = 13i$

所以:$Z_1 = -R_{1P}/r_{11} = 3.12/i$,作 $M_{反对称}$ 如图 7-15(j)。

③ 计算图 7-15(g),只有刚节点的角位移未知量,典型方程:$r_{11}Z_1 + R_{1P} = 0$

147

④ $M_{1A}^F = -\dfrac{6\times 3^2}{12} = -4.5 = -M_{A1}^F$，画出 M_P、$\overline{M}$ 如图 7-15(k)、(l)，求系数和自由项，

$R_{1P} = -4.5, r_{11} = 8i$

所以：$Z_1 = -R_{1P}/r_{11} = 0.56/i$，作 $M_{反对称}$ 如图 7-15(j)。

⑤ 将 $M_{反对称}$ 和 $M_{对称}$ 叠加得结构的最后弯矩图，如图 7-15(n)所示。

【例 7-7】 用直接列平衡方程法计算图 7-16(a)所示结构并绘弯矩图。

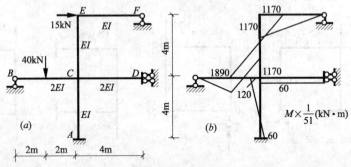

图 7-16

【解】 ① 因为 CE 杆是剪力静定杆，所以 E 点的水平位移不作为基本未知量，基本未知量是 E 点和 C 点的转角 θ_E、θ_C。

② 列杆端弯矩表达式：

$$M_{EF} = 3i\theta_E \qquad\qquad M_{EC} = i\theta_E - i\theta_C - \dfrac{15\times 4}{2} = i\theta_E - i\theta_C - 30,$$

$$M_{CE} = i\theta_C - i\theta_E - \dfrac{15\times 4}{2} = i\theta_C - i\theta_E - 30, \qquad M_{CB} = 3\times 2i\theta_C + \dfrac{3\times 40\times 4}{16} = 6i\theta_C + 30,$$

$$M_{CD} = (2i)\theta_C, M_{DC} = -(2i)\theta_C, \qquad\qquad M_{CA} = 4i\theta_C, M_{AC} = 2i\theta_C.$$

③ 列节点的力矩平衡方程：

$$\Sigma M_E = M_{EC} + M_{EF} = 0, \qquad\qquad 4i\theta_E - i\theta_C - 30 = 0 \qquad (1)$$

$$\Sigma M_C = M_{CE} + M_{CB} + M_{CA} + M_{CD} = 0, \qquad -i\theta_E + 13i\theta_C = 0 \qquad (2)$$

④ 解方程得：$\theta_E = \dfrac{390}{51i}, \theta_C = \dfrac{30}{51i}$。

代回杆端弯矩表达式，求出杆端弯矩并绘弯矩图如图 7-16(b)所示。

【例 7-8】 用位移法计算图 7-17(a)所示斜杆刚架，并绘弯矩图。

【解】 ① 设 D 点的水平位移为 Δ，则刚性杆 CD 绕瞬心 O 的转角为：$\beta = \dfrac{3\Delta}{16}$，所以节点 C、D 的转角均为：$\beta = \dfrac{3\Delta}{16}$。另外 AC 杆的杆端相对位移为：$CC' = \beta\times\dfrac{20}{3} = \dfrac{5\Delta}{4}$。

② 列杆端弯矩表达式：

$$M_{AC} = -2i\beta - 6i\times\dfrac{5\Delta}{4\times 5} = -\dfrac{15i\Delta}{8}, \qquad M_{CA} = -4i\beta - 6i\times\dfrac{5\Delta}{4\times 5} = -\dfrac{9i\Delta}{4},$$

$$V_{CA} = -\dfrac{M_{AC} + M_{CA}}{5} = \dfrac{33i\Delta}{40}; \qquad M_{BD} = -2i\beta - 6i\times\dfrac{\Delta}{4} = -\dfrac{15i\Delta}{8}, \qquad (a)$$

$$M_{DB} = -4i\beta - 6i\times\dfrac{\Delta}{4} = -\dfrac{9i\Delta}{4}, \qquad V_{DB} = -\dfrac{M_{DB} + M_{BD}}{4} = \dfrac{33i\Delta}{32}.$$

148

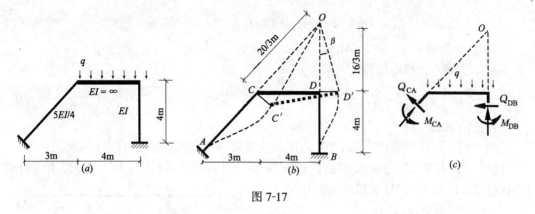

图 7-17

③ 取分离体如图 7-17(c)，对 O 点建立力矩方程：

$$\Sigma M_O = V_{CA} \times \frac{20}{3} + V_{DB} \times \frac{16}{3} - M_{CA} - M_{DB} - 4q \times 2 = 0$$

即：

$$15.5i\Delta - 8q = 0 \tag{b}$$

解得：

$$\Delta = \frac{16q}{31i}$$

④ 代回杆端弯矩表达式求出杆端弯矩：

$$M_{AC} = -\frac{15i\Delta}{8} = -\frac{30q}{31}, \quad M_{CA} = -\frac{9i\Delta}{4} = -\frac{36q}{31},$$

$$M_{BD} = -\frac{15i\Delta}{8} = -\frac{30q}{31}, \quad M_{DB} = -\frac{9i\Delta}{4} = -\frac{36q}{31}$$

⑤ 绘弯矩图如图 7-18。

另外，由于位移法方程是平衡方程，所以它也可借助于刚体虚位移原理建立。

① 首先解除转动约束，代以约束力矩，将原结构化成有一个自由度的机构如图 7-19(a)。

② 让该体系发生刚体虚位移，令 CD 杆转过 β 角，则 AC 杆的转角 $\alpha = \dfrac{CC'}{AC} = \dfrac{OC \times \beta}{AC} = \dfrac{4}{3}\beta$，则 BD 杆的转角 $\theta = \dfrac{DD'}{DB} = \dfrac{OD \times \beta}{DB} = \dfrac{4}{3}\beta$，$C'C'' = \beta \times CD = 4\beta$。

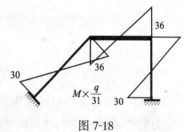

图 7-18

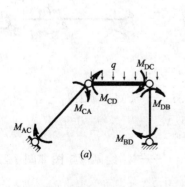

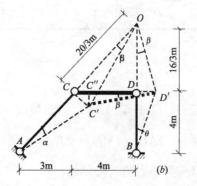

图 7-19

149

③ 列虚功方程：$M_{AC}\alpha + M_{CA}\alpha - M_{CD}\beta - M_{DC}\beta + M_{DB}\theta + M_{BD}\theta + q\times\dfrac{4\times C'C''}{2} = 0$ （c）

由结点平衡得：$\qquad\qquad M_{CD} = -M_{CA}, M_{DC} = -M_{DB}$

将杆端弯矩（a）和虚位移代入式（c）得：

$$-\frac{15i\Delta}{8}\times\frac{4}{3}\beta - \frac{9i\Delta}{4}\times\frac{4}{3}\beta - \frac{9i\Delta}{4}\times\beta - \frac{9i\Delta}{4}\times\beta - \frac{9i\Delta}{4}\times\frac{4}{3}\beta - \frac{15i\Delta}{8}\times\frac{4}{3}\beta + \frac{q\times4\times4\beta}{2} = 0$$

整理：$15.5i\Delta - 8q = 0$，与式（a）相同。

【例 7-9】 用位移法计算图 7-20（a）所示连续梁，并绘弯矩图。各杆 EI、l 相同。

【解】 ① 基本未知量是 B、C 点的转角 θ_B、θ_C，AB 杆的杆端相对位移为 Δ，BC 杆的杆端相对位移为 Δ，CD 杆的杆端相对位移为 -2Δ，

② 列杆端弯矩表达式：

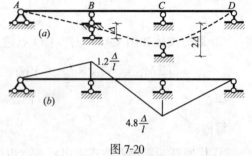

$$M_{BA} = 3i\theta_B - 3i\frac{\Delta}{l},$$

$$M_{BC} = 4i\theta_B + 2i\theta_C - 6i\frac{\Delta}{l},$$

$$M_{CB} = 2i\theta_B + 4i\theta_C - 6i\frac{\Delta}{l},$$

$$M_{CD} = 3i\theta_C + 3i\frac{2\Delta}{l}。$$

图 7-20

③ 列节点力矩平衡方程：$\Sigma M_B = 0 \rightarrow 7i\theta_B + 2i\theta_C - 9i\dfrac{\Delta}{l} = 0$ （a）

$$\Sigma M_C = 0 \rightarrow 2i\theta_B + 7i\theta_C = 0 \qquad\qquad (b)$$

④ 解方程（a）、（b）得：$\theta_B = \dfrac{7\Delta}{5l}$，$\theta_C = -\dfrac{2\Delta}{5l}$。

⑤ 将节点位移代回杆端弯矩表达式求出杆端弯矩，绘制弯矩图如图 7-20（b）。

另解：将问题分为对称和反对称两组如图 7-21（b）、（c），分别取等代结构如图 7-21（d）、（e）。

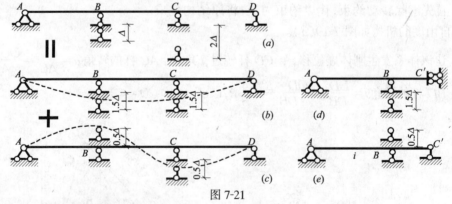

图 7-21

解图 7-21（d）：杆端弯矩表达式：$M_{BA} = 3i\theta_B - 3i\dfrac{1.5\Delta}{l}$，$M_{BC'} = 2i\theta_B$

节点平衡：$\Sigma M_B = M_{BA} + M_{BC'} = 5i\theta_B - \dfrac{4.5i\Delta}{l} = 0 \rightarrow \theta_B = \dfrac{0.9\Delta}{l}$

代回杆端弯矩表达式得：$M_{BA} = -\dfrac{1.8i\Delta}{l}$，$M_{BC'} = \dfrac{1.8i\Delta}{l}$。绘制弯矩图如图 7-22（$a$）

解图 7-21（e）：杆端弯矩表达式：$M_{BA} = 3i\theta_B + 3i\times\dfrac{0.5\Delta}{l}$，$M_{BC'} = 3\times2i\theta_B - 3\times2i\times\dfrac{0.5\Delta}{0.5l}$

节点平衡：$\Sigma M_B = M_{BA} + M_{BC'} = 9i\theta_B - \dfrac{4.5i\Delta}{l} = 0 \rightarrow \theta_B = \dfrac{0.5\Delta}{l}$

代回杆端弯矩表达式得：$M_{BA} = \dfrac{3i\Delta}{l}$，$M_{BC'} = -\dfrac{3i\Delta}{l}$。绘制弯矩图如图 7-22($b$)

$M = M_{反对称} + M_{对称}$得到原问题弯矩图如图 7-20(b)。

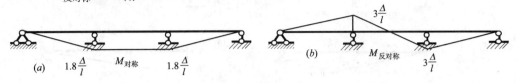

图 7-22

【例 7-10】 用简便的方法计算图 7-23(a)所示刚架，并绘弯矩图。各杆 EI 相同。

【解】 ① 将荷载分成对称和反对称两种情况，如图 7-23(b)、(c)。

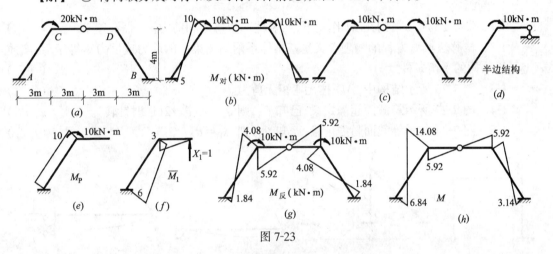

图 7-23

② 对称情况下，CD 无弯矩，AC 杆相当于 A 端固定 C 端铰支的单跨梁，其弯矩图直接由载常数表得到如图 7-23(b)。

③ 反对称情况下，取等代结构如图 7-23(d)，用力法计算；

$\delta_{11} = \dfrac{114}{3EI}$，$\Delta_{1P} = -\dfrac{225}{EI}$，$X_1 = 1.974\text{kN}$，画出反对称情况的弯矩图如图 7-23($g$)

④ 叠加 $M = M_{对} + M_{反}$，得最后弯矩图如图 7-23(h)。

【例 7-11】 用位移法计算图 7-24(a)所示刚架，并绘弯矩图。

【解】 ① 先讨论 BCD 杆的转角位移方程，当 B 端发生转角 θ 时，C 截面有转角 θ 和侧移 θl，如图 7-24(c)所示，所以：$M_{CD} = 3i\theta + 3i\dfrac{\theta l}{l} = 6i\theta$，$M_{BC} = 12i\theta$。

② 列杆端弯矩表达式：$M_{BA} = \dfrac{3EI}{3}\theta - \dfrac{10 \times 3}{2} = EI\theta - 15$，$M_{AB} = -EI\theta - 15$，$M_{BD} = 12\dfrac{EI}{3}\theta = 4EI\theta$。

③ 建立节点 B 的矩平衡方程：$M_{BA} + M_{BD} = 5EI\theta - 15 = 0$，解得：$EI\theta = 3$。

④ 杆端弯矩：$M_{AB} = -18\text{kN·m}$，$M_{BA} = -12\text{kN·m}$，$M_{BC} = 12\text{kN·m}$，$M_{CD} = 6\text{kN·m}$。画出弯矩图如图 7-24(b)所示。

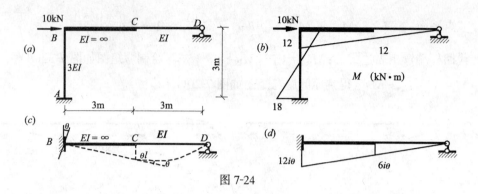

图 7-24

三、单元测试

1. 判断题

1-1　图 7-25 所示结构在 M 作用下,两竖柱产生弯矩和剪力。　　　　　（　　）

1-2　位移法典型方程的物理含义是基本体系附加约束中的反力或反力矩等于零,实质上是原结构的平衡条件。　　　　　（　　）

1-3　图 7-26 所示结构中,AD 柱无弯矩无剪力。　　　　　（　　）

1-4　图 7-27 所示等截面超静定梁,已知 θ_A,则 $\theta_B = -\theta_A/2$(逆时针转)。　　　　　（　　）

1-5　图 7-28 所示等截面超静定梁,已知 θ_A,则 $\Delta_B = \theta_A l/2$。　　　　　（　　）

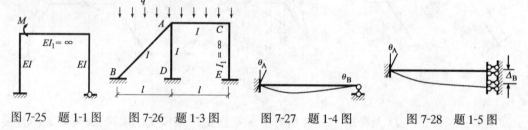

图 7-25　题 1-1 图　　　图 7-26　题 1-3 图　　　图 7-27　题 1-4 图　　　图 7-28　题 1-5 图

1-6　位移法的基本未知量与超静定次数有关,位移法不能计算静定结构。　　　　　（　　）

1-7　图 7-29 所示排架结构有一个位移法基本未知量,该结构宜用位移法计算。　　　　　（　　）

1-8　欲使图 7-30 所示结构中的 A 点发生顺时针单位转角,应在 A 点施加的力偶 $m = 10i$。　　　　　（　　）

1-9　欲使图 7-31 所示结构中的 A 点发生向右单位移动,应在 A 点施加的力 $P = 15i/a^2$。　　　　　（　　）

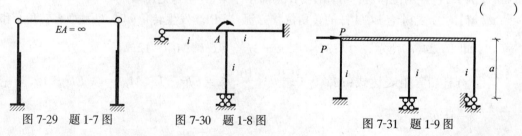

图 7-29　题 1-7 图　　　图 7-30　题 1-8 图　　　图 7-31　题 1-9 图

1-10　在图 7-30 所示结构中,在节点集中力偶作用下,位移法计算时,基本结构在荷载作用下弯矩图为零,所以自由项为零。　　　　　（　．　）

1-11　位移法基本结构有多种选择。　　　　　（　　）

1-12 用位移法计算荷载作用下的超静定结构时,采用各杆的相对刚度进行计算,所得到的节点位移不是结构的真正位移,求出的内力是正确的。 （ ）

1-13 位移法可计算超静定结构也可计算静定结构,故图 7-32 所示结构也可按位移法求解。 （ ）

1-14 图 7-33 所示两结构的位移法基本未知量的数目相同。 （ ）

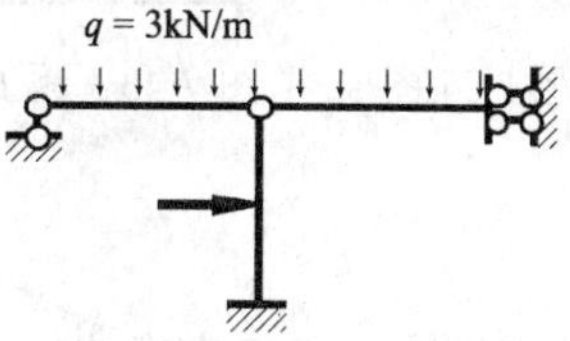

图 7-32 题 1-13 图 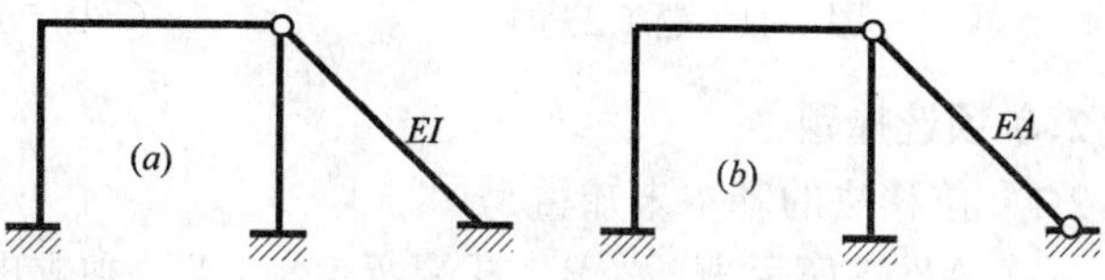　　　　　图 7-33 题 1-14 图

1-15 图 7-34 所示结构有 4 个节点位移 θ_A、θ_B、Δ_A、Δ_B,但是只有一个是独立的。 （ ）

1-16 图 7-35 所示结构有两个节点位移 Δ_A、Δ_B,但 $\Delta_A = \Delta_B$。 （ ）

1-17 图 7-36 所示两结构的弯矩图相同,节点位移也相同。 （ ）

1-18 如果位移法基本体系的附加约束中的反力(矩)等于零,则基本体系就与原结构受力一致,但变形不一致。 （ ）

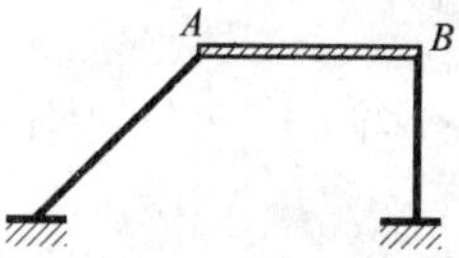

图 7-34 题 1-15 图 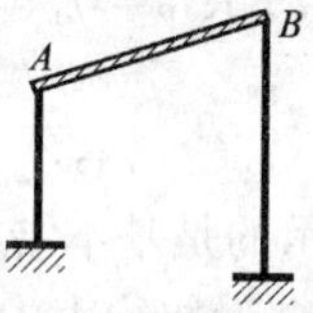　　图 7-35 题 1-16 图 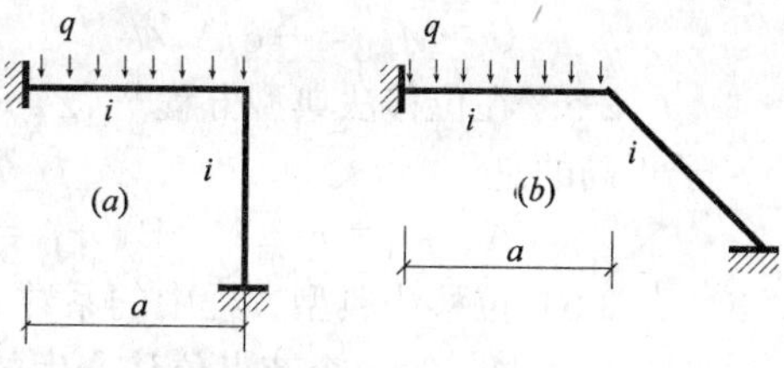　　图 7-36 题 1-17 图

1-19 图 7-37 所示结构两支座弯矩的关系是 $|M_A| = |M_B|$。 （ ）

1-20 图 7-38 所示单跨超静定梁的杆端相对线位移 $\Delta = \Delta_1 - \Delta_2$,杆端弯矩 $M_{BA} = -3i\Delta/l$。 （ ）

1-21 已知连续梁的 M 图如图 7-39 所示,则节点 B 的转角 $\theta_B = 4/i$。 （ ）

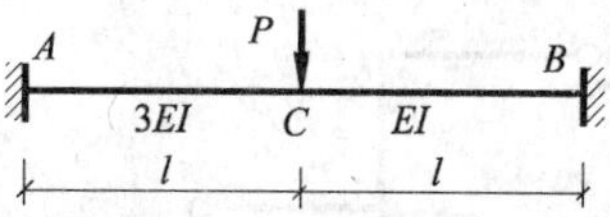

图 7-37 题 1-19 图 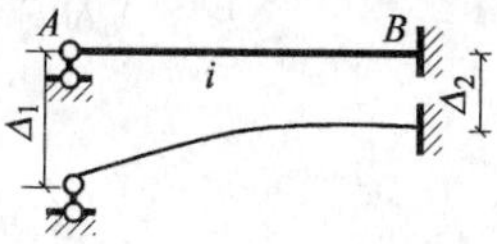　　图 7-38 题 1-20 图 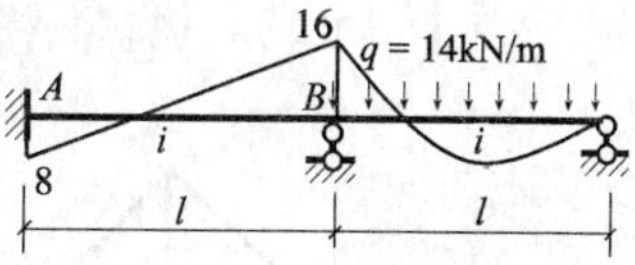　　图 7-39 题 1-21 图

1-22 图 7-40 所示结构的位移法方程中的自由项 $R_{1P} = 4\text{kN·m}$。 （ ）

1-23 图 7-41 所示两结构的杆端位移相同,但结构 (b) 的杆端约束强,所以杆端弯矩也大。 （ ）

1-24 图 7-42 所示结构中 AB 杆的弯矩等于零。 （ ）

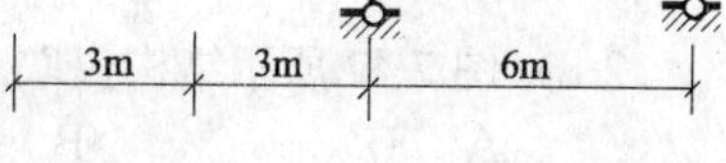

图 7-40 题 1-22 图

1-25 图 7-43 所示结构,当 EA 为有限值时,有 4 个角位移未知量和两个线位移未知量。 （ ）

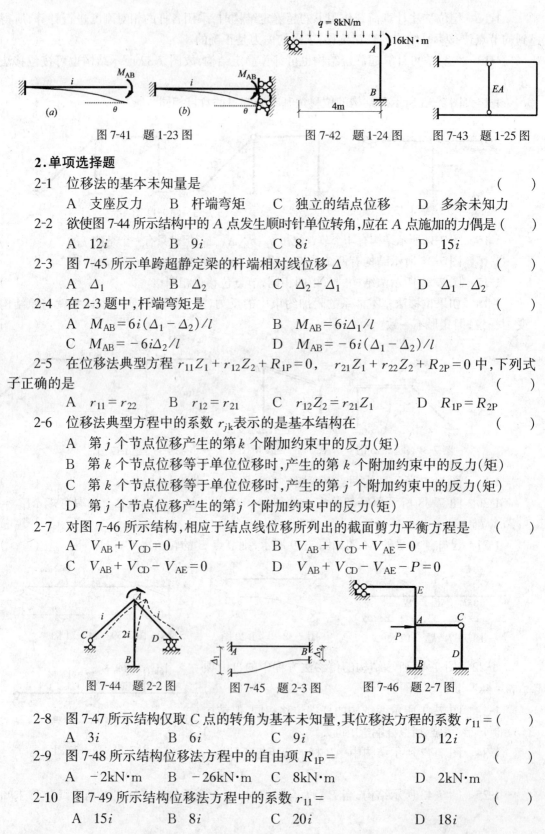

图 7-41　题 1-23 图　　　　图 7-42　题 1-24 图　　　图 7-43　题 1-25 图

2.单项选择题

2-1　位移法的基本未知量是　　　　　　　　　　　　　　　　　　　（　　）

　　　A　支座反力　　　B　杆端弯矩　　　C　独立的结点位移　　　D　多余未知力

2-2　欲使图 7-44 所示结构中的 A 点发生顺时针单位转角,应在 A 点施加的力偶是（　　）

　　　A　$12i$　　　　　B　$9i$　　　　　　C　$8i$　　　　　　　D　$15i$

2-3　图 7-45 所示单跨超静定梁的杆端相对线位移 Δ　　　　　　　　（　　）

　　　A　Δ_1　　　　　B　Δ_2　　　　　C　$\Delta_2 - \Delta_1$　　　　D　$\Delta_1 - \Delta_2$

2-4　在 2-3 题中,杆端弯矩是　　　　　　　　　　　　　　　　　　（　　）

　　　A　$M_{AB} = 6i(\Delta_1 - \Delta_2)/l$　　　　　B　$M_{AB} = 6i\Delta_1/l$

　　　C　$M_{AB} = -6i\Delta_2/l$　　　　　　　　D　$M_{AB} = -6i(\Delta_1 - \Delta_2)/l$

2-5　在位移法典型方程 $r_{11}Z_1 + r_{12}Z_2 + R_{1P} = 0$,　　$r_{21}Z_1 + r_{22}Z_2 + R_{2P} = 0$ 中,下列式子正确的是　　　　　　　　　　　　　　　　　　　　　　　　　　　　　（　　）

　　　A　$r_{11} = r_{22}$　　　B　$r_{12} = r_{21}$　　　C　$r_{12}Z_2 = r_{21}Z_1$　　　D　$R_{1P} = R_{2P}$

2-6　位移法典型方程中的系数 r_{jk} 表示的是基本结构在　　　　　　　（　　）

　　　A　第 j 个节点位移产生的第 k 个附加约束中的反力(矩)

　　　B　第 k 个节点位移等于单位位移时,产生的第 k 个附加约束中的反力(矩)

　　　C　第 k 个节点位移等于单位位移时,产生的第 j 个附加约束中的反力(矩)

　　　D　第 j 个节点位移产生的第 j 个附加约束中的反力(矩)

2-7　对图 7-46 所示结构,相应于结点线位移所列出的截面剪力平衡方程是　（　　）

　　　A　$V_{AB} + V_{CD} = 0$　　　　　　　　B　$V_{AB} + V_{CD} + V_{AE} = 0$

　　　C　$V_{AB} + V_{CD} - V_{AE} = 0$　　　　D　$V_{AB} + V_{CD} - V_{AE} - P = 0$

图 7-44　题 2-2 图　　　图 7-45　题 2-3 图　　　图 7-46　题 2-7 图

2-8　图 7-47 所示结构仅取 C 点的转角为基本未知量,其位移法方程的系数 $r_{11} =$（　　）

　　　A　$3i$　　　　　B　$6i$　　　　　　C　$9i$　　　　　　　D　$12i$

2-9　图 7-48 所示结构位移法方程中的自由项 $R_{1P} =$　　　　　　　　（　　）

　　　A　-2kN·m　　B　-26kN·m　　C　8kN·m　　　　D　2kN·m

2-10　图 7-49 所示结构位移法方程中的系数 $r_{11} =$　　　　　　　　（　　）

　　　A　$15i$　　　　B　$8i$　　　　　　C　$20i$　　　　　　D　$18i$

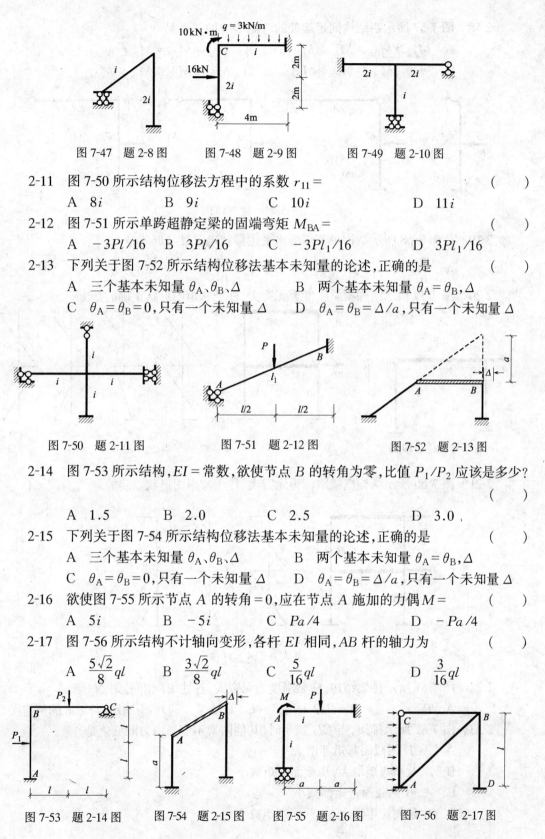

图 7-47 题 2-8 图   图 7-48 题 2-9 图   图 7-49 题 2-10 图

2-11 图 7-50 所示结构位移法方程中的系数 $r_{11} =$ (   )

     A $8i$ B $9i$ C $10i$ D $11i$

2-12 图 7-51 所示单跨超静定梁的固端弯矩 $M_{BA} =$ (   )

     A $-3Pl/16$ B $3Pl/16$ C $-3Pl_1/16$ D $3Pl_1/16$

2-13 下列关于图 7-52 所示结构位移法基本未知量的论述,正确的是   (   )

     A 三个基本未知量 θ_A、θ_B、Δ B 两个基本未知量 $\theta_A = \theta_B$,Δ

     C $\theta_A = \theta_B = 0$,只有一个未知量 Δ D $\theta_A = \theta_B = \Delta/a$,只有一个未知量 Δ

图 7-50 题 2-11 图   图 7-51 题 2-12 图   图 7-52 题 2-13 图

2-14 图 7-53 所示结构,$EI =$ 常数,欲使节点 B 的转角为零,比值 P_1/P_2 应该是多少?   (   )

     A 1.5   B 2.0   C 2.5   D 3.0

2-15 下列关于图 7-54 所示结构位移法基本未知量的论述,正确的是   (   )

     A 三个基本未知量 θ_A、θ_B、Δ B 两个基本未知量 $\theta_A = \theta_B$,Δ

     C $\theta_A = \theta_B = 0$,只有一个未知量 Δ D $\theta_A = \theta_B = \Delta/a$,只有一个未知量 Δ

2-16 欲使图 7-55 所示节点 A 的转角 $= 0$,应在节点 A 施加的力偶 $M =$ (   )

     A $5i$ B $-5i$ C $Pa/4$ D $-Pa/4$

2-17 图 7-56 所示结构不计轴向变形,各杆 EI 相同,AB 杆的轴力为   (   )

     A $\dfrac{5\sqrt{2}}{8}ql$ B $\dfrac{3\sqrt{2}}{8}ql$ C $\dfrac{5}{16}ql$ D $\dfrac{3}{16}ql$

图 7-53 题 2-14 图   图 7-54 题 2-15 图   图 7-55 题 2-16 图   图 7-56 题 2-17 图

2-18　图 7-57 所示四结构固定端处的弯矩 M_A 的关系是　　　　　　　　　（　　）

A　$M_{Aa} > M_{Ab} > M_{Ac} > M_{Ad}$　　　　　B　$M_{Aa} = M_{Ab} = M_{Ac} = M_{Ad}$

C　$M_{Ab} > M_{Aa} = M_{Ac} > M_{Ad}$　　　　　D　$M_{Aa} < M_{Ab} < M_{Ac} < M_{Ad}$

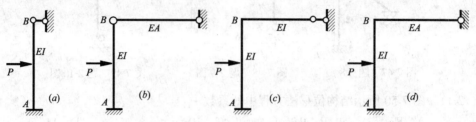

图 7-57　题 2-18 图

2-19　与图 7-58 所示结构中节点的水平位移精确解最接近的是　　　　　（　　）

A　$\dfrac{Ph^2}{6i}$　　　　B　$\dfrac{Ph^2}{15i}$　　　　C　$\dfrac{Ph^2}{18i}$　　　　D　$\dfrac{Ph^2}{24i}$

2-20　图 7-59 所示结构横梁刚度为无穷大,柱子弯矩图形状正确的是　　　（　　）

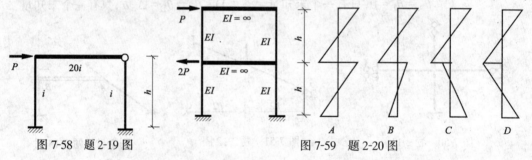

图 7-58　题 2-19 图　　　　　　　　　　　　　图 7-59　题 2-20 图

2-21　图 7-60 所示结构横梁刚度为无穷大,柱子弯矩图形状正确的是　　　（　　）

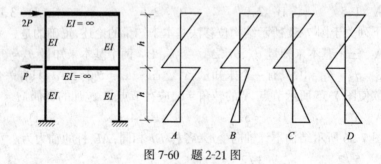

图 7-60　题 2-21 图

2-22　图 7-61 所示排架结构,横梁刚度为无穷大,各柱 EI 相同,则 $N_2 =$　　（　　）

A　P　　　　　　B　$P/2$　　　　　　C　0　　　　　D　不确定(与 abc 的值有关)

2-23　图 7-62 所示排架,当 EI_1 减小时(其他因素不变),内力的变化是　　（　　）

A　A、B 两截面弯矩都增大

B　A 截面弯矩增大,B 截面弯矩减小

C　A、B 两截面弯矩都减小

D　B 截面弯矩增大,A 截面弯矩减小

156

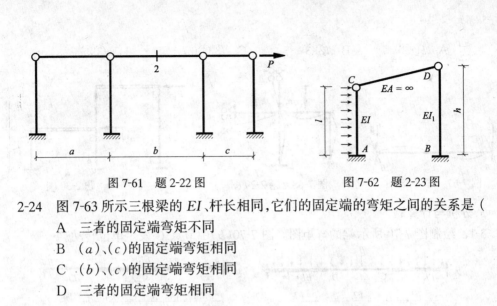

图 7-61　题 2-22 图　　　　　　图 7-62　题 2-23 图

2-24　图 7-63 所示三根梁的 EI、杆长相同,它们的固定端的弯矩之间的关系是 (　　)

    A　三者的固定端弯矩不同

    B　(a)、(c) 的固定端弯矩相同

    C　(b)、(c) 的固定端弯矩相同

    D　三者的固定端弯矩相同

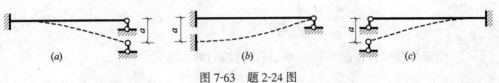

图 7-63　题 2-24 图

2-25　图 7-64 所示刚架在节点集中力偶作用下,弯矩图分布是　　　　　　　　(　　)

    A　各杆都会产生弯矩　　　　　　　　B　各杆都不产生弯矩

    C　仅 BD、DC 杆产生弯矩　　　　　D　仅 CD 杆产生弯矩

2-26　图 7-65 所示结构各杆 EI 相同,杆长为 l,节点 B 的竖向线位移是　　　　(　　)

    A　$\dfrac{Pl^3}{15EI}$　　　　B　$\dfrac{Pl^3}{18EI}$　　　　C　$\dfrac{Pl^3}{27EI}$　　　　D　$\dfrac{Pl^3}{30EI}$

2-27　单跨超静定梁杆端位移如图 7-66 所示,则杆端弯矩是　　　　　　　　　　(　　)

    A　$M_{AB}=4i\beta$　　B　$M_{AB}=6i\beta$　　C　$M_{AB}=2i\beta$　　　　D　$M_{AB}=-2i\beta$

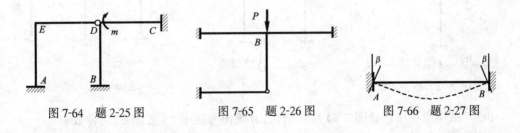

图 7-64　题 2-25 图　　　　图 7-65　题 2-26 图　　　　图 7-66　题 2-27 图

2-28　单跨超静定梁杆端位移如图 7-67 所示,则杆端弯矩是(　　)

    A　$M_{AB}=8i\beta$　　B　$M_{AB}=6i\beta$　　C　$M_{AB}=2i\beta$　　　　D　$M_{AB}=-2i\beta$

2-29　图 7-68 所示结构中的哪些位移可以不作为位移法基本未知量　　　　　　(　　)

    A　Δ_1、Δ_2　　　　B　Δ_1、Δ_2、θ_3　　C　θ_1、θ_2、θ　　　　D　θ_2、θ_3

2-30　对图 7-69 所示结构,相应于节点 4 的线位移所列出的位移法方程正确的是 (　　)

    ① $V_{3B}+V_{4C}=0$　　　　② $V_{3B}+V_{4C}-P_2=0$　　　③ $V_{3B}+V_{4C}-P_2-V_{32}=0$

    ④ $V_{3B}+V_{4C}+V_{1A}=0$　　　⑤ $V_{3B}+V_{4C}+V_{1A}-P_2-P_1=0$

A ①②   B ②③   C ③④⑤   D ③⑤

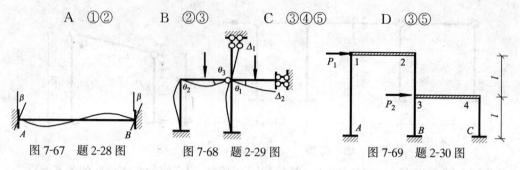

图 7-67 题 2-28 图   图 7-68 题 2-29 图   图 7-69 题 2-30 图

3.分析与计算题

3-1 绘制图 7-70 所示梁的弯矩图。图 7-70(b)中节点 C 发生单位转动。

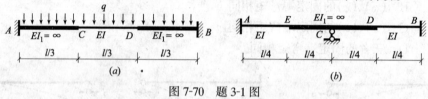

图 7-70 题 3-1 图

3-2 给定杆端位移如图 7-71 所示,写出杆端力的表达式。

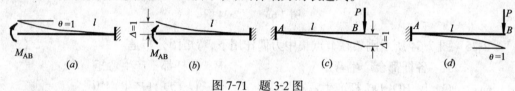

图 7-71 题 3-2 图

3-3 试用位移法计算图 7-72 所示结构,画 M 图并求 V_{CB}、V_{CD}、N_{CA}。(EI = 常数)

3-4 试用位移法计算图 7-73 所示结构,画 M 图。(EI = 常数)

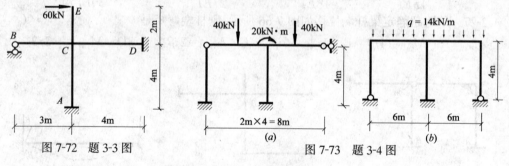

图 7-72 题 3-3 图   图 7-73 题 3-4 图

3-5 试用位移法计算图 7-74 所示结构,并画出弯矩图。(各杆 EI = 常数)

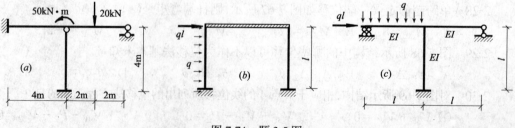

图 7-74 题 3-5 图

3-6 试用位移法计算图 7-75 所示结构,画 M 图。

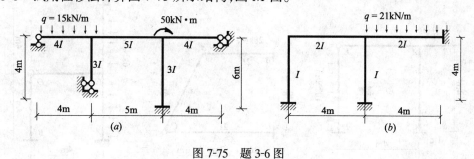

图 7-75　题 3-6 图

3-7 利用对称性简化图 7-76 所示结构的计算,并画 M 图。

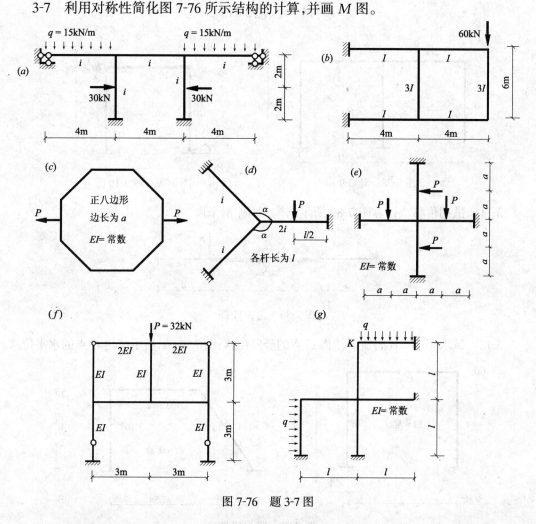

图 7-76　题 3-7 图

3-8 试用直接列平衡方程法计算图 7-77 所示结构,画 M 图。

3-9 试用位移法计算图 7-78 所示结构,并画 M 图。各杆 EI 相同,矩形截面高度为 $h = 0.1l$。

3-10 试用位移法计算图 7-79 所示结构,并画 M 图。$k = \dfrac{EI}{l^3}$。

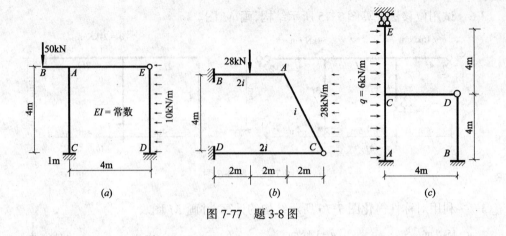

图 7-77　题 3-8 图

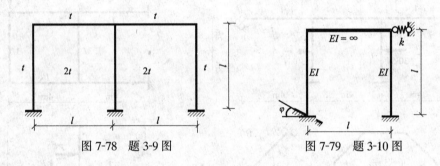

图 7-78　题 3-9 图　　　　　　　　图 7-79　题 3-10 图

3-11　试用位移法计算图 7-80 所示结构,并画 M 图。

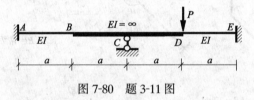

图 7-80　题 3-11 图

3-12　试求:图 7-81(a)所示结构 C 点的竖向位移;图 7-81(b)所示结构 C 点的水平位移。

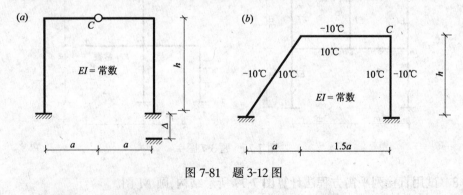

图 7-81　题 3-12 图

3-13　作图 7-82 所示结构当 $k = EI_1/EI_2 = 1$、0、∞ 时的弯矩图。

3-14　图 7-83 所示结构当 $k = i_1/i_2 = 0$,∞ 时,AB 杆的受力情况,并作其弯矩图。

3-15　如图 7-84 所示,确定由于 $k = i_1/i_2$ 的比值不同,A 截面弯矩的变化范围。

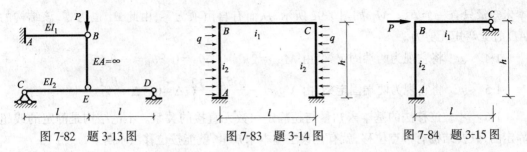

图 7-82 题 3-13 图   图 7-83 题 3-14 图   图 7-84 题 3-15 图

3-16　图 7-85 所示结构位移法基本未知量有哪些？如 $i_1/i_2=\infty$，作其弯矩图。

3-17　图 7-86 所示结构忽略轴向变形，定性地画出变形图和弯矩图的大致形状。

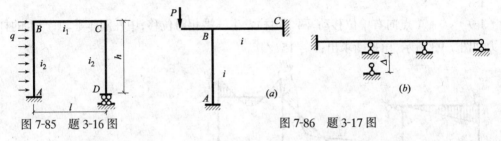

图 7-85 题 3-16 图   图 7-86 题 3-17 图

3-18　图 7-87 所示结构忽略轴向变形，定性地画出弯矩图的大致形状。

3-19～21　位移法计算图 7-88、图 7-89、图 7-90 所示结构，并绘制弯矩图。

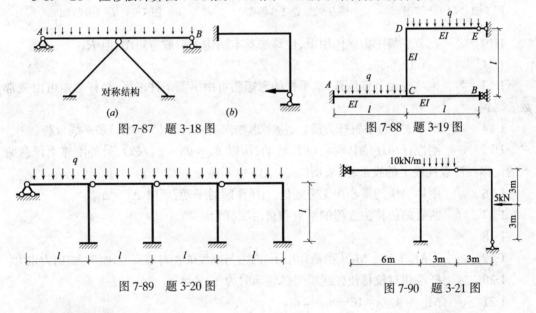

图 7-87 题 3-18 图   图 7-88 题 3-19 图

图 7-89 题 3-20 图   图 7-90 题 3-21 图

四、答案与解答

1. 判断题

1-1　×　结构无角位移只有一个水平线位移，M_P 如图 7-91 所示，从而有自由项为零，由此节点位移也为零，该结构的两柱子无弯矩无剪力。

1-2　√

1-3　√　由于结构无节点线位移，又由于 CE 柱刚度为无穷大，所以 C 点无角位移，基

本未知量只有一个 θ_A。M_P 如图 7-92 所示,从而有自由项为零,由此 θ_A 也为零,该结构的 AD 柱无弯矩无剪力。

1-4　√　将它视为两端固定梁,由 $M_{BA} = 2i\theta_A + 4i\theta_B = 0 \rightarrow \theta_B = -\theta_A/2$。

1-5　√　将它视为两端固定梁,由 $V_{BA} = -\dfrac{6i\theta_A}{l} + \dfrac{12}{l^2}i\Delta = 0 \rightarrow \Delta = \dfrac{\theta_A l}{2}$。

1-6　×　位移法的基本未知量与超静定次数无直接的关系。不论结构是静定的或超静定的,只要结构有节点位移,就有位移法基本未知量,就能按位移法求解。

1-7　×　柱子是阶梯形的,如采用等截面单元计算,截面突变处应视为一刚节点,所以结构有两个角位移 3 个线位移,而结构只有一次超静定,按力法计算简单。

1-8　×　$8i$

1-9　√　A 点向右单位移动,两个边柱发生杆端相对位移,中柱刚体平动,产生的杆端剪力如图 7-93 所示,由平衡求出:$P = 15i/a^2$。

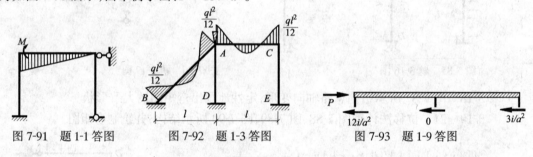

图 7-91　题 1-1 答图　　　图 7-92　题 1-3 答图　　　图 7-93　题 1-9 答图

1-10　×　在节点集中力偶作用下,位移法基本结构无荷载弯矩图,但 $R_{1P} = -m$。

1-11　×　　　1-12　√

1-13　×　该结构无节点位移,水平杆的弯矩图可由平衡条件求得,竖杆弯矩可由载常数表得到。

1-14　×　图 7-33(b)中斜杆为链杆,应考虑轴向变形,比图 7-33(a)多一线位移。

1-15　√　刚性杆 AB 绕其瞬心 O 作转动,所以 $\theta_A = \theta_B = \Delta_B/BO$,另外刚体上任意两点的位移在两点连线上的投影相等,所以 Δ_A、Δ_B 也不独立。

1-16　√　刚体 AB 的瞬心在无穷远处,AB 作瞬时平动,所以 $\Delta_A = \Delta_B$。

1-17　√　两者的位移法方程的系数和自由项都相同。

1-18　×

1-19　×　$|M_A| > |M_B|$　荷载作用下,内力与刚度的相对值有关,刚度大,内力也大。

1-20　×　杆端相对位移使弦线顺时针转动时为正,$\Delta = \Delta_2 - \Delta_1$。

1-21　√　$M_{BA} = 4i\theta_B = 16 \rightarrow \theta_B = 4/i$。

1-22　√　由节点力矩平衡得:$R_{1P} = \dfrac{16 \times 6}{8} - \dfrac{4 \times 6^2}{8} + 10 = 4$。

1-23　×　两者刚度相同,当变形相同时,内力也相同。

1-24　√　位移法方程中的自由项 $R_{1P} = \dfrac{8 \times 4^2}{8} - 16 = 0$,节点 A 位移为零,AB 杆无杆端位移无跨中荷载,所以弯矩为零。

1-25　×　4 个角位移未知量和 3 个线位移未知量。

2. 单项选择题

2-1 C

2-2 B AC 杆是一端固定一端铰支杆转动刚度为 $3i$，AB 杆是剪力静定杆转动刚度为 $(2i)$，AD 杆是两端固定杆转动刚度为 $4i$。

2-3 C 杆端相对线位移使弦线顺时针转动为正。

2-4 A

2-5 B

2-6 C

2-7 D 取分离体如图 7-94 所示，列水平投影平衡。

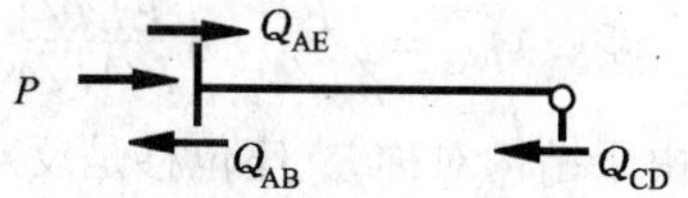

2-8 B （见 2-2 提示）

2-9 A $R_{1P} = \dfrac{3 \times 16 \times 4}{16} - \dfrac{3 \times 4^2}{12} - 10 = -2\text{kN·m}$

2-10 A

2-11 A

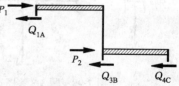

图 7-94 题 2-7 答图

2-12 B 不论是静定还是超静定，在竖向荷载作用下斜梁与相应水平梁的弯矩图相同。

2-13 D （见 1-15 提示）   2-14 A   2-15 C （见 1-16 提示）

2-16 D 欲使节点 A 的转角=0，应使 $R_{1P} = -\dfrac{P \times 2a}{8} - M = 0 \rightarrow M = -\dfrac{Pa}{4}$

2-17 B 结构无节点线位移，只有 B 点的角位移为位移法基本未知量。AB、CB、DB 三杆无固端弯矩，所以 B 点的角位移为零，AB、CB、DB 三杆无弯矩无剪力只有轴力。CB 杆的轴力 $= -\dfrac{3}{8}ql$，AB 杆的轴力 $= \dfrac{3\sqrt{2}}{8}ql$。

2-18 C B 端约束越强 A 端弯矩越小。情况 a 和 c 的 B 端约束都相当于水平支杆，情况 b 的 B 端约束都相当于水平弹簧，情况 d 的 B 端约束都相当于固定铰支座加转动弹性约束。

2-19 B 可视横梁刚度为无穷大，则：$\Delta = P \Big/ \left(\dfrac{12EI}{h^3} + \dfrac{3EI}{h^3}\right) = \dfrac{Ph^3}{15EI}$。

2-20 D 上层各柱剪力为 $P/2$，下层各柱剪力为 $-P/2$，反弯点在柱子的中点。

2-21 B 上层各柱剪力为 P，下层各柱剪力为 $P/2$，反弯点在柱子的中点。

2-22 B 剪力分配法得各柱剪力为 $P/4$，所求杆的轴力为左边两柱的剪力和。

2-23 B EI_1 减小，左柱刚度相对增大，内力与刚度的相对值有关，刚度大，内力也大。

2-24 C 情况 b 绕右端转 $180°$ 即情况 c。

2-25 C 集中力偶作用下刚节点 D 上，使刚节点 D 产生角位移，BD、DC 杆产生弯矩。AED 部分无节点位移、无跨间荷载，所以无弯矩。

结论：无侧移刚架是靠转动约束传递弯矩的，所以铰节点将隔断弯矩的传递。

2-26 C 节点 B 无转角，按剪力分配法求得。

2-27 C

2-28 B

2-29 B

2-30 D （如图 7-95 所示）

3. 分析与计算题

3-1(a) 由于 $EI_1 = \infty$，CD

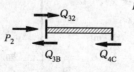

图 7-95 题 2-30 答图

杆相当于两端固定梁,其弯矩图如图 7-96(b),将其 C 端的弯矩和剪力反作用于 AC 杆的 C 端,AC 杆的受力图如图 7-96(a),易得 $M_{AC} = \dfrac{ql}{6} \times \dfrac{l}{3} + \dfrac{q}{12}\left(\dfrac{l}{3}\right)^2 + \dfrac{q}{2}\left(\dfrac{l}{3}\right)^2 = \dfrac{13ql^2}{108}$。作出梁的弯矩图如图 7-96($c$)。

另解:CD 杆相当于两端固定梁,其中点弯矩为:

$$M_{中} = \frac{q}{24}\left(\frac{l}{3}\right)^2 = \frac{ql^2}{216}, \quad |M_A| + M_{中} = \frac{ql^2}{8}, \quad |M_A| = \frac{13ql^2}{108},$$

3-1(b)　由于 $EI_1 = \infty$,C 点发生单位转动,ED 杆刚体转动单位角度,AE 杆的 E 端有单位转动和相对线位移 $l/4$,如图 7-97(a),代入转角位移方程得到:

$$M_{AE} = 2\frac{EI}{l/4} + 6\frac{EI}{l/4}\frac{l/4}{l/4} = \frac{32EI}{l} = 32i, \quad M_{EA} = 4\frac{EI}{l/4} + 6\frac{EI}{l/4}\frac{l/4}{l/4} = \frac{40EI}{l} = 40i。$$

由于结构对称,支座位移是反对称的,M 图也反对称。作出梁的弯矩图如图 7-97(b)。

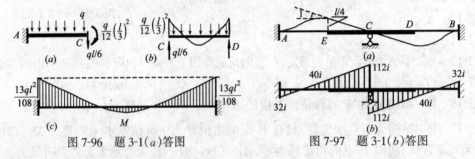

图 7-96　题 3-1(a)答图　　　　图 7-97　题 3-1(b)答图

3-2(a)　AB 杆剪力等于零,所以可由一端固定一端滑动支座的单跨超静定梁写出杆端弯矩为:$M_{AB} = i\theta_A = i$,$M_{BA} = -i\theta_A = -i$。

3-2(b)　解:AB 杆剪力等于零,但不知道 θ_A,故由 $V_{AB} = -6i\theta_A/l + 12i\Delta/l^2 = 0$,得 $\theta_A = 2\Delta/l$,于是:$M_{AB} = i2\Delta/l = 2i/l$,$M_{BA} = -2i/l$。

3-2(c)　$P = 3i\Delta/l^2 = 3i/l^2$。

3-2(d)　AB 杆剪力静定杆,所以 $M_{BA} = -Pl/2 + i\theta_B = 0$,所以,$P = 2i\theta_B/l$。

3-3　如图 7-98 所示,$R_{1P} = -120$,$r_{11} = 12i$。解得 $Z_1 = 10/i$。$i = EI/4$,

$$V_{CB} = -40/3$$

①求剪力:

$$V_{CD} = -\frac{40+20}{4} = -15$$

②节点平衡求轴力:$N_{CA} = 5/3$

3-4(a)　将静定部分的荷载向节点等效平移后,取基本体系及基本未知量 Z_1 如图 7-99(a);$R_{1P} = -70$,$r_{11} = 7i$。解得 $Z_1 = 10/i$。

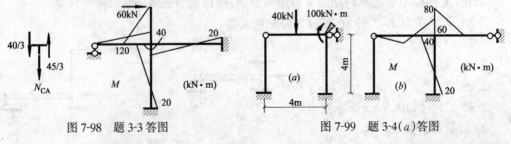

图 7-98　题 3-3答图　　　　图 7-99　题 3-4(a)答图

3-4(b)　取半边结构如图 7-100(a),$R_{1P} = -42$,$r_{11} = 7i$。解得 $Z_1 = 6/i$。

3-5(a) 如图 7-101 所示，$R_{1P} = -35$，$r_{11} = 7i$。解得 $Z_1 = 5/i$。

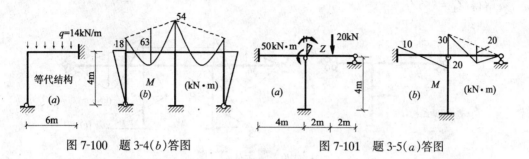

图 7-100 题 3-4(b)答图   图 7-101 题 3-5(a)答图

3-5(b) 如图 7-102 所示 $R_{1P} = -3ql/2$，$r_{11} = 24i/l^2$。解得 $Z_1 = ql^3/16i$。

3-5(c) 柱子为剪力静定杆，可按一个节点转角计算，

$r_{11} = 8i$，$R_{1P} = -5ql/12$，解得 $Z_1 = \dfrac{5ql^3}{96i}$，作出最后 M 图如图 7-103 所示。

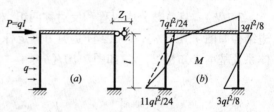

图 7-102 题 3-5(b)答图

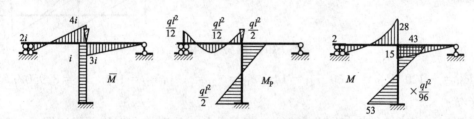

图 7-103 题 3-5(c)答图

3-6(a) 如图 7-104 所示，$R_{1P} = 30$，$R_{2P} = -50$，$r_{11} = 10EI$，$r_{21} = r_{12} = 2EI$，$r_{22} = 9EI$。$Z_1 = -4.3/EI$，$Z_2 = 6.5/EI$。

3-6(b) 如图 7-105 所示，$R_{1P} = 0$，$R_{2P} = -28$，$r_{11} = 12i$，$r_{21} = r_{12} = 4i$，$r_{22} = 20i$。$Z_1 = -1/2i$，$Z_2 = 3/2i$。

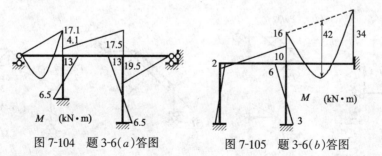

图 7-104 题 3-6(a)答图   图 7-105 题 3-6(b)答图

3-7(a) 取半边结构如图 7-106(a)。
$R_{1P} = 45$，

165

$r_{11} = 9i$。

解得 $Z_1 = -5/i$。

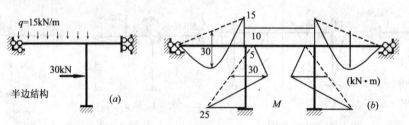

图 7-106　题 3-7(a)答图

3-7(b)　将荷载分成对称和反对称两组,对称荷载不产生弯矩,反对称荷载作用下取半边结构如图 7-107(a),A1、12 杆是剪力静定杆,1、2 点的线位移不作基本未知量,故取基本体系及基本未知量 Z_1、Z_2 如图 7-107(b)。

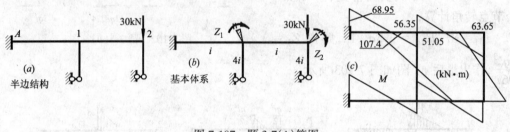

图 7-107　题 3-7(b)答图

$R_{1P} = -120, R_{2P} = -60, r_{11} = 14i, r_{12} = r_{21} = -i, r_{22} = 13i$。$Z_1 = 8.950/i, Z_2 = 5.304/i$。

3-7(c)　取半边结构如图 7-108(a),将荷载分成反对称和对称两组如图 7-108(b)、

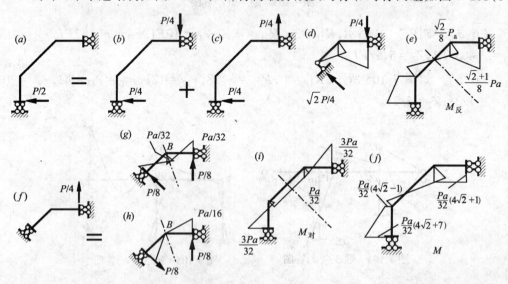

图 7-108　题 3-7(c)答图

166

(c)，反对称荷载作用下再取半边结构如图 7-108(d)，是一静定结构，画出弯矩图如图 7-108(e)；对称荷载作用下再取半边结构如图 7-108(f)，再将它的荷载分成对称和反对称两种如图7-108(g)、(h)。图 7-108(g)中 B 点无移动无转动，相当于固定端，查载常数表得到弯矩图如图 7-108(g)；图 7-108(h)中 B 点无弯矩，两根杆件都是静定梁，得到弯矩图如图 7-108(h)。将图(g)和图(h)叠加，并考虑对称性得到本题的弯矩图如图 7-108(i)。

　　将图 7-108(e)和图 7-108(i)叠加得到原结构 1/4 部分的弯矩图如图 7-108(j)。

　　3-7(d)　取半边结构如图 7-109(a)，将荷载分成对称和反对称两组如图 7-109(b)、(c)，对称荷载作用下，B 点无移动无转动，相当于固定端，查载常数表得到弯矩图如图 7-109(b)；反对称荷载作用下，B 点无弯矩，相当于铰支座，查载常数表得到弯矩图如图 7-109(c)。将图 7-109(b)和图 7-109(c)叠加得到半边结构的弯矩图如图 7-109(d)。再利用反对称性得到原结构的弯矩图如图 7-109(e)。

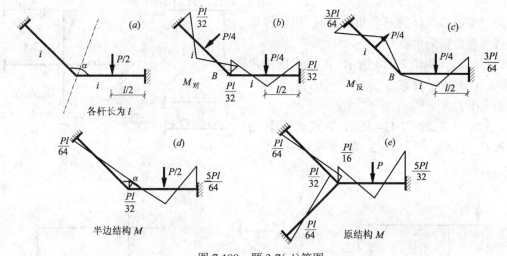

图 7-109　题 3-7(d)答图

　　另外也可以取 B 点转角为基本未知量，直接按位移法计算。

　　3-7(e)　解法 1：考虑到结构关于 L_1 对称，取半边结构时 A 点相当于固定端，各杆都是两端固定梁，如图 7-110(b)，查载常数表可得到弯矩图。

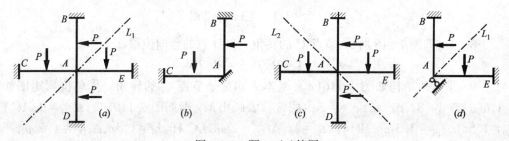

图 7-110　题 3-7(e)答图

　　解法 2：考虑到结构关于 L_2 反对称，取半边结构时 A 点设置一支杆，但 AB、AC 还是刚接在一起的，如图 7-110(d)，图7-110(d)又关于 L_1 对称，再取半边结构时 A 点相当于固定端，各杆都是两端固定梁查载常数表可得到弯矩图。

另外也可以取 B 点转角为基本未知量,直接按位移法计算,$R_{1P} = 0$。

3-7(f) 如图 7-111 所示,取半边结构计算。$i = EI/3$

$R_{1P} = 0$,$R_{2P} = -16$,$r_{11} = 10i$,

$r_{22} = 2i$,$r_{12} = r_{21} = -2i$

解得:$Z_1 = 2/i$,$Z_2 = 10/i$

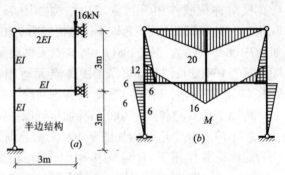

图 7-111 题 3-7(f)答图

3-7(g) 取半边结构如图 7-112(a) 所示、将荷载分解为对称和反对称两组,再分别取半边结构如图 7-112(b)、(c),均为单跨超静定梁。叠加出最后弯矩图如图 7-112(d)。

当半边结构仅剩一个角位移时,用位移法直接计算也很简单。

3-8(a) 如图 7-113 所示,节点 A 的转角 θ 和 E 点的水平位移 Δ 为:$\theta = -9.74/i$,$\Delta = -31.60/I$。

3-8(b) 如图 7-114 所示,节点 A 的转角 θ 和 C 点的竖向位移 Δ 为:$\theta = 12/i$,$\Delta = 30/i$。

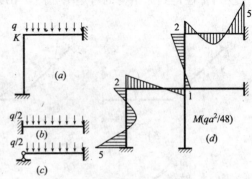

图 7-112 题 3-7(g)答图

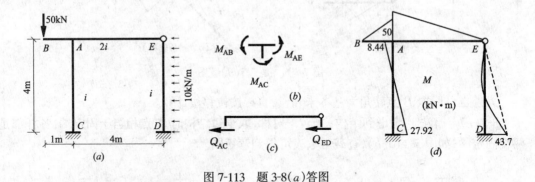

图 7-113 题 3-8(a)答图

3-8(c) 如图 7-115 所示,节点 C 的转角 θ 和 D 点的竖向位移 Δ 为:
$$\theta = 14.571/i,\ \Delta = 61.714/i$$

3-9 取半边结构如图 7-116(a),基本未知量是节点 C 的转角。作单位弯矩图如图 7-116(b),$r_{11} = 8i$,$\Delta t = 2t - t = t$ 由载常数表画出 $M_{\Delta t}$ 图如图 7-116(c),$R'_{1t} = 0$;AC 杆,$t_0 = 1.5t$,$\Delta l_{AC} = 1.5tal$,BD 杆,$t_0 = 2t$,$\Delta l_{BD} = 2tal$,DC 杆,$t_0 = 1.5t$,$\Delta l_{DC} = 1.5tal$,产生各杆杆端相对线位移为:$\Delta_{AC} = -1.5tal$,$\Delta_{DC} = 1.5tal - 2tal = -0.5tal$,画出 M_{t_0} 图如图 7-116(d),此时附加刚臂中的约束力矩为 $R''_{1t} = 12tia$。

⑤代入方程:$8iZ_1 + 12tia = 0$,解得:$Z_1 = -1.5at$。

3-10 如图 7-117 所示,基本未知量为节点 C 和 D 的水平位移 Δ。

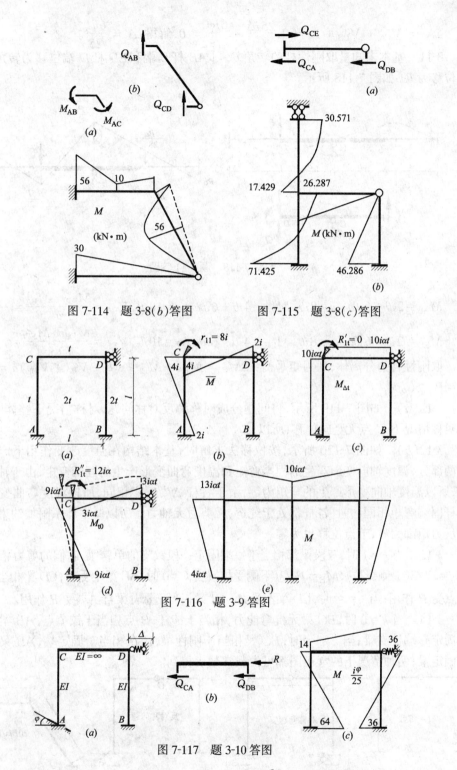

图 7-114 题 3-8(b)答图   图 7-115 题 3-8(c)答图

图 7-116 题 3-9 答图

图 7-117 题 3-10 答图

$$M_{AC} = 4i\varphi - 6i\frac{\Delta}{l}, \ M_{CA} = 2i\varphi - 6i\frac{\Delta}{l}, \ V_{CA} = -\frac{6i\varphi}{l} + \frac{12i\Delta}{l^2}, \ M_{BD} = M_{DB} = -6i\frac{\Delta}{l},$$

$$V_{DB} = 12i\frac{\Delta}{l^2}, 弹簧反力: R = k\Delta = \frac{i\Delta}{l^2}$$

$$\Sigma X = V_{CA} + V_{DB} + R = 0, \frac{25i\Delta}{l^2} - \frac{6i\varphi}{l} = 0, \text{解得：} \Delta = \frac{6\varphi l}{25}.$$

3-11 基本未知量取刚性杆的转角 θ，则 AB 杆 B 端和 ED 杆 D 端位移为转角为 θ 和竖向位移为 θa 如图 7-118 所示。

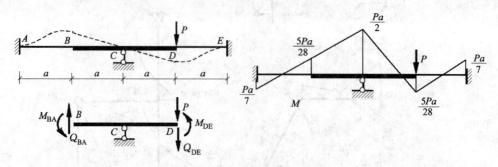

图 7-118 题 3-11 答图

$$M_{AB} = 2i\theta + 6i\theta a / a = 8i\theta, \quad M_{BA} = 4i\theta + 6i\theta a / a = 10i\theta, \quad V_{BA} = \frac{M_{AB} + M_{BA}}{a} = -\frac{18i\theta}{a}$$

$$M_{ED} = 2i\theta + 6i\theta a / a = 8i\theta, \quad M_{DE} = 4i\theta + 6i\theta a / a = 10i\theta, \quad V_{DE} = \frac{M_{DE} + M_{ED}}{a} = -\frac{18i\theta}{a}.$$

取刚性杆为分离体，列力矩平衡：$\Sigma M_C = M_{BA} + M_{DE} - (P + V_{BA} + V_{DE})a = 0$，解得：$i\theta = Pa / 56$。

3-12(a) 如图 7-119 所示，将问题分成对称和反对称问题，对称情况下整体刚体下移，反对称情况下 C 点无竖向位移，所以 $\Delta_{CV} = \Delta / 2$。

3-12(b) 如图 7-120 所示，按位移法求解时，基本结构在温度改变作用下产生的弯矩有两部分，温度轴向变形产生的固端弯矩和温度弯曲变形产生的固端弯矩，由于轴线温变为零，所以温度轴向变形产生的弯矩为零；由于各杆 Δt、h、α 相同，所以温度弯曲变形产生的各杆固端弯矩相同，并且各杆都处于纯弯，无剪力无轴力。所以基本体系附加约束中的反力和反力矩都为零，节点位移也为零。

3-13 当 $k=1$ 时，三段梁都相当于一端固定一段铰支的单跨梁，它们的剪力相同 $=P/3$，$M_A = Pl / 3$（上侧受拉），$M_E = Pl / 3$（下侧受拉）；当 $k=0$ 时，AB 梁不受力，CD 梁相当于简支梁中点受 P 作用；当 $k=\infty$ 时，CD 梁不受力，AB 梁相当于悬臂梁自由端受 P 作用。

3-14 当 $k=0$ 时，BC 梁无抗弯能力，相当于链杆，B 点相当于铰节点，AB 梁相当于一端固定一端铰支梁；当 $k=\infty$ 时，BC 梁相当于刚性梁，B 点相当于固定端，AB 梁相当于两端固定梁；两种情况下的弯矩图都可由载常数表得到。

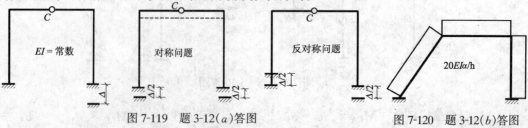

图 7-119 题 3-12(a)答图　　　图 7-120 题 3-12(b)答图

3-15 $k=0$ 时，BC 梁无抗弯能力，AB 梁相当于悬臂梁，此时 $M_A = M_{max} = Ph$（左侧受

拉);$k=\infty$ 时,BC 梁相当于刚性梁,B 点不能转动,AB 梁相当于一端固定一端定向支承的梁;弯矩图可由载常数表得到,此时 $M_A=M_{\min}=Ph/2$(左侧受拉)。

3-16 AB、CD 杆是剪力静定杆,所以位移法基本未知量只是 B、C 两点的转角。$k=\infty$ 时,BC 梁相当于刚性梁,B、C 点不能转动,AB 梁相当于一端固定一端定向支承的梁;CD 杆刚性平移,不受力;BC 梁弯矩图可由结点平衡得到。

3-17 画出变形图,确定反弯点,画出弯矩图如图 7-121 和图 7-122 所示。

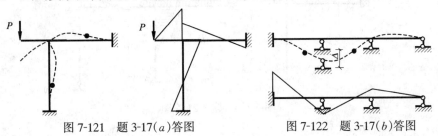

图 7-121 题 3-17(a)答图   图 7-122 题 3-17(b)答图

3-18 画出弯矩图如图 7-123 所示。

3-19 将原结构简化为图 7-124(a)所示体系。考虑到 AC、CB 杆是剪力静定杆,所以 C 点的侧移可不作为基本未知量,只有 θ_C 作为基本未知量。

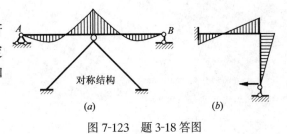

图 7-123 题 3-18 答图

$$M_{CA}=i\theta-\frac{ql^2}{6}-\frac{ql^2}{2}=i\theta-\frac{2ql^2}{3},$$

$$M_{CB}=i\theta,\quad M_{CD}=3i\theta+\frac{ql^2}{4}$$

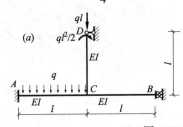

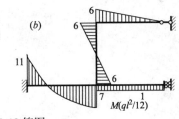

图 7-124 题 3-19 答图

由 B 点平衡得到:

$$M_{CA}+M_{CB}+M_{CD}=5i\theta-\frac{5ql^2}{12}0,\ \text{解得}:i\theta=\frac{ql^2}{12}$$

3-20 无侧移刚架是靠转动约束传递弯矩的,所以铰节点将隔断弯矩的传递。该结构各部分之间只有轴力的传递,在进行弯矩计算时,各部分可简化成图 7-125(a)所示体系。

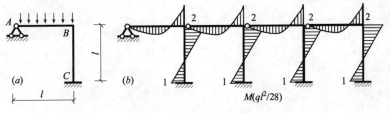

图 7-125 题 3-20 答图

$$M_{BA} = 3i\theta_A + \frac{ql^2}{8}, \quad M_{BC} = 4i\theta_A, \quad \Sigma M_B = 0, \ 解得:i\theta_A = -\frac{ql^2}{56}$$

3-21　先作静定部分的弯矩图,再把杆端弯矩反向作用在超静定部分上得到图 7-126(a)所示体系。再用位移法求解,最后弯矩图如图 7-126(b)所示。

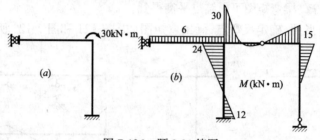

图 7-126　题 3-21 答图

第八章　力矩分配法

一、重点难点分析

1．基本概念

(1)力矩分配法是在位移法的基础上派生出来的一种渐进的计算方法；直接对杆端弯矩进行计算，而不需要建立和求解基本方程(杆端弯矩的正负号与位移法规定相同)；它仅适用于节点无线位移的结构(即连续梁和无侧移的刚架)。

(2)转动刚度 S：表示杆端对转动的抵抗能力。在数值上等于仅使杆端发生单位转角时需在杆端(即近端)施加的力矩。对于等截面直杆，当远端支承是固定、铰支、滑动时近端的转动刚度如表 8-1。由此表可见，转动刚度的大小与远端的支承和线刚度 i(即材料的性质、横截面的形状尺寸及杆长)有关。

(3)传递系数 C：将杆端转动时产生的远端弯矩与近端弯矩的比值称为传递系数 C。即：

$$C = \frac{M_{远}}{M_{近}} \tag{8-1}$$

转动刚度和传递系数　　　　表 8-1

远　端　支　承	近　端　转　动　刚　度	传　递　系　数
固定	$S = 4i$	$C = 1/2$
铰支	$S = 3i$	$C = 0$
滑动	$S = i$	$C = -1$
自由	$S = 0$	$C = 0$

2．力矩分配法的基本运算

力矩分配法的基本运算指的是单节点结构受节点集中力偶作用下的杆端弯矩计算。如图 8-1 所示结构，节点集中力偶 m 作用下，使节点转动，从而带动各杆端转动，杆端转动产生的近端弯矩称为分配弯矩，产生远端弯矩称为传递弯矩。

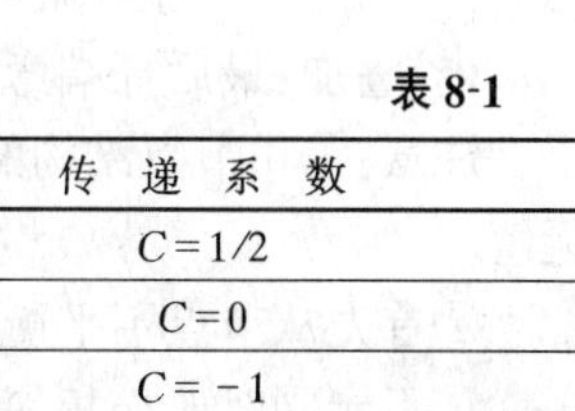

分配弯矩：　　　$M_{1j} = \mu_{1j}m$ 　　(8-2)

传递弯矩：　　　$M_{j1} = CM_{1j}$ 　　(8-3)

图 8-1

注意：①节点集中力偶 m 顺时针为正，产生正的分配弯矩。

②分配系数 μ_{1j} 表示 $1j$ 杆 1 端承担节点外力偶的比率，

$$\mu_{1j}\frac{S_{1j}}{\sum\limits_{1}S}，且 \sum\limits_{1}\mu = 1 \tag{8-4}$$

③只有分配弯矩才能向远端传递。

3．力矩分配法的计算过程及其物理概念

以图 8-2(a)所示连续梁为例加以说明。

(1)加入刚臂,锁住刚节点,将原结构化成一组单跨超静定梁,计算各杆固端弯矩,由节点力矩平衡求刚臂内的约束力矩(称为节点的不平衡力矩),如图 8-2(b),图 8-2(b)与原结构的差别是:在受力上,节点 B、C 上多了不平衡力矩 M_B、M_C;在变形上节点 B、C 不能转动。

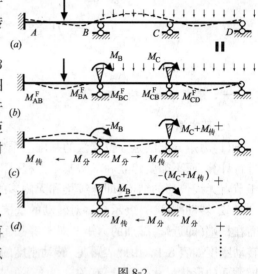

图 8-2

(2)为了取消节点 B 的刚臂,放松节点 B(节点 C 仍锁住),在节点 B 加上($-M_B$),如图 8-2(c)。此时,ABC 部分只有一个角位移,并且受节点集中力偶作用。按基本运算进行力矩分配和传递后,节点 B 处于暂时的平衡。此时 C 点的不平衡力矩是 $M_C + M_传$。

(3)为了取消节点 C 的刚臂,放松节点 C,在节点 C 加上($-(M_C + M_传)$),如图 8-2(d),为了使 BCD 部分只有一个角位移,节点 B 再锁住,按基本运算进行力矩分配和传递后,节点 C 处于暂时的平衡。

(4)传递弯矩的到来,又打破了 B 点的平衡,B 点又有了新的约束力矩 $M_传$,重复(2)、(3)两步,经多次循环后各节点的约束力矩都趋近于零,接近于原结构的受力状态和变形状态。一般 $2 \sim 3$ 个循环就可获得满意的结果。

(5)叠加:最后杆端弯矩 $\quad M = \Sigma M_{分配} + \Sigma M_{传递} + M^F$ \hfill (8-5)

注意:①单节点结构的力矩分配法得到精确解答,多节点结构的力矩分配法得到的是渐近解。

②首先从节点不平衡力矩较大的节点开始,收敛得快。

③不能同时放松相邻的节点(因为两相邻节点同时放松时,它们之间的杆的转动刚度和传递系数定不出来);但是,可以同时放松所有不相邻的节点,这样可以加速收敛。

④每次要将节点不平衡力矩变号分配。

⑤节点 i 的不平衡力矩 M_i 总等于附加刚臂上的约束力矩,可由节点平衡来求。

$$\left.\begin{array}{l}\text{在第一轮第一个分配节点:} M_i = \sum_{i节点} M^F - m(顺时针为正) \\[2mm] \text{在第一轮其他分配节点:} M_i = \sum_{i节点} M^F + M_传 - m(顺时针为正) \\[2mm] \text{以后各轮的各分配节点:} M_i = M_传 \end{array}\right\} \quad (8-6)$$

4. 无剪力分配法

(1)无剪力分配法使用条件:结构中除了无侧移的杆外,其余的杆均为剪力静定杆。

无侧移的杆是杆件两端线位移平行并且不垂直于杆轴线的杆。剪力静定杆指的是剪力可由截面投影平衡方程求出来的杆。

(2)剪力静定杆的固端弯矩计算:先由截面投影平衡求出杆端剪力,然后将杆端剪力看作杆端荷载加在杆端,按该端滑动,另段固定的单跨梁计算固端弯矩。

(3)剪力静定杆的转动刚度:$S = i$,传递系数:$C = -1$。

5．力矩分配法的校核

对于超静定结构,正确的解答必须同时满足平衡条件和变形条件。平衡条件可根据每一节点是否满足 $\Sigma M = 0$ 来校核。

变形条件的校核是检验刚结于同一节点处的各杆端转角是否相等。根据转角位移方程

$$M_{jk} = 4i_{jk}\varphi_j + 2i_{jk}\varphi_k + M_{jk}^F$$

$$M_{kj} = 4i_{jk}\varphi_k + 2i_{jk}\varphi_j + M_{kjk}^F$$

解得:
$$\varphi_j = \frac{\Delta M_{jk} - \Delta M_{kj}/2}{3i_{jk}} \tag{8-7}$$

其中 $\Delta M_{jk} = M_{jk} - M_{jk}^F$,是杆端转动产生的杆端弯矩,称为杆端的转动弯矩。

如果远端 k 端是定向支座,则: $M_{jk} = i_{jk}\varphi_j + M_{jk}^F$　解得: $\varphi_j = \dfrac{\Delta M_{jk}}{i_{jk}}$,或 $\varphi_j = \dfrac{3\Delta M_{jk}}{3i_{jk}}$

令 $\Delta M'_{jk} = \Delta M_{jk} - \Delta M_{kj}/2$;当远端是定向支座时 $\Delta M'_{jk} = 3\Delta M_{jk}$

由于刚结于同一节点处的各杆端转角应相等,即:

$$\frac{\Delta M'_{jk}}{3i_{jk}} = \frac{\Delta M'_{jm}}{3i_{jm}} = \frac{\Delta M'_{jn}}{3i_{jn}} = \cdots$$

或

$$\frac{\Delta M'_{jk}}{i_{jk}} = \frac{\Delta M'_{jm}}{i_{jm}} = \frac{\Delta M'_{jn}}{i_{jn}} = \cdots \tag{8-8}$$

这个变形条件等价于同一节点上各杆近端的 $\Delta M'$ 之比等于各杆线刚度之比。

具体校核方法是:将各杆端的最后杆端弯矩与固端弯矩之差 ΔM 写在第一行,将同一根杆一端的 ΔM 的一半传到另一端,写在第二行(对支座杆端不需要传)。第一行减去第二行得到 $\Delta M'$(当远端是定向支座时 $\Delta M'_{jk} = 3\Delta M_{jk}$)写在第三行。同一节点上各杆近端的 $\Delta M'$ 之比等于各杆线刚度之比。

二、典型示例分析

【例 8-1】　用力矩分配法计算图 8-3 所示连续梁,绘制弯矩图。

【解】　①求分配系数:

节点 B: $S_{BA} = 4$,$S_{BC} = 4$

$$\mu_{BA} = \mu_{BC} = 4/8 = 0.5$$

节点 C: $S_{CB} = 4$,$S_{CD} = 3 \times 2 = 6$

$$\mu_{CB} = 4/10 = 0.4, \mu_{CD} = 6/10 = 0.6$$

②求固端弯矩:

$$M_{AB}^F = -160 \times 3^2 \times 5/8^2 = -112.5\text{kN·m}$$

$$M_{BA}^F = 160 \times 3 \times 5^2/8^2 = 187.5\text{kN·m}$$

$$M_{BC}^F = -30 \times 10^2/12 = -250\text{kN·m}$$

$$M_{CB}^F = 30 \times 10^2/12 = 250\text{kN·m}$$

$$M_{CD}^F = -3 \times 80 \times 6/16 = -90\text{kN·m}$$

$$M_C = 250 - 90 = 160$$

$$M_B = -250 + 187.5 = -62.5$$

先由 C 点分配。

③分配、传递与叠加见图 8-3 中表格。

④绘制 M 图如图 8-4。

⑤校核变形条件如表 8-2。结果是满足变形条件的。

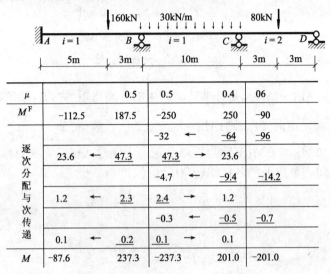

	A				
μ		0.5	0.5	0.4	06
M^F	-112.5	187.5	-250	250	-90
逐次分配与次传递			-32 ←	-64	-96
	23.6 ←	47.3	47.3 →	23.6	
			-4.7 ←	-9.4	-14.2
	1.2 ←	2.3	2.4 →	1.2	
			-0.3 ←	-0.5	-0.7
	0.1 ←	0.2	0.1 →	0.1	
M	-87.6	237.3	-237.3	201.0	-201.0

图 8-3

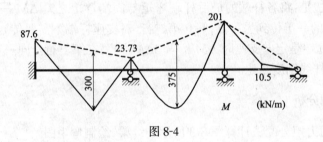

图 8-4

变形条件校核表　　　　　　　　　　　　　　　　表 8-2

M^F	-112.5	187.5	-250	250	-90	0
M	-87.6	237.3	-237.3	201.0	-201.0	0
ΔM_{ij}	24.9	49.8	12.7	-49	-111	0
$\Delta M_{ji}/2$		12.5	-24.5	6.4	0	
ΔM_{ij}		37.3	37.2	-55.4	-111	
i		1		1	2	

【例 8-2】　试用力矩分配法计算图 8-5(a)所示对称结构,绘制 M 图并校核变形条件。

【解】　①取半边结构如图 8-5(b),取 $i=EI/6$。

②计算分配系数:

B 节点:$S_{BA}=4i$　$S_{BC}=12i$,　$\mu_{BA}=1/4$　$\mu_{BC}=3/4$

C 节点:$S_{CD}=4i$　$S_{CB}=12i$　$S_{CE}=6i$,　$\mu_{CD}=2/11$　$\mu_{CB}=3/11$　$\mu_{CE}=6/11$

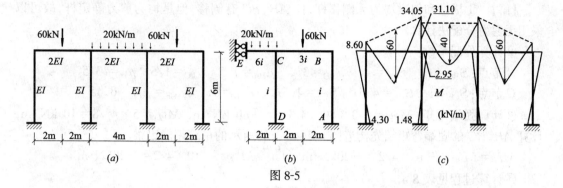

(a)   (b)   (c)

图 8-5

③计算固端弯矩：$M_{BC}^F = 60 \times 4/8 = 30\text{kN·m}$， $M_{CB}^F = -60 \times 4/8 = -30\text{kN·m}$， M_{EC}^F $= 20 \times 2^2/6 = 13.33\text{kN·m}$， $M_{CE}^F = 20 \times 2^2/3 = 26.67\text{kN·m}$

④计算过程见表 8-3。

⑤绘制弯矩图如图 8-5(c)。

【例 8-2】计算表格   表 8-3

结 点	D	E		C			B		A
杆端	DC	EC	CE	CD	CB	BC	BA	AB
μ			3/11	2/11	6/11	3/4	1/4	
M^F		13.33	26.67		−30	30		
B 点分传					−11.25	−22.50	−7.5	−3.75
C 点分传	1.33	−3.98	3.98	2.65	7.95	3.98		
B 点分传					−1.49	−2.98	−1.00	−0.50
C 点分传	0.14	−0.41	0.41	0.27	0.81	0.41		
B 点分传					−0.16	−0.31	−0.10	−0.05
C 点分传	0.01	−0.04	0.04	0.03	0.09			
M	1.48	8.90	31.10	2.95	−34.05	8.60	−8.60	−4.30
ΔM_{ij}	1.48	−4.43	4.43	2.95	−4.05	−21.40	−8.60	−4.30
$\Delta M_{ji}/2$		滑动端 $\Delta M'_{CE} = 3\Delta M_{CE}$		0.74	−10.70	−2.03	−2.15	
$\Delta M'_{ij}$			13.29	2.21	6.65	−19.37	−6.45	

【例 8-3】 试用无剪力分配法计算图 8-6 所示结构，并画弯矩图。

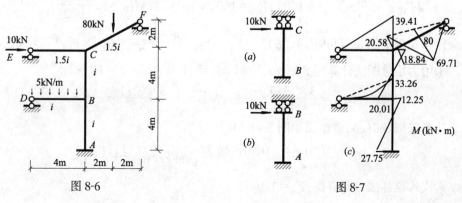

图 8-6   图 8-7

177

【解】 ①横梁和斜梁均为无侧移杆,柱 AB、BC 有侧移,但是均为剪力静定杆,故可以采用无剪力分配法计算。

②计算分配系数:

B 节点: $S_{BA}=i$, $\quad S_{BC}=i$, $\quad S_{BD}=3i$, $\quad \mu_{BA}=1/5$ $\quad \mu_{BC}=1/5$ $\quad \mu_{BC}=3/5$

C 节点: $S_{CB}=i$ $\quad S_{CE}=4.5i$ $\quad S_{CF}=4.5i$, $\quad \mu_{CB}=0.1$ $\quad \mu_{CF}=\mu_{CE}=0.45$

③计算固端弯矩: $M_{CF}^F=-3\times80\times4/16=-60$ kN·m, $M_{BD}^F=5\times4^2/8=10$ kN·m, 计算 AB、BC 的固端弯矩须先构造图 8-7(a)、(b)所示的单跨超静定梁。

$$M_{CB}^F=M_{BC}^F=-10\times4/2=-20\text{kN·m}, M_{AB}^F=M_{BA}^F=-10\times4/2=-20\text{kN·m}$$

④计算过程见表 8-4。

⑤绘制弯矩图如图 8-7(c)所示。

【例 8-3】计算表格

表 8-4

结　点		C			B		A
杆端	CF	CE	CB	BC	BD	BA	AB
μ	0.45	0.45	0.10	0.2	0.6	0.2	
M^F	−60		−20	−20	10	−20	−20
C 点分传	<u>36</u>	<u>36</u>	<u>8</u>	−8			
B 点分传			−7.6	<u>7.6</u>	<u>22.8</u>	<u>7.6</u>	−7.6
C 点分传	<u>3.42</u>	<u>3.42</u>	<u>0.76</u>	−0.76			
B 点分传				−0.15	−0.46	−0.15	−0.15
叠加 M	−20.58	39.42	−18.84	−21.01	33.26	−12.25	−27.75

【例 8-4】 试联合应用位移法和力矩分配法计算图 8-8(a)所示连续梁并绘制弯矩图。

【解】 ①取位移法基本体系如图 8-8(b)。

②建立位移法基本方程: $r_{11}Z_1+R_{1P}=0$

其中 R_{1P} 是荷载作用下产生的附加支杆中的反力,如图 8-8(c)。r_{11} 是 $Z_1=1$ 作用下产生的附加支杆中的反力,如图 8-8(d)。

③用力矩分配法计算图 8-8(c),绘制 M_P 图并求 $R_{1P}(i=EI/8)$。进行力矩分配法计算之前,现将伸臂 EH 去掉,荷载向节点作等效平移,然后将节点 E 作铰支座处理。

$$S_{BA}=4i, S_{BC}=3\times(2i)=6i, \therefore \mu_{BA}=0.4, \mu_{BC}=0.6$$

$$S_{DE}=3i, S_{DC}=3\times(2i)=6i, \therefore \mu_{DE}=1/3, \mu_{DC}=2/3$$

$$M_{AB}^F=-\frac{30\times8^2}{12}=-160, M_{BA}^F=160, M_{ED}^F=72, M_{DE}^F=-\frac{3\times60\times8}{2}+\frac{72}{2}=-54$$

其余计算及弯矩图如图 8-9(a)、(b)。$\dfrac{F_{1P}\times8}{4}=-\dfrac{96+36}{2}=-66$,解得: $F_{1P}=-33$kN

④用力矩分配法计算图 8-8(d),绘制 $\overline{M}_1$ 图并求 r_{11}。$(i=EI/8)$

$$M_{BD}^F=\frac{3\times(2i)}{4}=1.5i, M_{BD}^F=-\frac{3\times(2i)}{4}=-1.5i$$

其余计算见图 8-9(c),弯矩图如图 8-9(d)。

$$\frac{r_{11}\times8}{4}=\frac{0.6i+0.5i}{2},\text{解得}: r_{11}=\frac{1.1i}{4}$$

⑤代入位移法方程解得: $Z_1=120/i$。

⑥按公式 $M = \overline{M}_1 Z_1 + M_P$ 叠加弯矩图如图 8-9(e)。

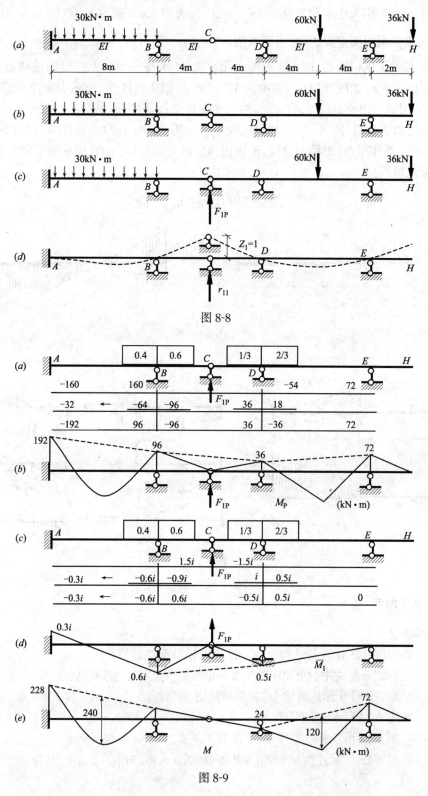

图 8-8

图 8-9

【例 8-5】 试推导图 8-10(a)所示单跨梁的转动刚度 S_{AB}、S_{BA} 和传递系数 C_{AB}、C_{BA}。

【解】 令 A 端发生单位转动,因 CB 刚度为无穷大,不会变形,所以 C 点相当于固定端,AC 相当于两端固定梁,其弯矩图如图 8-10(b)。故:$S_{AB}=4i$,$C_{AB}=\dfrac{8i}{4i}=2$。

令 B 端发生单位转动,因 CB 刚度为无穷大,不会变形,所以 C 点的位移有转角 $\theta=1$ 和竖向位移 $\Delta=a$,如图 8-11(a)所示。AC 段相当于图 8-11(b)所示有支座位移的两端固定梁,它又相当于图 8-11(d)、(f)所示两种情况的叠加,分别作出图 8-11(d)、(f)所示两种梁的弯矩图如图 8-11(e)、(g),叠加得到弯矩图如图 8-11(c),即图 8-11(b)的弯矩图。整个 AB 梁上无荷载作用,弯矩图为直线,所以由 AC 段弯矩图作出 AB 梁的弯矩图如图 8-11(h)所示。由此可得:

$$S_{BA}=28i \ , \ C_{BA}=\frac{8i}{28i}=\frac{2}{7}$$

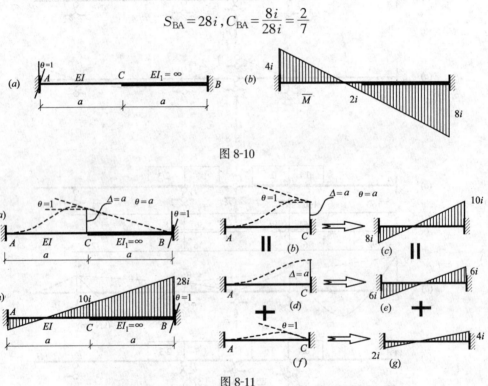

图 8-10

图 8-11

三、单元测试

1. 判断题

1-1 能用位移法计算的结构也一定能用力矩分配法计算。 （ ）

1-2 在力矩分配法中,相邻的节点和不相邻的节点都不能同时放松。 （ ）

1-3 已知图 8-12 所示连续梁 BC 跨的弯矩图,则 $M_{AB}=C_{BA}M_{BA}=57.85\mathrm{kN\cdot m}$。 （ ）

1-4 在图 8-13 所示连续梁中 $M_{BA}=\mu_{BA}(-70)=-40\mathrm{kN\cdot m}$。 （ ）

1-5 在图 8-14 所示连续梁中节点 B 的不平衡力矩 $M_B=80\mathrm{kN\cdot m}$。 （ ）

1-6 在图 8-15 所示连续梁中,节点不平衡力矩 $=30$,$M_{BA}=\mu_{BA}m$,其中 $m=-30$。

（ ）

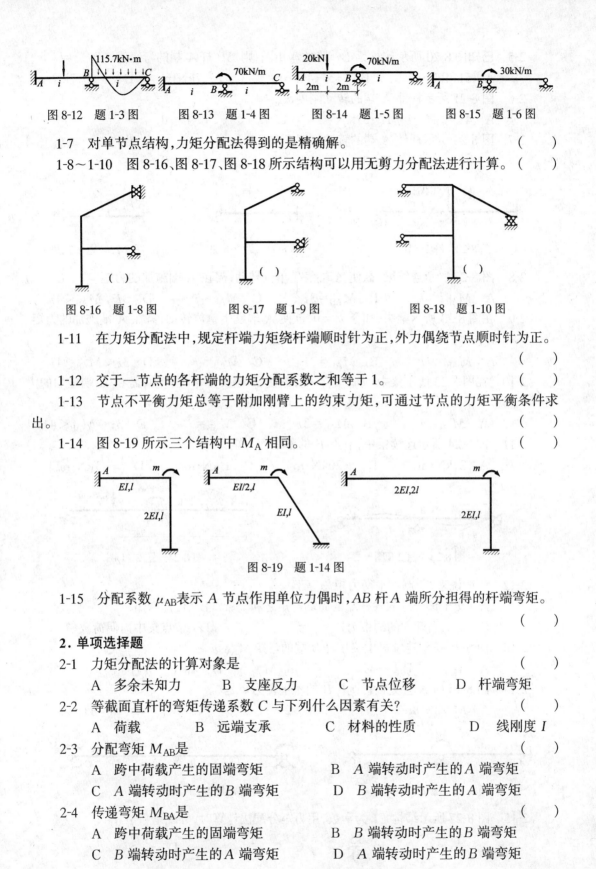

图 8-12　题 1-3 图　　　　图 8-13　题 1-4 图　　　　图 8-14　题 1-5 图　　　　图 8-15　题 1-6 图

1-7　对单节点结构,力矩分配法得到的是精确解。　　　　　　　　　　　　　　（　　）

1-8～1-10　图 8-16、图 8-17、图 8-18 所示结构可以用无剪力分配法进行计算。（　　）

图 8-16　题 1-8 图　　　　　图 8-17　题 1-9 图　　　　图 8-18　题 1-10 图

1-11　在力矩分配法中,规定杆端力矩绕杆端顺时针为正,外力偶绕节点顺时针为正。

　　　　　　　　　　　　　　　　　　　　　　　　　　　　　　　　　　　（　　）

1-12　交于一节点的各杆端的力矩分配系数之和等于 1。　　　　　　　　　　（　　）

1-13　节点不平衡力矩总等于附加刚臂上的约束力矩,可通过节点的力矩平衡条件求
出。　　　　　　　　　　　　　　　　　　　　　　　　　　　　　　　　　　（　　）

1-14　图 8-19 所示三个结构中 M_A 相同。　　　　　　　　　　　　　　　　（　　）

图 8-19　题 1-14 图

1-15　分配系数 μ_{AB} 表示 A 节点作用单位力偶时,AB 杆 A 端所分担得的杆端弯矩。

　　　　　　　　　　　　　　　　　　　　　　　　　　　　　　　　　　　（　　）

2. 单项选择题

2-1　力矩分配法的计算对象是　　　　　　　　　　　　　　　　　　　　　　（　　）

　　　A　多余未知力　　　　B　支座反力　　　　C　节点位移　　　　D　杆端弯矩

2-2　等截面直杆的弯矩传递系数 C 与下列什么因素有关?　　　　　　　　　　（　　）

　　　A　荷载　　　　　　B　远端支承　　　　C　材料的性质　　　　D　线刚度 I

2-3　分配弯矩 M_{AB} 是　　　　　　　　　　　　　　　　　　　　　　　　　（　　）

　　　A　跨中荷载产生的固端弯矩　　　　　　　B　A 端转动时产生的 A 端弯矩

　　　C　A 端转动时产生的 B 端弯矩　　　　　　D　B 端转动时产生的 A 端弯矩

2-4　传递弯矩 M_{BA} 是　　　　　　　　　　　　　　　　　　　　　　　　　（　　）

　　　A　跨中荷载产生的固端弯矩　　　　　　　B　B 端转动时产生的 B 端弯矩

　　　C　B 端转动时产生的 A 端弯矩　　　　　　D　A 端转动时产生的 B 端弯矩

2-5 已知图 8-20 所示连续梁 BC 跨的弯矩图,则 AB 杆 A 端的弯矩为 （   ）

A 51.4kN·m   B －51.4kN·m   C 25.7kN·m   D －25.7kN·m

2-6 图 8-21 所示杆件 A 端的转动刚度 $S_{AB}=$ （   ）

A 4i B 3i C i D 0

2-7 图 8-22 所示杆件 A 端的转动刚度 $S_{AB}=$ （   ）

A 4i B 3i C i D 0

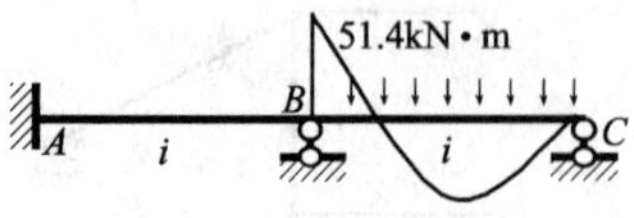

图 8-20 题 2-5 图 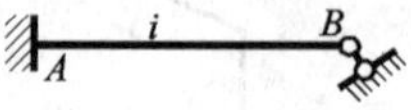   图 8-21 题 2-6 图 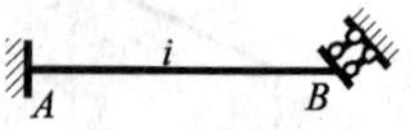   图 8-22 题 2-7 图

2-8 图 8-23 所示连续梁,欲使 A 端发生单位转动,需在 A 端施加的力矩 （   ）

A $M_{AB}=4i$ B $M_{AB}=3i$ C $M_{AB}=i$ D $3i<M_{AB}<4i$

2-9 在图 8-23 所示梁中,如令 $i_1=0$,欲使 A 端发生单位转动,需在 A 端施加的力矩

（   ）

A $M_{AB}=4i$ B $M_{AB}=3i$ C $M_{AB}=i$ D $3i<M_{AB}<4i$

2-10 在图 8-23 所示梁中,如令 $i_1=\infty$,欲使 A 端发生单位转动,需在 A 端施加的力矩 （   ）

A $M_{AB}=4i$ B $M_{AB}=3i$ C $M_{AB}=i$ D $3i<M_{AB}<4i$

2-11 图 8-24 所示连续梁中,节点 B 的不平衡力矩为 （   ）

A 21kN·m   B －20kN·m   C 1 kN·m   D －41kN·m

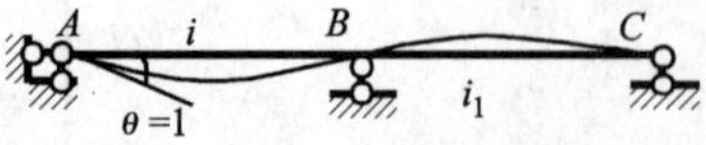

图 8-23 题 2-8 图 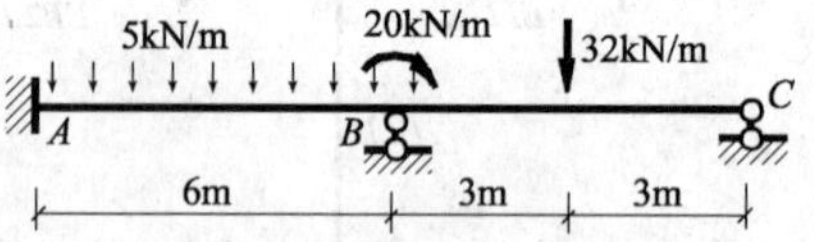   图 8-24 题 2-11 图

2-12 一般说来,节点不平衡力矩总等于 （   ）

A 交于该节点的各杆端的固端弯矩之和   B 传递弯矩

C 附加刚臂中的约束力矩   D 节点集中力偶荷载

2-13 图 8-25 所示连续梁中 AB 杆 B 端的弯矩 $M_{BA}=$ （   ）

A M   B －M   C $\mu_{BA}M$ D $\mu_{BA}(-M)$

2-14 图 8-26 所示连续梁中节点 B 的不平衡力矩是 （   ）

A $M_1/2-m/2$ B $-M_1/2+m/2$ C M_1-m D m

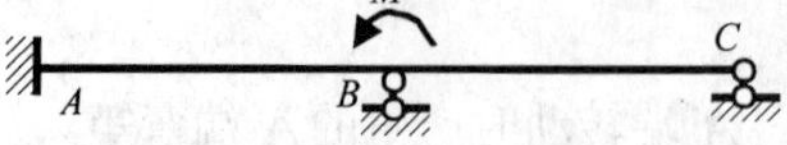

图 8-25 题 2-13 图 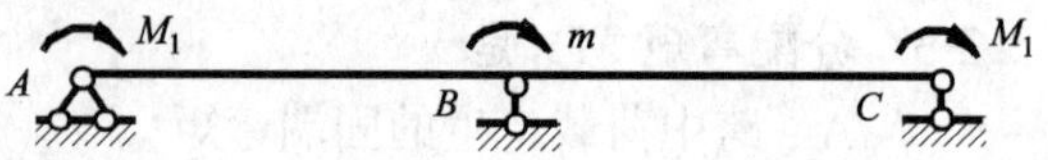   图 8-26 题 2-14 图

2-15 图 8-27 所示结构 EI 为常数,用力矩分配法计算时,分配系数 $\mu_{A1}=$ （   ）

A $\dfrac{5}{24}$ B $\dfrac{15}{51}$ C $\dfrac{1}{3}$ D $\dfrac{5}{14}$

2-16 图 8-28 所示结构各杆 EI 和杆长相同,用力矩分配法计算时,分配系数 μ_{BA} = （　　）

A 1/3　　　　B 4/7　　　　C 3/11　　　　D 1/2

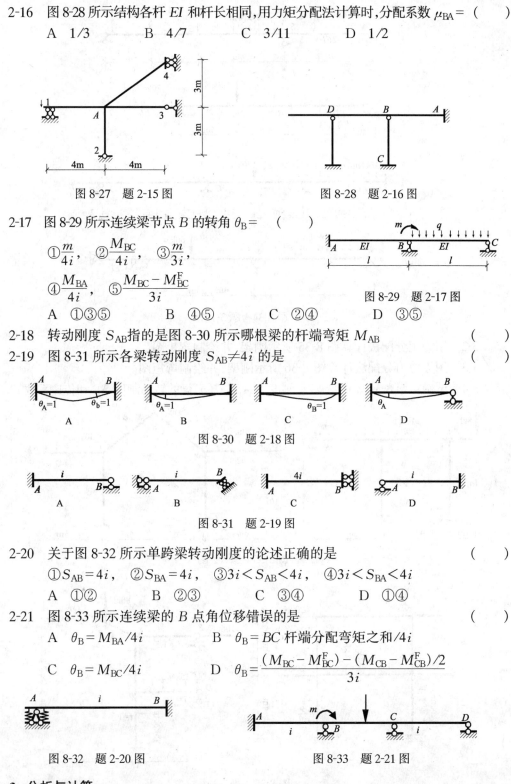

图 8-27　题 2-15 图　　　　　　　　图 8-28　题 2-16 图

2-17 图 8-29 所示连续梁节点 B 的转角 θ_B = （　　）

①$\dfrac{m}{4i}$, ②$\dfrac{M_{BC}}{4i}$, ③$\dfrac{m}{3i}$,

④$\dfrac{M_{BA}}{4i}$, ⑤$\dfrac{M_{BC} - M_{BC}^F}{3i}$

图 8-29　题 2-17 图

A ①③⑤　　　　B ④⑤　　　　C ②④　　　　D ③⑤

2-18 转动刚度 S_{AB} 指的是图 8-30 所示哪根梁的杆端弯矩 M_{AB}　　　　　　（　　）

2-19 图 8-31 所示各梁转动刚度 $S_{AB} \neq 4i$ 的是　　　　　　　　　　（　　）

图 8-30　题 2-18 图

图 8-31　题 2-19 图

2-20 关于图 8-32 所示单跨梁转动刚度的论述正确的是　　　　　　　　（　　）

①$S_{AB} = 4i$, ②$S_{BA} = 4i$, ③$3i < S_{AB} < 4i$, ④$3i < S_{BA} < 4i$

A ①②　　　　B ②③　　　　C ③④　　　　D ①④

2-21 图 8-33 所示连续梁的 B 点角位移错误的是　　　　　　　　　　（　　）

A $\theta_B = M_{BA}/4i$　　　　　　B $\theta_B = BC$ 杆端分配弯矩之和$/4i$

C $\theta_B = M_{BC}/4i$　　　　　　D $\theta_B = \dfrac{(M_{BC} - M_{BC}^F) - (M_{CB} - M_{CB}^F)/2}{3i}$

图 8-32　题 2-20 图　　　　　　　　图 8-33　题 2-21 图

3. 分析与计算

3-1 用力矩分配法计算图 8-34 所示连续梁,并绘制弯矩图。

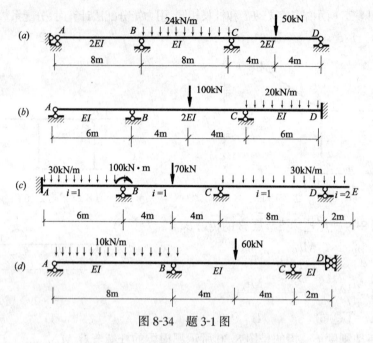

图 8-34 题 3-1 图

3-2 用力矩分配法计算图 8-35 所示刚架,并绘制弯矩图。

3-3 用无剪力分配法计算图 8-36 所示刚架,并绘制弯矩图。

3-4 试确定图 8-37(a)梁的转动刚度 S_{AB},8-37(b)梁的转动刚度 S_{AB} 和传递系数 C_{AB}。

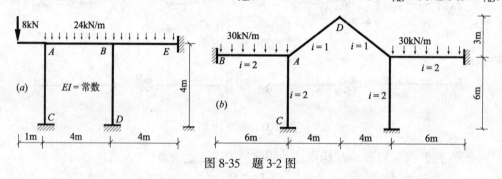

图 8-35 题 3-2 图

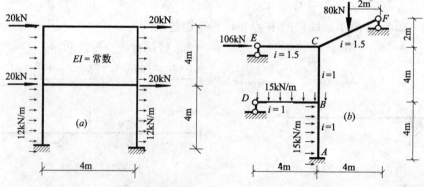

图 8-36 题 3-3 图

3-5 分别用力法和力矩分配法联合、位移法和力矩分配法联合计算图 8-38 所示连续梁并绘制弯矩图。各杆 EI 相同。

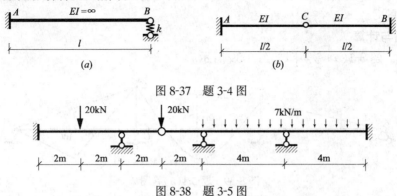

图 8-37 题 3-4 图

图 8-38 题 3-5 图

四、答案与解答

1. 判断题

1-1 × 力矩分配法只能计算连续梁和无侧移刚架。 1-2 ×

1-3 × 只有分配弯矩才能向远端传递。 1-4 √

1-5 × $M_B = \sum_{B结点} M^F - m$(顺时针为正) $= 10 - 70 = -60$

1-6 × 节点不平衡力矩 $M_B = -30$，在 $M_{BA} = \mu_{BA} m$，其中 $m = 30$。

1-7 √ 1-8 × 1-9 √ 1-10 √

1-11 √ 1-12 √ 1-13 √

1-14 √ 三结构的线刚度比值相同，所以对应杆端的力矩分配系数相同。

1-15 √

2. 单项选择题

2-1 D 2-2 B 2-3 B 2-4 D

2-5 C 由 B 点平衡得 $M_{BA} = 51.4 kN \cdot m$，AB 杆 A 端无转动，跨中无荷载，所以 M_{BA} 是 AB 杆 B 端转动产生的 B 端弯矩(即分配弯矩)，传到 A 端得 $M_{AB} = 25.7\ kN \cdot m$。

2-6 B 当远端是固定铰支座或活动铰支座(支杆不与杆轴线重合)时，转动刚度 $= 3i$。

2-7 A B 端的定向支座允许 B 端沿斜向滑动，如 B 端沿斜向滑动，将改变 AB 杆的长度，忽略 AB 杆的轴向变形时，B 点将不能移动，B 端相当于固定端。

2-8 D 2-8、2-9、2-10 题提示：当 i_1 是无穷大时，BC 梁不能变形，B 点相当于 AB 梁的固定端，$S_{AB} = 4i$；当 i_1 是零时，BC 梁无抵抗弯曲变形的能力，B 点相当于 AB 梁的铰支座，$S_{AB} = 3i$；当 i_1 是有限值时，S_{AB} 介于前两种情况之间，即：$3i < S_{AB} < 4i$。

2-9 B (见题 2-8 解释) 2-10 A (见题 2-8 解释)

2-11 D 2-12 C 2-13 D

2-14 C $M_B = M_1/2 + M_1/2 - m = M_1 - m$

2-15 D $S_{A1} = EI$，$S_{A2} = EI$，$S_{A3} = 0$，$S_{A4} = 4EI/5$，$\mu_{A1} = 5/14$。 2-16 B

2-17 B 由 AB 杆得 $\theta_B = M_{BA}/4i$；由 BC 杆按式(8-7)得：$\theta_B = (M_{BC} - M_{BC}^F)/3i$

2-18 B 2-19 A 2-20 D

2-21　C　由 AB 杆的转角位移方程得到答案 A 是对的;仅由于杆端转角 θ_B 产生的杆端弯矩 $M_{BC}=4i\theta_B$,实质上是各次分配弯矩之和,所以答案 B 也是正确的;直接由式(8-7)知 D 也是正确的。

3. 分析与计算

3-1(a)　题 3-1(a)弯矩图如图 8-39 所示。

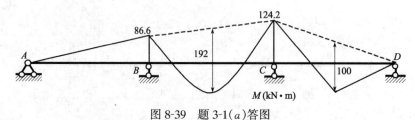

图 8-39　题 3-1(a)答图

3-1(b)　题 3-1(b)弯矩图如图 8-40 所示。

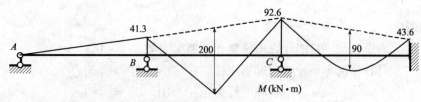

图 8-40　题 3-1(b)答图

3-1(c)　如图 8-41 所示,$M_{CD}^F=-\dfrac{30\times8^2}{8}+\dfrac{60}{2}=-210$

μ			0.5	0.5		4/7	3/7	
M^F	−90		90	−70		70	−210	60
逐次分配与传递				40	←	80	60	
	10	←	20	20	→	10		
				−2.9	←	−5.7	−4.3	
	0.7	←	1.5	1.4	→	0.7		
						−0.4	−0.3	
M	−79.3		111.5	−11.5		154.6	−154.6	60
ΔM	10.7		21.5	58.5		84.6	55.4	0
			5.4	42.3		29.3	0	
$\Delta M'$			16.1	16.2		55.3	55.3	
i			1	1		1	1	

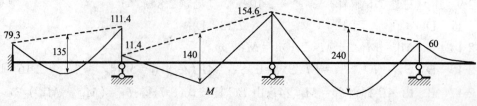

图 8-41　题 3-1(c)答图

3-1(d)　题3-1(d)弯矩图如图8-42所示。

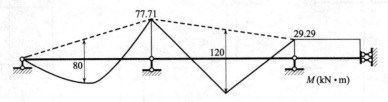

图 8-42　题 3-1(d)答图

3-2(a)　解:力矩分配法的计算过程见表8-5,最后弯矩图如图8-43。

题 3-2(a)答表

表 8-5

节　点	A			B			E
杆　端	AC	AF	AB	BA	BD	BE	EB
μ	0.5	0	0.5	1/3	1/3	1/3	
M^F	0	8	−32	32	0	−32	32
A 分传	12	0	12	6			
B 分传			−1	−2	−2	−2	−1
A 分传	0.5	0	0.5	0.25			
B 分传			−0.04	−0.08	−0.08	−0.09	−0.04
A 分传	0.02	0	0.02				
叠加 M	12.52	8	−20.52	36.17	−2.08	−34.09	−30.96

3-2(b)　解:利用对称性取等代结构计算,最后弯矩图如图8-44所示。

3-3(a)　解:取等代结构如图8-45(a),固端弯矩的计算:

CB 杆按图8-45(b)单跨梁计算

$$M_{CB}^F = -\frac{20 \times 4}{2} - \frac{20 \times 4^2}{6} = -72, \quad M_{BC}^F = -\frac{20 \times 4}{2} - \frac{12 \times 4^2}{3} = -104$$

AB 杆按图8-45(c)单跨梁计算

$$M_{BA}^F = -\frac{88 \times 4}{2} - \frac{12 \times 4^2}{6} = -208, \quad M_{AB}^F = -\frac{88 \times 4}{2} - \frac{12 \times 4^2}{3} = -240$$

力矩分配过程见表8-6,最后弯矩图如图8-45(d)。

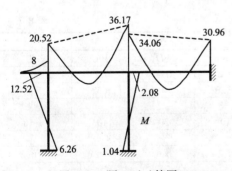

图 8-43　题 3-2(a)答图

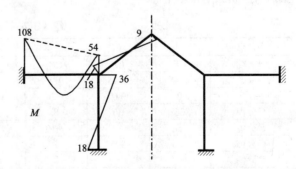

图 8-44　题 3-2(b)答图

187

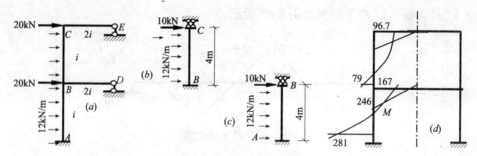

图 8-45 题 3-3(a)答图

题 3-3(a)答表   表 8-6

节 点	C		B			A
杆 端	CE	CB	BC	BD	BA	AB
μ	6/7	1/7	1/8	6/8	1/8	
M^F	0	-72	-104	0	-208	-240
B 分传		-39	39	234	39	-39
C 分传	95	16	-16			
B 分传		-2	2	12	2	-2
C 分传	1.7	0.3				
叠加 M	96.7	-96.7	-79	246	-167	-281

3-3(b)解: CF 杆的固端弯矩按水平跨度计算 $M^F_{CD}=-\dfrac{3\times80\times4}{16}=-60$

CB 杆按图 8-46(a)单跨梁计

算 $M^F_{CB}=M^F_{BC}=-\dfrac{10\times4}{2}=-20$

力矩分配过程见表 8-7,最后
弯矩图如图 8-46(c)所示。

BA 杆按图 8-46(b)单跨梁计算

$M^F_{BA}=-\dfrac{10\times4}{2}-\dfrac{12\times4^2}{6}=-52$,

$M^F_{AB}=-\dfrac{10\times4}{2}-\dfrac{12\times4^2}{3}=-84$

最后弯矩图如图 8-46(c)。

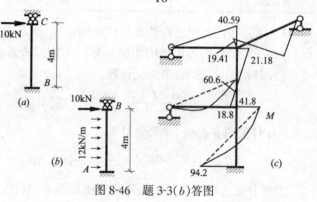

图 8-46 题 3-3(b)答图

题 3-3(b)答表   表 8-7

节 点	C			B			A
杆 端	CE	CF	CB	BC	BD	BA	AB
μ	0.45	0.45	0.1	0.2	0.6	0.2	
M^F	0	-60	-20	-20	30	-52	-84
C 分传	36	36	8	-8			
B 分传			-10	10	30	10	-10
C 分传	4.5	4.5	1	-1			
B 分传			-0.2	0.2	0.6	0.2	-0.2
C 分传	0.09	0.09	0:02				
叠加 M	40.59	-19.41	-21.18	-18.8	60.6	-41.8	-94.2

3-4(a)解:令 A 端发生单位转动,B 端将有竖向位移 l,支座反力为 kl,A 端弯矩即转动刚度为:$S_{AB}=kl^2$。

3-4(b)解:根据转动刚度的物理意义,图 8-48(a) 中的 $M_{AB}=S_{AB}$。而图 8-48(a) 等于图 8-48(b)、(c) 两种情况叠加。

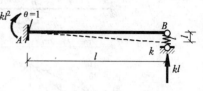

图 8-47　题 3-4(a)答图

所以,$S_{AB}=M_{AB}=\dfrac{6EI}{l}-\dfrac{3EI}{l}=\dfrac{3EI}{l}$。

另解:将图 8-49(a) 分解为图 8-49(b)、(c)所示的对称和反对称两种情况。对称情况下不产生内力;反对称情况,AC 杆相当于 A 端固定 B 端铰支的单跨梁,弯矩图如图 8-49 所示。

所以:$S_{AB}=\dfrac{3EI}{l}$,$C=1$。

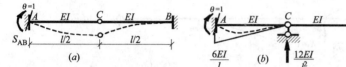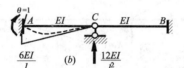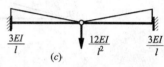

图 8-48　题 3-4(b)答图 1

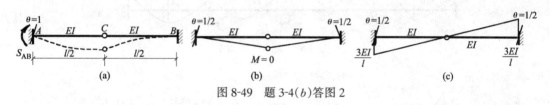

图 8-49　题 3-4(b)答图 2

3-5 解 1: 力法与力矩分配法联合。取超静定基本体系图 8-50(a),用力矩分配法计算,并绘制 M_P 图如图 8-50(b),单位弯矩图如图 8-50(c)。计算之前,先将伸臂 BC、CD 去除,伸臂上的力向节点等效平移,这样处理后,AB 杆是一端固定一段铰支的单跨梁,直接由载常数表就可画出弯矩图,D 点是铰支座,$CDEF$ 部分只有一个角位移。

取静定结构虚拟单位弯矩图如图 8-50(d)求 δ_{11}、Δ_{1P}。

$$EI\delta_{11}=\int \overline{M}_1\overline{M}^0\mathrm{d}s=\frac{2\times2}{2}\frac{2\times2}{3}\times2+\frac{2\times4}{2}\left(\frac{2\times2}{3}-\frac{1}{3}\right)+\frac{2\times4}{2}\left(\frac{2\times2}{3}-\frac{4}{7}\right)=\frac{292}{21}$$

$$EI\Delta_{1P}=\int M_P\overline{M}^0\mathrm{d}s$$

$$=\left[\frac{40\times22\times2}{2}\frac{2}{3}+\frac{2\times4}{2}\left(\frac{2\times40}{3}-\frac{5}{3}\right)-\frac{2\times40}{2}\times1\right]+\left[-\frac{4\times121\times2}{2}\frac{2}{3}+\frac{2\times4\times14}{3}\mu\times1\right]$$

$$=\frac{404}{3}$$

解得:$X_1=-\dfrac{\Delta_{1P}}{\delta_{11}}=-9.685$。按 $M=\overline{M}_1X_1+M_P$ 叠加弯矩图如图 8-50(e)。

3-5 解 2:位移法与力矩分配法联合。用力矩分配法计算,绘制 M_P 图如图 8-51(a),单位弯矩图如图 8-51(b)。并求出附加支杆中的反力:

$R_{1P}=14.06$,$r_{11}=1.155i$,$\Delta_1=-\dfrac{R_{1P}}{r_{11}}=-\dfrac{12.17}{i}$,弯矩图如图 8-51(c)所示。

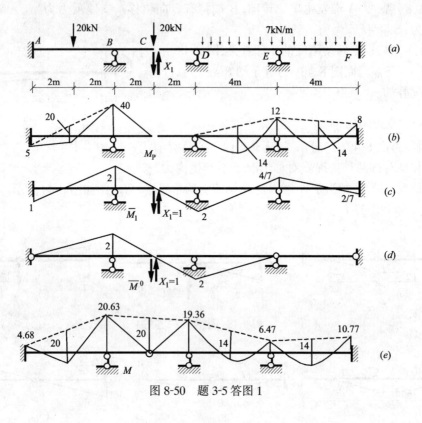

图 8-50 题 3-5 答图 1

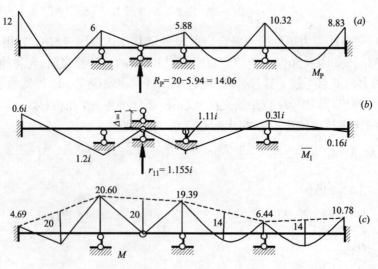

图 8-51 题 3-5 答图 2

第九章　影响线及其应用

一、重点难点分析

1. 影响线的定义

单位移动荷载 $P=1$ 在结构上移动时,用来表示某一量值 Z(内力、反力)变化规律的图形,称为该量值 Z 的影响线。

注:①在 Z 的影响线中,横标表示 $P=1$ 的作用位置;竖标表示的是 Z 的影响量。例如在 R_B 影响线中的竖标 y_D 表示的是:当单位移动荷载移动到 D 点时,产生的 R_B 的影响量。

②影响量 $\overline{Z}$ 与量值 Z 相差一个力的量纲。所以反力、剪力、轴力的影响线无量纲,而弯矩影响线的量纲是长度。

③绘制影响线的方法有静力法和机动法。

2. 静力法绘制影响线

用静力法作影响线是指用静力计算的方法列出指定量值的影响线方程,再据此绘出影响线。其步骤如下:

①选定坐标系,将 $P=1$ 置于任意位置,以自变量 x 表示 $P=1$ 的作用位置。

②对于静定结构可直接由分离体的静力平衡条件,求出指定量值与 x 之间的函数关系,即影响线方程。

(1)简支梁的影响线

由静力法求出简支梁的影响线如图 9-1。

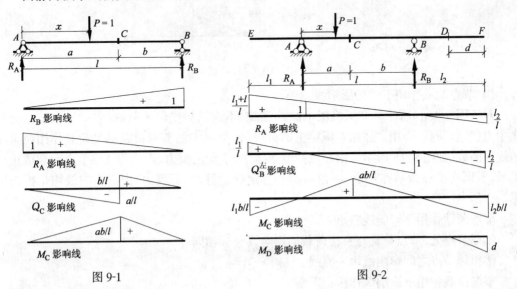

图 9-1　　　　　　　　　　　　图 9-2

(2)伸臂梁的影响线

①作伸臂梁的反力及跨间截面内力影响线时,可先作出无伸臂简支梁的对应量值的影响线,然后向伸臂上延伸即得。

②伸臂上截面内力影响线,只在截面以外的伸臂部分有非零值,而在截面以内部分影响线竖标为零。伸臂梁的一些量值影响线如图9-2。

(3)多跨静定梁的影响线

作多跨静定梁的影响线,关键在于分清基本部分和附属部分。

①基本梁上某量值影响线,布满基本梁和与其相关的附属梁,在基本梁上与相应单跨静定梁的影响线相同,在附属梁上以节点为界按直线规律变化。在铰节点处影响线发生拐折,在滑动连接处左右两支平行。

②附属梁上某量值影响线,只在该附属梁上有非零值,且与相应单跨静定梁的影响线相同。

如作图9-3(a)所示多跨静定梁 M_K 的影响线时,先作伸臂梁 HE 的 M_K 的影响线,然后注意到将 $P=1$ 置于 C、D 点时产生的 M_K 等于零,所以 M_K 影响线在 C、D 点竖标为零,最后在附属梁上依节点 E、F 为界连成直线。影响线如图9-3(b)所示。

作 R_C 影响线时,在 EF 范围按伸臂梁反力影响线绘制,在与其相关的基本梁 HE 范围内 R_C 影响线竖标为零,与其相关的附属梁 FG 范围 R_C 影响线按直线规律变化,R_C 影响线在 D 点竖标为零。影响线如图9-3(c)所示。

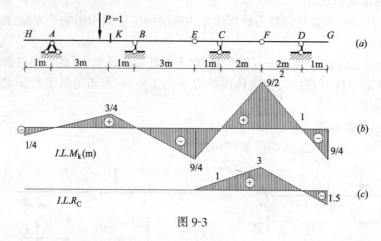

图 9-3

(4)节点荷载作用下梁的影响线

对于图9-4(a)所示具有纵横梁的结构系统,不论纵梁受何种荷载,主梁只在节点处受集中力(节点荷载)作用。作用在纵梁上的荷载、传给主梁的节点荷载都是荷载作用位置 x 的线性函数(如图9-4b 所示),而在线性变形体中,主梁的反力、内力与这些节点荷载成正比关系,所以在节点荷载作用下,不论主梁是静定或超静定,其反力、内力影响线均是折线图形。

节点荷载作用下影响线特点:

①在节点处,节点荷载与直接荷载的影响线竖标相同。

②相邻节点之间影响线为一直线。

节点荷载作用下影响线作法:

①以虚线画出直接荷载作用下有关量值的影响线。

②将节点投影到上述影响线上,得到节点处的影响线竖标。

③以实线连接相邻节点处的竖标,即得节点荷载作用下该量值的影响线。

192

图 9-4(a)所示主梁的 M_D 和 Q_D 影响线如图
9-4(c)(d)所示。

(5)桁架的影响线

由于桁架通常承受节点荷载作用,因此桁架
杆件内力影响线在相邻节点之间为一直线。

作桁架某一杆件内力影响线时,只需将荷载
$P=1$ 依次作用在各节点处,利用截面法或节点法
分别求出该杆轴力值,即得相应节点处的影响线
竖标,相邻竖标连直线,得杆件内力的影响线。见
【例9-6】。

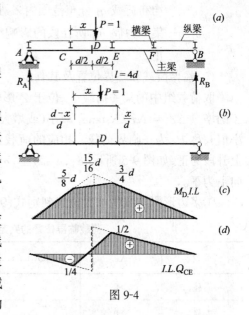

图 9-4

如果节点比较多,这样逐点求值不够简便,应
首先由静力平衡条件列出所求杆件内力的影响线
方程,再据此作出影响线。建立影响线方程与求
固定荷载作用下杆件内力相同,可用节点法和截
面法,只不过建立影响线方程时,荷载是单位移动
荷载,需要对不同范围,分别列出影响线方程。

另外,作桁架影响线时,要注意区分荷载 $P=1$ 是沿上弦移动(上承)还是沿下弦移动
(下承),因为在上承和下承情况下所作出的影响线有时是不同的,见【例9-7】。

3.机动法绘制影响线

用机动法作静定结构内力(反力)影响线的理论基础是刚体系虚功原理,用机动法作超
静定结构内力(反力)影响线的理论基础是功的互等定理,都是将作影响线的静力问题转化
为作虚位移图的几何问题。用机动法可迅速的勾画出影响线的形状,对有些结构比静力法
要方便得多。

机动法作内力(反力)影响线步骤如下:

①去除与所求量值相应的约束,并代以正向的约束力。

②使所得体系沿约束力的正方向发生相应的单位位移,由此得到的 $P=1$ 作用点的位
移图即为该量值的影响线。

③基线以上的竖标取正号,以下取负号。

用机动法作静定结构和超静定结构内力(反力)影响线的步骤是类似的。所不同的是,
静定结构去掉一个约束后成为几何可变体系,其虚位移图是直线形或折线形;而超静定结构
去掉一个约束后仍为几何不变体系,其位移图一般是曲线图形。也有例外情况,如超静定结
构在节点荷载作用下其内力、反力影响线在相邻节点之间仍是直线。基本部分为超静定的
主从结构,基本部分上的内力、反力影响线在其附属部分上按直线规律变化。

4.影响线的应用

(1)利用影响线计算影响量

根据影响线的定义和叠加原理,可利用某量值 Z 的影响线求得固定荷载作用下该量值
Z 的值为:

$$Z = \Sigma P_i y_i + \Sigma q_i \omega_i + \Sigma m_i \tan\theta_i \tag{9-1}$$

式中 y_i——集中荷载 P_i 作用点处 Z 影响线的竖标,在基线以上 y_i 取正,P_i 向下为正;

ω_i——均布荷载 q_i 分布范围内 Z 影响线的面积,正的影响线计正面积,q_i 向下为正;

θ_i——集中力偶 m_i 所在段的影响线的倾角,上升段影响线倾角取正,m_i 顺时针为正。

(2)临界荷载和临界位置及其判定

取荷载组中的某一荷载 P_{cr} 位于 Z 影响线的某一顶点,当荷载左、右偏移时都会使量值 Z 的增量 $\Delta Z = \Delta x \sum R_i \tan\alpha_i$ 减小(或增大),则 P_{cr} 位于影响线顶点时,Z 取得极大值(或极小值),称 P_{cr} 为一临界荷载。相应的荷载位置为临界位置。α_i 为影响线各段直线的倾角,上升段为正,如图 9-5 所示,α_1、α_2 为正,α_3 为负。R_i 为影响线一直线段上的荷载的合力,向下为正。

①多边形影响线的临界位置判别式(9-2)见表 9-1。

荷载临界位置的判定(一集中力位于影响线顶点)　　　　　　　表 9-1

荷载	Δx	$\sum R_i \tan\alpha_i$	ΔZ	影响量 Z
右移	>0	<0	<0	Z 达极大值
左移	<0	>0		
右移	>0	>0	>0	Z 达极小值
左移	<0	<0		
右移	>0	>0	>0	Z 为增函数,荷载右移达极大值左移达极小值
左移	<0	<0	<0	
右移	>0	<0	<0	Z 为减函数,荷载右移达极小值左移达极大值
左移	<0	<0	>0	

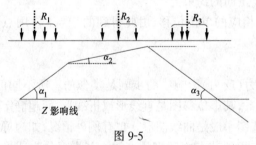

图 9-5　　　　　　　　　　　图 9-6

均布荷载在影响线顶点时:

$$\sum R_i \tan\alpha_i = 0 \tag{9-3}$$

②三角形影响线的临界位置判别式:

量值 Z 发生极大值的临界条件:有一集中力位于影响线的某一顶点,如图 9-6 所示。且

$$\left.\begin{aligned}\frac{R_{左} + P_{cr}}{a} &\geqslant \frac{R_{右}}{b}\\[2mm]\frac{R_{左}}{a} &\leqslant \frac{R_{右} + P_{cr}}{b}\end{aligned}\right\} \tag{9-4}$$

即将 P_{cr} 放在影响线的哪一边,哪一边荷载的平均集度就大。

临界荷载可能不止一个,至于哪个荷载在影响线的哪个顶点上时满足临界条件是不知道的,需要试算。为了减少试算次数,可先按下述原则估计:

①使较多的荷载居于影响线范围之内,且居于影响线的较大竖标处。

②使较大的荷载位于竖标较大的影响线的顶点。

(3)最不利荷载位置

移动荷载作用下,使某量达到最大值或最小值的荷载位置。

①单个集中荷载的最不利荷载位置,是将荷载作用在影响线的最大竖标或最小竖标处。

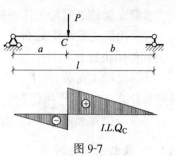

图 9-7

如图 9-7 所示,如荷载 P 作用在 C 左侧,产生 Q_C 的最小值;如荷载 P 作用在 C 右侧,产生 Q_C 的最大值。

②多个集中荷载作用下,先判定各临界位置并计算相应的 Z 的极值,其中与最大值对应的临界位置就是最不利荷载位置。

③可以任意布置的均布荷载的最不利位置,是将荷载布满影响线的正号部分或负号部分,如图 9-8(a)所示。

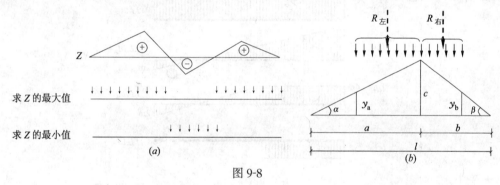

图 9-8

④一段可移动的均布荷载的最不利位置按 $\Sigma R_i \tan\alpha_i = 0$ 的条件判断,当影响线为三角形时,满足式(9-5)的荷载位置即最不利荷载位置。

$$\left.\begin{aligned} \frac{R_{左}}{a} = \frac{R_{右}}{b} = \frac{R}{l}\\ 或: y_a = y_b \end{aligned}\right\} \tag{9-5}$$

式中各值的意义如图 9-8(b)所示。

(4)内力包络图

连接各截面内力最大值和最小值的曲线称为内力包络图。

绘制内力包络图的步骤:

①将梁等分为若干份,绘出各等分点截面的内力影响线,确定相应的最不利荷载位置。

②求出各等分点截面在恒载和活载共同作用下内力的最大值和最小值。

③将各等分点截面的最大(最小)内力值按同一比例绘于图上,连成曲线即得内力包络图。

(5)简支梁的绝对最大弯矩

在荷载移动过程中,简支梁中所产生的最大弯矩,称为简支梁的绝对最大弯矩。即弯矩包络图中的最大竖标所表示的弯矩值。

求简支梁的绝对最大弯矩的步骤:

①求出简支梁跨中截面产生最大弯矩时的临界荷载 P_{cr},并算出此时梁上荷载的合力 R 及其作用位置。

②移动梁上荷载,使 P_{cr} 与 R 间距的中点对着梁的中点(若有荷载进入或离开梁跨内,需重新计算 R 及其作用位置),此时 P_{cr} 下的截面弯矩就是简支梁的绝对最大弯矩。

③荷载位置确定后,用静力平衡条件计算绝对最大弯矩。

二、典型示例分析

【例 9-1】 试用静力法作图 9-9(a)所示梁的 R_B、M_A、M_C、Q_C 影响线。

【解】 ①作 R_B 影响线,$P=1$ 在梁上移动时,总有 $R_B=1$,所以影响线 9-9(b)所示。

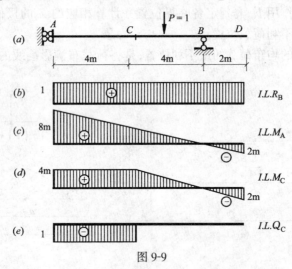

图 9-9

②作 M_A 影响线,$P=1$ 作用在 A 点时,$M_A=R_B\times8\mathrm{m}=8\mathrm{m}$,$P=1$ 作用在 B 点时,$M_A=0$,M_A 影响线在 $ACBD$ 范围内为一条直线,A 点竖标为 $8\mathrm{m}$,B 点竖标为 0,由此绘出 M_A 影响线如图 9-9(c)所示。

③作 M_C 影响线,$P=1$ 在 C 点以左移动时,由 C 以右求出 $M_C=R_B\times4\mathrm{m}=4\mathrm{m}$,$P=1$ 作用在 B 点时,$M_C=0$,由此绘出 M_C 影响线的左、右两支如图 9-9(d)所示。

④作 Q_C 影响线,$P=1$ 在 C 点以左移动时,由 C 以左求出 $Q_C=-1$,$P=1$ 在 C 点以右移动时,由 C 以左求出 $Q_C=0$,由此绘出 Q_C 影响线的左、右两支如图 9-9(e)所示。

注意:各种单跨静定量影响线共同特征是:反力影响线为一条直线;弯矩影响线为一折线;剪力影响线为两条平行线。

【例 9-2】 作图 9-10(a)所示多跨静定梁的 M_K、M_C、$Q_{B左}$、M_D 影响线。

【解】 在图 9-10 所示多跨静定梁中,ABC 是基本梁,CDE 为其附属梁,同时也是 EFG 的基本梁,EFG 是附属梁。

①作 M_K、$Q_{B左}$ 影响线。

在 ABC 梁上按伸臂梁影响线绘制,在 CDE 梁上影响线为一直线,且平行于 C 右的直线,在铰 E 处影响线发生拐折,同时注意到在 D、F 点影响线竖标为零,由此绘出 M_K、$Q_{B左}$ 影响线如图 9-10(b)、(d)所示。

②作 M_C 影响线。

在基本梁 ABC 上竖标为零,在 CDE 梁上按【例 9-1】所示伸臂梁影响线绘制,在铰 E 处影响线发生拐折,同时注意到在 D、F 点影响线竖标为零,由此绘出 M_K 影响线如图 9-10(c)所示。

③作 M_D 影响线。

在 DE 梁段的基本梁 $ABCD$ 上竖标为零,在 DE 梁上按悬臂梁影响线绘制,在铰 E 处影响线发生拐折,同时注意到 F 点影响线竖标为零,由此绘出 M_D 影响线如图 9-10(e)所示。

注意:绘制多跨静定梁影响线时,应分清所求量值是在基本梁还是在附属梁上,根据主从结构的受力特点和静定结构影响线为直线这一特征,定出影响线的形状(也可由机动法定出影响线的形状),利用影响线竖标含义求出各控制点的影响线竖标,再绘出影响线。

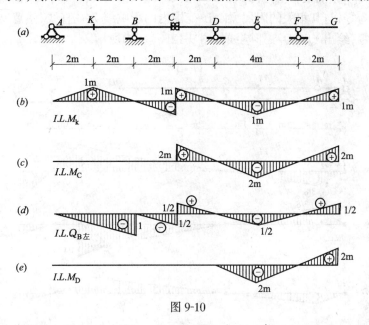

图 9-10

【例 9-3】 试用静力法作图 9-11(a)所示结构的 N_{FG}、R_D、M_K 影响线。

【解】 ①简支梁 CD 是基本梁,多跨静定梁 $AFEB$ 是附属梁,杆 FG 相当于其支座(轴力拉为正)。作 N_{FG} 影响线相当于作多跨静定梁的支座反力影响线,在 AE 范围按伸臂梁反力影响线绘制,与其相关的附属梁 EB 范围影响线按直线规律变化,B 点影响线竖标为零。N_{FG} 影响线如图 9-11(b)所示。

②对简支梁 CD 建立 $\Sigma M_C = 0$ 得:

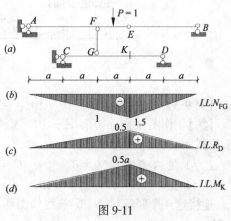

图 9-11

197

$$R_D = -N_{FG}/3$$

由此绘出 R_D 影响线如图 9-11(c) 所示。

③由 K 截面以右得：$M_K = R_D a$，由此绘出 M_K 影响线如图 9-11(d) 所示。

注意：某些量值的影响线，常可借助于其他量值的影响线绘制。

【例 9-4】 作图 9-12(a) 所示静定梁的 M_2、Q_2、R_E、Q_1、$Q_{C右}$ 影响线。$P=1$ 在 $ABCDFGH$ 上移动。

【解】 伸臂梁 $EFGH$ 是基本梁，伸臂梁 BCD 是其附属梁，伸臂梁 BCD 又是 AB 梁的基本梁。

①作 M_2、Q_2、R_E 影响线，先作伸臂梁 $EFGH$ 的 M_2、Q_2、R_E 影响线如图 9-13(b)、(c)、(d) 中虚线所示，在其上找到传力节点 A、C、D 的投影点（图中黑点所示），将 C、D 的两个投影点相连作出 BCD 范围内的影响线，再将 B 的竖标与 A 点的投影点相连作出 AB 范围内的影响线。绘出 M_2、Q_2、R_E 影响线如图 9-12(b)、(c)、(d) 所示。

②作 Q_1、$Q_{C右}$ 影响线，先作伸臂梁 BCD 的 Q_1、$Q_{C右}$ 影响线，与其相关的基本梁段 FGH 上影响线竖标为零，与其相关的附属梁 AB 范围内的影响线为一直线，注意支座 A 处内力影响线竖标为零，绘出 Q_1、$Q_{C右}$ 影响线如图 9-12(e)、(f) 所示。

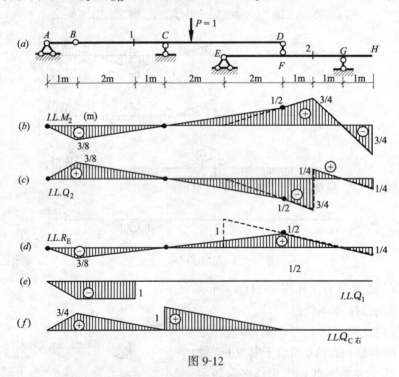

图 9-12

【例 9-5】 试用静力法作图 9-13(a) 所示结构的 N_a 影响线。

【解】 作图 9-13(a) 所示桁架 N_a 影响线，先将荷载 $P=1$ 依次放在 A、B、C、D 四点处，用截面法分别求出 N_a 为：

$P=1$ 在 A 点时　$N_a=0$，　　　$P=1$ 在 B 点时　$N_a=5/12$

$P=1$ 在 C 点时　$N_a=-5/12$，　$P=1$ 在 D 点时　$N_a=0$

连接这 4 个竖标得 N_a 影响线如图 9-13(b) 所示。

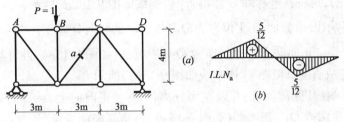

图 9-13

【例 9-6】 作图 9-14 所示梁在节点荷载作用下的 R_B、$Q_{G左}$、$Q_{B左}$、M_1、$Q_{1右}$ 影响线。

【解】 先按多跨静定梁,绘制出各指定量在直接荷载作用下的影响线,如图 9-14 中虚线所示,然后再将各节点向影响线作投影,将相邻投影点竖标连成直线。R_B、$Q_{G左}$、$Q_{G右}$、$Q_{B左}$、M_1、$Q_{1右}$ 影响线如图 9-14 所示。

注意: 在作节点下左侧截面剪力影响线时,应将节点投影到右直线上,作节点下右侧截面剪力影响线时,应将节点投影到左直线上,如本例的 $Q_{G左}$,$Q_{G右}$ 影响线。

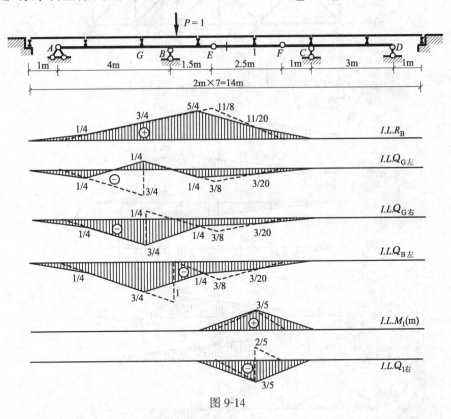

图 9-14

【例 9-7】 试用静力法作图 9-15(a)所示结构的 N_1、N_2、N_3、N_4、N_5 影响线。

【解】 作图示静定梁式桁架影响线时,可先构造一相应的静定梁(图 9-15b)。弦杆内力是通过截面法建立力矩平衡方程求出的,所以弦杆内力影响线可由与矩心相应的梁截面弯矩影响线得到;腹杆内力是通过截面法建立投影平衡方程求出的,所以腹杆内力影响线可由与截断的载重弦相应的梁段上截面剪力影响线得到。

①作 N_1 影响线,取截面Ⅰ-Ⅰ,对 E 点建立力矩方程,得 $N_1 = M_E/a$,故先作梁 M_E 影

响线(如图 9-15c),再将其竖标除 a 即得 N_1 影响线如图 9-15(d)所示。

②作 N_2 影响线,取截面 Ⅰ-Ⅰ以左为分离体,N_2 的竖向分力 $Y_2 = N_2/\sqrt{2}$(正向向下)等于梁截面剪力 $V_{E右}$(正向向下),故先作梁 $Q_{E右}$ 影响线(如图 9-15e),再将其竖标乘 $\sqrt{2}$,并在相邻节点之间连成直线,即得 N_2 影响线如图 9-15(f)所示。

③作 N_3 影响线,取截面 Ⅱ-Ⅱ以左为分离体,N_3(正向向上)= 负的梁截面剪力 $V_{E右}$(正向向下),故先作梁 $Q_{E右}$ 影响线(如图 9-15e),再将其竖标变负号,并在相邻节点之间连成直线,即得 N_3 影响线如图 9-15(g)所示。

④作 N_4 影响线,取截面 Ⅲ-Ⅲ以左为分离体,N_4 的竖向分力 $Y_4 = N_4/\sqrt{2}$(正向向上)= 负的 $Q_{C右}$(梁截面剪力,正向向下),故先作梁 $Q_{C右}$ 影响线(如图 9-15h),再将其竖标乘 $-\sqrt{2}$,并在相邻节点之间连成直线,即得 N_4 影响线如图 9-15(i)所示。

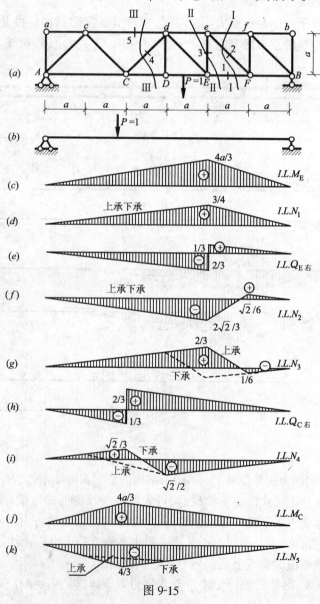

图 9-15

200

⑤作 N_5 影响线,取截面Ⅲ-Ⅲ,对 C 点建立力矩方程,得 $N_5 = -M_C/a$,故先作梁 M_C 影响线(如图 9-15j),再将其竖标除 $-a$ 即得 N_5 影响线如图 9-15(k)所示。

当上弦承载时,用静力法作影响线时所取的分离体和建立的平衡方程不改变,只是荷载作用位置变了,因此,可以对上述下承时的影响线加以修正得到上承时的影响线。修正时应注意,用截面法作影响线时,被截断的承载节间是否相同;用节点法作影响线时,$P=1$ 是否会作用在分离体上。

①作上承时 N_1、N_2 影响线,由于所取截面Ⅰ-Ⅰ截断的上弦节间和下弦节间相同,所以,N_1、N_2 影响线上承和下承时相同。

②作上承时 N_3 影响线,所取截面Ⅱ-Ⅱ截断的承载节间是上弦节间 de,N_3(正向向上)=负的梁截面剪力 $V_{d右}$(正向向下),上承时 N_3 影响线如图 9-15(g)中虚线所示。

③作上承时 N_4、N_5 影响线,所取截面Ⅲ-Ⅲ截断的承载节间是上弦节间 cd,所以,上承时 N_4、N_5 影响线在 cd 节间应为一直线,如图 9-15(i)、(k)中虚线所示。

注意:绘制竖杆轴力影响线,或当上、下弦节点上下不对齐时绘制桁架轴力影响线,要区分是上承还是下承。当上、下弦节点上下对齐时绘制弦杆和斜杆轴力影响线,不需要区分桁架是上承还是下承。

【例 9-8】 试用静力法作图 9-16(a)所示结构的 N_1、N_2、N_3、N_4 影响线。

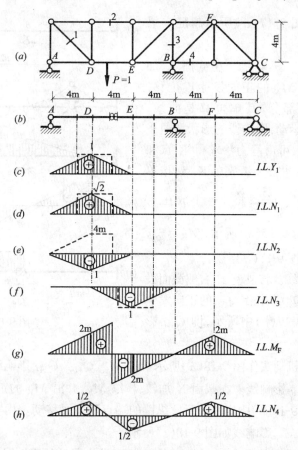

图 9-16

【解】 作图示静定梁式桁架影响线时,可先构造一相应的静定梁(如图 9-16b)。

①作 N_1 影响线,先作 AD 梁段内某一截面剪力影响线如图 9-16(c)中虚线所示,将桁架节点投影到该影响线上,相邻节点竖标连成直线得 Y_1 影响线,再将 Y_1 影响线竖标乘 $\sqrt{2}$ 倍即得 N_1 影响线如图 9-16(d)所示。

②作 N_2 影响线,先作梁内 D 截面弯矩影响线如图 9-16(e)中虚线所示,将桁架节点投影到该影响线上,将各投影点竖标除(−4m,桁架高度)得 N_2 影响线在节点处的竖标,将相邻节点影响线竖标连成直线得 N_2 影响线如图 9-16(e)所示。

③作 N_3 影响线,先作 EB 梁段内某一截面剪力影响线如图 9-16(f)中虚线所示,将桁架节点投影到该影响线上,相邻节点竖标连成直线得 N_3 影响线,如图 9-16(f)所示。

④作 N_4 影响线,先作梁内 F 截面弯矩影响线如图 9-16(g)所示,将桁架节点投影到该影响线上,将各投影点竖标除 4m(桁架高度)得 N_4 影响线在节点处的竖标,将相邻节点影响线竖标连成直线得 N_4 影响线如图 9-16(h)所示。

另外,也可以由结构的受力特点来作 N_1、N_2 影响线。$P=1$ 在 E 以右(基本部分上)移动时,对无 N_1、N_2 影响,所以,在 E 以右 N_1、N_2 影响线竖标全为零;$P=1$ 在 A 点时,产生的 N_1、N_2 为零;$P=1$ 在 D 点时,产生的 $N_1=\sqrt{2}$,$N_2=-1$ 为零。由此作出 N_1、N_2 的影响线。

【例 9-9】 求图 9-17(a)所示超静定梁 M_K、$Q_{B右}$ 的影响线。

【解】 ①作 M_K 影响线。在截面 K 加铰,代以 M_K,并沿 M_K 的正向发生虚位移,AB 梁是几何不变部分,其虚位移是曲线,$BCDE$ 随之作刚体运动,影响线的形状如图 9-17(b)中虚线所示。可由静力法求得 K 点和 C 点的影响线竖标。将 $P=1$ 放在 K 点,按单跨超静定梁求得 $M_K=\dfrac{5l}{32}$;将 $P=1$ 放在 C 点,作出弯矩图如图 9-17(c)所示,$M_K=\dfrac{l}{8}$,作出 M_K 影响线如图 9-17(d)所示。

②作 $Q_{B右}$ 影响线。将支座 B 右侧截面设为滑动约束,代以 $Q_{B右}$,并沿 $Q_{B右}$ 的正向发生单位虚位移,如图 9-17(e)中所示,即 $Q_{B右}$ 影响线。

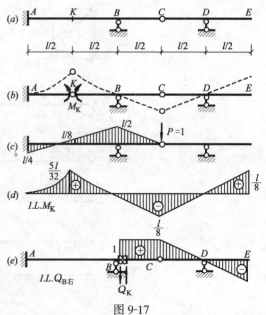

图 9-17

【例 9-10】 用机动法作图 9-18(a)所示梁的 M_K、$Q_{H左}$、$Q_{H右}$ 影响线。

【解】 ①作 M_K 影响线。在截面 K 加铰,代以 M_K,并沿 M_K 的正向发生单位虚位移,主梁的虚位移如图 9-18(b)中虚线所示。纵梁的端点随主梁移动。用实线将纵梁端点相连得纵梁虚位移图即 M_K 影响线如图 9-18(c)所示。

②作 $Q_{H左}$ 影响线。将节点 H 左侧的主梁截面设为滑动约束,代以 $Q_{H左}$,并沿 $Q_{H左}$ 的正向发生单位虚位移,主梁的虚位移如图 9-18(d)中虚线所示。纵梁的端点 D 随主梁的右

段移动。用实线画出纵梁的虚位移图即 $Q_{H左}$ 影响线如图 9-18(e) 所示。

③作 $Q_{H右}$ 影响线。将节点 H 右侧的主梁截面设为滑动约束,代以 $Q_{H右}$,并沿 $Q_{H右}$ 的正向发生单位虚位移,主梁的虚位移如图 9-18(f) 中虚线所示。此时,纵梁的端点 D 随主梁的左段移动。用实线画出纵梁的虚位移图即 $Q_{H右}$ 影响线如图 9-19(g) 所示。

④作 M_B 影响线。将主梁 B 截面加铰,代以 M_B,并沿 M_B 的正向发生单位虚位移,主梁的虚位移如图 9-20(h) 中虚线所示,AB 段是几何不变部分无刚体虚位移。此时,只有纵梁的端点 F 随主梁移动。用实线画出纵梁的虚位移图即 M_B 影响线如图 9-18(i) 所示。

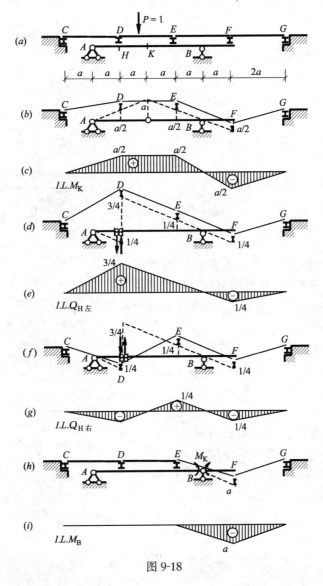

图 9-18

用机动法作影响线时要注意:

①画虚位移图时,要分清体系的几何不变部分和机构部分。几何不变部分不能发生刚体虚位移。

②所作虚位移图要满足支承和连接条件,如支座处沿支承方向虚位移为零;滑动连接处

左右两段虚位移图要平行;每一刚片的虚位移图为一段直线。

③影响线竖标是虚位移图中 $P=1$ 作用点沿 $P=1$ 作用方向的虚位移的值。如在本例中 $P=1$ 作用在纵梁上,所以影响线竖标应是纵梁上各点的竖向虚位移。

【例 9-11】 求图 9-19(a)所示简支梁在长度为 l_0 的均布荷载作用下关于 M_K 最不利荷载位置。

【解】 作 M_K 影响线如图 9-19(b)所示。

均布荷载在影响线顶点时临界位置判别式: $\Sigma R_i \tan\alpha_i = 0$ （a）

其中: $\tan\alpha_1 = \dfrac{y_m}{a}$,$\tan\alpha_2 = -\dfrac{y_m}{b}$　　$R_左 = qx$,$R_右 = q(l_0 - x)$

代入式(a)得: $qx\dfrac{y_m}{a} = q(l_0 - x)\dfrac{y_m}{b}$,即: $\dfrac{R_左}{a} = \dfrac{R_右}{b}$ （b）

由式(b)得: $qxb = q(l_0 - x)a$

即: $qx(b + a) = ql_0 a$　所以: $\dfrac{qx}{a} = \dfrac{ql_0}{l}$　即: $\dfrac{R_左}{a} = \dfrac{R}{l}$（其中 $R = ql_0$ 为分布荷载合力）

所以: $\dfrac{R_左}{a} = \dfrac{R_右}{b} = \dfrac{R}{l}$ （c）

另由式(b)可得: $x\dfrac{y_m}{a} = (l_0 - x)\dfrac{y_m}{b}$

而 $x\dfrac{y_m}{a} = y_m - y_l$,　$(l_0 - x)\dfrac{y_m}{b} = y_m - y_r$

所以: $y_l = y_r$ （d）

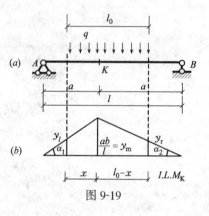

(a)
(b)
图 9-19

综上所述得到:对于有限分布长度的均布移动荷载,当影响线为三角形时,其最不利荷载位置是两边荷载平均集度相同;或说是荷载两端点位于影响线竖标相等的位置。

这个结论也可从图 9-20 很容易的得到。因为均布荷载对量值 Z 的影响等于 $q\omega$。当荷载左移时,Z 值增加 $q \times \Delta w_1$,减少 $q \times \Delta w_2$,因为 $y_l = y_r$,故 $\Delta w_2 > \Delta w_1$,则 Z 值减小;同理当荷载右移时,Z 值也减小,所以荷载两端点位于影响线竖标相等的位置即荷载临界位置。

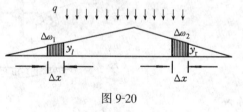

图 9-20

【例 9-12】 求图 9-21(a)所示伸臂梁中 $M_{K,\max}$ 的最不利荷载位置。

【解】 作 M_K 影响线如图 9-21(b)所示。设 P 在 K 点,如图 9-21(b)所示,

$$荷载右移,\frac{0}{1} < \frac{100 + 60 \times 3}{3};$$

$$荷载左移,\frac{100}{1} > \frac{60 \times 3}{3}$$

所以 P 在 K 点为临界位置,此时

$$M_K = 100 \times \frac{3}{4} + 60 \times 3 \times \frac{1}{8} = 97.5 \text{kN·m}$$

设 q 跨过 K 点,其左端离 K 点为 x,如图 9-21(c)所示,由【例 9-11】式(c)可得:

$$\frac{qx}{1}=\frac{180}{4}, \text{由此解得}\ x=\frac{3}{4}\text{m},\quad y_l=y_r=\frac{3}{16}\text{m},$$

$$M_K=qw=60\times\frac{1}{2}\left(\frac{3}{16}+\frac{3}{4}\right)\times3=84.38\text{kN·m}$$

所以最不利荷载位置为 P 在 K 点, $M_{K,max}=97.5$kN·m

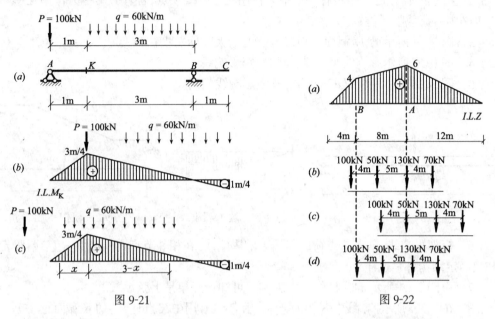

图 9-21

图 9-22

【例9-13】 图9-22(a)所示为某量 Z 影响线,求出移动荷载的最不利位置。

【解】 $\tan\alpha_1=\frac{4}{4}=1$, $\tan\alpha_2=\frac{2}{8}=\frac{1}{4}$, $\tan\alpha_3=-\frac{6}{12}=-\frac{1}{2}$

将 130kN 放在 A 点,如图 9-22(b)所示,

荷载右移, $\Sigma R_i\tan\alpha_i=\frac{100}{1}+\frac{50}{4}-\frac{200}{2}>0$

荷载左移, $\Sigma R_i\tan\alpha_i=\frac{100}{1}+\frac{180}{4}-\frac{70}{2}>0$

由表 9-1 荷载右移有可能达极值。

将 50kN 放在 A 点,如图 9-22(c)所示,

荷载右移, $\Sigma R_i\tan\alpha_i=\frac{100}{4}-\frac{250}{2}<0$

荷载左移, $\Sigma R_i\tan\alpha_i=\frac{150}{4}-\frac{200}{2}<0$

由表 9-1 荷载左移有可能达极值。

将 100kN 放在 B 点,如图 9-24(d)所示,

荷载右移, $\Sigma R_i\tan\alpha_i=\frac{150}{4}-\frac{200}{2}<0$

荷载左移, $\Sigma R_i\tan\alpha_i=\frac{100}{1}+\frac{50}{4}-\frac{200}{2}>0$

故 100kN 在 B 点为临界位置,此时 $Z=100\times4+50\times5+130\times5.5+70\times3.5=$ 1610kN。此即最不利荷载位置。

三、单元测试

1. 判断题

1-1 静定结构的内力和反力影响线是直线或折线组成。 （ ）

1-2 荷载的临界位置必然有一集中力作用在影响线顶点,若有一集中力作用在影响线顶点也必为一荷载临界位置。 （ ）

1-3 图 9-23 所示梁 D 截面弯矩影响线的最大竖标发生在 D 点。 （ ）

1-4 图 9-24 所示影响线是 A 截面的弯矩影响线。 （ ）

1-5 图 9-25 所示两根梁 C 截面的弯矩影响线相同。 （ ）

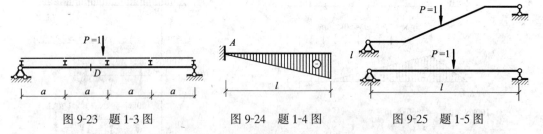

图 9-23 题 1-3 图   图 9-24 题 1-4 图   图 9-25 题 1-5 图

1-6 桁架影响线、梁在节点荷载作用下的影响线,在相邻节点之间必为一直线,静定结构和超静定结构都是这样。 （ ）

1-7 由图 9-26 所示 DG 杆的轴力影响线可知该桁架是上弦承载。

1-8 在图 9-27 所示影响线中 K 点的竖标表示 $P=1$ 作用在 K 点时产生的 K 截面的弯矩。（ ）

1-9 在图 9-28 所示行列荷载中 P_2 和 P_3 都是临界荷载,则从 P_2 在 C 开始移动荷载至 P_3 在 C 止,都是荷载临界位置。 （ ）

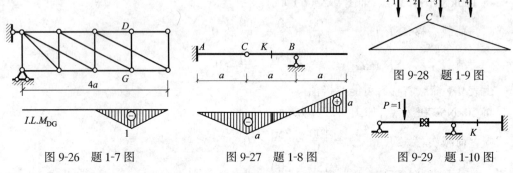

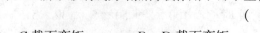

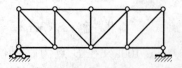

图 9-26 题 1-7 图   图 9-27 题 1-8 图   图 9-29 题 1-10 图

1-10 图 9-29 所示超静定梁的 K 截面弯矩影响线有两条平行直线和一段曲线组成。（ ）

2. 单项选择题

2-1 图 9-30 所示桁架,当上弦承载和下弦承载时影响线不同的是哪个? （ ）

　　A 上弦杆轴力影响线　　　B 下弦杆轴力影响线　　　C 斜杆轴力影响线

　　D 竖杆轴力影响线

2-2 图 9-31 所示影响线为结点荷载作用下哪个量值的影响线? （ ）

　　A C 截面弯矩　　　B D 截面弯矩

图 9-30 题 2-1 图

C CD 节间剪力   D K 截面弯矩

2-3 图 9-32 所示桁架 1 杆轴力影响线是( )

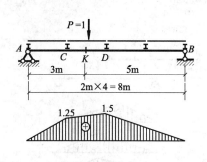

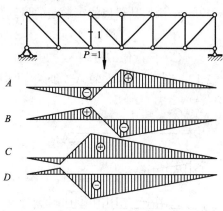

图 9-31 题 2-2 图   图 9-32 题 2-3 图

2-4 图 9-33 所示影响线不是哪个量值的影响
线？   ( )

     A C 截面剪力

     B K 截面剪力

     C D 左截面剪力

     D CD 节间剪力

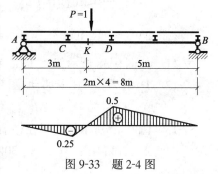

图 9-33 题 2-4 图

2-5 图 9-34 所示伸臂梁的影响线为哪个量值的
影响线？   ( )

     A Q_A B $Q_{A右}$

     C $Q_{A左}$ D R_A

2-6 图 9-35 所示斜梁 B 支座反力影响线是   ( )

     A 虚位移图   B $P=1$ 作用点的竖向虚位移图

     C $P=1$ 作用点的水平虚位移图   D $P=1$ 作用点垂直 AB 的虚位移图

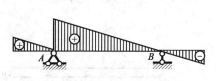

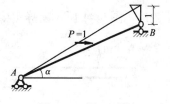

图 9-34 题 2-5 图   图 9-35 题 2-6 图

2-7 图 9-36(a)中 K 截面剪力影响线的轮廓是图
9-36(b)中   ( )

     A 主梁的虚位移图   B 纵梁的虚位移图

     C 横梁的虚位移图   D 两条平行线

2-8 由主从结构的受力特点可知：附属部分的内力
(反力)影响线在基本部分上   ( )

     A 全为零   B 全为正

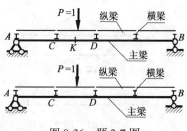

图 9-36 题 2-7 图

C　全为负　　　　　　　　D　可正可负

2-9　结构上某量值的影响线的量纲是　　　　　　　　　　　　　　　（　）

　　　A　该量值的量纲　　　　　　　B　该量值的量纲/[力]

　　　C　该量值的量纲×[力]　　　　D　该量值的量纲/[长度]

2-10　图 9-37 所示梁 A 截面弯矩影响线是　　　　　　　　　　　　（　）

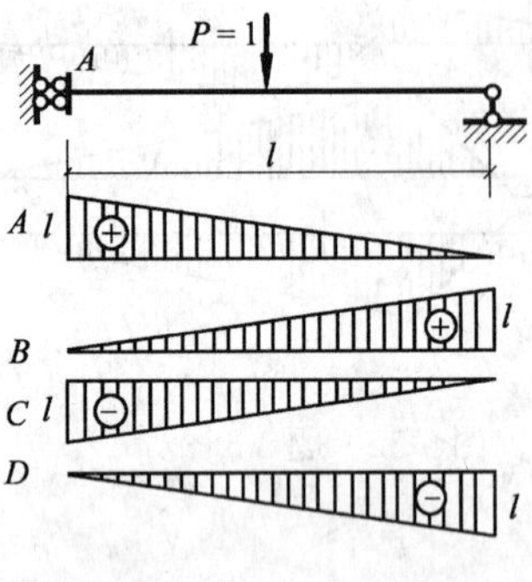

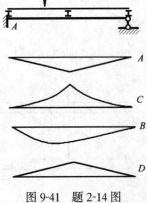

图 9-37　题 2-10 图 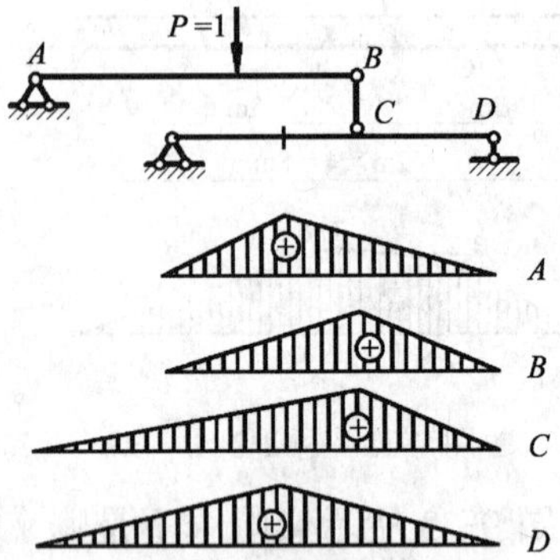　　　　　　　　　　图 9-38　题 2-11 图

2-11　如图 9-38 所示，$P = 1$ 在 ABCD 上移动，M_C 影响线的轮廓应该是　（　）

2-12　$P = 1$ 在 ACB 上移动，图 9-39 所示影响线是何量值的影响线　（　）

　　　A　Q_C　　　　B　M_C　　　　C　M_K　　　　D　M_B

2-13　图 9-40 所示静定梁在移动荷载作用下，M_C 的最大值（绝对值）为　（　）

　　　A　20kN·m　　　B　30kN·m　　　C　40kN·m　　　D　50kN·m

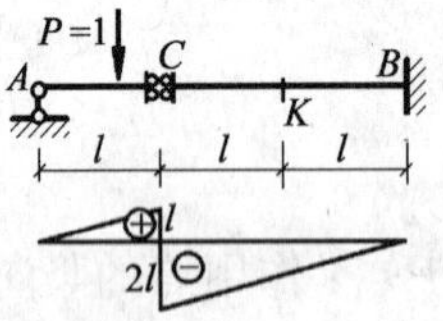

图 9-39　题 2-12 图 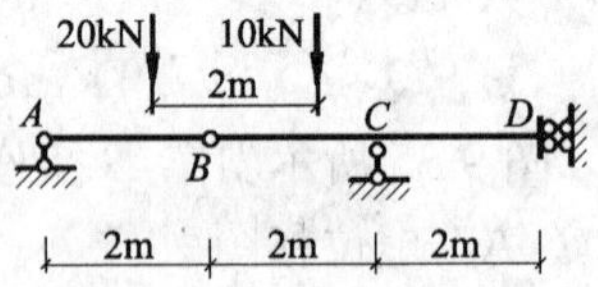　　　　　　　　　　图 9-40　题 2-13 图

2-14　图 9-41 所示超静定梁在结点荷载作用下，M_A 影响线的轮廓是　（　）

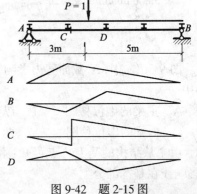

图 9-41　题 2-14 图　　　　　　　　　　图 9-42　题 2-15 图

208

2-15 图 9-42 所示静定梁在结点荷载作用下，$Q_{C右}$ 影响线的轮廓是 （ ）

2-16 图 9-43(b)所示影响线是图 9-43(a)所示桁架中哪个量值的影响线？ （ ）

A N_{23}(上弦承载) B N_{35}(上弦承载)

C N_{23}(下弦承载) D N_{35}(下弦承载)

2-17 图 9-44 所示结构当单位移动荷载在 AB 段移动时，K 截面弯矩影响线是 （ ）

A 直线 B 曲线 C 零 D 三角形

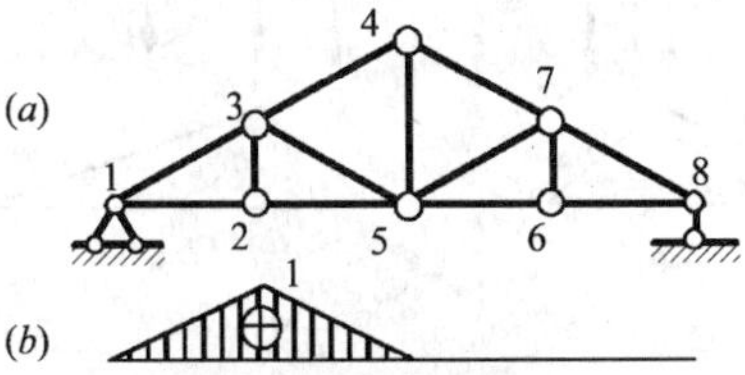

图 9-43 题 2-16 图

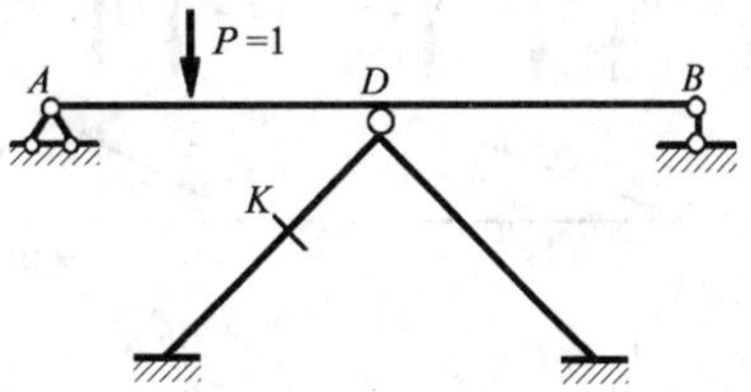

图 9-44 题 2-17 图

2-18 图 9-45(b)是图 9-45(a)的某量值的影响线，其中竖标 y_D 表示 $P=1$ 作用在 （ ）

A K 点是产生的 Q_D 的值

B K 点是产生的 M_D 的值

C D 点是产生的 Q_K 的值

D D 点是产生的 M_K 的值

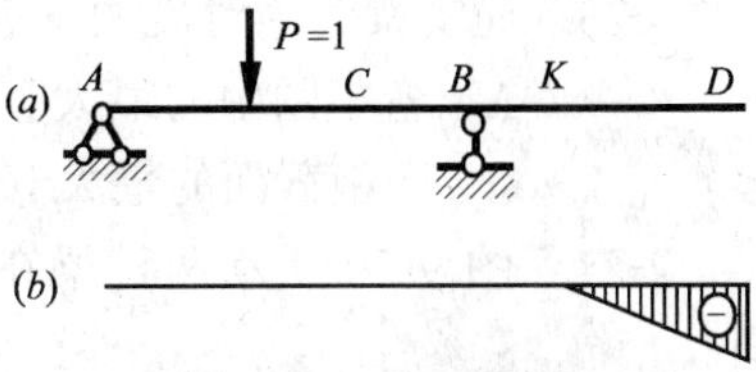

图 9-45 题 2-18 图

2-19 由图 9-46 所示平行弦桁架的 N_1 影响线和 N_2 影响线可知单位移动荷载在什么范围内移动？ （ ）

A 在 BD 范围内移动

B 在 AE 范围内移动

C 在 bd 范围内移动

D 在 aE 范围内移动

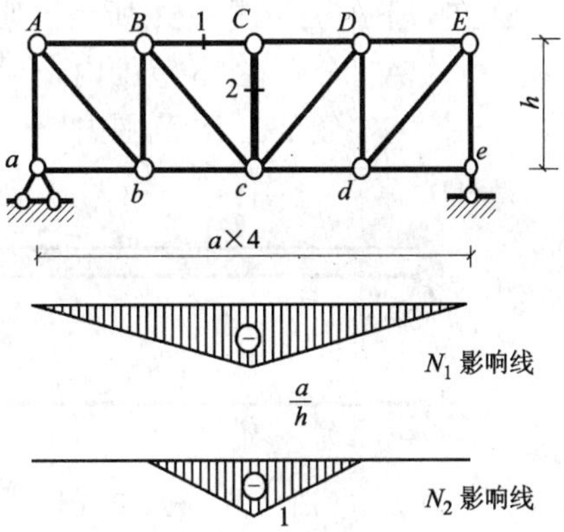

图 9-46 题 2-19 图

2-20 图 9-47 所示简支梁在图示移动荷载作用下($P=5kN$)，K 截面的最大弯矩为 （ ）

A 15kN·m B 35kN·m

C 30kN·m D 42.5kN·m

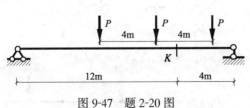

图 9-47 题 2-20 图

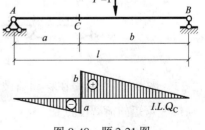

图 9-48 题 2-21 图

2-21 关于图 9-48 所示影响线竖标含义的论述正确的是 （ ）

①a 为 $P=1$ 在 C 左时产生的 Q_C ②b 为 $P=1$ 在 C 右时产生的 Q_C

③a 为 $P=1$ 在 C 点时产生的 $Q_{C左}$　　　　④b 为 $P=1$ 在 C 点时产生的 $Q_{C右}$

　　A　①②　　　　B　②③　　　　C　③④　　　　D　①④

2-22　对于图 9-49 所示哪种情况,由影响线计算影响量的式子 $Z = \Sigma P_i y_i = R y_0$ 是正确的。y_i 为 P_i 作用点下影响线竖标,y_0 为 R 作用点下影响线竖标。　　　　　　　　　　（　）

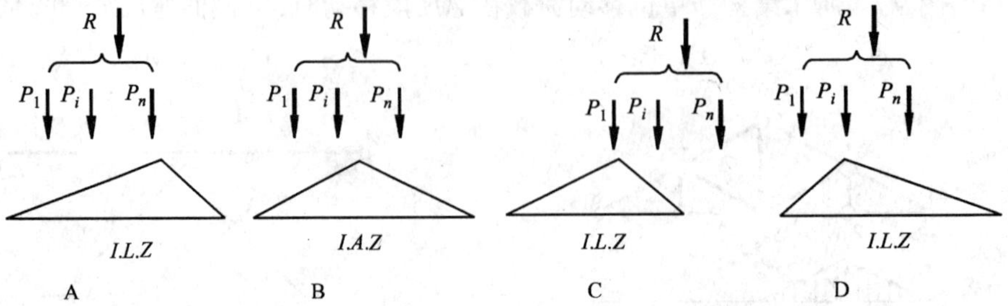

图 9-49　题 2-22 图

2-23　简支梁的绝对最大弯矩是　　　　　　　　　　　　　　　　　　　　　　（　）

　　A　弯矩图中的最大竖标　　　　　　　　B　梁中可能出现的最大弯矩

　　C　跨中截面的最大弯矩　　　　　　　　D　跨中截面的弯矩

2-24　图 9-50 所示两种梁在直接荷载和节点荷载作用下,下列哪些量值的影响线相同。　　　　　　　　　　　　　　　　　　　　　　　　　　　　　　　　　　　　（　）

　　A　D 截面剪力　　B　C 截面弯矩　　C　C 截面剪力　　D　D 截面弯矩

2-25　下列关于图 9-51 所示桁架 35 杆轴力影响线的论述正确的是　　　　　（　）

　　A　分布在 15 范围内　　　　　　B　分布在 26 范围内

　　C　分布在 18 范围内　　　　　　D　上承下承时不一样

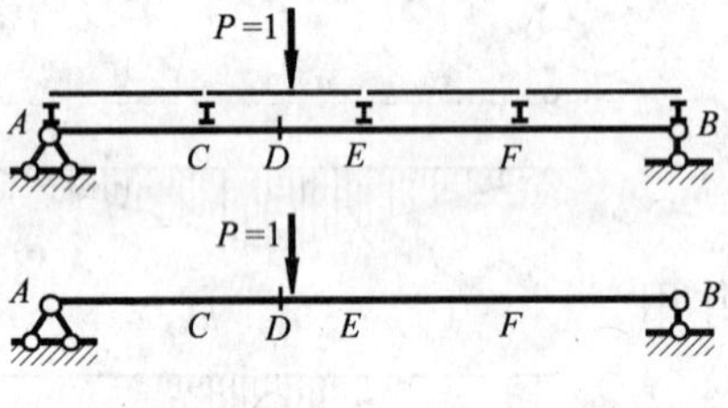

图 9-50　题 2-24 图

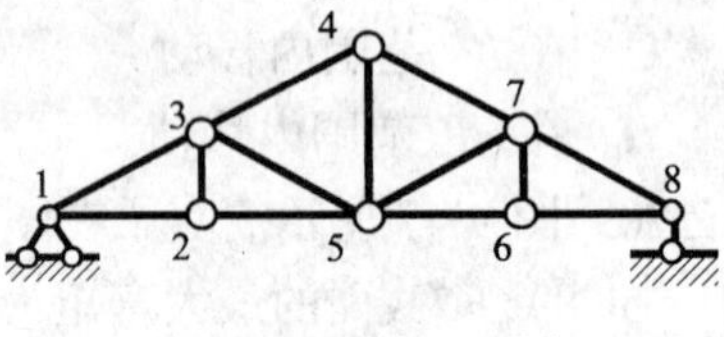

图 9-51　题 2-25 图

2-26　图 9-52 所示连续梁是关于何量值的最不利荷载布置?　　　　　　　　（　）

　　A　M_1　　　　　B　R_B　　　　　C　R_D 和 M_{Dmin}　　　　D　Q_1

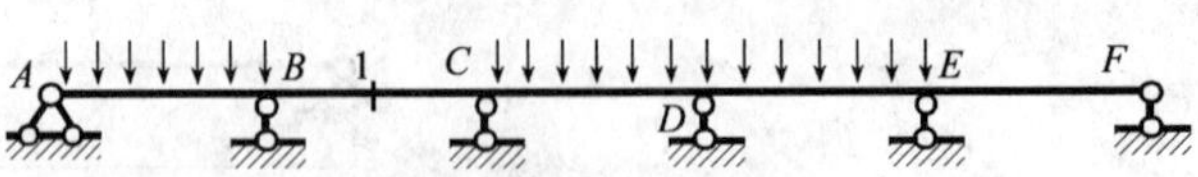

图 9-52　题 2-26 图

2-27　图 9-53 所示梁在移动荷载作用下,产生 C 截面最大弯矩的荷载位置是　　　　　　　　（　）

　　A　P_1 在 C 点

　　B　P_2 在 C 点

　　C　P_1 和 P_2 的合力在 C 点

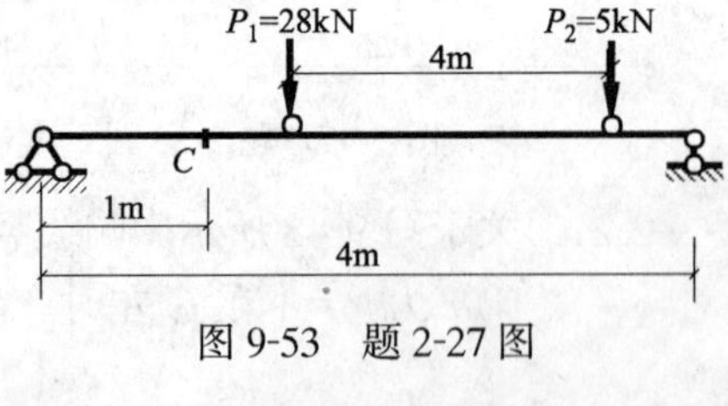

图 9-53　题 2-27 图

D P_1 和 P_2 的中点在 C 点

3. 分析与计算

3-1 作图 9-54 所示多跨静定梁的 M_A、M_K、Q_C、$Q_{D右}$ 影响线,并求出分布集度为 $q = 20\mathrm{kN/m}$,分布长度为 4m 的均布移动荷载作用下的 R_D 的最大值。

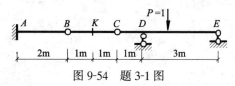

图 9-54 题 3-1 图

3-2 作图 9-55 所示结构的 M_C、R_D、M_H、$Q_{H左}$、$Q_{H右}$ 影响线。

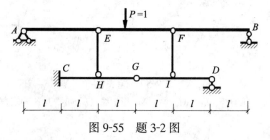

图 9-55 题 3-2 图

3-3 作图 9-56 所示多跨静定梁的 M_K、R_C、M_D、$Q_{E左}$、$Q_{E右}$ 影响线。

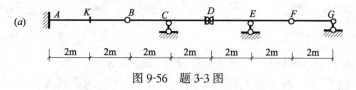

图 9-56 题 3-3 图

3-4 作图 9-57 所示梁在节点荷载作用下指定影响线。

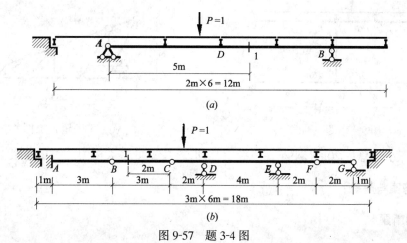

图 9-57 题 3-4 图

$(a)R_A$、$Q_{D左}$、$Q_{D右}$、M_1、Q_1 影响线;$(b)M_A$、R_D、$Q_{D右}$、M_1 影响线

3-5 作图 9-58 所示桁架指定杆内力影响线。

3-6 作图 9-59 所示结构的影响线。$P=1$ 在 $ABCIHG$ 上移动。

3-7 求图 9-60 所示简支梁 C 截面最大弯矩。其中 $P_1 = 90\mathrm{kN}$,$P_2 = 60\mathrm{kN}$,$P_3 = 60\mathrm{kN}$。

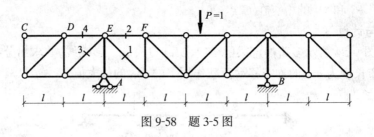

图 9-58　题 3-5 图

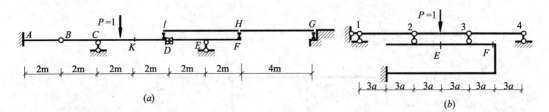

(a)　　　　　　　　　　　　　　　　　　(b)

图 9-59　题 3-6 图

$(a)R_A$、$Q_{C左}$、M_K、Q_K、M_D 影响线；$(b)M_E$、Q_F 影响线

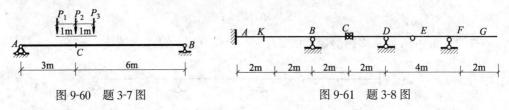

图 9-60　题 3-7 图　　　　　　　　图 9-61　题 3-8 图

3-8　作图 9-61 所示结构 M_A、R_B、M_C、R_D 的影响线。

3-9　图 9-62 所示结构受节点荷载作用，作 M_A 和 Y_A 的影响线。

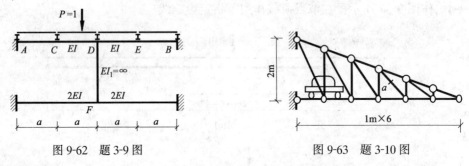

图 9-62　题 3-9 图　　　　　　　　图 9-63　题 3-10 图

3-10　小车总重 20kN，小车在下弦上移动，求杆 a 的最大内力。小车轮距 1m。

四、答案与解答

1.判断题

1-1　√

1-2　×　一集中力位于影响线顶点是临界荷载的必要条件而不是充分条件。其充分条件是临界荷载的判别式。

1-3　×　相邻节点之间为直线。　　1-4　√

1-5　√　在竖向荷载作用下斜梁与相应水平梁的弯矩相同。

1-6 √ 桁架影响线、梁在节点荷载作用下的影响线,均为纵梁的虚位移图,纵梁简支在横梁上,随主梁变形发生刚体位移。

1-7 √ 如下弦承载,DG 杆不受力。

1-8 × 该影响线是 M_A 影响线,K 点竖标是 $P=1$ 作用在 K 点时产生的 A 截面弯矩。

1-9 √ P_2 为临界荷载要求,P_2 在 C 点左侧,$\Sigma R_i \tan\alpha_i \geqslant 0$①$P_2$ 在 C 点右侧,$\Sigma R_i \tan\alpha_i \leqslant 0$②$P_3$ 为临界荷载要求,P_3 在 C 点左侧,$\Sigma R_i \tan\alpha_i \geqslant 0$③$P_3$ 在 C 点右侧,(P_2 在 C 点左侧),$\Sigma R_i \tan\alpha_i \leqslant 0$④,①、④要同时成立,要求 $\Sigma R_i \tan\alpha_i = 0$。这说明,从 P_2 在 C 开始移动荷载至 P_3 在 C 止,在这个范围内,量值 Z 不增不减,都是荷载临界位置。

1-10 × 用机动法作出影响线的形状如图 9-64 所示。

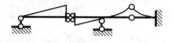

图 9-64 题 1-10 答图

2. 单项选择题

2-1 D 当桁架上弦节点与下弦节点不对齐时;或求内力时所取截面截断的上下节间不对齐时,绘影响线要分上承与下承。

2-2 D 节点荷载作用下,非节点处截面内力影响线为三段直线。

2-3 B

2-4 A 在节点荷载作用下,CE 段内无荷载作用,CE 段内各截面剪力相同。C 截面是集中力作用点,该截面剪力无定义。

2-5 B 单跨静定梁的剪力影响线是两条平行线。

2-6 C 影响线的竖标是 $P=1$ 的作用点沿着 $P=1$ 的方向上的虚位移。

2-7 B 影响线竖标是 $P=1$ 作用点的虚位移,$P=1$ 作用在纵梁上。

2-8 A 荷载作用在基本部分对附属部分无影响。

2-9 B 因为画影响线用的是单位荷载 $P=1$,它的量纲是[力]/[力],无量纲。所以由 $P=1$ 产生的任何影响量都应该在原量值的基础上再/[力]。

2-10 A 2-11 C

2-12 D 当 $P=1$ 在 KB 段时,对 Q_C、M_C、M_K 无影响,它们的影响线在 KB 段为零。

2-13 C 2-14 A 2-15 B 2-16 C 2-17 C 2-18 D

2-19 B 2-20 C 2-21 A

2-22 A 当一组平行力作用在影响线的同一直线段上时,这组平行力所产生的影响量等于其合力所产生的影响量。

2-23 B 2-24 B

2-25 A 求 N_{35} 用的是对 1 点建立的力矩方程,上承、下承是一样的,并且荷载在右半边移动时,N_{35} 为零。

2-26 C 2-27 A

3. 分析与计算

3-1 各影响线如图 9-65 所示。设均布荷载左端离影响线顶点的距离是 x,则,

$\dfrac{qx}{a} = \dfrac{ql_0}{l}, \therefore x = \dfrac{al_0}{l} = \dfrac{2\times 4}{6} = \dfrac{4}{3}$m,$y_l = \dfrac{4}{3} - \dfrac{4}{3}\dfrac{1}{2}\dfrac{2}{3} = \dfrac{4}{9}$m,$R_D = \dfrac{q}{2}(y_l + y_m)l_0 = 71.11$kN

3-2～3-6 各题影响线分别如图 9-66～图 9-72 所示。

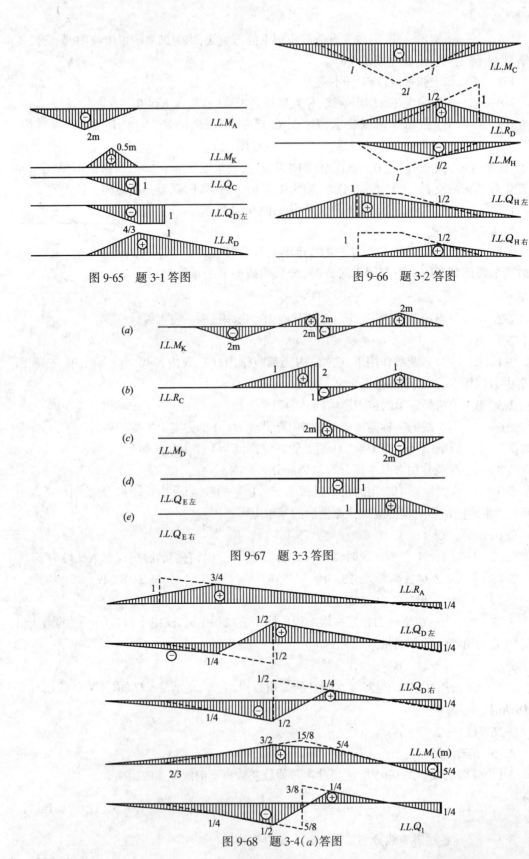

图 9-65　题 3-1 答图

图 9-66　题 3-2 答图

图 9-67　题 3-3 答图

图 9-68　题 3-4(a)答图

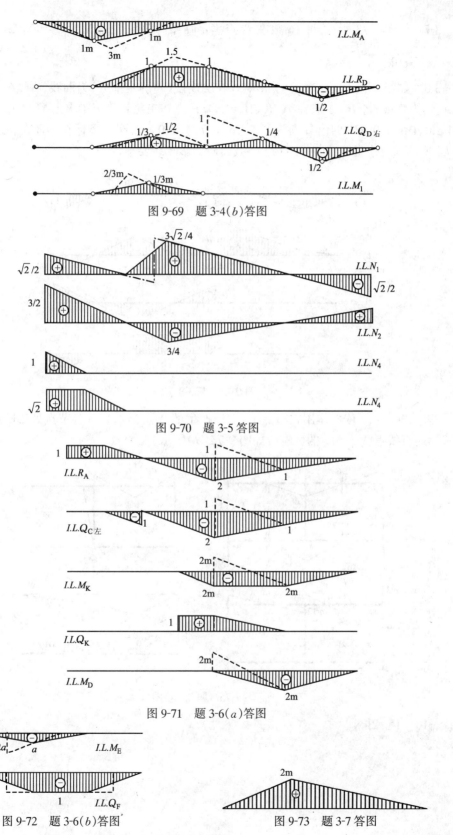

图 9-69　题 3-4(b)答图

图 9-70　题 3-5 答图

图 9-71　题 3-6(a)答图

图 9-72　题 3-6(b)答图　　　　　图 9-73　题 3-7 答图

215

3-7 如图 9-73 所示，将 P_1 放在 C 点满足临界荷载判别式，$M_{c,max} = 90 \times 2 + 60 \times \dfrac{5}{3} + 60 \times \dfrac{4}{3} = 360\text{kN·m}$

3-8 如图 9-74 所示，M_A、R_B 影响线在 AB 段（超静定部分）为曲线，在 $BCDEF$ 段（静定部分）为直线，将 $P = 1$ 放在 A、K、B、C、D、F 点按单跨超静定梁求出 M_A 的值分别为 0、$3/4\text{m}$、0、1m、0、0；R_B 的值分别为 0、$5/16$、1、$7/4$、0、0。以这些竖标在 AB 范围内连曲线，$BCDEF$ 范围内连直线，同时注意到 C 截面两侧影响线要平行。

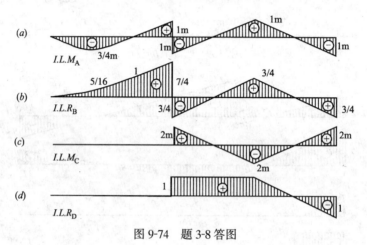

图 9-74 题 3-8 答图

3-9 将 $P = 1$ 依次作用在节点上，求出产生的 Y_A、M_A，得到各节点处影响线竖标，相邻竖标连直线得 Y_A、M_A 的影响线如图 9-75(d) 所示。

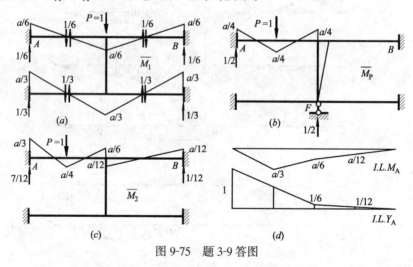

图 9-75 题 3-9 答图

3-10 $15\sqrt{2}\text{kN}$

第十章 矩阵位移法

一、重点难点分析

1. 矩阵位移法的基本思路

矩阵位移法是以位移法作为理论基础,以矩阵作为数学表达形式,以电子计算机作为计算工具三位一体的分析方法。引入矩阵运算,使得公式排列紧凑,运算形式统一,便于计算过程程序化,适宜于计算机进行自动化处理。

矩阵位移法包含两个基本环节:单元分析和整体分析。先将结构离散成有限个单元,按照单元的力学性质(物理关系),建立单元刚度方程,形成单元刚度矩阵;然后在满足变形条件和平衡条件的前提下,将这些单元集合成整体,即由单元刚度矩阵集成整体刚度矩阵,建立结构的位移法基本方程,进而求出结构的位移和内力。这样,在一撤一搭的过程中,使一个复杂结构的计算问题转化为有限个简单单元的分析与集成问题。

2. 单元分析

建立单元刚度方程,形成单元刚度矩阵。

(1)单元划分

在杆件结构矩阵分析中,一般是把杆件的转折点、汇交点、边界点、突变点或集中荷载作用点等列为节点,节点之间的杆件部分作为单元。如图 10-1(a)所示。为了减少基本未知量的数目,跨间集中荷载作用点可不作为节点,不过要计算跨间荷载的等效节点荷载;跨间节点也可不作为节点(如图 10-1b 所示),但要推导相应的单元刚度矩阵,编程序麻烦。

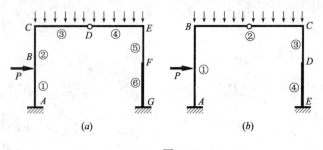

图 10-1

(2)坐标系的选择

在矩阵位移法中采用两种坐标系:局部坐标系和整体坐标系。

采用局部坐标系(以杆的轴线作为 $\bar{x}$ 轴如图 10-2),可直接由虎克定律、转角位移方程得到单元刚度方程,导出的单元刚度矩阵具有最简单的形式。

但是在一个复杂的结构中,各单元的局部坐标系不尽相同。为了进行整体分析,必须选一个统一的坐标系为整体坐标系(如图 10-3 中 xoy 坐标系)。

(3)局部坐标系中的单元刚度矩阵

杆端力及杆端位移的正方向如图 10-2 所示。

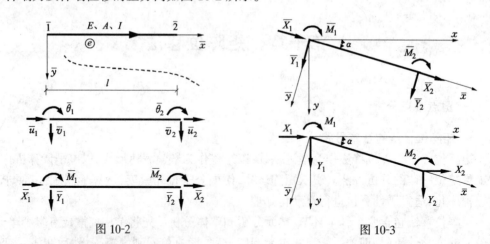

图 10-2   图 10-3

在局部坐标系中,单元刚度方程可表示为:

$$\{\overline{F}\}^{e} = [\overline{k}]^{e}\{\overline{\Delta}\}^{e} \tag{10-1}$$

$\{\overline{F}\}^{e}$、$\{\overline{\Delta}\}^{e}$、$[\overline{k}]^{e}$ 分别为局部坐标系中单元杆端力列阵、杆端位移列阵和单元刚度矩阵。

对于一般单元(自由单元)

$$\{\overline{F}\}^{e} = [\ \overline{X}_1 \quad \overline{Y}_1 \quad \overline{M}_1 \quad \overline{X}_2 \quad \overline{Y}_2 \quad \overline{M}_2\ ]^{T},$$

$$\{\overline{\Delta}\}^{e} = [\ \overline{u}_1 \quad \overline{v}_1 \quad \overline{\theta}_1 \quad \overline{u}_2 \quad \overline{v}_2 \quad \overline{\theta}_2\ ]^{T}$$

$$[\overline{k}]^{e} = \begin{bmatrix} \dfrac{EA}{l} & 0 & 0 & -\dfrac{EA}{l} & 0 & 0 \\[2mm] 0 & \dfrac{12EI}{l^3} & \dfrac{6EI}{l^2} & 0 & -\dfrac{12EI}{l^3} & \dfrac{6EI}{l^2} \\[2mm] 0 & \dfrac{6EI}{l^2} & \dfrac{4EI}{l} & 0 & -\dfrac{6EI}{l^2} & \dfrac{2EI}{l} \\[2mm] -\dfrac{EA}{l} & 0 & 0 & \dfrac{EA}{l} & 0 & 0 \\[2mm] 0 & -\dfrac{12EI}{l^3} & -\dfrac{6EI}{l^2} & 0 & \dfrac{12EI}{l^3} & -\dfrac{6EI}{l^2} \\[2mm] 0 & \dfrac{6EI}{l^2} & \dfrac{2EI}{l} & 0 & -\dfrac{6EI}{l^2} & \dfrac{4EI}{l} \end{bmatrix}^{e} \tag{10-2}$$

(4)整体坐标系中的单元刚度矩阵

杆端力及杆端位移的正方向如图 10-3 所示。

两种坐标系中单元的杆端力和杆端位移的关系:

$$\{\overline{F}\}^{e} = [T]\{F\}^{e}, \{\overline{\Delta}\}^{e} = [T]\{\Delta\}^{e}$$

$$\{F\}^{e} = [T]^{T}\{\overline{F}\}^{e}, \{\Delta\}^{e} = [T]^{T}\{\overline{\Delta}\}^{e}$$

两种坐标系中单元刚度矩阵的关系:

$$[k]^{e} = [T]^{T}\{\overline{k}\}^{e}[T]$$

单元坐标转换矩阵 $[T]$:

218

$$[T] = \begin{bmatrix} \cos\alpha & \sin\alpha & 0 & 0 & 0 & 0 \\ -\sin\alpha & \cos\alpha & 0 & 0 & 0 & 0 \\ 0 & 0 & 1 & 0 & 0 & 0 \\ 0 & 0 & 0 & \cos\alpha & \sin\alpha & 0 \\ 0 & 0 & 0 & -\sin\alpha & \cos\alpha & 0 \\ 0 & 0 & 0 & 0 & 0 & 1 \end{bmatrix} = \begin{bmatrix} [t] & [0] \\ [0] & [t] \end{bmatrix} \quad (10\text{-}3)$$

$[T]$是正交矩阵,所以$[T]^{-1} = [T]^{-T}$。α为x轴转至$\bar{x}$轴所转过的角度。

(5)单元刚度矩阵的特性

①单元刚度系数的物理意义:单元刚度中的每个元素称为单元刚度系数,代表由于单位杆端位移引起的杆端力。如第i行第j列元素代表当第j个杆端位移分量=1(其他位移分量为零)时引起的第i个杆端力分量的值。

单刚中第j列元素代表当第j个杆端位移分量等于1(其他位移分量为零)时引起的6个杆端力分量。

由图10-4可见,$\bar{v}_2 = 1$产生的单元变形及单元的杆端力,与$\bar{v}_1 = -1$产生的单元变形及单元的杆端力相同。由此得到:单元刚度矩阵的第二列元素变符号即第五列元素。同理可得:第一列元素变符号即第四列元素。第三列元素变符号即第六列元素,但要注意$\bar{k}_{36} = \bar{k}_{33}/2$,$\bar{k}_{66} = 2\bar{k}_{63}$。由于单元刚度矩阵是对称矩阵,所以,各行元素之间也具有类似的关系。

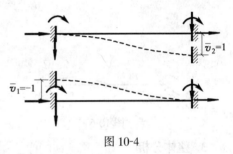

图10-4

②由反力互等定理可知,$\bar{k}_{ij} = \bar{k}_{ji}$,单元刚度矩阵是对称矩阵。

③一般单元的单元刚度矩阵是奇异矩阵,不存在逆阵。因此,由单元刚度方程,如已知杆端位移可求出杆端力,并且解是惟一的。但如已知杆端力,求杆端位移,杆端位移可能无解,可能无惟一解。

④可按杆端将单元刚度矩阵写成分块形式:

$$[\bar{k}] = \begin{bmatrix} [\bar{k}_{11}] & [\bar{k}_{12}] \\ [\bar{k}_{21}] & [\bar{k}_{22}] \end{bmatrix}, \quad [k] = \begin{bmatrix} [k_{11}] & [k_{12}] \\ [k_{21}] & [k_{22}] \end{bmatrix}$$

其中:$[k_{11}] = [t]^T[\bar{k}_{11}][t]$,求出$[k_{11}]$后,再由性质①求$[k_{12}]$、$[k_{21}]$、$[k_{22}]$。

以上性质对于整体坐标系中的单元刚度矩阵也是存在的。

⑤局部坐标系中的单元刚度矩阵$[\bar{k}]^{e}$,只与单元的几何形状、物理常数有关,而与单元的方位无关。整体坐标系中的单元刚度矩阵$[k]^{e}$,还与单元的方位有关。

(6)特殊单元的单元刚度矩阵

一般单元的6个杆端位移分量可以指定为任意值。特殊单元的某个或某些杆端位移已知为零。特殊单元的单元刚度矩阵,可由一般单元的刚度矩阵中划去与零位移对应的行和列得到。

①忽略轴向变形时柱单元(图10-5)在局部坐标系中的单元刚度矩阵:

$$[\bar{k}]^{\text{②}}=\begin{bmatrix} \dfrac{12EI}{l^3} & \dfrac{6EI}{l^2} & -\dfrac{12EI}{l^3} & \dfrac{6EI}{l^2} \\[2mm] \dfrac{6EI}{l^2} & \dfrac{4EI}{l} & -\dfrac{6EI}{l^2} & \dfrac{2EI}{l} \\[2mm] -\dfrac{12EI}{l^3} & -\dfrac{6EI}{l^2} & \dfrac{12EI}{l^3} & -\dfrac{6EI}{l^2} \\[2mm] \dfrac{6EI}{l^2} & \dfrac{2EI}{l} & -\dfrac{6EI}{l^2} & \dfrac{4EI}{l} \end{bmatrix}^{\text{②}} \tag{10-4}$$

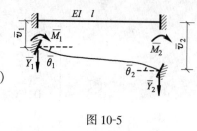

图 10-5

②连续梁单元(图 10-6)的单元刚度矩阵:

$$[\bar{k}]^{\text{②}}=\begin{bmatrix} \dfrac{4EI}{l} & \dfrac{2EI}{l} \\[2mm] \dfrac{2EI}{l} & \dfrac{4EI}{l} \end{bmatrix}^{\text{②}}$$

③桁架单元(图 10-7)在局部坐标系中的单元刚度矩阵:

$$[\bar{k}]^{\text{②}}=\begin{bmatrix} \dfrac{EA}{l} & -\dfrac{EA}{l} \\[2mm] -\dfrac{EA}{l} & \dfrac{EA}{l} \end{bmatrix}^{\text{②}}$$

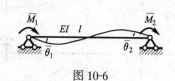

图 10-6

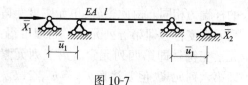

图 10-7

3. 整体分析

建立整体刚度方程,集成整体刚度矩阵。

(1)节点位移总码

节点位移总码是对结构的节点位移分量的依次编号。对于平面刚架,每个节点的三个节点位移分量的编码顺序是 $u \to v \to \theta$。已知为零的节点位移分量其总码编成零。铰节点处的各杆端节点应作为半独立节点,它们的线位移相同,应编成同码,角位移不同编成异码。如图 10-8 所示。

(2)单元定位向量

单元定位向量是由单元的节点位移分量的总码组成的向量。它表示的是单元的节点位移分量的局部码和总码之间的对应关系。如图 10-8 所示各单元的定位向量是:

$$\{\lambda\}^{\text{①}}=\begin{Bmatrix}1\\2\\3\\4\\5\\6\end{Bmatrix}^{\text{①}},\ \{\lambda\}^{\text{②}}=\begin{Bmatrix}1\\2\\3\\0\\0\\0\end{Bmatrix}^{\text{②}},\ \{\lambda\}^{\text{③}}=\begin{Bmatrix}4\\5\\7\\0\\0\\8\end{Bmatrix}^{\text{③}}$$

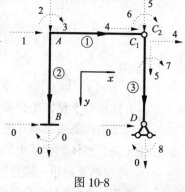

图 10-8

(3)整体刚度方程

整体刚度方程是整体结构的节点力与节点位移之间的关系式,是通过考虑结构的变形

连续条件和平衡条件建立起来的。无论何种结构,其整体刚度方程都具有统一的形式:

$$[K]\{\Delta\} = \{F\} \tag{10-4}$$

$[K]$是整体刚度矩阵,$\{\Delta\}$是结构的节点位移列向量,$\{F\}$是结构的节点力列向量。

整体刚度矩阵的性质:

①$[K]$中的元素K_{ij}称为整体刚度系数,它表示当第j个节点位移分量$\Delta_j = 1$(其他节点位移分量为零)时所产生的第i个节点力F_i。

②$[K]$是对称矩阵,是稀疏带状矩阵。

③引入支承条件之前是奇异矩阵,引入支承条件之后是非奇异矩阵,才有逆阵存在。

(4)整体刚度矩阵的集成

由变形连续条件知,节点发生单位位移,交于该节点的各单元的杆端也发生单位位移;由刚度系数的物理意义知,单位杆端位移产生的杆端力是单元刚度矩阵中的元素,单位节点位移产生的节点力是整体刚度矩阵中的元素;由平衡条件知交于某节点的各单元杆端力之和等于该节点的相应节点力。故整体刚度矩阵中的元素是由对应的单元刚度矩阵中的元素叠加而成。

集成整体刚度矩阵的关键,是确定单元刚度矩阵中的元素在整体刚度矩阵中的位置。这首先要知道单元的节点位移分量的局部码与总码之间的对应关系(即单元定位向量);其次,要注意在单元刚度矩阵中,元素按局部码排列,在整体刚度矩阵中,元素按总码排列。所以单元刚度矩阵中的元素在整体刚度矩阵中的定位原则是:$k_{ij}^{e} \rightarrow K_{\lambda_i \lambda_j}$。

直接刚度法(由单元刚度矩阵直接形成整体刚度矩阵)的实施过程如下:

①将$[K]$置零。

②将$[k]^e$的元素按$\{\lambda\}^e$在$[K]$中定位并累加。

③对所有单元循环一遍,最后得到整体刚度矩阵$[K]$。

④当结构沿节点位移分量Δ_i方向有弹性支座时,只有在$\Delta_i = 1$时,才在弹性支座中产生约束反力(其值等于弹性支座的刚度系数k),所以,弹性支座的刚度系数将反映在整体刚度矩阵的主元素K_{ii}中。

根据以上分析,弹性支座的处理方法是:先按无弹性支座形成结构整体刚度矩阵,然后,在与弹性支座相应的位移分量的主元素中加上该弹性支座的刚度系数。

(5)等效结点荷载

按位移法计算结构,就是将原结构作如图10-9所示的分解。其中状态一不产生结点位移,各单元产生固端力向量记为:$\{\overline{F}_p\}^{e} = [\overline{X}_{p1} \quad \overline{Y}_{p1} \quad \overline{M}_{p1} \quad \overline{X}_{p2} \quad \overline{Y}_{p2} \quad \overline{M}_{p2}]^T$,附加约束中产生的约束反力记为$\{F_p\}$,状态二仅受节点荷载$\{P\} = -\{F_p\}$作用,称为原荷载的等效

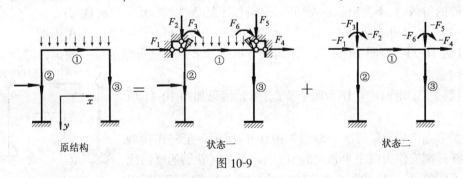

原结构   状态一   状态二

图 10-9

节点荷载。这里等效的原则是原荷载与等效节点荷载产生相同的节点位移。或说是原荷载与等效节点荷载在位移法基本体系中产生相同的节点约束力。

将非节点荷载化为等效节点荷载$\{P\}$的具体作法如下:

①求实际荷载作用下,各单元的固端力向量$\{\bar{F}_p\}^{\textcircled{e}}=[\bar{X}_{p1} \quad \bar{Y}_{p1} \quad \bar{M}_{p1} \quad \bar{X}_{p2} \quad \bar{Y}_{p2} \quad \bar{M}_{p2}]^T$

②形成局部坐标系中的单元等效节点荷载:$\{\bar{P}\}^{\textcircled{e}}=-\{\bar{F}_p\}^{\textcircled{e}}$。

③形成整体坐标系中的单元等效节点荷载:$\{P\}^{\textcircled{e}}=[T]^T\{\bar{P}\}^{\textcircled{e}}$。

④依次将各单元的等效节点荷载$\{P\}^{\textcircled{e}}$中元素,按单元定位向量在结构的等效节点荷载$\{P\}$中进行定位累加,最后得到$\{P\}$。

如果结构还作用着直接节点荷载,将结构等效节点荷载与直接节点荷载相累加,即得结构节点荷载列阵。

(6)单元最后杆端力:$\{\bar{F}\}^{\textcircled{e}}=[\bar{k}]^{\textcircled{e}}\{\bar{\Delta}\}^{\textcircled{e}}+\{\bar{F}_p\}^{\textcircled{e}}$ (10-5)

或者:$\{F\}^{\textcircled{e}}=[k]^{\textcircled{e}}\{\Delta\}^{\textcircled{e}}+\{F_p\}^{\textcircled{e}},\{\bar{F}\}^{\textcircled{e}}=[T]\{F\}^{\textcircled{e}}$ (10-6)

二、典型示例分析

【例10-1】 对于图10-10所示刚架,不考虑轴向变形,使用两种方法讨论其基本未知量的确定。并确定单元定位向量。

【解】 方法一:认为每个节点都有3个节点位移(u,v,θ),其节点位移总码如图10-10(a)所示。取$EA\to\infty$来反映不计轴向变形的条件,因此在单元刚度矩阵(10-2)中,元素$\frac{EA}{l}$取很大的一个数。

这种做法在编程序时比较简单,但存在两个问题,一是结构整体刚度矩阵阶数较高,二是结构整体刚度矩阵的主元素数值有的太大有的太小,易成为病态矩阵,影响解的精度。

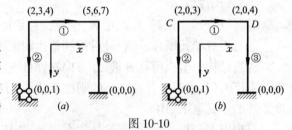

图 10-10

单元定位向量为:

$\{\lambda\}^{\textcircled{1}}=[2\ 3\ 4\ 5\ 6\ 7]^T,\{\lambda\}^{\textcircled{2}}=[2\ 3\ 4\ 0\ 0\ 1]^T,\{\lambda\}^{\textcircled{3}}=[5\ 6\ 7\ 0\ 0\ 0]^T$。

方法二:在确定基本未知量,给节点位移编总码时就不考虑轴向变形。因不考虑轴向变形,故C点和D点的竖向位移为零,水平位移相等,此时节点位移分量的总码如图10-10(b)所示。其中位移为零的编成零码,位移相等的编成同码。这种做法降低了结构整体刚度矩阵的阶数,且不会出现病态矩阵,但编程序复杂些。单元定位向量为:

$\{\lambda\}^{\textcircled{1}}=[2\ 0\ 3\ 2\ 0\ 4]^T,\{\lambda\}^{\textcircled{2}}=[2\ 0\ 3\ 0\ 0\ 1]^T,\{\lambda\}^{\textcircled{3}}=[2\ 0\ 4\ 0\ 0\ 0]^T$。

【例10-2】 对图10-11所示结构进行单元和节点位移分量的统一编码,并写出各单元定位向量。

【解】 ①定向连接作为两个节点,单元编码如图10-11所示。

②节点位移分量的统一编码如图10-11所示。定向连接处的两杆杆端应作为两个半独立的节点C_1和C_2:它们的竖向线位移不同编成异码,其余两个位移分量相同应编成同码。所以

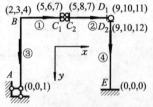

图 10-11

C_1 和 C_2 处位移分量的总码分别为 $(5,6,7)$ 和 $(5,8,7)$。铰节点 D 处的两杆杆端也应作为两个半独立的节点 D_1 和 D_2：它们的线位移相同编成同码,角位移不同应编成异码。所以 D_1 和 D_2 处位移分量的总码分别为 $(9,10,11)$ 和 $(9,10,12)$。节点位移分量的统一编码如图 10-11 所示。

③单元定位向量。各单元的 $\bar{x}$ 轴正方向如图 10-11 中箭头所示。各单元的定位向量如下:

$$\{\lambda\}^{①} = \begin{bmatrix} 2 & 3 & 4 & 5 & 6 & 7 \end{bmatrix}^T, \quad \{\lambda\}^{②} = \begin{bmatrix} 5 & 8 & 7 & 9 & 10 & 11 \end{bmatrix}^T,$$
$$\{\lambda\}^{③} = \begin{bmatrix} 2 & 3 & 4 & 0 & 0 & 1 \end{bmatrix}^T, \quad \{\lambda\}^{④} = \begin{bmatrix} 9 & 10 & 12 & 0 & 0 & 0 \end{bmatrix}^T.$$

【例 10-3】 对图 10-12(a) 所示结构进行单元编码、节点位移分量编码,写出各单元的定位向量及荷载列阵,并将单元②的单元刚度矩阵的元素置于整体刚度矩阵中。

【解】 ①单元编码和节点位移分量编码如图 10-12(b) 所示。

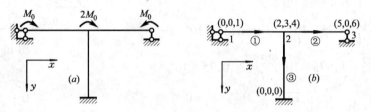

图 10-12

②单元定位向量为:

$$\{\lambda\}^{①} = \begin{bmatrix} 0 & 0 & 1 & 2 & 3 & 4 \end{bmatrix}^T \quad \{\lambda\}^{②} = \begin{bmatrix} 2 & 3 & 4 & 5 & 0 & 6 \end{bmatrix}^T \quad \{\lambda\}^{③} = \begin{bmatrix} 2 & 3 & 4 & 0 & 0 & 0 \end{bmatrix}^T$$

③荷载列向量为:

$$\{P\} = \begin{bmatrix} M_0 & 0 & 0 & 2M_0 & 0 & -M_0 \end{bmatrix}^T$$

④将单元②的单元刚度矩阵元素送入总刚度矩阵中去

$$
[K]^{②} =
\begin{array}{cccccc}
2 & 3 & 4 & 5 & 0 & 6 \\
\end{array}
\begin{bmatrix}
k_{11} & k_{12} & k_{13} & k_{14} & k_{15} & 2k_{16} \\
k_{21} & k_{22} & k_{23} & k_{24} & k_{25} & k_{26} \\
k_{31} & k_{32} & k_{33} & k_{34} & k_{35} & k_{36} \\
k_{41} & k_{42} & k_{43} & k_{44} & k_{45} & k_{46} \\
k_{51} & k_{52} & k_{53} & k_{54} & k_{55} & k_{56} \\
k_{61} & k_{62} & k_{63} & k_{64} & k_{65} & k_{66}
\end{bmatrix}
\begin{array}{c}
2 \\ 3 \\ 4 \\ 5 \\ 0 \\ 6
\end{array}^{②}
$$

$$
[K] =
\begin{array}{ccccccc}
1 & 2 & 3 & 4 & 5 & 6 \\
\end{array}
\begin{bmatrix}
\times & \times & \times & \times & \times & \times \\
\times & k_{11}^{②} & k_{12}^{②} & k_{13}^{②} & k_{14}^{②} & k_{16}^{②} \\
\times & k_{21}^{②} & k_{22}^{②} & k_{23}^{②} & k_{24}^{②} & k_{26}^{②} \\
\times & k_{31}^{②} & k_{32}^{②} & k_{33}^{②} & k_{34}^{②} & k_{36}^{②} \\
\times & k_{41}^{②} & k_{42}^{②} & k_{43}^{②} & k_{44}^{②} & k_{46}^{②} \\
\times & k_{61}^{②} & k_{62}^{②} & k_{63}^{②} & k_{64}^{②} & k_{66}^{②}
\end{bmatrix}
\begin{array}{c}
1 \\ 2 \\ 3 \\ 4 \\ 5 \\ 6
\end{array}
$$

【例 10-4】 对图 10-13(a) 所示结构,考虑轴向变形,进行节点位移分量编码,各杆长度 l 与线刚度 i 相同,求整体刚度矩阵元素 K_{55}、K_{35}、K_{58}、K_{54}。

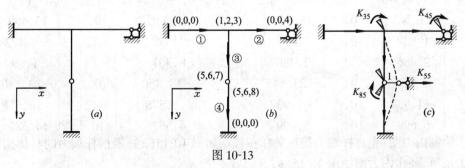

图 10-13

223

【解】 节点位移分量编码如图 10-13(b)。

由整体刚度矩阵元素物理意义求 K_{55}、K_{35}、K_{85}、K_{45}。令 $\Delta_5 = 1$，其余节点位移为零，如图 10-13(c)所示，求出

$$K_{35} = \frac{6i}{l}, K_{85} = -\frac{6i}{l}, K_{55} = \frac{24i}{l^2}, K_{45} = 0, K_{58} = K_{85} = -\frac{6i}{l^2}, K_{54} = K_{45} = 0$$

【例 10-5】 图 10-14 所示结构各杆截面尺寸 $bh = 0.25\text{m} \times 0.5\text{m}$，杆长 $l = 5\text{m}$，$E = 3 \times 10^7\text{kPa}$，已求得节点位移为：

$$\{u\} = [u_1 \quad v_1 \quad \theta_1]^T = [1.793 \quad 4.660 \quad 11.884]^T \times 10^{-5},$$

试求各单元的杆端力，并作内力图。

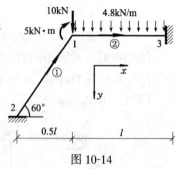

图 10-14

【解】 ①求单元刚度矩阵

$$\frac{EA}{l} = 75 \times 10^4, \frac{4EI}{l} = 6.25 \times 10^4,$$

$$\frac{6EI}{l^2} = 1.875 \times 10^4, \frac{12EI}{l^3} = 0.75 \times 10^4。$$

$$[\bar{k}]^{①} = [\bar{k}]^{②} = \begin{bmatrix} 75 & 0 & 0 & -75 & 0 & 0 \\ 0 & 0.75 & 1.875 & 0 & -0.75 & 1.875 \\ 0 & 1.875 & 6.25 & 0 & -1.875 & 3.125 \\ -75 & 0 & 0 & 75 & 0 & 0 \\ 0 & -0.75 & -1.875 & 0 & 0.75 & -1.875 \\ 0 & 1.875 & 3.125 & 0 & -1.875 & 6.25 \end{bmatrix} \times 10^4$$

②单元杆端位移列阵：$\{\Delta\}^{①} = [0 \quad 0 \quad 0 \quad 1.793 \quad 4.660 \quad 11.884]^T \times 10^{-5}$

单元①：$\alpha = -60°, \cos\alpha = 0.5, \sin\alpha = -0.866,$

$$[T]^{①} = \begin{bmatrix} 0.5 & -0.866 & 0 & 0 & 0 & 0 \\ 0.866 & 0.5 & 0 & 0 & 0 & 0 \\ 0 & 0 & 1 & 0 & 0 & 0 \\ 0 & 0 & 0 & 0.5 & -0.866 & 0 \\ 0 & 0 & 0 & 0.866 & 0.5 & 0 \\ 0 & 0 & 0 & 0 & 0 & 1 \end{bmatrix}$$

$$\{\bar{\Delta}\}^{①} = [T]\{\Delta\}^{①} = [0 \quad 0 \quad 0 \quad -3.139 \quad 3.883 \quad 11.884]^T \times 10^{-5}$$

单元②：$\alpha = 0, \{\bar{\Delta}\}^{②} = \{\Delta\}^{②} = [1.793 \quad 4.660 \quad 11.884 \quad 0 \quad 0 \quad 0]^T \times 10^{-5}$

③单元杆端力列阵：$\{\bar{F}\}^{①} = [\bar{k}]^{①}\{\bar{\Delta}\}^{①} + \{\bar{F}_p\}^{①}, \{\bar{F}\}^{②} = [\bar{k}]^{②}\{\bar{\Delta}\}^{②} + \{\bar{F}_p\}^{②}$

$$\{\bar{F}\}^{①} = \begin{Bmatrix} 23.545 \\ 1.937 \\ 2.986 \\ -23.545 \\ -1.937 \\ 6.699 \end{Bmatrix} + \begin{Bmatrix} 0 \\ 0 \\ 0 \\ 0 \\ 0 \\ 0 \end{Bmatrix} = \begin{Bmatrix} 23.545 \\ 1.937 \\ 2.986 \\ -23.545 \\ -1.937 \\ 6.699 \end{Bmatrix}, \{\bar{F}\}^{②} = \begin{Bmatrix} 13.450 \\ 2.578 \\ 8.301 \\ -13.450 \\ -2.578 \\ 4.587 \end{Bmatrix} + \begin{Bmatrix} 0 \\ -12 \\ -10 \\ 0 \\ -12 \\ 10 \end{Bmatrix} = \begin{Bmatrix} 13.450 \\ -9.422 \\ -1.699 \\ -13.450 \\ -14.578 \\ 14.587 \end{Bmatrix}$$

④绘制内力图：先将杆端力按正负标在杆端如图 10-15(a)，根据杆端力的具体指向，确定内力正负，并作内力图如图 10-15(b)、(c)、(d)所示。

224

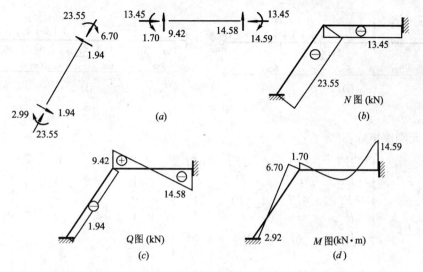

图 10-15

【例 10-6】 求图 10-16(a)所示结构荷载列阵。

【解】 ①单元、节点位移统一编码如图 10-16(b)所示。单元定位向量如下：

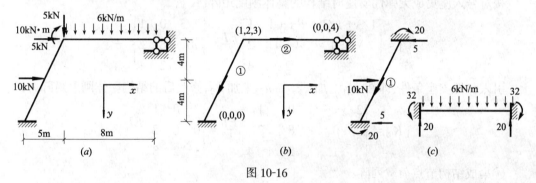

图 10-16

$$\{\lambda\}^{①} = [1 \quad 2 \quad 3 \quad 0 \quad 0 \quad 0]^T, \{\lambda\}^{②} = [1 \quad 2 \quad 3 \quad 0 \quad 0 \quad 4]^T$$

②单元固端力如图 10-16(c)，写出整体坐标系下的单元固端力列阵：

$$\{F_p\}^{①} = [-5 \quad 0 \quad 20 \quad -5 \quad 0 \quad -20]^T, \{F_p\}^{②} = [0 \quad -20 \quad -32 \quad 0 \quad -20 \quad 32]^T$$

③整体坐标系下的单元等效节点荷载列阵：

$$
\begin{array}{cccccc}
1 & 2 & 3 & 0 & 0 & 0
\end{array}
\qquad\qquad
\begin{array}{cccccc}
1 & 2 & 3 & 0 & 0 & 4
\end{array}
$$
$$\{P\}^{①} = -\{F_p\}^{①} = [5 \quad 0 \quad -20 \quad 5 \quad 0 \quad 20]^T, \{P\}^{②} = -\{F_p\}^{②} = [0 \quad 20 \quad 32 \quad 0 \quad 20 \quad -32]^T$$

④结构节点荷载：$\{P\} = \{P_E\} = \{P_J\} = \left\{\begin{array}{c} 5+0 \\ 0+20 \\ -20+32 \\ -32 \end{array}\right\} + \left\{\begin{array}{c} 5 \\ 5 \\ 10 \\ 0 \end{array}\right\} = \left\{\begin{array}{c} 10 \\ 25 \\ 22 \\ -32 \end{array}\right\}$

【例 10-7】 建立图 10-17(a)所示结构的位移法基本方程。$k_1 = \dfrac{84EI}{l^3} = \dfrac{7}{3}\dfrac{EI}{l}, k_2 = 4\dfrac{EI}{l}$。

【解】 ①单元、节点位移分量统一编码如图 10-17(b)所示。
单元定位向量为：$\{\lambda\}^{①} = [0 \quad 0 \quad 1 \quad 2]^T, \{\lambda\}^{②} = [1 \quad 2 \quad 0 \quad 3]^T$

225

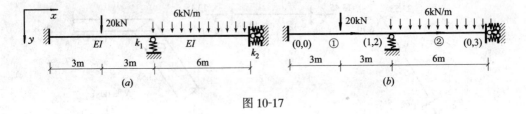

图 10-17

②单元刚度矩阵：

$$[k]^① = [k]^② = \begin{bmatrix} \dfrac{12EI}{l^3} & \dfrac{6EI}{l^2} & -\dfrac{12EI}{l^3} & \dfrac{6EI}{l^2} \\ \dfrac{6EI}{l^2} & \dfrac{4EI}{l} & -\dfrac{6EI}{l^2} & \dfrac{2EI}{l} \\ -\dfrac{12EI}{l^3} & -\dfrac{6EI}{l^2} & \dfrac{12EI}{l^3} & -\dfrac{6EI}{l^2} \\ \dfrac{6EI}{l^2} & \dfrac{2EI}{l} & -\dfrac{6EI}{l^2} & \dfrac{4EI}{l} \end{bmatrix} = \begin{matrix} 0 & 0 & 1 & 2 \cdots\cdots 单元① \\ \begin{bmatrix} \dfrac{1}{3} & 1 & -\dfrac{1}{3} & 1 \\ 1 & 4 & -1 & 2 \\ -\dfrac{1}{3} & -1 & \dfrac{1}{3} & -1 \\ 1 & 2 & -1 & 4 \end{bmatrix} \dfrac{EI}{l} \\ 1 & 2 & 0 & 3 \cdots\cdots 单元② \end{matrix}$$

③集成整体刚度矩阵：

按对号入座集成无弹性支座时结构的整体刚度矩阵 $[\widetilde{K}]$

$$[\widetilde{K}] = \begin{bmatrix} 1/3+1/3 & -1+1 & 1 \\ -1+1 & 4+4 & 2 \\ 1 & 2 & 4 \end{bmatrix} \dfrac{EI}{l} = \begin{bmatrix} 2/3 & 0 & 1 \\ 0 & 8 & 2 \\ 1 & 2 & 4 \end{bmatrix} \dfrac{EI}{l}$$

引入弹性支座条件，即在 k_{11} 上加 k_1，在 k_{33} 上加 k_2，修改后的结构整体刚度矩阵为：

$$[K] = \begin{bmatrix} 2/3+7/3 & 0 & 1 \\ 0 & 8 & 2 \\ 1 & 2 & 4+4 \end{bmatrix} \dfrac{EI}{l} = \begin{bmatrix} 3 & 0 & 1 \\ 0 & 8 & 2 \\ 1 & 2 & 8 \end{bmatrix} \dfrac{EI}{l}$$

④集成结构节点荷载列阵：

单元固端力列阵：

$$\{F_p\}^① = \begin{bmatrix} -10 & -15 & -10 & 15 \end{bmatrix}^T, \quad \{F_p\}^② = \begin{bmatrix} -18 & -18 & -18 & 18 \end{bmatrix}^T$$

整体坐标系下的单元等效节点荷载列阵：

$$\{P\}^① = -\{F_p\}^① = \overset{0 \quad 0 \quad 1 \quad 2}{\begin{bmatrix} 10 & 15 & 10 & -15 \end{bmatrix}^T}, \quad \{P\}^② = -\{F_p\}^② = \overset{1 \quad 2 \quad 0 \quad 3}{\begin{bmatrix} 18 & 18 & 18 & -18 \end{bmatrix}^T}$$

集成结构等效节点荷载列阵：$\{P\} = \begin{bmatrix} 10+18 & -15+18 & -18 \end{bmatrix}^T = \begin{bmatrix} 28 & 3 & -18 \end{bmatrix}^T$

⑤位移法基本方程：$[K] = \dfrac{EI}{l}\begin{bmatrix} 3 & 0 & 1 \\ 0 & 8 & 2 \\ 1 & 2 & 8 \end{bmatrix}\begin{Bmatrix} v_1 \\ \theta_2 \\ \theta_3 \end{Bmatrix} = \begin{Bmatrix} 28 \\ 3 \\ -18 \end{Bmatrix}$

【例 10-8】 建立图 10-18(a)所示结构的整体刚度矩阵。各杆 EI 相同，不考虑轴向变形。

【解】 ①单元、节点位移分量统一编码如图 10-18(b)所示。单元定位向量为：

$$\{\lambda\}^① = \begin{bmatrix} 1 & 3 & 0 & 0 \end{bmatrix}^T \quad \{\lambda\}^② = \begin{bmatrix} 0 & 0 & 1 & 2 \end{bmatrix}^T \quad \{\lambda\}^③ = \begin{bmatrix} 0 & 0 & 1 & 5 \end{bmatrix}^T \quad \{\lambda\}^④ = \begin{bmatrix} 4 & 5 \end{bmatrix}^T$$

②单元刚度矩阵。矩形刚架，在忽略轴向变形的情况下，不论采用的是顺时针坐标系还是逆时针坐标系，将竖柱的局部坐标系的 $\bar{y}$ 轴取得与整体坐标系的 x 轴一致（即

$\alpha = -90°$),这样,局部坐标系的杆端位移与整体坐标系的杆端位移一致。局部坐标系的单元刚度矩阵与整体坐标系的单元刚度矩阵相同,无须进行坐标变换。另外,单元④是梁单元。

$$[k]^{①}=[k]^{②}=[k]^{③}=\begin{bmatrix} \dfrac{12EI}{l^3} & \dfrac{6EI}{l^2} & -\dfrac{12EI}{l^3} & \dfrac{6EI}{l^2} \\[2mm] \dfrac{6EI}{l^2} & \dfrac{4EI}{l} & -\dfrac{6EI}{l^2} & \dfrac{2EI}{l} \\[2mm] -\dfrac{12EI}{l^3} & -\dfrac{6EI}{l^2} & \dfrac{12EI}{l^3} & -\dfrac{6EI}{l^2} \\[2mm] \dfrac{6EI}{l^2} & \dfrac{2EI}{l} & -\dfrac{6EI}{l^2} & \dfrac{4EI}{l} \end{bmatrix},[k]^{④}=\begin{bmatrix} \dfrac{4EI}{l} & \dfrac{2EI}{l} \\[2mm] \dfrac{2EI}{l} & \dfrac{4EI}{l} \end{bmatrix}$$

③集成整体刚度矩阵:

$$[K]=\begin{bmatrix} \dfrac{36EI}{l^3} & -\dfrac{6EI}{l^2} & \dfrac{6EI}{l^2} & 0 & -\dfrac{6EI}{l^2} \\[2mm] -\dfrac{6EI}{l^2} & \dfrac{4EI}{l} & 0 & 0 & 0 \\[2mm] \dfrac{6EI}{l^2} & 0 & \dfrac{4EI}{l} & 0 & 0 \\[2mm] 0 & 0 & 0 & \dfrac{4EI}{l} & \dfrac{2EI}{l} \\[2mm] -\dfrac{6EI}{l^2} & 0 & 0 & \dfrac{2EI}{l} & \dfrac{8EI}{l} \end{bmatrix}$$

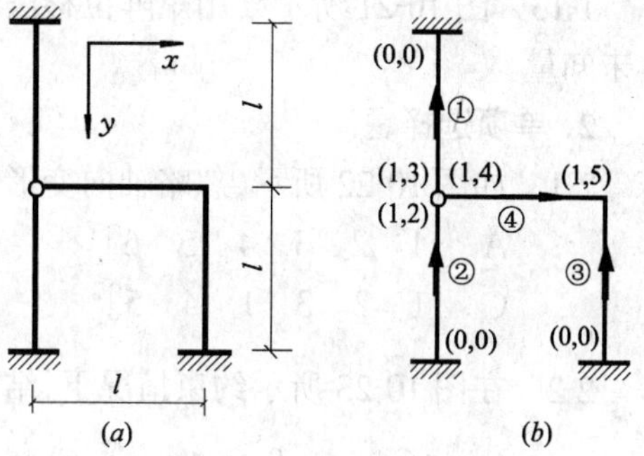

图 10-18

三、单元测试

1. 判断题

1-1 不计轴向变形,图 10-19(a)、(b)所示梁整体刚度矩阵阶数相同,对应元素不同。 ( )

1-2 图 10-20 所示四单元的 l、EA、EI 相同,所以它们整体坐标系下的单元刚度矩阵也相同。 ( )

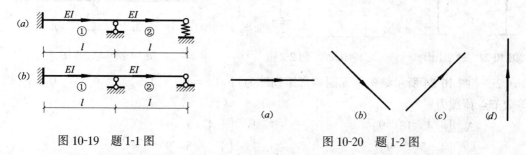

图 10-19 题 1-1 图   图 10-20 题 1-2 图

1-3 矩阵位移法基本未知量的数目与位移法基本未知量的数目总是相等的。 ( )

1-4 一般单元的单元刚度矩阵一定是奇异矩阵,而特殊单元的单元刚度矩阵一定是非奇异矩阵。 ( )

1-5 如特殊单元是几何不变体系,其单元刚度矩阵一定是非奇异矩阵。 ( )

1-6 由一般单元的单元刚度方程:$\{\overline{F}\}^{⑥}=[\overline{k}]^{⑥}\{\overline{\Delta}\}^{⑥}$,任给$\{\overline{F}\}^{⑥}$,并且为一平衡力系,

$\{\overline{\Delta}\}^e$ 有惟一解。 ( )

1-7 由一般单元的单元刚度方程：$\{\overline{F}\}^e = [\overline{k}]^e \{\overline{\Delta}\}^e$，任给 $\{\overline{\Delta}\}^e$，$\{\overline{F}\}^e$ 有惟一解，并且为一平衡力系。 ( )

1-8 原荷载与对应的等效节点荷载产生相同的内力和变形。 ( )

1-9 在忽略轴向变形时，由单元刚度方程求出的杆端轴力为零。应根据节点平衡由剪力求轴力。 ( )

1-10 如单元定位向量 $\{\lambda\}^e$ 中的元素 $\lambda_i^e = 0$，说明单元第 i 个杆端位移分量对应刚性支座。 ( )

1-11 一般情况下，矩阵位移法的基本未知量的数目比传统位移法的基本未知量的数目多一些。 ( )

1-12 改变局部坐标系的正向，单元定位向量 $\{\lambda\}$ 不改变，$[k]$ 改变。 ( )

1-13 图 10-21 所示梁用矩阵位移法求解时有一个基本未知量。 ( )

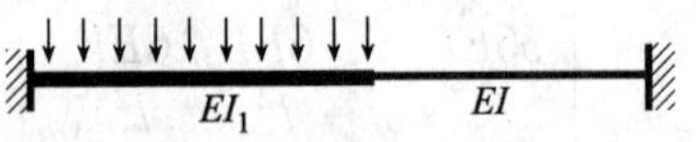

图 10-21 题 1-13 图

2. 单项选择题

2-1 如图 10-22 所示，忽略轴向变形，用先处理法，单元①的定位向量是 ( )

A $\begin{bmatrix} 1 & 2 & 3 & 4 & 5 & 6 \end{bmatrix}^T$ B $\begin{bmatrix} 1 & 0 & 2 & 3 & 0 & 4 \end{bmatrix}^T$

C $\begin{bmatrix} 1 & 2 & 3 & 1 & 4 & 5 \end{bmatrix}^T$ D $\begin{bmatrix} 1 & 0 & 2 & 1 & 0 & 3 \end{bmatrix}^T$

2-2 在图 10-23 所示约束情况下，结构的刚度矩阵 $[k] = \left(C_1 = \dfrac{EA}{l}, C_2 = \dfrac{12EI}{l^3} \right)$ ( )

A $\begin{bmatrix} C_1 & 0 \\ 0 & C_1 + C_2 \end{bmatrix}$ B $\begin{bmatrix} C_1 & C_2 \\ C_2 & C_1 + C_2 \end{bmatrix}$

C $\begin{bmatrix} 2C_1 & 0 \\ 0 & C_1 + C_2 \end{bmatrix}$ D $\begin{bmatrix} C_1 & C_1 \\ C_1 & C_2 \end{bmatrix}$

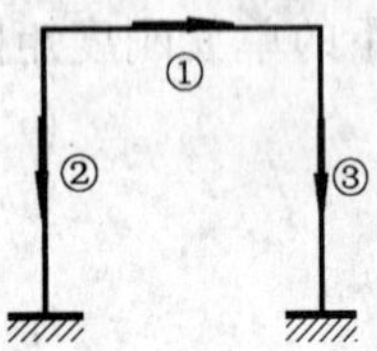

图 10-22 题 2-1 图 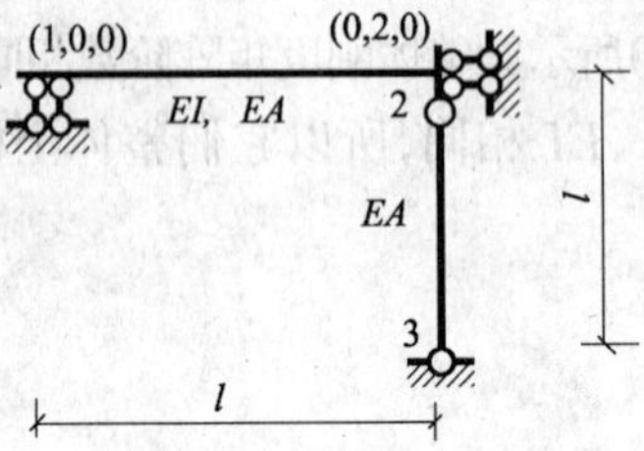   图 10-23 题 2-2 图 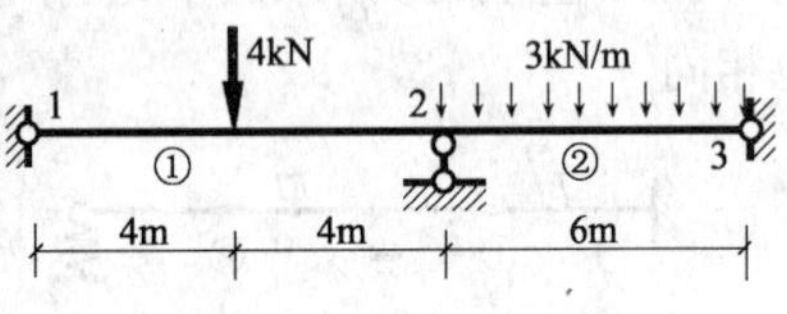   图 10-24 题 2-3 图

2-3 图 10-24 所示结构单元固端弯矩列阵为 $\{F_0\}^① = [-4, 4]^T$，$\{F_0\}^② = [-9, 9]^T$，则等效节点荷载为 ( )

A $\begin{bmatrix} -4 & 13 & 9 \end{bmatrix}^T$ B $\begin{bmatrix} -4 & 5 & 9 \end{bmatrix}^T$

C $\begin{bmatrix} 4 & 5 & -9 \end{bmatrix}^T$ D $\begin{bmatrix} 4 & -5 & 9 \end{bmatrix}^T$

2-4 将单元刚度矩阵分块 $[k] = \begin{bmatrix} [k_{11}] & [k_{12}] \\ [k_{21}] & [k_{22}] \end{bmatrix}$，下列论述错误的是 ( )

A $[k_{11}]$ 和 $[k_{22}]$ 是对称矩阵   B $[k_{12}]$ 和 $[k_{21}]$ 不是对称矩阵

C $[k_{11}] = [k_{22}]$ D $[k_{12}]^T = [k_{21}]$

2-5 在矩阵位移法中，基本未知量的确定与哪些因素无关？ ( )

A 坐标系的选择   B 单元如何划分
C 是否考虑轴向变形   D 如何编写计算机程序

2-6 图 10-25 所示体系,忽略轴向变形,则矩阵位移法的基本未知量有几个? （　）
A 2   B 3   C 4   D 7

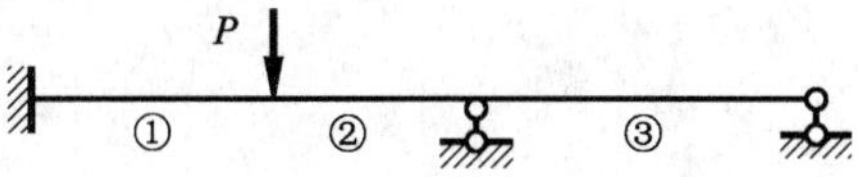

图 10-25 题 2-6 图

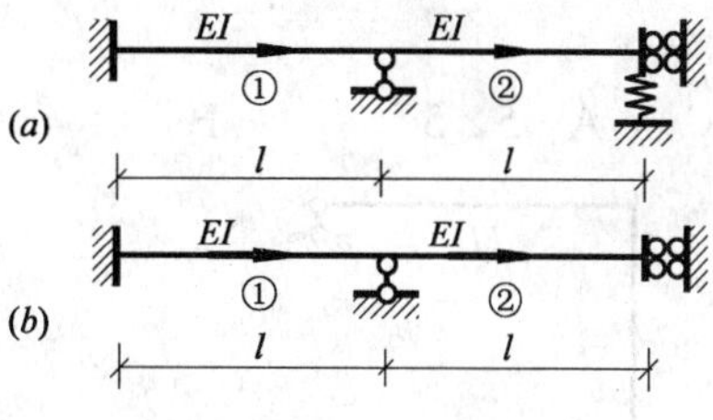

图 10-26 题 2-7 图

2-7 不计轴向变形,图 10-26(a)、(b)所示梁整体刚度矩阵有何不同? （　）
A 阶数不同   B 阶数相同,对应元素不同
C 阶数相同,对应元素也相同   D 阶数相同,仅元素 k_{22} 不同

2-8 由一般单元的单元刚度方程:$\{\bar{F}\}^e=[\bar{k}]^e\{\bar{\Delta}\}^e$,任给 $\{\bar{\Delta}\}^e$ （　）
A 可惟一的求出 $\{\bar{F}\}^e$,并且为一平衡力系
B 可惟一的求出 $\{\bar{F}\}^e$,但是不一定为平衡力系
C 可求出很多组 $\{\bar{F}\}^e$,并且各为平衡力系
D 可求出很多组 $\{\bar{F}\}^e$,但是不一定为平衡力系

2-9 图 10-27 所示四单元的 l、EA、EI 相同,它们局部坐标系下的单元刚度矩阵的关系是 （　）
A 情况(a)与(b)相同   B 情况(b)与(c)相同
C 均不相同   D 均相同

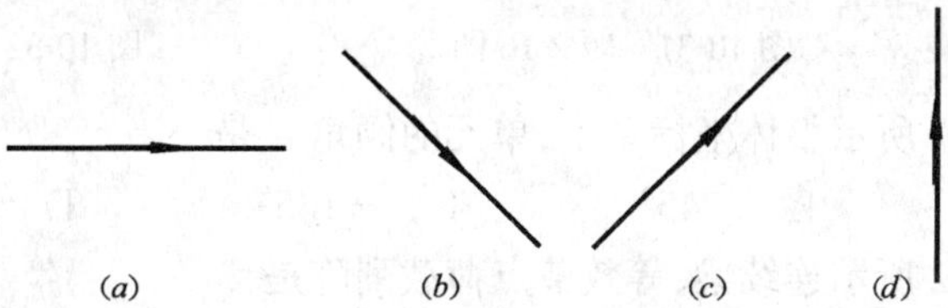

图 10-27 题 2-9 图

2-10 关于原荷载与对应的等效节点荷载等效的原则是:
(1)两者在基本体系上产生相同的节点约束力。
(2)两者产生相同的节点位移。
(3)两者产生相同的内力。
(4)两者产生相同的变形。
其中正确答案是 （　）
A (1)(2)   B (1)(3)   C (2)(4)   D (1)(2)(3)(4)

2-11 在矩阵位移法的先处理法中,哪一步用不到单元定位向量? （　）
A 由单刚集成总刚   B 由单元等效节点荷载集成结构等效节点荷载
C 从节点位移列阵取出杆端位移   D 计算单元刚度矩阵

2-12　在忽略轴向变形时,求轴力用　　　　　　　　　　　　　　　　　（　）

A　节点投影平衡　　　　　　　　B　局部坐标系下的单元刚度方程

C　单元的矩平衡　　　　　　　　D　整体坐标系下的单元刚度方程

2-13　若不考虑轴向变形,用先处理法,图 10-28 所示结构的整体刚度矩阵的阶数是

（　）

A　5×5　　　　　B　4×4　　　　　C　3×3　　　　　D　2×2

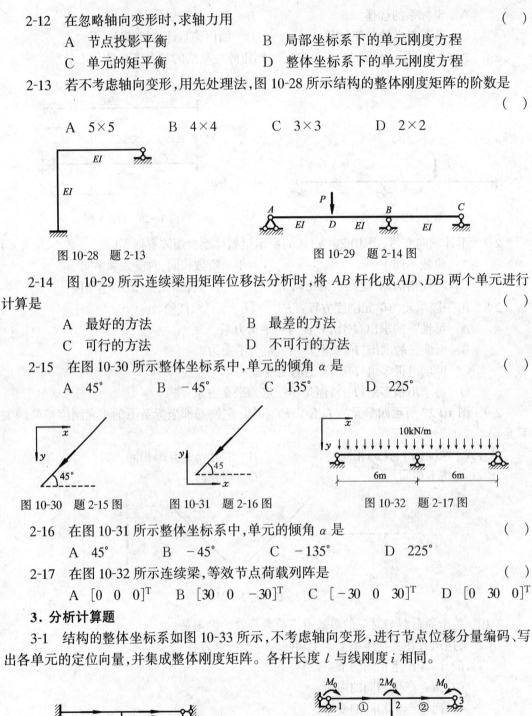

图 10-28　题 2-13　　　　　　　　　　　　　图 10-29　题 2-14 图

2-14　图 10-29 所示连续梁用矩阵位移法分析时,将 *AB* 杆化成 *AD*、*DB* 两个单元进行
计算是　　　　　　　　　　　　　　　　　　　　　　　　　　　　（　）

A　最好的方法　　　　　　　　B　最差的方法

C　可行的方法　　　　　　　　D　不可行的方法

2-15　在图 10-30 所示整体坐标系中,单元的倾角 α 是　　　　　　　　　（　）

A　45°　　　　　B　−45°　　　　　C　135°　　　　　D　225°

图 10-30　题 2-15 图　　　　图 10-31　题 2-16 图　　　　图 10-32　题 2-17 图

2-16　在图 10-31 所示整体坐标系中,单元的倾角 α 是　　　　　　　　　（　）

A　45°　　　　　B　−45°　　　　　C　−135°　　　　　D　225°

2-17　在图 10-32 所示连续梁,等效节点荷载列阵是　　　　　　　　　　（　）

A　$[0\ \ 0\ \ 0]^T$　　　B　$[30\ \ 0\ \ -30]^T$　　　C　$[-30\ \ 0\ \ 30]^T$　　　D　$[0\ \ 30\ \ 0]^T$

3．分析计算题

3-1　结构的整体坐标系如图 10-33 所示,不考虑轴向变形,进行节点位移分量编码、写
出各单元的定位向量,并集成整体刚度矩阵。各杆长度 *l* 与线刚度 *i* 相同。

图 10-33　题 3-1 图　　　　　　　　　　图 10-34　题 3-2 图

3-2　结构的单元编码、节点编码、局部坐标系、整体坐标系如图 10-34 所示,各杆线刚

度 i 相同,不计轴向变形,写出整体刚度矩阵和荷载列阵。

3-3 图 10-35 所示连续梁化分为三个单元。进行节点位移分量统一编码、写出各单元定位向量及结构节点荷载列阵。

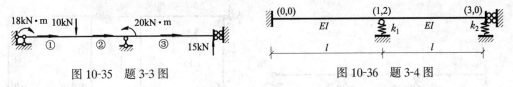

图 10-35 题 3-3 图   图 10-36 题 3-4 图

3-4 对图 10-36 所示连续梁,求整体刚度矩阵元素 K_{11}、K_{12}、K_{13}。

3-5 用矩阵分析方法建立图 10-37 所示结构的位移法基本方程(不考虑轴向变形)。

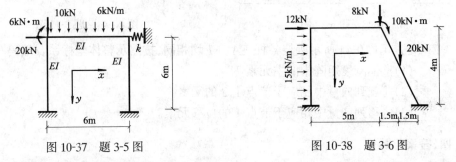

图 10-37 题 3-5 图   图 10-38 题 3-6 图

3-6 求图 10-38 所示结构的荷载列阵。

3-7 桁架单元刚度矩阵中一列元素之和等于零,一行元素之和等于零,其物理意义是什么?

3-8 对图 10-39 所示结构进行节点位移分量统一编码,并写出各单元定位向量(考虑轴向变形,忽略轴向变形)。

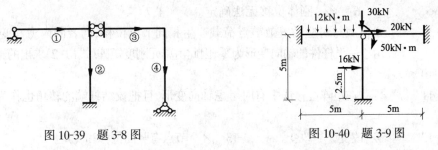

图 10-39 题 3-8 图   图 10-40 题 3-9 图

3-9 建立图 10-40 所示结构的总刚和节点荷载列阵。各杆截面 $b \times h = 0.5\text{m} \times 1\text{m}$。

3-10 图 10-41 所示结构不计轴向变形,用矩阵位移法建立整体刚度方程。

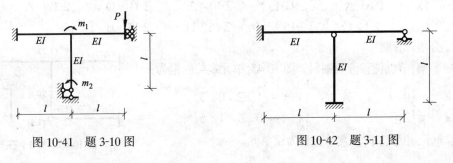

图 10-41 题 3-10 图   图 10-42 题 3-11 图

3-11 图 10-42 所示结构不计轴向变形,建立其整体刚度矩阵。

3-12 已知图 10-43 所示连续梁各杆 $EI = 5kN \cdot m^2$,在图示支座位移作用下,已求得节点转角为 $[0.00258 \ -0.00314 \ -0.00203]^T$(rad),求作连续梁的弯矩图。

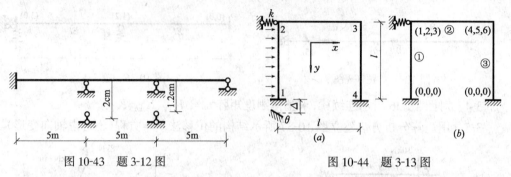

图 10-43 题 3-12 图   图 10-44 题 3-13 图

3-13 已知图 10-44 所示刚架各杆 EA、EI 均相同,按图示整体坐标系及编码写出:

(1)整体刚度矩阵中的主元素 K_{11}。

(2)荷载列向量中相应于节点 1、2 的元素。

(3)位移列向量中相应于节点 1 的位移元素。

四、答案与解答

1. 判断题

1-1 × 图 10-19(a)有 3 个节点位移,图 10-19(b)有两个节点位移。

1-2 × 整体坐标系下的单元刚度矩阵与单元的方位有关。 1-3 ×

1-4 × 只有当特殊单元具有足够的约束而不能发生刚体运动时其单元刚度矩阵一定是非奇异矩阵。

1-5 √ 1-6 × 刚体位移无法确定。 1-7 √

1-8 × 原荷载与对应的等效节点荷载产生相同节点位移,两者的内力和变形不同。

1-9 √ 由于假设杆件的轴向变形为零,因此由单元刚度矩阵(式10-2)求出的轴力为零。

1-10 √

1-11 √ 因为在矩阵位移法中有时考虑轴向变形,且把铰结杆端的转角也作为基本未知量。

1-12 × $\{\lambda\}$改变,$[k]$改变。 1-13 × 节点有竖向位移和转角。

2. 单项选择题

2-1 D	2-2 A	2-3 C	2-4 C	2-5 A	2-6 C
2-7 D	2-8 A	2-9 D	2-10 A	2-11 D	2-12 A
2-13 C	2-14 C	2-15 C	2-16 D	2-17 B	

3. 分析计算题

3-1 解:节点位移分量编码如图 10-45,单元定位向量为:

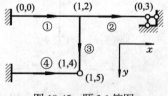

$\{\lambda\}^① = [0 \ 0 \ 1 \ 2]^T$ $\{\lambda\}^② = [1 \ 2 \ 0 \ 3]^T$

$\{\lambda\}^③ = [2 \ 4]^T$ $\{\lambda\}^④ = [0 \ 0 \ 1 \ 5]^T$

求单元刚度矩阵,注意单元③为梁单元。

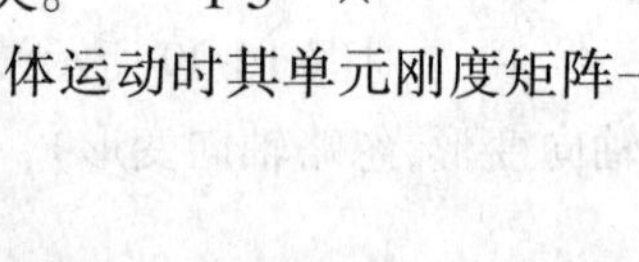

图 10-45 题 3-1 答图

$$[k]^{①,②,④} = \begin{bmatrix} \dfrac{12EI}{l^3} & \dfrac{6EI}{l^2} & -\dfrac{12EI}{l^3} & \dfrac{6EI}{l^2} \\[2mm] \dfrac{6EI}{l^2} & \dfrac{4EI}{l} & -\dfrac{6EI}{l^2} & \dfrac{2EI}{l} \\[2mm] -\dfrac{12EI}{l^3} & -\dfrac{6EI}{l^2} & \dfrac{12EI}{l^3} & -\dfrac{6EI}{l^2} \\[2mm] \dfrac{6EI}{l^2} & \dfrac{2EI}{l} & -\dfrac{6EI}{l^2} & \dfrac{4EI}{l} \end{bmatrix}^{①,②,④} \qquad [k]^{③} = \begin{bmatrix} \dfrac{4EI}{l} & \dfrac{2EI}{l} \\[2mm] \dfrac{2EI}{l} & \dfrac{4EI}{l} \end{bmatrix}^{③}$$

集成整体刚度矩阵

$$[K] = \begin{bmatrix} k_{33}^{①}+k_{11}^{②}+k_{33}^{④} & k_{34}^{①}+k_{12}^{②} & k_{14}^{②} & 0 & k_{34}^{④} \\ k_{43}^{①}+k_{21}^{②} & k_{44}^{①}+k_{22}^{②}+k_{11}^{③} & k_{24}^{②} & k_{12}^{③} & 0 \\ k_{41}^{②} & k_{42}^{②} & k_{44}^{②} & 0 & 0 \\ 0 & k_{21}^{③} & 0 & k_{22}^{③} & 0 \\ k_{43}^{④} & 0 & 0 & 0 & k_{44}^{④} \end{bmatrix} = \dfrac{2EI}{l}\begin{bmatrix} \dfrac{18}{l^2} & 0 & \dfrac{3}{l} & 0 & -\dfrac{3}{l} \\[2mm] 0 & 6 & 1 & 1 & 0 \\[2mm] \dfrac{3}{l} & 1 & 2 & 0 & 0 \\[2mm] 0 & 1 & 0 & 2 & 0 \\[2mm] -\dfrac{3}{l} & 0 & 0 & 0 & 2 \end{bmatrix}$$

3-2　解:$[K] = \begin{bmatrix} 4i & 2i & 0 \\ 2i & 12i & 2i \\ 0 & 2i & 4i \end{bmatrix}$

$\{P\} = \begin{Bmatrix} M_0 \\ 2M_0 \\ -M_0 \end{Bmatrix}$

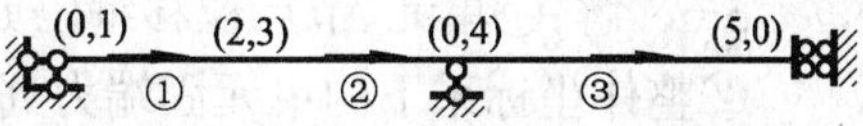

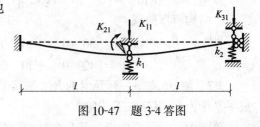

图 10-46　题 3-3 答图

3-3　解:节点位移分量编码如图 10-46 所示。

各单元定位向量为:

$$\{\lambda\}^{①} = [0 \quad 1 \quad 2 \quad 3]^{T}, \{\lambda\}^{②} = [2 \quad 3 \quad 0 \quad 4]^{T}, \{\lambda\}^{③} = [0 \quad 4 \quad 5 \quad 0]^{T}$$

结构节点荷载列阵:$\{P\} = [18 \quad 10 \quad 0 \quad -20 \quad -15]^{T}$

3-4　解:如图 10-47 所示,令 $v_1 = 1$,其他
位移为零,求得各结点力。

$$K_{11} = \dfrac{12EI}{l^3} + \dfrac{12EI}{l^3} + K_1$$

$$K_{12} = K_{21} = -\dfrac{6EI}{l^2} + \dfrac{6EI}{l^2} = 0$$

$$K_{13} = K_{31} = -\dfrac{12EI}{l^3}$$

图 10-47　题 3-4 答图

3-5　解:(1)编码如图 10-48 所示。

$\{\lambda\}^{①} = [1 \quad 0 \quad 2 \quad 0 \quad 0 \quad 0]^{T}, \{\lambda\}^{②} = [1 \quad 0 \quad 3 \quad 0 \quad 0 \quad 0]^{T}, \{\lambda\}^{③} = [2 \quad 3]^{T}$,单元③
是一梁单元。

(2)单元刚度矩阵:单元①、②的单元刚度矩阵按式(10-2)计算,然后再进行坐标转换;
单元③的单元刚度矩阵按梁单元计算。

(3)集成整体刚度矩阵:按对号入座先集成无弹性支座时结构的整体刚度矩阵,再引入

弹性支座条件,即在 k_{11} 上加 k_1,得结构整体刚度矩阵为:

$$[K] = \begin{bmatrix} \dfrac{24EI}{l^3}+k & -\dfrac{6EI}{l^2} & -\dfrac{6EI}{l^2} \\[3mm] -\dfrac{6EI}{l^2} & \dfrac{8EI}{l} & \dfrac{2EI}{l} \\[3mm] -\dfrac{6EI}{l^2} & \dfrac{2EI}{l} & \dfrac{8EI}{l} \end{bmatrix}$$

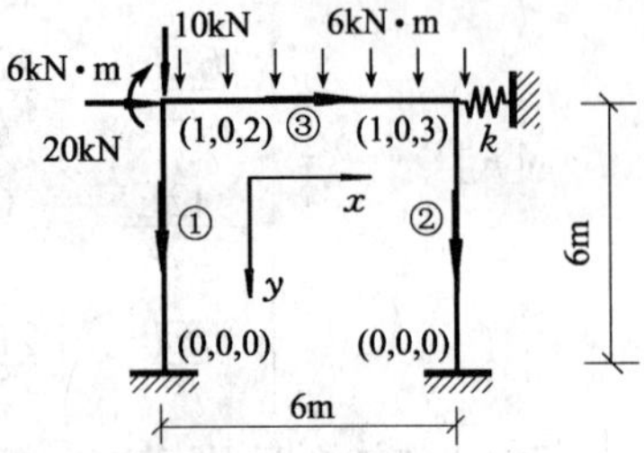

图 10-48 题 3-5 答图

(4)集成结构节点荷载列阵:

单元固端力列阵:$\{F_\mathrm{P}\}^③ = [-18 \quad 18]^\mathrm{T}$

单元等效节点荷载列阵:

$$\{P_\mathrm{E}\}^③ = -\{F_\mathrm{P}\}^③ = [0 \quad 18 \quad -18]^\mathrm{T}$$

结构节点荷载列阵:

$$\{P\} = \{P_\mathrm{E}\} + \{P_\mathrm{J}\} = [0 \quad 18 \quad -18]^\mathrm{T} + [20 \quad 6 \quad 0]^\mathrm{T} = [20 \quad 24 \quad -18]^\mathrm{T}$$

(5)位移法基本方程:$\begin{bmatrix} \dfrac{24EI}{l^3}+k & -\dfrac{6EI}{l^2} & -\dfrac{6EI}{l^2} \\[3mm] -\dfrac{6EI}{l^2} & \dfrac{8EI}{l} & \dfrac{2EI}{l} \\[3mm] -\dfrac{6EI}{l^2} & \dfrac{2EI}{l} & \dfrac{8EI}{l} \end{bmatrix} \begin{Bmatrix} v_1 \\ \theta_1 \\ \theta_2 \end{Bmatrix} = \begin{Bmatrix} 20 \\ 24 \\ -18 \end{Bmatrix}$

3-6 解:①单元、节点位移编码如图 10-49 所示。

②整体坐标系下的单元固端力列阵:

$\{F_\mathrm{P}\}^① = [-30 \quad 0 \quad 20 \quad -30 \quad 0 \quad -20]^\mathrm{T}$,

$\{F_\mathrm{P}\}^② = [0 \quad 0 \quad 0 \quad 0 \quad 0 \quad 0]^\mathrm{T}$,

$\{F_\mathrm{P}\}^③ = [0 \quad -10 \quad -7.5 \quad 0 \quad -10 \quad 7.5]^\mathrm{T}$

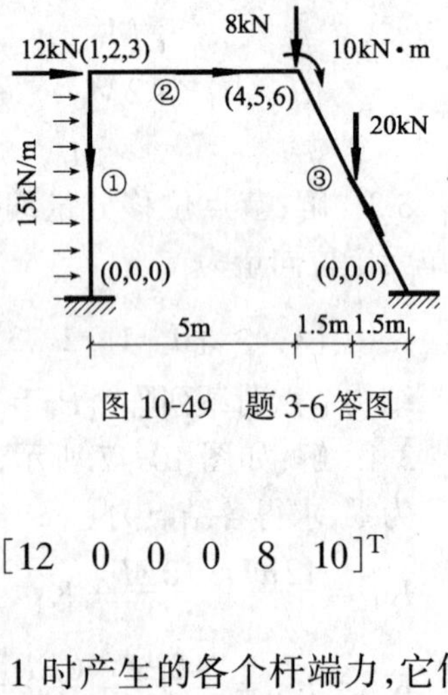

图 10-49 题 3-6 答图

③整体坐标系下的单元等效节点荷载列阵:

$\{P\}^① = -\{F_\mathrm{P}\}^① = [30 \quad 0 \quad -20 \quad 30 \quad 0 \quad 20]^\mathrm{T}$,

$\{P\}^③ = -\{F_\mathrm{P}\}^③ = [0 \quad 10 \quad 7.5 \quad 0 \quad 10 \quad -7.5]^\mathrm{T}$

④结构节点荷载:

$$\{P\} = \{P_\mathrm{E}\} + \{P_\mathrm{J}\} = [30 \quad 0 \quad -20 \quad 0 \quad 10 \quad 7.5]^\mathrm{T} + [12 \quad 0 \quad 0 \quad 0 \quad 8 \quad 10]^\mathrm{T}$$
$$= [42 \quad 0 \quad -20 \quad 0 \quad 18 \quad 17.5]^\mathrm{T}$$

3-7 解:单刚中一列元素的含义是某个杆端位移等于 1 时产生的各个杆端力,它们形成一平衡力系,其主矢等于零。

单刚中一行元素的含义是各个杆端位移都等于 1 时产生的某个杆端力,各个杆端位移都等于 1 时,单元发生刚体运动,不会产生杆端力。

3-8 解:如图 10-50 所示:

$\{\lambda\}^① = [1 \quad 0 \quad 2 \quad 3 \quad 4 \quad 5]^\mathrm{T}$ $\{\lambda\}^① = [1 \quad 0 \quad 2 \quad 1 \quad 0 \quad 3]^\mathrm{T}$

$\{\lambda\}^② = [3 \quad 4 \quad 5 \quad 0 \quad 0 \quad 0]^\mathrm{T}$ $\{\lambda\}^② = [1 \quad 0 \quad 3 \quad 0 \quad 0 \quad 0]^\mathrm{T}$

$\{\lambda\}^③ = [3 \quad 6 \quad 5 \quad 7 \quad 8 \quad 9]^\mathrm{T}$ $\{\lambda\}^③ = [1 \quad 4 \quad 3 \quad 1 \quad 0 \quad 5]^\mathrm{T}$

$\{\lambda\}^④ = [7 \quad 8 \quad 9 \quad 0 \quad 0 \quad 10]^\mathrm{T}$ $\{\lambda\}^④ = [1 \quad 0 \quad 5 \quad 0 \quad 0 \quad 6]^\mathrm{T}$

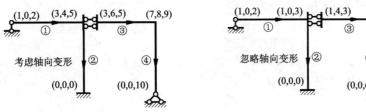

$$\text{图 10-50 \quad 题 3-8 答图}$$

3-9 解:如图 10-51 所示:

$$\{\lambda\}^① = \begin{bmatrix} 0 & 0 & 0 & 1 & 2 & 3 \end{bmatrix}^T$$
$$\{\lambda\}^② = \begin{bmatrix} 1 & 2 & 3 & 0 & 0 & 0 \end{bmatrix}^T$$
$$\{\lambda\}^③ = \begin{bmatrix} 1 & 2 & 4 & 0 & 0 & 0 \end{bmatrix}^T$$

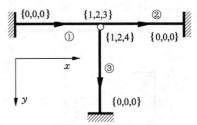

$$\text{图 10-51 \quad 题 3-9 答图}$$

$$[k]^① = [k]^② = \begin{bmatrix} 300 & 0 & 0 & -300 & 0 & 0 \\ 0 & 12 & 30 & 0 & -12 & 30 \\ 0 & 30 & 100 & 0 & -30 & 50 \\ -300 & 0 & 0 & 300 & 0 & 0 \\ 0 & -12 & -30 & 0 & 12 & -30 \\ 0 & 30 & 50 & 0 & -30 & 100 \end{bmatrix} \times 10^4$$

$$[k]^③ = \begin{bmatrix} 12 & 0 & -30 & -12 & 0 & -30 \\ 0 & 300 & 0 & 0 & -300 & 0 \\ -30 & 0 & 100 & 30 & 0 & 50 \\ -12 & 0 & 30 & 12 & 0 & 30 \\ 0 & -300 & 0 & 0 & 300 & 0 \\ -30 & 0 & 50 & 30 & 0 & 100 \end{bmatrix} \times 10^4$$

$$[K] = \begin{bmatrix} 300+300+12 & 0+0+0 & 0+0 & -30 \\ 0+0+0 & 12+12+300 & -30+30 & 0 \\ 0+0 & -30+30 & 100+100 & 0 \\ -30 & 0 & 0 & 100 \end{bmatrix} \times 10^4 = \begin{bmatrix} 612 & 0 & 0 & -30 \\ 0 & 324 & 0 & 0 \\ 0 & 0 & 200 & 0 \\ -30 & 0 & 0 & 100 \end{bmatrix} \times 10^4$$

$$\{P\}^① = \begin{bmatrix} 0 & 30 & 25 & 0 & 30 & -25 \end{bmatrix}^T, \{P\}^③ = \begin{bmatrix} 8 & 0 & -10 & 8 & 0 & 10 \end{bmatrix}^T$$

$$\{P_E\} = \begin{bmatrix} 8 & 30 & -25 & -10 \end{bmatrix}^T, \{P\} = \{P_E\} + \{P_J\} = \begin{bmatrix} 28 & 60 & 25 & -10 \end{bmatrix}^T.$$

3-10 解:单元及节点位移编码如图 10-52 所示,单元①、②为梁单元:

$$[k]^① = [k]^② = \begin{bmatrix} \dfrac{4EI}{l} & \dfrac{2EI}{l} \\[2mm] \dfrac{2EI}{l} & \dfrac{4EI}{l} \end{bmatrix},$$

$$[k]^{③}=\begin{bmatrix} \dfrac{12EI}{l^3} & \dfrac{6EI}{l^2} & -\dfrac{12EI}{l^3} & \dfrac{6EI}{l^2} \\[2mm] \dfrac{6EI}{l^2} & \dfrac{4EI}{l} & -\dfrac{6EI}{l^2} & \dfrac{2EI}{l} \\[2mm] -\dfrac{12EI}{l^3} & -\dfrac{6EI}{l^2} & \dfrac{12EI}{l^3} & -\dfrac{6EI}{l^2} \\[2mm] \dfrac{6EI}{l^2} & \dfrac{2EI}{l} & -\dfrac{6EI}{l^2} & \dfrac{4EI}{l} \end{bmatrix},\ [K]=\begin{bmatrix} \dfrac{12EI}{l} & -\dfrac{6EI}{l^2} & \dfrac{2EI}{l} \\[2mm] -\dfrac{6EI}{l^2} & \dfrac{12EI}{l^3} & 0 \\[2mm] \dfrac{2EI}{l} & 0 & \dfrac{4EI}{l} \end{bmatrix},\ \{P\}=\left\{\begin{array}{c} m_1 \\ P \\ -m_2 \end{array}\right\}。$$

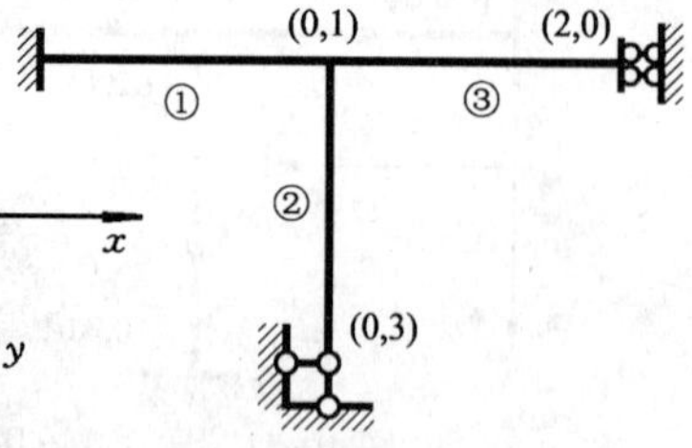

<table>
<tr><td>图 10-52　题 3-10 答图</td><td>图 10-53　题 10-11 答图</td></tr>
</table>

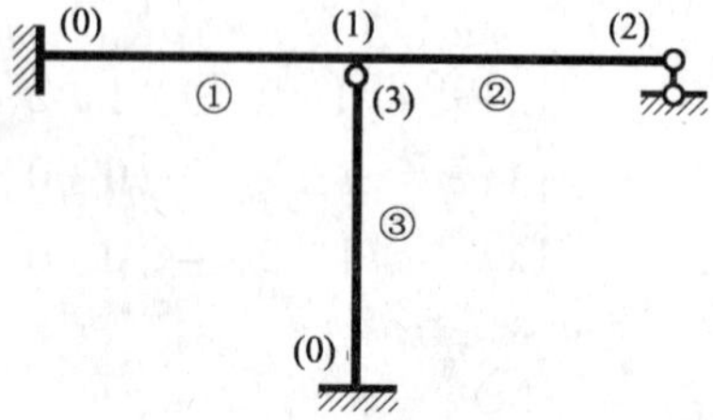

3-11　解:单元及节点位移编码如图 10-53 所示,各单元均为梁单元:

$$[k]^{①}=[k]^{②}=[k]^{③}=\begin{bmatrix} \dfrac{4EI}{l} & \dfrac{2EI}{l} \\[2mm] \dfrac{2EI}{l} & \dfrac{4EI}{l} \end{bmatrix},\ \text{整体刚度矩阵:}\ [K]=\begin{bmatrix} \dfrac{8EI}{l} & \dfrac{2EI}{l} & 0 \\[2mm] \dfrac{2EI}{l} & \dfrac{4EI}{l} & 0 \\[2mm] 0 & 0 & \dfrac{4EI}{l} \end{bmatrix}$$

3-12　解:如图 10-54 所示,各单元的单元刚度矩阵为:

$$[k]^{①}=[k]^{②}=[k]^{③}=\begin{bmatrix} \dfrac{12EI}{l^3} & \dfrac{6EI}{l^2} & -\dfrac{12EI}{l^3} & \dfrac{6EI}{l^2} \\[2mm] \dfrac{6EI}{l^2} & \dfrac{4EI}{l} & -\dfrac{6EI}{l^2} & \dfrac{2EI}{l} \\[2mm] -\dfrac{12EI}{l^3} & -\dfrac{6EI}{l^2} & \dfrac{12EI}{l^3} & -\dfrac{6EI}{l^2} \\[2mm] \dfrac{6EI}{l^2} & \dfrac{2EI}{l} & -\dfrac{6EI}{l^2} & \dfrac{4EI}{l} \end{bmatrix}=\begin{bmatrix} \dfrac{12}{24} & \dfrac{6}{5} & -\dfrac{12}{24} & \dfrac{6}{5} \\[2mm] \dfrac{6}{5} & 4 & -\dfrac{6}{5} & 2 \\[2mm] -\dfrac{12}{24} & -\dfrac{6}{5} & \dfrac{12}{24} & -\dfrac{6}{5} \\[2mm] \dfrac{6}{5} & 2 & -\dfrac{6}{5} & 4 \end{bmatrix},$$

单元①的单元刚度方程为:$[\,\overline{Y}_1\quad \overline{M}_1\quad \overline{Y}_2\quad \overline{M}_2\,]^{\mathrm{T}}=[k]^{①}[0\quad 0\quad 0.02\quad 0.00258]^{\mathrm{T}}$,

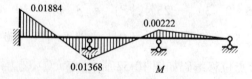

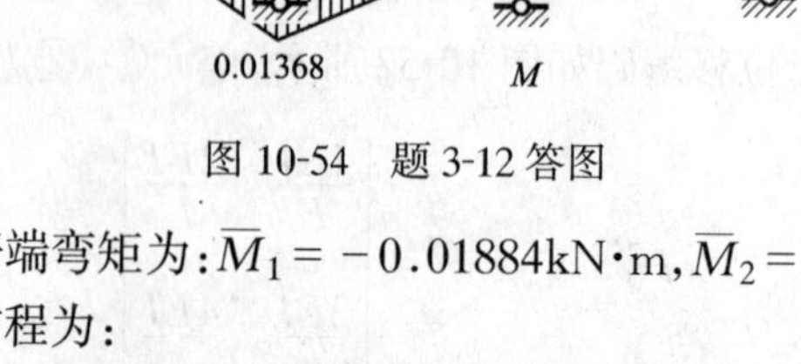

0.01884

0.00222

0.01368　　　M

图 10-54　题 3-12 答图

由此可得单元①的杆端弯矩为:$\overline{M}_1=-0.01884\text{kN·m}$,$\overline{M}_2=-0.03168\text{kN·m}$
单元③的单元刚度方程为:
$$[\,\overline{Y}_1\quad \overline{M}_1\quad \overline{Y}_2\quad \overline{M}_2\,]^{\mathrm{T}}=[k]^{③}[0.012\quad -0.00314\quad 0\quad 0.00203]^{\mathrm{T}},$$

由此可得单元③的杆端弯矩为:$\overline{M}_1 = -0.00222$kN·m, $\overline{M}_2 = 0$。

3-13 解:(1)$K_{11} = \dfrac{EA}{l} + \dfrac{12EI}{l^3} + k$

(2)支座节点的已知位移不是基本未知量,应将它转换成与该支座节点相连的各单元在局部坐标系中的杆端位移,求出由此已知的杆端位移产生的单元固端力,再转换成等效节点荷载。此时,支座 1 处的位移未知量为零,在节点荷载列向量中与支座 1 相应的节点荷载元素也置于零。

$$\{P_1\} = \begin{Bmatrix} 0 \\ 0 \\ 0 \end{Bmatrix}, \{P_2\} = \begin{Bmatrix} \dfrac{ql}{2} + \dfrac{6i\theta}{l} \\ \dfrac{EA\Delta}{l} \\ -\dfrac{ql^2}{12} + 2i\theta \end{Bmatrix}$$

(3)位移列向量中相应于节点 1 的位移元素均为零。

第十一章　结构动力计算

一、重点难点分析

1. 结构动力计算概述

(1)结构动力计算的特点

①荷载、约束力、内力、位移等随时间变化；

②建立平衡方程时要考虑质量的惯性力。

(2)结构动力计算的内容

①确定结构的动力特性，即结构本身的自振频率、振型和阻尼参数。通过自由振动(由初位移或初速度引起的振动)研究结构的自振频率和振型。

②计算结构的动力反应，即结构在动荷载作用下产生的动内力、动位移等。通过强迫振动(由动荷载引起的振动)研究结构在动荷载作用下的动力反应。结构的动力反应与动力特性有密切的关系。

(3)动力计算自由度

确定运动过程中任意时刻全部质量的位置所需独立几何参数的数目称为体系的振动自由度。

实际结构的质量都是连续分布的，都是无限自由度体系，常作简化如下：

①集中质量法　把连续分布的质量集中为几个质点，将一个无限自由度的问题简化成有限自由度问题。

②广义坐标法　假设振动曲线 $y(x) = \sum\limits_{i=1}^{n} a_i \varphi_i(x)$，$\varphi_i(x)$ 是满足位移边界条件的已知函数，称为形状函数，$a_1, a_2, \cdots a_n$ 为待定参数(广义坐标)。如 a_n 只取有限项，则结构简化成有限自由度体系。

③几点注意：对于具有集中质量的体系，可通过加支杆限制质量运动的办法确定体系的自由度。振动体系的自由度数与计算假定有关，而与集中质量的数目和超静定次数无关。如图 11-1 所示各体系。

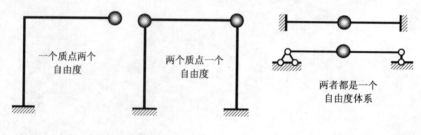

一个质点两个自由度　　两个质点一个自由度　　两者都是一个自由度体系

图 11-1

(4)动力计算的原理和方法

238

结构动力计算中常用的基本原理为达朗伯原理:在质点运动的每一瞬时,作用在质点上的所有外力(荷载与约束力)与假想地加在质点上的惯性力互相平衡,可利用静力学的处理方法建立结构的运动方程。

在建立运动方程时,取静力平衡位置作为位移 y 的坐标原点,位移 y、速度 $\dot{y}$、加速度 $\ddot{y}$ 的正方向取为一致。

①柔度法　利用体系的柔度系数,根据位移协调条件建立运动方程。

在质点运动的任一时刻,体系在质点处的位移应等于该时刻的动荷载、惯性力、阻尼力共同作用下所产生的静力位移。

②利用体系的刚度系数,根据平衡条件建立运动方程。

在质点运动的任一时刻,各质点上的动荷载、惯性力、弹性力、阻尼力组成平衡力系。其中惯性力 $I_i = -m_i\ddot{y}_i$,阻尼力 $R_i = -c\dot{y}_i$,弹性力列向量为 $-[K]\{y\}$ 按位移法原理来求。

2. 单自由度体系的自由振动

(1)建立运动方程

①柔度法。取体系为研究对象,在质点上假想地加上惯性力,如图 11-2,质点位移为惯性力产生的静位移,列出运动方程为:

$$y = -m\ddot{y} \cdot \delta$$

②刚度法。取质点为研究对象,作用在质点上的弹性力和假想地加在质点上的惯性力互相衡,建立平衡方程得运动方程为:

$$m\ddot{y} + ky = 0$$

求解以上方程可得任一时刻质点位移为:

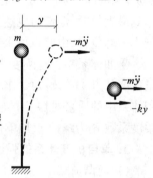

图 11-2

$$y(t) = y_0\cos\omega t + \frac{v_0}{\omega}\sin\omega t = A\sin(\omega t + \alpha) \quad (11\text{-}1)$$

其中,y_0 为初始位移,v_0 为初始速度,ω 为自振频率。

自振频率
$$\omega = \sqrt{\frac{k}{m}} = \sqrt{\frac{1}{m\delta}} = \sqrt{\frac{g}{\Delta_{st}}} = \sqrt{\frac{g}{W\delta}} \qquad (11\text{-}2)$$

振幅　$A = \sqrt{y_0^2 + \frac{v_0^2}{\omega^2}}$ 　　相位角　$\alpha = \tan^{-1}\frac{y_0\omega}{v_0}$ 　　(11-3)

自振周期　$T = 2\pi/\omega$

其中:柔度系数 δ 表示在质点上沿振动方向加单位荷载时,使质点沿振动方向所产生的位移。

刚度系数 k 表示使质点沿振动方向发生单位位移时,须在质点上沿振动方向施加的力。

$\Delta_{st} = W\delta$ 表示在质点上沿振动方向加数值为 $W = mg$ 的力时质点沿振动方向所产生的位移。

计算时可根据体系的具体情况,视 δ、k、Δ_{st} 中哪一个最便于计算来选用。

(2)重要性质

①自振频率(自振周期)与且只与结构的质量和结构的刚度有关,与初始条件及外界的干扰力无关。初始条件及干扰力只影响振幅 A 和相位角 α。

②自振频率与质量的平方根成反比,质量越大,频率越小;自振频率与刚度的平方根成正比,刚度越大,频率越大;要改变结构的自振频率,只有从改变结构的质量或刚度着手。

(3)自振频率的计算方法

①利用频率计算公式(11-2)计算频率　对于各质点惯性力共线的单自由度体系,可直接利用频率计算公式(11-2)计算频率。对于各质点惯性力不共线的多质点单自由度体系,可利用下述的能量法和幅值方程法计算频率。

②能量法　无阻尼自由振动过程是体系的动能与变形势能相互转化的过程。由于没有能量的输入和输出,体系的机械能始终保持不变。

由(11-1)可见,当质点的位移 $y(t)$ 为零时速度 $\dot{y}(t)$ 达到最大,此时,弹性势能为零,动能最大为 $T_{\max} = \frac{1}{2} m A^2 \omega^2$,当质点的位移 $y(t)$ 达到最大时速度 $\dot{y}(t)$ 为零,此时,动能为零,弹性势能最大为 $U_{\max} = \frac{1}{2} k A^2$。由机械能守恒可得: $T_{\max} = U_{\max}$,可求得: $\omega = \sqrt{k/m}$。

③幅值方程法　质点位移为: $y(t) = A\sin(\omega t + \alpha)$,质点惯性力为: $I(t) = -m\ddot{y} = m\omega^2 A\sin(\omega t + \alpha)$。可见质点位移和惯性力数值成比例,方向一致,相位相同。当质点位移达到最大值时,惯性力也达到最大值。将质点的最大位移 A 看成是惯性力的最大值 $m\omega^2 A$ 产生的静位移,由此也可求得频率。

④如体系中含有刚度为无穷大的质量块,除了利用方法②③计算频率外,也可以取该质量块绕某点 O 的转角 θ 作为位移参数,利用式(11-2)计算频率,不过在式(11-2)中质量 m 用体系中的质量对 O 点的转动惯量 J_O 代替,刚度系数 k 为使 $\theta = 1$ 需绕 O 点施加的力矩,柔度系数 δ 为绕 O 点加单位力偶时质量块绕某点 O 的转角。见【例11-7】处理方法3。

3．单自由度体系的强迫振动

(1)简谐荷载 $P(t) = P_0\sin\theta t$ 作用下

平稳阶段的动位移　　　　　$y(t) = \beta y_{st}\sin\theta t$

其中 $y_{st} = \dfrac{P_0}{m\omega^2} = P\delta$,是动荷载的幅值产生的质点的静位移。

动力系数:　　　　　　　　　$\beta = \dfrac{1}{1 - \theta^2/\omega^2}$　　　　　　　　　(11-4)

惯性力: $I(t) = -m\ddot{y} = m\beta y_{st}\theta^2\sin\theta t = m\theta^2 y(t) = I_1\sin\theta t$

其中惯性力幅值为: $I_1 = m\theta^2\beta y_{st} = m\theta^2 A$

①简谐荷载作用下动力反应的一般计算方法:由以上各式可见,对于无阻尼体系,位移、惯性力、动荷载三者频率相同,相位角相同。三者同时达到幅值。由于结构的弹性内力与位移成正比,所以位移达到幅值时,内力也达到幅值。于是得到简谐荷载作用下动力反应的一般计算方法:将荷载幅值和惯性力幅值加在结构上,按一般静力学方法求解,即得到体系的最大动内力和最大动位移。

②比例算法:单自由度体系荷载作用在振动质点上,并且其作用线与质点运动方向相同时,荷载和惯性力共线,两者可以合成一个力为:

$$P_0 + m\theta^2 A = P_0 + m\theta^2\beta P_0\delta = P_0\left(1 + \frac{\theta^2}{\omega^2} \times \frac{1}{1 - \theta^2/\omega^2}\right) = P_0\beta$$

可见,只需按静力法求出荷载幅值 P_0 产生的静内力和静位移,乘以动力系数即可得到动内力幅值和动位移的幅值。内力和位移的动力系数相同。

不计阻尼时,动力系数在 $(-\infty, 0)$ 和 $(1, \infty)$ 范围内变化,$\theta < \omega$ 时,$\beta > 0$;$\theta > \omega$ 时,$\beta < 0$。由于振动是往复的,对于单自由度体系的振动计算来说 β 的正负并无实际意义,常取其绝对值。

(2)一般荷载作用下

平稳阶段的动位移： $y(t) = \dfrac{1}{m\omega}\displaystyle\int_0^t P(\tau)\sin(t-\tau)\mathrm{d}\tau$（杜哈梅积分）   (11-5)

4．阻尼对振动的影响

(1)阻尼比的确定

利用有阻尼体系的自由振动时振幅衰减的特性，可以通过试验测定体系的阻尼比。

$\xi = \dfrac{1}{2n\pi}\ln\dfrac{y_k}{y_{k+n}}$，式中 y_k 和 y_{k+n} 为相距 n 个周期的自由振动振幅。

当 $\xi = 1$ 时的阻尼称为临界阻尼；$\xi < 1$ 为小阻尼，体系具有振动的性质；$\xi > 1$ 为大阻尼，体系不具有振动的性质，实际问题很少遇到。

(2)阻尼对自由振动的影响

①考虑阻尼时体系的自振频率减小。 $\omega_r = \omega\sqrt{1-\xi^2}$ (11-6)

通常当 $\xi < 0.1$ 时，可不考虑阻尼对频率的影响，而取 $\omega_r = \omega$。

②有阻尼体系的自由振动不再是简谐振动，但仍是周期运动，振幅随时间的增长而按指

数规律衰减。$y(t) = Ae^{-\xi\omega t}\sin(\omega_r t - \varphi)$，$A = \sqrt{y_0^2 + \left(\dfrac{v_0 + \xi\omega y_0}{\omega_r}\right)^2}$。

(3)阻尼对强迫振动的影响

在简谐荷载 $P(t) = P_0\sin\theta t$ 作用下，有阻尼体系平稳阶段的动位移：$y(t) = \beta y_{st}\sin(\theta t - \alpha)$

其中 $y_{st} = \dfrac{P_0}{m\omega^2} = P_0\delta$，是动荷载幅值产生的质点的静位移。

动力系数： $\beta = \left[\left(1 - \dfrac{\theta^2}{\omega^2}\right)^2 + 4\xi^2\dfrac{\theta^2}{\omega^2}\right]^{-1/2}$ (11-7)

振幅与动荷载之间相位差： $\alpha = \tan^{-1}\dfrac{2\xi\theta/\omega}{1-\theta^2/\omega^2}$。

(4)几点注意

①无阻尼体系在简谐荷载作用下的稳态反应是简谐振动，位移与荷载同时达到幅值；有阻尼体系在简谐荷载作用下的稳态反应仍是简谐振动，但位移滞后动荷载达到幅值。

②当 $\theta/\omega = 1$（共振）时，不计阻尼时 $\beta = \infty$，考虑阻尼时 $\beta = 1/(2\xi)$，在共振区之内（$0.75 < \theta/\omega < 1.25$）阻尼的减振作用非常明显，不能忽略；在共振区之外（$0.75 > \theta/\omega$，$\theta/\omega > 1.25$）阻尼的影响可以忽略。

共振时（$\theta = \omega$），弹性力与惯性力刚好互相平衡，有无阻尼均如此。动荷恰与阻尼力平衡，故运动呈现稳态而不会出现位移为无穷大的情况。而在无阻尼受迫振动时，因不存在阻尼力来平衡动荷载，才出现位移为无限大的现象。

③当 $\theta \ll \omega$ 时，体系振动得很慢，速度、加速度都很小，因此惯性力和阻尼力都很小，动荷载主要与弹性力平衡，荷载可作静荷载处理。

④当 $\theta \gg \omega$ 时，体系振动得很快，加速度很大，因此惯性力很大，弹性力和阻尼力都比较小，动荷载主要与惯性力平衡。

5．多自由度体系的自由振动

(1)刚度法

位移幅值方程：$([K] - \omega^2[M])\{Y\} = \{0\}$，频率方程：$|[K] - \omega^2[M]| = 0$。

其中$[M]$质量矩阵,为具有 n 个主对角元素的对角矩阵;$[K]$刚度矩阵,为 $n \times n$ 的对称矩阵;$\{Y\}$振幅列向量,为 $n \times 1$ 的向量。

两个自由度体系的位移幅值方程:
$$(k_{11} - m_1\omega^2) Y_1 + k_{12} Y_2 = 0$$
$$k_{21} Y_1 + (k_{22} - m_2\omega^2) Y_2 = 0$$

频率方程:$\begin{vmatrix} k_{11} - m_1\omega^2 & k_{12} \\ k_{21} & k_{22} - m_2\omega^2 \end{vmatrix} = 0$,展开得频率计算公式:

$$\omega_{1,2}^2 = \frac{1}{2}\left[\left(\frac{k_{11}}{m_1} + \frac{k_{22}}{m_2}\right) \pm \sqrt{\left(\frac{k_{11}}{m_1} + \frac{k_{22}}{m_2}\right)^2 - \frac{4(k_{11}k_{22} - k_{12}k_{21})}{m_1 m_2}}\right] \tag{11-8}$$

将求得的频率代入位移幅值方程得到主振型:

第一主振型:$\dfrac{Y_1^{(1)}}{Y_1^{(1)}} = -\dfrac{k_{12}}{k_{11} - \omega_1^2 m_1}$;第二主振型:$\dfrac{Y_1^{(2)}}{Y_2^{(2)}} = -\dfrac{k_{12}}{k_{11} - \omega_2^2 m_1}$ \hfill (11-9)

(2)柔度法

位移幅值方程:$([\delta][M] - \lambda[I])\{Y\} = \{0\}$,频率方程:$\big|[\delta][M] - \lambda[I]\big| = 0$,其中$[\delta]$柔度矩阵,为 $n \times n$ 的对称矩阵;$[I]$为 n 阶单位矩阵;$\lambda = 1/\omega^2$。

两个自由度体系的位移幅值方程:
$$(\delta_{11}m_1 - \lambda) Y_1 + \delta_{12}m_2 Y_2 = 0$$
$$\delta_{21}m_1 Y_1 + (\delta_{22}m_2 - \lambda) Y_2 = 0$$

频率方程:$\begin{vmatrix} \delta_{11}m_1 - \lambda & \delta_{12}m_2 \\ \delta_{21}m_1 & \delta_{22}m_2 - \lambda \end{vmatrix} = 0$,展开得频率计算公式:

$$\lambda_{1,2} = \frac{1}{2}\left[(\delta_{11}m_1 + \delta_{22}m_2) \pm \sqrt{(\delta_{11}m_1 + \delta_{22}m_2)^2 - 4((\delta_{11}\delta_{22} - \delta_{12}\delta_{21})m_1 m_2)}\right] \tag{11-10a}$$

$$w_1 = \frac{1}{\sqrt{\lambda_1}}, \quad w_2 = \frac{1}{\sqrt{\lambda_2}} \tag{11-10b}$$

代入位移幅值方程得到主振型:

第一主振型:
$$\frac{Y_1^{(1)}}{Y_2^{(1)}} = -\frac{\delta_{12}m_2}{\delta_{11}m_1 - \lambda_1}$$

第二主振型:
$$\frac{Y_1^{(2)}}{Y_2^{(2)}} = -\frac{\delta_{12}m_2}{\delta_{11}m_1 - \lambda_1} \tag{11-11}$$

(3)主振型的正交性

主振型的正交性是指在多自由度体系和无限自由度体系中,任意两个不同的主振型相对于质量矩阵和刚度矩阵正交。即:

$$\{Y^{(i)}\}^{\mathrm{T}}[M]\{Y^{(j)}\} = 0, \{Y^{(i)}\}^{\mathrm{T}}[K]\{Y^{(j)}\} = 0 \tag{11-12}$$

(4)几点注意

①低阻尼体系的自由振动可以不考虑阻尼的影响。

②n 个自由度体系有 n 个频率和主振型。各频率之间的关系是:$\omega_1 < \omega_2 < \cdots < \omega_n$。

③$[K]^{-1} = [\delta]$,可见刚度法、柔度法实质上是相同的,可以互相导出。当计算体系的柔度系数方便时用柔度法(如梁、静定结构);当计算体系的刚度系数方便时用刚度法(如横梁刚度为无穷大的多层刚架)。

④主振型是多自由度体系能够按单自由度体系振动时所具有的特定形式。多自由度体系能够按某个主振型振动的条件是:初始位移和初始速度应当与此主振型相对应。

⑤$Y_i^{(j)}$ 为正时,表示质量 m_i 的运动方向与计算柔度系数时置于其上的单位力方向相

同;为负时,表示与单位力方向相反。

⑥主振型正交性的物理意义:体系按某一主振型振动时,在振动过程中,其惯性力不会在其他振型上做功。因此,它的能量便不会转移到别的振型上去,从而激起其他振型的振动。即各主振型可以单独出现。

⑦频率、主振型及主振型的正交性是体系本身的固有特性,与外荷载无关。

6. 多自由度体系在简谐荷载作用下的强迫振动

(1)位移幅值计算

①刚度法建立的动力平衡方程(荷载作用在质点上):$[M]\{\ddot{y}\} + [K]\{y\} = \{P\}\sin\theta t$,

稳态振动时的位移幅值方程: $\qquad ([K] - \theta^2[M])\{Y\} = \{P\}$ （11-13)

②柔度法建立的位移方程:$[\delta][M]\{\ddot{y}\} + \{y\} = \{\Delta_P\}\sin\theta t$,

稳态振动时的位移幅值方程: $\qquad \left([\delta][M] - \dfrac{1}{\theta^2}[I]\right)\{Y\} = -\dfrac{1}{\theta^2}\{\Delta_P\}$ （11-14)

式中 $\{P\} = [P_1 P_2 \cdots P_n]^T$——荷载幅值向量;

$\Delta_P = [\Delta_{1P} \Delta_{2P} \cdots \Delta_{nP}]^T$——荷载幅值引起的静位移列向量。

求解式(11-13)或式(11-14),可得到各质量的位移幅值 Y_i。Y_i 为正时,表示质量 m_i 的运动方向与计算柔度系数时置于其上的单位力方向相同,为负时,表示与单位力方向相反。

当 $\omega_i = \theta$ ($i = 1, 2 \cdots n$)时,$|[K] - \theta^2[M]| = [0]$,由式(11-13)得到位移为无穷大。所以,一般情况下,n 个自由度体系有 n 个共振点。

对于两个自由度体系,稳态振动时的位移幅值方程为:

$$\left.\begin{array}{l}(k_{11} - m_1\theta^2)Y_1 + k_{12}Y_2 = P_1 \\ k_{21}Y_1 + (k_{22} - m_2\theta^2)Y_2 = P_2\end{array}\right\}, \quad 或 \quad \left.\begin{array}{l}\left(m_1\delta_{11} - \dfrac{1}{\theta^2}\right)Y_1 + m_2\delta_{12}Y_2 = -\dfrac{\Delta_{1P}}{\theta^2} \\ m_1\delta_{21}Y_1 + \left(m_2\delta_{22} - \dfrac{1}{\theta^2}\right)Y_2 = -\dfrac{\Delta_{2P}}{\theta^2}\end{array}\right\} \quad (11-15)$$

(2)惯性力幅值计算

惯性力 $F_{Ii} = -m_i\ddot{y} = m_i\theta^2 Y_i\sin\theta t = I_i\sin\theta t$,$I_i = m_i\theta^2 Y_i$ 为惯性力幅值。惯性力始终与位移同向。

①求得位移后,由 $I_i = m_i\theta^2 Y_i$ 求惯性力幅值。

②如果只求动内力,可不求动位移幅值,直接由式(11-16)求惯性力幅值。

$$\left([\delta] - [M]^{-1}\dfrac{1}{\theta^2}\right)\{I\} + \{\Delta_P\} = \{0\} \quad (11-16)$$

两个自由度体系惯性力幅值计算公式:

$$\left.\begin{array}{l}\left(\delta_{11} - \dfrac{1}{m_1\theta^2}\right)I_1 + \delta_{12}I_2 = -\Delta_{1P} \\ \delta_{21}I_1 + \left(\delta_{22} - \dfrac{1}{m_2\theta^2}\right)I_2 = -\Delta_{2P}\end{array}\right\} \quad (11-17)$$

求得惯性力幅值 I_i 如为正,表示与计算柔度系数时置于质量 m_i 处的单位力方向相同,为负时,表示与单位力方向相反。

(3)动内力幅值计算

位移、惯性力、动荷载频率相同。对于无阻尼体系三者同时达到幅值。于是可将荷载幅值和惯性力幅值加在结构上,按静力学方法求解,即得到体系的最大动内力和最大动位移。

7. 对称性的利用

振动体系的对称性是指：结构对称、质量分布对称，强迫振动时荷载对称或反对称。

多自由度和无限自由度对称体系的主振型不是对称就是反对称，可分别取半边结构进行计算。

对称荷载作用下，振动形式为对称的；反对称荷载作用下，振动形式为反对称的，可分别取半边结构进行计算。一般荷载可分解为对称荷载和反对称荷载两组，分别计算再叠加。

二、典型示例分析

【例 11-1】 求图 11-3(a)所示体系的自振频率。

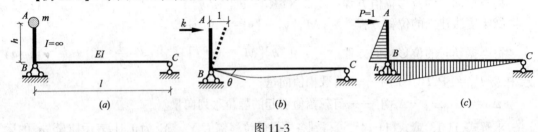

图 11-3

【解】 求刚度系数，令 A 点发生单位位移，B 点的转角为 $1/h$，如图 11-3(b)所示。

$$M_{BA} = kh = M_{BC} = \frac{3EI}{l} \times \frac{1}{h}, \therefore k = \frac{3EI}{lh^2}, \omega = \sqrt{\frac{k}{m}} = \sqrt{\frac{3EI}{mh^2 l}}$$

求柔度系数，在 A 点加单位力，作出单位弯矩图如图 11-3(c)所示。

$$\delta_{11} = \frac{1}{EI} \frac{lh}{2} \frac{2h}{3} = \frac{lh^2}{3EI}, \omega = \sqrt{\frac{1}{m\delta_{11}}} = \sqrt{\frac{3EI}{mlh^2}}$$

【例 11-2】 求图 11-4 所示梁的自振频率。

【解】 求刚度系数，令质点发生单位位移，取质点为分离体，杆端剪力、弹簧中的反力如图 11-4 所示。

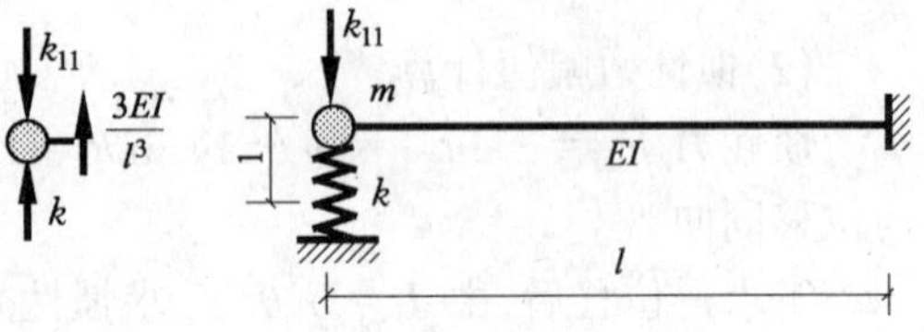

$$k_{11} = k + \frac{3EI}{l^3}, \omega = \sqrt{\frac{k_{11}}{m}} = \sqrt{\frac{3EI / l^3 + k}{m}}$$

图 11-4

【例 11-3】 求图 11-5(a)所示刚架的自振频率。不计柱的质量。

【解】 求刚度系数，令横梁发生单位水平位移图 11-5(b)，两柱的杆端剪力即它们的侧移刚度。取横梁为分离体如图 11-5(c)所示，求出刚度系数为：$k = \frac{15EI}{h^3}, \omega = \sqrt{\frac{k}{m}} = \sqrt{\frac{15EI}{mh^3}}$。

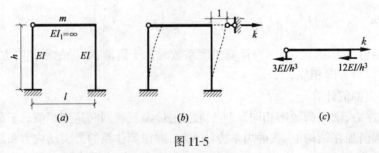

图 11-5

【例 11-4】 求图 11-6(a)所示刚架的自振频率。AB 杆质量为 m，其他杆质量不计。

【解】 求刚度系数，令 AB 杆向下发生单位位移，三杆的杆端剪力即它们的侧移刚度，取分离体如图 11-6(b)所示，求出刚度系数为：

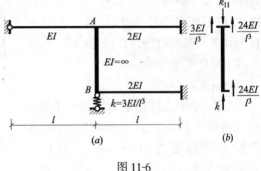

$$k_{11} = \frac{24EI}{l^3} + \frac{24EI}{l^3} + \frac{3EI}{l^3} + k = \frac{54EI}{l^3}$$

$$\omega = \sqrt{\frac{k_{11}}{m}} = \sqrt{\frac{54EI}{ml^3}}$$

注意：如果让振动体系沿振动方向发生单位位移时，所有刚节点都不能发生转动（如横梁刚度为无穷大的刚架），计算刚度系数方便。对于静定结构一般计算柔度系数方便。

图 11-6

两端刚结的杆的侧移刚度为：$12EI/l^3$，一端铰结的杆的侧移刚度为 $3EI/l^3$。

【例 11-5】 求图 11-7(a)所示体系的自振频率。$k = 6EI/l^3$。

【解法 1】 体系为具有弹性支座的超静定结构，取基本体系如图(b)，力法方程为：

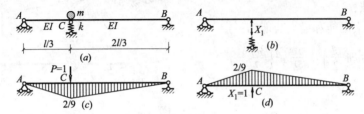

图 11-7

$$\delta_{11}X_1 + \Delta_{1P} = -\frac{X_1}{k},$$

图乘得：

$$\delta_{11} = -\Delta_{1P} = \frac{4l^3}{243EI},$$

解得：

$$X_1 = \frac{8}{89},$$

体系的柔度系数＝弹簧的变形为： $\delta = \dfrac{X_1}{k} = \dfrac{4l^3}{267EI}$，所以 $\omega = \sqrt{\dfrac{1}{m\delta}} = \sqrt{\dfrac{267EI}{4ml^3}}$。

【解法 2】 体系中弹簧的刚度已知，简支梁 AB 的 C 点刚度系数为其柔度系数的倒数。

AB 梁的 C 点柔度系数可由图 11-7(c)弯矩图图乘得到为 $\dfrac{4l^3}{243EI}$，则梁 C 点的刚度系数为

$\dfrac{243EI}{4l^3}$，体系的刚度系数为 $k_{11} = \dfrac{243EI}{4l^3} + k = \dfrac{267EI}{4l^3}$。 $\omega = \sqrt{\dfrac{k_{11}}{m}} = \sqrt{\dfrac{267EI}{4ml^3}}$。

【例 11-6】 求图 11-8(a)所示体系的自振频率。

因为 B 截面无转角，BD 杆无变形，所以 D 点不能有水平位移，该体系为单自由度体系。在 D 点加竖向支杆，并令其移动单位位移，用位移法或力矩分配法作出弯矩图如图 11-8(b)所示，据此求出 $k_{11} = Q_{DC} = \dfrac{15i}{2l^2}$，$\omega = \sqrt{\dfrac{k_{11}}{m}} = \sqrt{\dfrac{15EI}{2ml^3}}$。

【例 11-7】 求图 11-9(a)所示体系的自振频率。梁的刚度＝∞，质量不计。

【解】 图 11-9(a)所示体系为单自由度体系,由于两个质点上的惯性力不共线,所以不能将质量合并,按式 (11-2) 求自振频率。取梁的转角作位移参数,现讨论以下三种处理方法:

(1)幅值方程法:

设梁绕 A 点转过最大转角 θ,C、B、D 点的最大位移分别为:$\theta l/2$、θl、$3\theta l/2$,惯性力的幅值为:$I_1 = m\omega^2\theta l/2$,$I_2 = 3m\omega^2\theta l/2$ 如图 11-9(b)所示,对 A 点建立力矩方程,得:

$$\frac{m\omega^2\theta l}{2}\times\frac{l}{2} - kl\theta\times l + \frac{3m\omega^2\theta l}{2}\times\frac{3l}{2} = 0 \text{ 故}$$

得:$\omega^2 = \dfrac{2k}{5m}$

(2)能量法:

体系的最大动能和最大势能为:

$$T_{\max} = \frac{m}{2}\omega^2\left(\frac{\theta l}{2}\right)^2 + \frac{m}{2}\omega^2\left(\frac{3\theta l}{2}\right)^2,$$
$$U_{\max} = \frac{k}{2}(\theta l)^2,$$

因为,$T_{\max} = U_{\max}$,故得:$\omega^2 = \dfrac{2k}{5m}$

(3)间接利用公式 (11-2)

取梁绕 A 点的转角 θ 作位移参数,体系对 A 点的转动惯量为:

$$J_A = m\left(\frac{l}{2}\right)^2 + m\left(\frac{3l}{2}\right)^2 = \frac{5ml^2}{2}$$

求柔度系数,如图 11-9(c)所示,在 A 杆端加单位力偶,弹簧中的反力为 $1/l$,弹簧中的变形为 $\dfrac{1}{kl}$,于是求得 $\delta_{11} = \dfrac{1}{kl^2}$;

求刚度系数,如图 11-9(d)所示,让 A 杆端发生单位转角,弹簧的变形为 l,弹簧中的反力为 kl,于是求得在 A 杆端需施加的力偶,即:$k_{11} = kl^2$。

以 J_A 代替 m,代入式(11-2)得到:

$$\omega = \sqrt{\frac{1}{J_A\delta_{11}}} = \sqrt{\frac{2k}{5m}}$$

或:
$$\omega\sqrt{\frac{k_{11}}{J_A}} = \sqrt{\frac{2k}{5m}}。$$

【例 11-8】 求图 11-10(a)所示体系的自振频率。

【解】 图 11-10(a)所示体系可用能量法和幅值方程法求自振频率。但间接利用公式(11-2)求频率会更简单一些。取体系 A 点的转角θ作位移参数,体系对 A 点的转动惯量为:

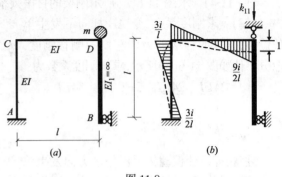

图 11-8

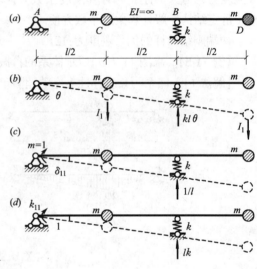

图 11-9

$$J_A = \frac{3\overline{lm}}{3}(3l)^2 + \left[\frac{\overline{ml}}{12}l^2 + \overline{ml}\left((2l)^2 + \left(\frac{1}{2}\right)^2\right)\right] = \frac{40\overline{ml}^3}{3},$$

求柔度系数,如图 11-10(b)所示,在 A 杆端加单位力偶,弹簧中的反力为 $1/(2l)$,弹簧中的变形为 $1/(2kl)$,于是求得 $\delta_{11} = 1/(4kl^2)$。

求刚度系数,如图 11-10(c)所示,让 A 杆端发生单位转角,弹簧的变形为 $2l$,弹簧中的反力为 $2kl$,于是求得在 A 杆端需施加的力偶,即:$k_{11} = 4kl^2$。

以 J_A 代替 m,代入式(11-2)得到:

$$\omega = \sqrt{\frac{1}{J_A\delta_{11}}} = \sqrt{\frac{3k}{10\overline{ml}}}$$

或

$$\omega = \sqrt{\frac{k_{11}}{J_A}} = \sqrt{\frac{3k}{10\overline{ml}}}$$

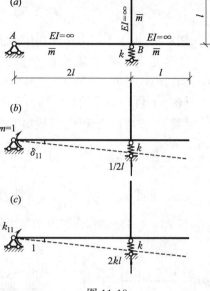

【例 11-9】 求图 11-11(a)所示结构在简谐荷载作用下质点的振幅和 B 截面动弯矩幅值($\theta = 0.5\omega$)。

【解】 作单位弯矩图如图 11-11(b)所示,

$\delta_{11} = \dfrac{l^3}{8EI}$,$\omega^2 = \dfrac{1}{m\delta_{11}} = \dfrac{8EI}{ml^3}$,$y_{st} = P\delta_{11} = \dfrac{Pl^3}{8EI}$

$\beta = \dfrac{1}{1 - \theta^2/\omega^2} = \dfrac{1}{1 - 0.5^2} = \dfrac{4}{3}$,$A = \beta y_{st} = \dfrac{Pl^3}{6EI}$。$M_{Bd} = \beta M_{Bst} = \dfrac{4}{3}\dfrac{Pl}{2} = \dfrac{2Pl}{3}$。

图 11-10

【例 11-10】 在图 11-12(a)所示体系中,已知 $m = 300\text{kg}$,$EI = 90 \cdot 10^5 \text{N} \cdot \text{m}^2$,$l = 4m$,$k = 48EI/l^3$,$P = 20\text{kN}$,$\theta = 80s^{-1}$。求:(1)无阻尼时梁中点的动位移幅值;(2)当 $\xi = 0.05$ 时,梁中点的动位移幅值和最大动力弯矩。

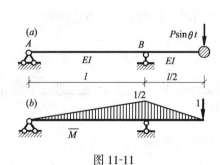

图 11-11

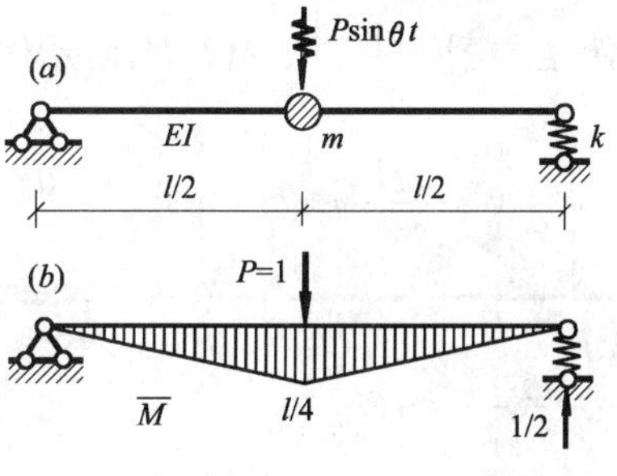

图 11-12

【解】 作单位弯矩图如图 11-12(b)所示。

$$\delta_{11} = \frac{1}{2} \cdot \frac{1}{2} \cdot \frac{1}{k} + \frac{l^3}{48EI} = \frac{5l^3}{192EI}$$

$$\omega = \sqrt{\frac{1}{m\delta_{11}}} = \sqrt{\frac{192EI}{5ml^3}} = \sqrt{\frac{192 \cdot 90 \cdot 10^5}{5 \cdot 300 \cdot 4^3}} = 134.16\text{s}^{-1}$$

无阻尼时:

$$\beta = \frac{1}{1 - 80^2/134.16^2} = 1.552$$

$$y_P = P\delta_{11}\beta = \frac{P \cdot 5l^3}{192EI}\beta = 5.75 \times 10^{-3}\text{m} = 0.575\text{cm}, \quad M_{d\,max} = \frac{Pl}{4}\beta = 31.04\text{kN}\cdot\text{m}$$

有阻尼时：$\beta = \left[\left(1 - \frac{80^2}{134.16^2}\right) + 4 \cdot 0.05^2 \cdot \frac{80^2}{134.16^2}\right]^{-1/2} = 1.546$

$$y_P = P\delta_{11}\beta = \frac{P \cdot 5l^3}{192EI}\beta = 5.73 \times 10^{-3}\text{m} = 0.573\text{cm}, \quad M_{d\,max} = \frac{Pl}{4}\beta = 30.92\text{kN}\cdot\text{m}$$

注意：①由于干扰力作用在质点上且沿振动方向，故位移和弯矩动力系数相同。

②考虑与不考虑阻尼的动位移、动内力幅值相差不大。这是因为频率比（$\theta/\omega = 80/134.16 = 0.596$）在共振区之外的缘故。

【例 11-11】 求图 11-13(a)所示结构质点的振幅和动弯矩幅值图（$\theta = 0.5\omega$）。

【解】 作单位弯矩图、荷载幅值产生的弯矩图如图 11-13(b)、(c)，

$\overline{M}$ 自乘得：$\delta_{11} = \frac{11l^3}{12EI}$，$\overline{M}$、$M_P$ 相乘得：$y_{st} = \frac{ql^4}{4EI}$，$\omega^2 = \frac{1}{m\delta_{11}} = \frac{12EI}{11ml^3}$，$\beta = \frac{1}{1 - \theta^2/\omega^2} = \frac{4}{3}$

质点振幅：$A = \beta y_{st} = \frac{ql^4}{3EI}$，惯性力幅值：$I = mA\theta^2 = m \times \frac{ql^4}{3EI} \times \frac{3EI}{11ml^3} = \frac{ql}{11}$，

按 $M_d = I\overline{M} + M_P$ 叠加出动弯矩幅值图如图 11-13(d)所示。

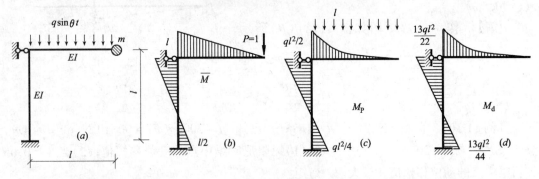

图 11-13

【例 11-12】 求图 11-14(a)所示体系中，梁中点的动位移幅值和动力弯矩幅值。

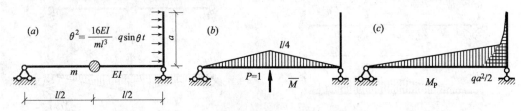

图 11-14

【解】 作单位弯矩图、荷载幅值产生的弯矩图如图 11-14(b)、(c)所示，

$\overline{M}$ 自乘得：$\delta_{11} = \frac{l^3}{48EI}$，$\overline{M}$ 与 M_P 相乘得：$y_{st} = \frac{qa^2l^2}{32EI}$，$\omega^2 = \frac{1}{m\delta_{11}} = \frac{48EI}{mml^3}$，$\beta = \frac{1}{1 - \theta^2/\omega^2} = \frac{3}{2}$

质点振幅：$A = \beta y_{st} = \frac{3qa^2l^2}{64EI}$，惯性力的幅值为：$I = m\theta^2 A = m \cdot \frac{16EI}{ml^3} \cdot \frac{3qa^2l^2}{64EI} = \frac{3qa^2}{4l}$

按 $M_{Cd} = I\overline{M}_C + M_{CP} = \frac{3}{4}\frac{qa^2}{l} \cdot \frac{l}{4} + \frac{qa^2}{4} = \frac{7qa^2}{16}$。

注意:荷载向右时,质点位移向上。质点位移取向上为正。

【例 11-13】 测图 11-15 所示刚架动力特性。加力 20kN 时顶部侧移 2cm,振动一周($T=1.4$s)后,回摆 1.6cm,求系统的阻尼比 ξ、大梁的重量 W 及 6 周后的振幅。

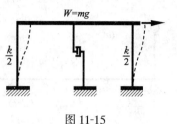

图 11-15

【解】 ①由 $T=\dfrac{2\pi}{\omega}=2\pi\sqrt{\dfrac{W}{kg}}=1.4$s,得

$$W=\left(\frac{1.4}{2\pi}\right)^2 k\cdot g=0.0496\times\frac{20}{2}\times 981=486.6\text{kN}$$

②$\xi=\dfrac{1}{2\pi}\ln\dfrac{2}{1.6}=0.0355$,低阻尼,所以取 $\omega_r=\omega=2\pi/T=4.481/s$

③求 y_6,$\dfrac{y_0}{y_1}=\dfrac{e^{-\xi\omega t_0}}{e^{-\xi\omega(t_0+T)}}=e^{\xi\omega T}$,$\dfrac{y_0}{y_6}=\dfrac{e^{-\xi\omega t_0}}{e^{-\xi\omega(t_0+6T)}}=e^{6\xi\omega T}=\left(\dfrac{y_0}{y_1}\right)^6$,

$$y_6=\left(\frac{y_1}{y_0}\right)^6\times y_0=\left(\frac{1.6}{2}\right)^6\times 2=0.524\text{cm}$$

【例 11-14】 求图 11-16(a)所示体系频率和主振型,并演算主振型正交性。

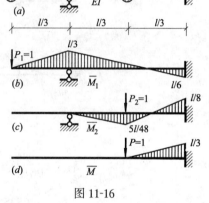

图 11-16

【解】 作单位弯矩图如图 11-16(b)、(c)所示,求柔度系数:

$\overline{M}_1$ 自乘得:$\delta_{11}=\dfrac{5l^3}{162EI}=\dfrac{80l^3}{54\times 48EI}$,

$\overline{M}_2$、$\overline{M}$ 相乘得 $\delta_{22}=\dfrac{7l^3}{54\times 48EI}$,

$\overline{M}_1$、$\overline{M}$ 相乘得 $\delta_{12}=\delta_{21}=-\dfrac{12l^3}{54\times 48EI}$

$$\lambda_{1,2}=\frac{1}{2}\cdot\frac{ml^3}{54\times 48EI}\left[(80+7)\pm\sqrt{(80+7)^2-4(80\times 7-12\times 12)}\right]$$

$$\lambda_1=\frac{81.922ml^3}{54\times 48EI},\quad \omega_1=\sqrt{\frac{1}{\lambda_1}}=5.625\sqrt{\frac{EI}{ml^3}},$$

$$\frac{Y_{11}}{Y_{21}}=-\frac{\delta_{12}m_2}{\delta_{11}m_1-\lambda_1}=-\frac{-12}{80-81.922}=-\frac{6.2435}{1}$$

$$\lambda_2=\frac{5.078ml^3}{54\times 48EI},\quad \omega_2=\sqrt{\frac{1}{\lambda_2}}=22.593\sqrt{\frac{EI}{ml^3}},$$

$$\frac{Y_{12}}{Y_{22}}=-\frac{\delta_{12}m_2}{\delta_{11}m_1-\lambda_2}=-\frac{-12}{80-5.078}=\frac{0.1602}{1}$$

演算正交性:$m_1 Y_{11}Y_{12}+m_2 Y_{21}Y_{22}=m\times(-6.2435)(0.1602)+m\times 1\times 1\approx 0$。

【例 11-15】 求图 11-17(a)所示体系频率和主振型。

【解】 体系的几何形状、刚度分布、质量分布均对称,主振型有对称反对称两组。可取等代体系(半刚架)(如图 11-17b、c 所示)计算。

①对称情况:作单位弯矩图如图 11-18 所示,

$\overline{M}_1\times\overline{M}_1^0$: $\delta_{11}=\dfrac{1}{EI}\left[\dfrac{l^3}{3}+\dfrac{l^2}{2}\left(\dfrac{2l}{3}-\dfrac{1}{3}\dfrac{l}{8}\right)\right]=\dfrac{31l^3}{48EI}$,

$\overline{M}_2\times\overline{M}_2^0$: $\delta_{22}=\dfrac{1}{EI}\left[\dfrac{l^2}{2}\left(\dfrac{2}{3}\dfrac{5l}{8}-\dfrac{1}{3}\dfrac{3l}{8}\right)\right]=\dfrac{7l^3}{48EI}$,

$$\overline{M}_1 \times \overline{M}_2^0: \quad \delta_{12} = \delta_{21} = \frac{1}{EI} \frac{l^2}{2} \frac{l}{8} = \frac{l^3}{16EI}。$$

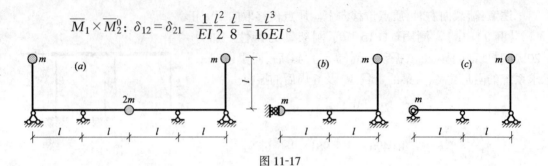

图 11-17

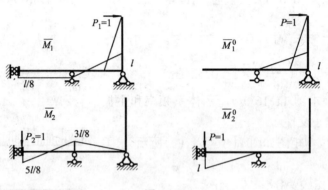

图 11-18

$$\lambda_{1,2} = \frac{ml^3}{96EI} \left[(31+7) \pm \sqrt{(31+7)^2 - 4(31 \times 7 - 3^2)} \right]$$

$$\lambda_1 = 0.6535 \frac{ml^3}{EI}, \lambda_2 = 0.1381 \frac{ml^3}{EI},$$

$$\omega' = \frac{1}{\sqrt{\lambda_1}} = 1.237 \sqrt{\frac{EI}{ml^3}}, \omega'' = \frac{1}{\sqrt{\lambda_2}} = 2.691 \sqrt{\frac{EI}{ml^3}}$$

②反对称情况:作单位弯矩图如图 11-19

$$\delta_{11} = \frac{1}{EI} \left[\frac{l^3}{3} + \frac{l^2}{2} \left(\frac{2}{3} \cdot l - \frac{1}{3} \cdot \frac{l}{4} \right) \right] = \frac{5l^3}{8EI}, \omega''' = \sqrt{\frac{1}{m\delta_{11}}} = \sqrt{\frac{8EI}{5ml^3}} = 1.265 \sqrt{\frac{EI}{ml^3}}$$

所以:$\omega_1 = 1.237 \sqrt{\frac{EI}{ml^3}}, \omega_2 = 1.265 \sqrt{\frac{EI}{ml^3}}, \omega_3 = 2.691 \sqrt{\frac{EI}{ml^3}}$。

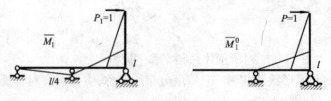

图 11-19

【例 11-16】 求图 11-20(a)所示框架结构的自振频率和主振型并演算正交性。假设横梁刚度为无限大,已知 $EI_1 = EI_2/16$。

【解】 在质点位移处加支杆,让第一个支杆发生单位位移如图 11-20(b),k_{11}等于①、

②、③、④杆的侧移刚度之和，k_{21}等于③、④、⑤杆的侧移刚度之和。

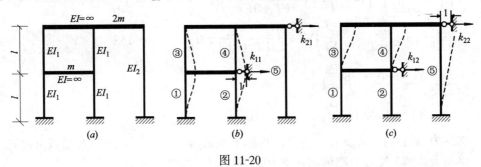

图 11-20

$$k_{11}=4\times\frac{12EI_1}{l^3}=\frac{48EI_1}{l^3}=2k\ ,\quad k_{21}=k_{12}=-2\times\frac{12EI_1}{l^3}=-\frac{24EI_1}{l^3}=-k\ 。$$

让第二个支杆发生单位位移如图 11-20(c)，k_{22}等于③、④、⑤杆的侧移刚度之和，

$$k_{22}=2\times\frac{12EI_1}{l^3}+\frac{12EI_2}{(2l)^3}=\frac{48EI_1}{l^3}=2k，其中：k=\frac{24EI_1}{l^3}\ 。$$

代入频率方程得：$\begin{vmatrix}2k-\omega^2m & -k\\ -k & 2k-2\omega^2m\end{vmatrix}=0$，展开，$2m^2\omega^4-6km\omega^2+3k^2=0$

解得：$\omega_1=3.9006\sqrt{EI_1/ml^3}$，$\omega_2=7.5356\sqrt{EI_1/ml^3}$，

代入振型公式得：$\dfrac{Y_{11}}{Y_{21}}=-\dfrac{k_{12}}{k_{11}-\omega_1^2m_1}=\dfrac{1}{1.366}$，$\dfrac{Y_{12}}{Y_{22}}=-\dfrac{k_{12}}{k_{11}-\omega_2^2m_1}=\dfrac{-1}{0.366}$

演算正交性：$m_1Y_{11}Y_{12}+m_2Y_{21}Y_{22}=m(1)\cdot(-1)+2m\cdot(1.366)\cdot(0.366)=-0.000088m\approx0$。

【例 11-17】 求图 11-21(a)所示结构的质点振幅，并绘制动弯矩幅值图。

$$\theta^2=\frac{60EI}{ml^3}\ 。$$

【解】 由图 11-21(b)、(c)求柔度系数和自由项为：

$$\delta_{11}=\frac{a^3}{EI},\delta_{22}=\frac{a^3}{6EI}，$$

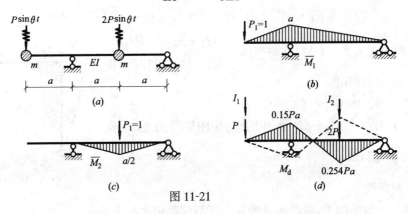

图 11-21

$$\delta_{12}=\delta_{21}=-\frac{a^3}{4EI},\Delta_{1P}=P\delta_{11}+2P\delta_{12}=\frac{Pa^3}{2EI},\Delta_{2P}=P\delta_{21}+2P\delta_{22}=\frac{Pa^3}{12EI}$$

由式(11-15)求振幅：

$$\left(\frac{ma^3}{EI}-\frac{ma^3}{60EI}\right)Y_1-\frac{ma^3}{4EI}Y_2+\frac{Pa^3}{2EI}\cdot\frac{ma^3}{60EI}=0 \left.\begin{array}{c}\\ \\\end{array}\right\} \quad \rightarrow \quad 59Y_1-15Y_2+\frac{Pa^3}{2EI}=0\left.\begin{array}{c}\\ \\\end{array}\right\}$$

$$-\frac{ma^3}{4EI}Y_1+\left(\frac{ma^3}{6EI}-\frac{ma^3}{60EI}\right)Y_2+\frac{Pa^3}{12EI}\cdot\frac{ma^3}{60EI}=0 \qquad\qquad -15Y_1+9Y_2+\frac{Pa^3}{12EI}=0$$

$$\rightarrow \quad \begin{array}{l} Y_1=-0.0238\dfrac{Pa^3}{EI}\\[2mm] Y_2=-0.0406\dfrac{Pa^3}{EI}\end{array}\left.\begin{array}{c}\\ \\\end{array}\right\}$$

惯性力幅值：$I_1=m_1\theta^2Y_1=-1.438P$，$I_2=m_2\theta^2Y_2=-2.436P$（与荷载反向）。

将荷载幅值和惯性力幅值加在梁上，按静力法绘制弯矩图。

或者通过 $M_d=(P+I_1)\overline{M}_1+(2P+I_2)\overline{M}_2$ 叠加得到弯矩图，如图 11-21(d) 所示。

由于荷载的频率大于自振频率（该体系的自振频率见单元测试题 3-9），惯性力和位移都与荷载反向。图 11-21(d) 为荷载向上时的弯矩幅值图，荷载向下时与此相反，如图中虚线所示。另外，θ 比 ω 大的多，故动力效应比静力效应小的多。

【例 11-18】 绘制图 11-22(a) 所示结构动弯矩幅值图。$\theta^2=\dfrac{EI}{3ml^3}$。

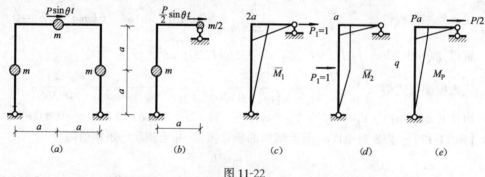

图 11-22

【解】 本例为对称结构受反对称荷载作用，振动形式为反对称的。取半结构计算，为两个自由度体系。绘单位弯矩图和荷载弯矩图，求柔度系数和自由项为：

$$\delta_{11}=\frac{4a^3}{EI},\ \delta_{22}=\frac{5a^3}{3EI},\ \delta_{12}=\delta_{21}=\frac{5a^3}{2EI},\ \Delta_{1P}=\frac{2Pa^3}{EI},\ \Delta_{2P}=\frac{5Pa^3}{4EI}$$

将以上代入式(11-17)并整理得：

$$\begin{array}{l}-4I_1+5I_2+4P=0\\ 30I_1-16I_2+15P=0\end{array}\left.\begin{array}{c}\\ \\\end{array}\right\}$$

解出：$\begin{array}{l}I_1=-1.616P\\ I_2=-2.093P\end{array}\left.\begin{array}{c}\\ \\\end{array}\right\}$。

由 $M_d=I_1\overline{M}_1+I_2\overline{M}_2+M_P$ 叠加得到弯矩图如图 11-23 所示。

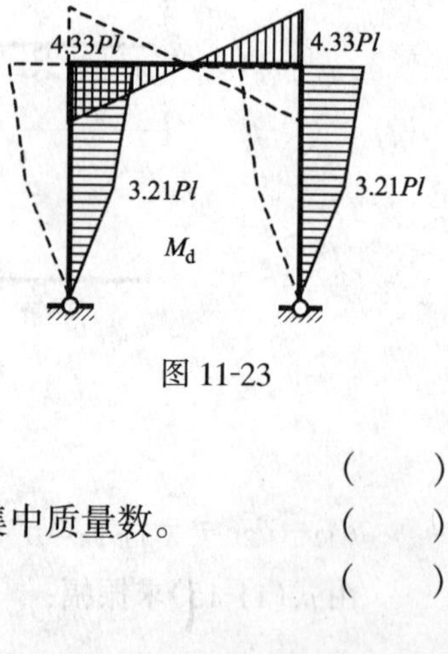

图 11-23

三、单元测试

1. 判断题

1-1 一般情况下，振动体系的自由度与超静定次数无关。 （　）

1-2 具有集中质量的体系，其动力计算自由度就等于其集中质量数。 （　）

1-3 图 11-24 所示体系有 3 个振动自由度。 （　）

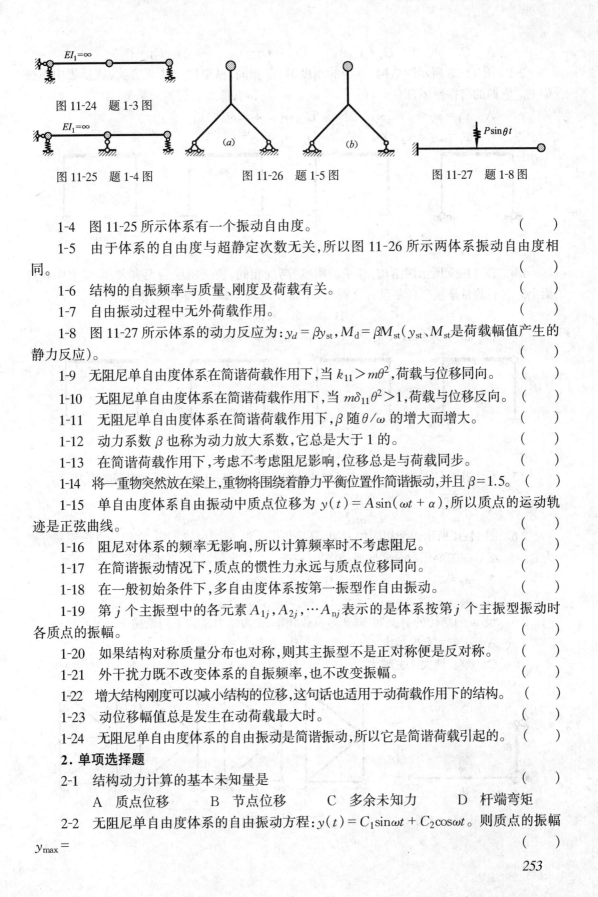

图 11-24　题 1-3 图

$EI_1 = \infty$

图 11-25　题 1-4 图

(a)　　　　(b)

图 11-26　题 1-5 图

$P\sin\theta t$

图 11-27　题 1-8 图

1-4　图 11-25 所示体系有一个振动自由度。　　　　　　　　　　　（　　）

1-5　由于体系的自由度与超静定次数无关,所以图 11-26 所示两体系振动自由度相同。　　　　　　　　　　　　　　　　　　　　　　　　　　　　（　　）

1-6　结构的自振频率与质量、刚度及荷载有关。　　　　　　　　（　　）

1-7　自由振动过程中无外荷载作用。　　　　　　　　　　　　　（　　）

1-8　图 11-27 所示体系的动力反应为: $y_d = \beta y_{st}$, $M_d = \beta M_{st}$ (y_{st}、M_{st} 是荷载幅值产生的静力反应)。　　　　　　　　　　　　　　　　　　　　　　　（　　）

1-9　无阻尼单自由度体系在简谐荷载作用下,当 $k_{11} > m\theta^2$,荷载与位移同向。（　　）

1-10　无阻尼单自由度体系在简谐荷载作用下,当 $m\delta_{11}\theta^2 > 1$,荷载与位移反向。（　　）

1-11　无阻尼单自由度体系在简谐荷载作用下, β 随 θ/ω 的增大而增大。（　　）

1-12　动力系数 β 也称为动力放大系数,它总是大于 1 的。　　　　（　　）

1-13　在简谐荷载作用下,考虑不考虑阻尼影响,位移总是与荷载同步。（　　）

1-14　将一重物突然放在梁上,重物将围绕着静力平衡位置作简谐振动,并且 $\beta = 1.5$。（　　）

1-15　单自由度体系自由振动中质点位移为 $y(t) = A\sin(\omega t + \alpha)$,所以质点的运动轨迹是正弦曲线。　　　　　　　　　　　　　　　　　　　　　　（　　）

1-16　阻尼对体系的频率无影响,所以计算频率时不考虑阻尼。　　（　　）

1-17　在简谐振动情况下,质点的惯性力永远与质点位移同向。　　（　　）

1-18　在一般初始条件下,多自由度体系按第一振型作自由振动。　（　　）

1-19　第 j 个主振型中的各元素 A_{1j}, A_{2j}, $\cdots A_{nj}$ 表示的是体系按第 j 个主振型振动时各质点的振幅。　　　　　　　　　　　　　　　　　　　　　　（　　）

1-20　如果结构对称质量分布也对称,则其主振型不是正对称便是反对称。（　　）

1-21　外干扰力既不改变体系的自振频率,也不改变振幅。　　　　（　　）

1-22　增大结构刚度可以减小结构的位移,这句话也适用于动荷载作用下的结构。（　　）

1-23　动位移幅值总是发生在动荷载最大时。　　　　　　　　　　（　　）

1-24　无阻尼单自由度体系的自由振动是简谐振动,所以它是简谐荷载引起的。（　　）

2. 单项选择题

2-1　结构动力计算的基本未知量是　　　　　　　　　　　　　　（　　）

　　A　质点位移　　　　B　节点位移　　　　C　多余未知力　　　　D　杆端弯矩

2-2　无阻尼单自由度体系的自由振动方程: $y(t) = C_1\sin\omega t + C_2\cos\omega t$。则质点的振幅 $y_{max} =$　　　　　　　　　　　　　　　　　　　　　　　　　　（　　）

$$ \text{A} \quad C_1 \qquad\qquad \text{B} \quad C_1 + C_2 \qquad\qquad \text{C} \quad \sqrt{C_1^2 + C_2^2} \qquad\qquad \text{D} \quad C_1^2 + C_2^2 $$

2-3 图 11-28 所示四结构,柱子的刚度、高度相同,横梁刚度为无穷大,质量集中在横梁上。它们的自振频率自左至右分别为 ω_1、ω_2、ω_3、ω_4,那么它们的关系是 （ ）

A $\omega_1 = \omega_2 < \omega_3 < \omega_4$ B $\omega_1 < \omega_2 < \omega_3 < \omega_4$

C $\omega_1 = \omega_2 = \omega_3 = \omega_4$ D $\omega_1 < \omega_2 = \omega_3 < \omega_4$

图 11-28 题 2-3 图

2-4 图 11-29 所示四结构,柱子的刚度、高度相同,横梁刚度为无穷大,质量集中在横梁上。它们的自振频率自左至右分别为 ω_1、ω_2、ω_3、ω_4,那么它们的关系是 （ ）

A $\omega_1 = \omega_2 < \omega_3 < \omega_4$ B $\omega_1 < \omega_2 < \omega_3 < \omega_4$

C $\omega_1 = \omega_2 = \omega_3 = \omega_4$ D $\omega_1 < \omega_2 = \omega_3 < \omega_4$

图 11-29 题 2-4 图

2-5 不计阻尼,不计自重,不考虑杆件的轴向变形,图 11-30 所示体系的自振频率为 （ ）

$$ \text{A} \quad \sqrt{\frac{3EI}{ml^3}} \qquad \text{B} \quad \sqrt{\frac{3EI}{2ml^3}} \qquad \text{C} \quad \sqrt{\frac{12EI}{ml^3}} \qquad \text{D} \quad \sqrt{\frac{6EI}{ml^3}} $$

2-6 图 11-31 所示四个相同的桁架,只是集中质量 m 的位置不同,它们的自振频率分别为 ω_a、ω_b、ω_c、ω_d(忽略阻尼及竖向振动作用,各杆 EA 为常数),那么它们的关系是 （ ）

A $\omega_a = \omega_b < \omega_c = \omega_d$ B $\omega_a < \omega_b < \omega_c < \omega_d$

C $\omega_a = \omega_b > \omega_c = \omega_d$ D $\omega_a > \omega_b > \omega_c > \omega_d$

2-7 设 ω 为结构的自振频率,θ 为荷载频率,β 为动力系数下列论述正确的是 （ ）

A ω 越大 β 也越大   B θ 越大 β 也越大

C θ/ω 越大 β 也越大   D θ/ω 越接近 1,β 绝对值越大

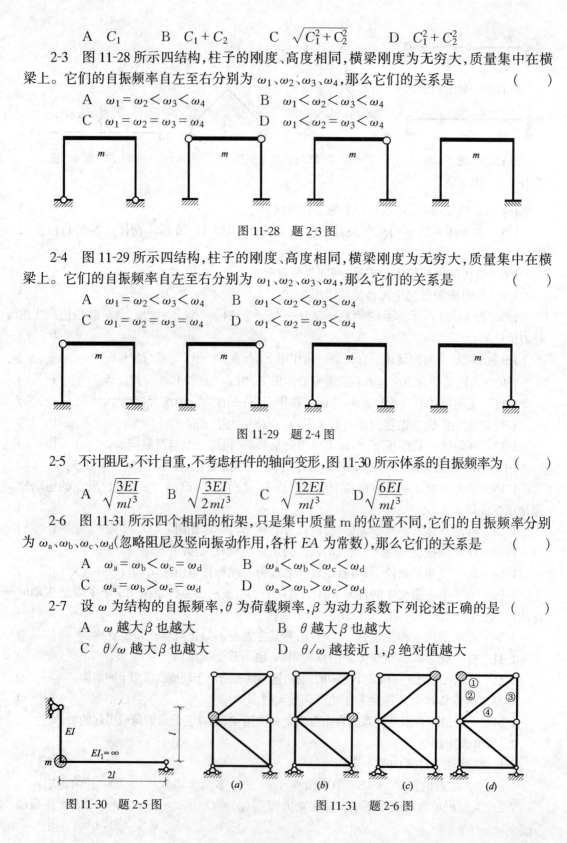

图 11-30 题 2-5 图

图 11-31 题 2-6 图

2-8 当简谐荷载作用于有阻尼的单自由度体系质点上时,若荷载频率远远大于体系的自振频率时,则此时与动荷载相平衡的主要是 （　　）

    A　弹性恢复力   B　阻尼力

    C　惯性力   D　重力

2-9 无阻尼单自由度体系在简谐荷载作用下,共振时与动荷载相平衡的是 （　　）

    A　弹性恢复力   B　惯性力

    C　惯性力与弹性力的合力   D　没有力

2-10 如果体系的阻尼数值增大,下列论述错误的是 （　　）

    A　自由振动的振幅衰减速度加快   B　自振周期减小

    C　动力系数减小   D　位移和简谐荷载的相位差变大

2-11 图 11-32(a)、(b)两体系中,EI、m 相同,则两者自振频率的关系是 （　　）

    A　$\omega_a > \omega_b$ B　当 $EI_1 \gg EI$ 时 $\omega_a \approx \omega_b$

    C　$\omega_a = \omega_b$ D　当 $EI_1 \ll EI$ 时 $\omega_a \approx \omega_b$

2-12 图 11-33 所示 3 个单跨梁的自振频率分别为 ω_a、ω_b、ω_c 它们之间的关系是 （　　）

    A　$\omega_a > \omega_b > \omega_c$ B　$\omega_a > \omega_c > \omega_b$

    C　$\omega_c > \omega_a > \omega_b$ D　$\omega_b > \omega_a > \omega_c$

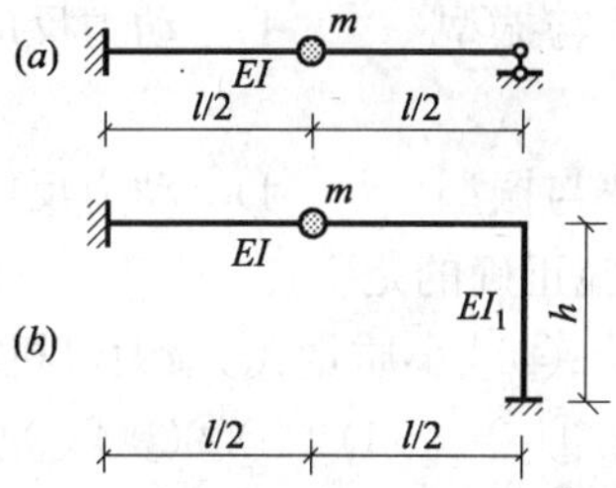

图 11-32　题 2-11 图 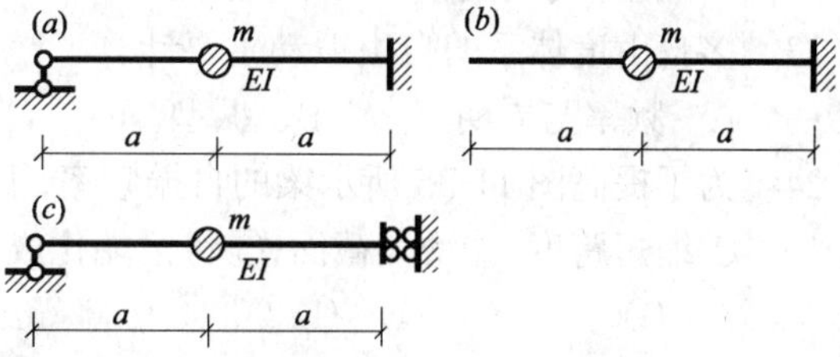   图 11-33　题 2-12 图

2-13 一单自由度振动体系,由初始位移 0.685cm,初始速度为零产生自由振动,振动一个周期后最大位移为 0.50cm,体系的阻尼比为 （　　）

    A　$\xi = 0.05$ B　$\xi = 0.10$

    C　$\xi = 0.15$ D　$\xi = 0.20$

2-14 一单自由度振动体系,其阻尼比为 ξ,共振时的动力系数为 β 则 （　　）

    A　$\xi = 0.05, \beta = 10$ B　$\xi = 0.10, \beta = 15$

    C　$\xi = 0.15, \beta = 20$ D　$\xi = 0.20, \beta = 25$

2-15 图 11-34 所示体系频率比为 θ/ω,动位移 $y(t)$ 与荷载 $P(t)$ 的关系是 （　　）

    A　当 $\theta/\omega > 1$ 时,$y(t)$ 与 $P(t)$ 同向,当 $\theta/\omega < 1$ 时,$y(t)$ 与 $P(t)$ 反向

    B　当 $\theta/\omega > 1$ 时,$y(t)$ 与 $P(t)$ 反向,当 $\theta/\omega < 1$ 时,$y(t)$ 与 $P(t)$ 同向

    C　不论 θ/ω 如何,$y(t)$ 与 $P(t)$ 同向

    D　不论 θ/ω 如何,$y(t)$ 与 $P(t)$ 反向

2-16 图 11-34 所示体系,当荷载频率 θ 接近结构的自振频率 ω 时 （　　）

    A　可作为静荷载处理   B　可以不考虑阻尼对频率的影响

    C　荷载影响非常小   D　可以不考虑阻尼对振幅的影响

2-17 已知结构的自振周期 $T=0.3s$，阻尼比 $\xi=0.1$，质量 m，在 $y_0=3mm$，$v_0=0$ 的初始条件下开始振动，则经过几个周期后振幅可以衰减到 $0.1mm$ 以下？ （　　）

A　3　　　　　　B　4　　　　　C　5　　　　　D　6

2-18 在低阻尼体系中不能忽略阻尼对什么的影响？ （　　）

A　频率　　　　　B　周期　　　　　C　振幅　　　　　D　主振型

2-19 下列那些振动是简谐振动 （　　）

①无阻尼的自由振动　　②$P\sin\theta t$ 产生的有阻尼体系的纯强迫振动

③有阻尼的自由振动，　　④突加荷载引起的无阻尼强迫振动

A　①②③　　　　　B　①②④　　　　　C　②　　　　　D　③

2-20 在单自由度体系受迫振动的动位移幅值计算公式 $y_{max}=\beta y_{st}$ 中，y_{st} 是 （　　）

A　质量的重力所引起的静位移　　　　B　动荷载的幅值所引起的静位移

C　动荷载引起的动位移　　　　　　　D　重力和动荷载幅值所引起的静位移

2-21 图 11-34 所示体系，当 $\theta\gg\omega$ 时，质点位移幅值（　　）

A　是无穷大　　　　　B　很大

C　很小　　　　　　　D　等于静位移 y_{st}

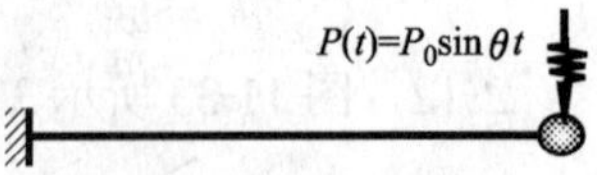

图 11-34　题 2-15 图

2-22 单自由度体系的自由振动主要计算 （　　）

A　频率与周期　　　B　振型　　　C　频率与振型　　　D　动力反应

2-23 多自由度体系的自由振动主要计算 （　　）

A　频率与周期　　　B　振型　　　C　频率与振型　　　D　动力反应

2-24 为了提高图 11-35 所示梁的自振频率，下列措施正确的是 （　　）

①缩短跨度；②增大截面；③将梁端化成固定端；④减小质量；⑤增大电机转速

A　①②③　　　　　B　①②③④　　　　　C　②③④　　　　　D　①②③④⑤

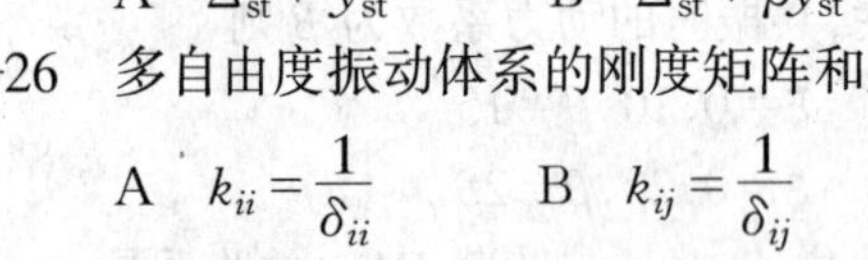

图 11-35　题 2-24 图 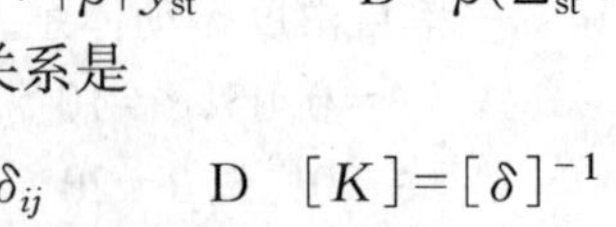　　　　　　　　　　图 11-36　题 2-25 图

2-25 图 11-36 所示体系 B 点的最大位移是 （　　）

A　$\Delta_{st}+y_{st}$　　　B　$\Delta_{st}+\beta y_{st}$　　　C　$\Delta_{st}+|\beta|y_{st}$　　　D　$\beta(\Delta_{st}+y_{st})$

2-26 多自由度振动体系的刚度矩阵和柔度矩阵的关系是 （　　）

A　$k_{ii}=\dfrac{1}{\delta_{ii}}$　　　B　$k_{ij}=\dfrac{1}{\delta_{ij}}$　　　C　$k_{ij}=\delta_{ij}$　　　D　$[K]=[\delta]^{-1}$

2-27 已知质量矩阵为 $[M]=\begin{bmatrix} m & 0 \\ 0 & 2m \end{bmatrix}$，振型为 $\{Y\}^{(1)}=\begin{Bmatrix} 1 \\ 2 \end{Bmatrix}$，$\{Y\}^{(2)}=\begin{Bmatrix} 1 \\ Y_{22} \end{Bmatrix}$，$Y_{22}$ 等于

A　-0.5　　　B　0.5　　　C　1　　　D　-0.25

2-28 图 11-37(a) 梁的频率是图 11-37(b) 梁的 （　　）

A　第一频率　　　　　B　第二频率

C　第三频率　　　　　D　无关系

2-29 图 11-38(b) 体系的第一频率是图 11-38(a) 体系的 （　　）

A 第一频率　　　　　B 第二频率

C 第三频率　　　　　D 第四频率

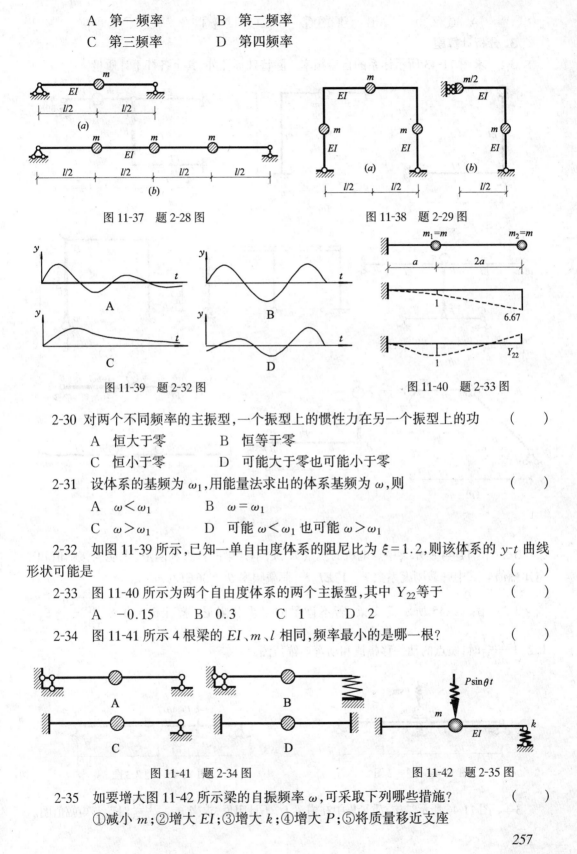

图 11-37　题 2-28 图　　　　　　图 11-38　题 2-29 图

图 11-39　题 2-32 图　　　　　　图 11-40　题 2-33 图

2-30　对两个不同频率的主振型,一个振型上的惯性力在另一个振型上的功　　　（　）

A 恒大于零　　　　　B 恒等于零

C 恒小于零　　　　　D 可能大于零也可能小于零

2-31　设体系的基频为 ω_1,用能量法求出的体系基频为 ω,则　　　（　）

A $\omega < \omega_1$　　　　B $\omega = \omega_1$

C $\omega > \omega_1$　　　　D 可能 $\omega < \omega_1$ 也可能 $\omega > \omega_1$

2-32　如图 11-39 所示,已知一单自由度体系的阻尼比为 $\xi = 1.2$,则该体系的 y-t 曲线形状可能是　　　（　）

2-33　图 11-40 所示为两个自由度体系的两个主振型,其中 Y_{22} 等于　　　（　）

A －0.15　　　B 0.3　　　C 1　　　D 2

2-34　图 11-41 所示 4 根梁的 EI、m、l 相同,频率最小的是哪一根?　　　（　）

图 11-41　题 2-34 图　　　　　图 11-42　题 2-35 图

2-35　如要增大图 11-42 所示梁的自振频率 ω,可采取下列哪些措施?　　　（　）

①减小 m;②增大 EI;③增大 k;④增大 P;⑤将质量移近支座

257

A ①②③　　　　B ①②③④　　　　C ②③④　　　　D ①②③⑤

3．分析计算题

3-1　求图 11-43 所示体系的自振频率。除特殊标注外,其余各杆不计质量。

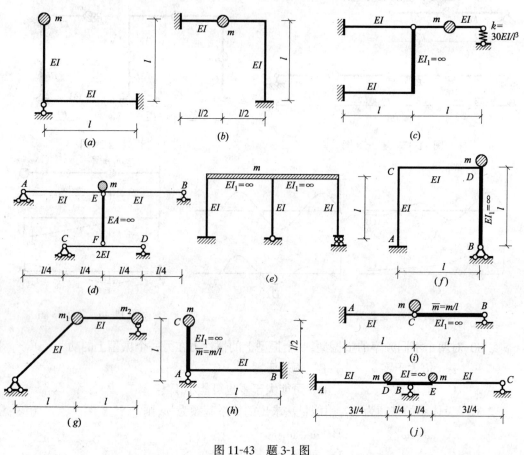

图 11-43　题 3-1 图

3-2　图 11-44 所示梁中点电机的质量为 m,不计梁的自重和阻尼,求动位移幅值和动弯矩幅值。其中弹簧刚度系数 $k = 12EI/l^3$,荷载频率 $\theta^2 = 36EI/(ml^3)$。

3-3　图 11-45 所示简支梁,若不计梁的自重和阻尼,求当 $\theta_1 = 0.8\sqrt{\dfrac{48EI}{ml^3}}$,$\theta_2 = 1.2\sqrt{\dfrac{48EI}{ml^3}}$ 时,质点的动位移幅值和动弯矩幅值图。

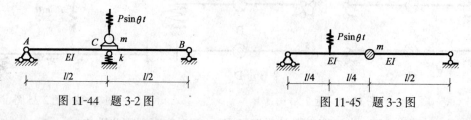

图 11-44　题 3-2 图　　　　　　　　　　图 11-45　题 3-3 图

3-4　图 11-46 所示结构,质量集中在横梁上,不计阻尼,求当 $\theta = \sqrt{\dfrac{6EI}{ml^3}}$ 时动弯矩幅值图。

3-5 图 11-47 所示结构,不计阻尼,$\theta = 0.5\omega$,$k = \dfrac{0.05EI}{l^3}$,求频率和质点振幅。

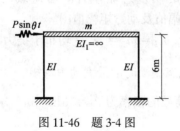

图 11-46 题 3-4 图

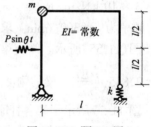

图 11-47 题 3-5 图

3-6 图 11-48 所示刚架不计自重和阻尼,求当 $\theta_1 = \sqrt{\dfrac{EI}{ml^3}}$,$\theta_2 = \sqrt{\dfrac{2EI}{ml^3}}$ 时,质点的动位移幅值和 A 截面动弯矩幅值。

3-7 求图 11-49 所示体系频率和主振型,并演算主振型正交性。

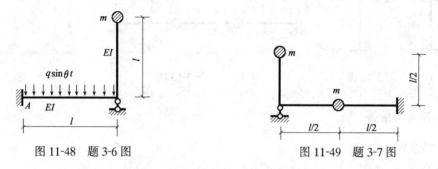

图 11-48 题 3-6 图   图 11-49 题 3-7 图

3-8 求图 11-50 所示体系频率和主振型,绘主振型图,并演算主振型正交性。

3-9 求图 11-51 所示体系频率和主振型,绘主振型图。

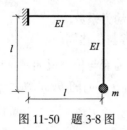

图 11-50 题 3-8 图

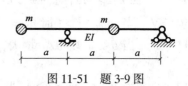

图 11-51 题 3-9 图

3-10 试求图 11-52 所示结构的自振频率;如初始条件为 $Y_{10} = 0.02\text{m}$,$Y_{20} = -0.00473\text{m}$,初速度为零,体系作何种振动。

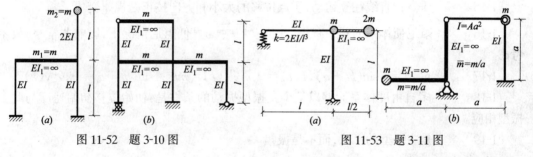

图 11-52 题 3-10 图   图 11-53 题 3-11 图

3-11 试求图 11-53 所示结构的自振频率和主振型,并演算主振型的正交性。

3-12 图 11-54 所示刚架横梁刚度为无穷大,质量为 $m_1 = m_2 = 100\text{t}$,层间侧移刚度分别为 $K_1 = 3 \times 10^4 \text{kN/m}$, $K_2 = 2 \times 10^4 \text{kN/m}$,柱子的质量忽略不计。动荷载的幅值为 $P = 20\text{kN}$,频率为 $\theta = 300\text{r/min}$。求横梁水平位移的幅值及动弯矩幅值图。

3-13 图(11-55)所示。简支梁有两个集中质量,$m_1 = m_2 = m$,受均布干挠力 $q(t) = q\sin\theta t$,$\theta = 2.845\sqrt{\dfrac{EI}{ml^3}}$。梁的刚度为 EI。求梁在稳态振动时的最大动力弯矩。

3-14 图 11-56 所示刚架各杆刚度 EI 相同,动荷载的频率为 $\theta^2 = 16EI/ml^3$,求质量的幅值及 B 截面的动弯矩幅值。

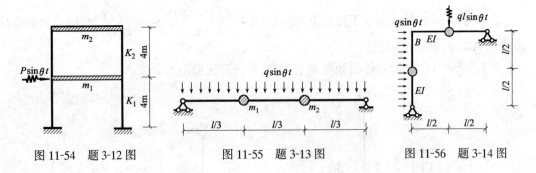

图 11-54 题 3-12 图   图 11-55 题 3-13 图   图 11-56 题 3-14 图

四、答案与解答

1. 判断题

1-1 √   1-2 ×   1-3 × 两个自由度。   1-4 √

1-5 × 图 11-26(a)有一个自由度;图 11-26(b)有两个自由度。

1-6 × 与荷载无关。   1-7 √

1-8 × 荷载不作用在质点上,内力和位移无统一的动力系数。

1-9 √ 当 $k_{11} > m\theta^2$ 时 $\omega = \sqrt{k_{11}/m} > \theta$,$\beta > 0$,荷载与位移同向。

1-10 √ 当 $m\delta_{11}\theta^2 > 1$ 时,$\omega = \sqrt{1/\delta_{11}m} < \theta$,$\beta < 0$ 荷载与位移反向。

1-11 √ 当 $\theta < \omega$,随 θ/ω 增大,β 由 1 增大到 ∞;当 $\theta > \omega$,随 θ/ω 增大,β 由 $-\infty$ 增大到 0。

1-12 × 当 $\theta < \omega$,$\infty > \beta > 1$;当 $\theta > \omega$,$-\infty < \beta < 0$。

1-13 × 考虑阻尼影响时,位移总是滞后于荷载。

1-14 × 重物将围绕着静力平衡位置作简谐振动,$\beta = 2$。

1-15 × 质点作直线往复运动,质点位移的大小和方向按正弦规律变化。

1-16 × 阻尼使体系的频率减小,$\omega_r = \sqrt{1 - \xi^2}\,\omega$。低阻尼情况下,影响非常小,故不考虑。

1-17 √ $y(t) = A\sin(\theta t + \alpha)$, $I(t) = -my^{11}(t) = m\theta^2 A\sin(\theta t + \alpha) = m\theta^2 y(t)$。

1-18 × 多自由度体系能够以某个主振型振动的条件是:初始位移初始速度与此主振型相应。

1-19 × 是主振型的形状,而不是振幅。

260

1-20　√

1-21　×　频率与外干扰力无关,振幅与外干扰力有关。

1-22　×　以简谐荷载为例,结构刚度增大,δ 减小,ω 增大,当 $\omega<\theta$ 时,β 增大。由振动方程为 $y(t)=\beta\delta P\sin\theta t$ 可见位移不一定就减小。

1-23　×　有阻尼时位移滞后荷载。

1-24　×　自由振动与荷载无关。

2.单项选择题

2-1　A　　　2-2　C

2-3　A　它们的质量相同,层间侧移刚度大的频率就大。层间侧移刚度分别为:

$$K_1=2\times\frac{3EI}{l^3}=K_2,K_3=\frac{3EI}{l^3}+\frac{12EI}{l^3},K_4=2\times\frac{12EI}{l^3}$$

2-4　C　它们的质量相同,层间侧移刚度相同 $K_1=K_2=K_3=K_4=\frac{3EI}{l^3}+\frac{12EI}{l^3}$

2-5　A

2-6　D　在计算柔度系数时,图 11-31(d)比图 11-31(c)多了杆①的变形,图 11-31(c)比图 11-31(b)多了杆③、②的变形,少了杆④的变形;图 11-31(b)比图 11-31(a)多了杆④的变形,故:$\delta_d>\delta_c>\delta_b>\delta_a$。

2-7　D　　　　2-8　C

2-9　D　共振时惯性力 $I(t)=m\theta^2y(t)=m\omega^2y(t)=ky(t)$ 与弹性力等值,与位移同向(作用在质点上的弹性力要阻碍位移的发生,与位移反向),惯性力与弹性力平衡,所以无阻尼时没有力与荷载平衡。

2-10　B

2-11　D　(b)中竖杆刚度很小时,对梁相当于一支杆的作用。

2-12　A　　2-13　A　$\xi=\frac{1}{2\pi}\ln\frac{0.685}{0.5}=0.05$　　2-14　A　共振时 $\beta=1/(2\xi)$

2-15　B　当 $\theta/\omega>1$ 时,$\beta<0$,$y(t)$ 与 $P(t)$ 反向,当 $\theta/\omega<1$ 时,$\beta>0$,$y(t)$ 与 $P(t)$ 同向。

2-16　B　不考虑阻尼对频率的影响。共振与否均如此,因为频率与荷载无关。

2-17　D　由 $\xi=\frac{1}{2\pi n}\ln\frac{y_0}{y_n}$,得:$n=\frac{1}{2\pi\xi}\ln\frac{y_0}{y_n}=\frac{1}{2\pi}\ln\frac{3}{0.1}=5.41$(周期)

2-18　C　2-19　B　2-20　B　2-21　C　2-22　A　2-23　C

2-24　B　2-25　C　2-26　D　2-27　D　由主振型正交性可得。

2-28　B　(b)梁可化为对称和反对称问题计算,反对称问题的半边结构即(a)梁。(b)梁第二振型是两个正弦斑波,与(a)梁相对应。

2-29　B　提示问题2-28　　　2-30　B　　　　2-31　C

2-32　C　阻尼比大于1,位移无振动。　　　2-33　A　　　2-34　B　　　2-35　D

3.分析与计算题

3-1 解:

(a)作出单位弯矩图如图 11-57,自乘 $\delta_{11}=\frac{7l^3}{12EI}$,$\omega=\sqrt{\frac{1}{m\delta_{11}}}=\sqrt{\frac{12EI}{7ml^2}}$。

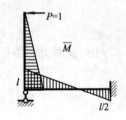

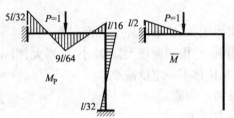

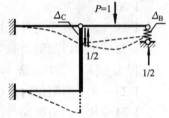

图 11-57　题 3-1(a)答图　　　　图 11-58　题 3-1(b)答图　　　　图 11-59　题 3-1(c)答图

(b)在质点上加单位力,用位移法或力矩分配法作出 M_P,取静定基本体系作出 $\overline{M}$ 如图 11-58,相乘 $\delta_{11} = \dfrac{11l^3}{1536EI}$,$\omega = \sqrt{\dfrac{1}{m\delta_{11}}} = \dfrac{1}{16}\sqrt{\dfrac{11EI}{6ml^2}}$。

(c)在质点上加单位力,如图 11-59,弹簧反力 1/2,弹簧变形 $\Delta_B = \dfrac{1}{2k} = \dfrac{l^3}{60EI}$;

左边刚架受节点集中力 $1/2$,刚架的侧移刚度是:$\Sigma S = \dfrac{3EI}{l^3} + \dfrac{12EI}{l^3} = \dfrac{15EI}{l^3}$,

$\Delta_C = \dfrac{1/2}{\Sigma S} = \dfrac{l^3}{30EI}$,

柔度系数为:$\delta_{11} = \dfrac{\Delta_B + \Delta_C}{2} + \dfrac{l^3}{48EI} = \dfrac{11l^3}{240EI}$,$\omega = \sqrt{\dfrac{1}{m\delta_{11}}} = 4\sqrt{\dfrac{15EI}{11ml^3}}$。

(d)求刚度系数,让 E、F 点向下发生单位位移,由于对称,E、F 点无转角,AE、EB、CF、FD 四杆的杆端剪力即它们的侧移刚度,分别为:

$$Q_{EA} = -Q_{EB} = \dfrac{3EI}{(l/2)^3} = \dfrac{24EI}{l^3},\ Q_{FC} = -Q_{FD} = \dfrac{3\times2EI}{(l/4)^3} = \dfrac{384EI}{l^3}$$

取分离体如图 11-60 所示,

由平衡得:$k_{11} = \dfrac{816EI}{l^3}$,$\omega\sqrt{\dfrac{k_{11}}{m}} = 4\sqrt{\dfrac{51EI}{ml^3}}$。

图 11-60
题 3-1(d)答图

或:AB 梁、CD 梁的中点柔度系数为 $\dfrac{l^3}{48EI}$、$\dfrac{(l/2)^3}{48(2EI)} = \dfrac{l^3}{768EI}$,则它们的刚度系数分别为 $\dfrac{48EI}{l^3}$,$\dfrac{768EI}{l^3}$,体系的刚度系数为

$$\dfrac{48EI}{l^3} + \dfrac{768EI}{l^3} = \dfrac{15EI}{l^3}。$$

(e)如图 11-61 所示 $k_{11} = \dfrac{15EI}{l^3}$,$\omega = \sqrt{\dfrac{k_{11}}{m}} = \sqrt{\dfrac{15EI}{ml^3}}$。

(f)求刚度系数。在 D 点加水平支杆,并令其移动单位位移,用位移法或力矩分配法作出弯矩图如图 11-62 所示,

图 11-61　题 3-1(e)答图

据此求出 $k_{11} = Q_{CA} + Q_{DB} = \dfrac{9i}{l^2} + \dfrac{5i}{l^2} = \dfrac{14i}{l^2}$。$\omega = \sqrt{\dfrac{k_{11}}{m}} = \sqrt{\dfrac{14EI}{ml^3}}$。

(g)取 m_2 位移幅值为 A,则 m_1 位移幅值为 $\sqrt{2}A$,将质点惯性力的幅值加在质点上,并画出相应的 M_P 及虚拟的单位弯矩图 $\overline{M}$,如图 11-63 所示,图乘求得 m_2 位移幅值:

$$A = \dfrac{1}{EI}\left(\dfrac{1}{2}\cdot l\cdot\dfrac{3}{2}m\omega^2 Al\cdot\dfrac{2}{3}\cdot\dfrac{l}{2} + \dfrac{1}{2}\cdot\sqrt{2}l\cdot\dfrac{3}{2}m\omega^2 Al\cdot\dfrac{2}{3}\cdot\dfrac{l}{2}\right) = \dfrac{1+\sqrt{2}}{4}\cdot\dfrac{m\omega^2 Al^3}{EI},$$

由于 $A\neq 0$，所以 $\omega^2=\dfrac{4}{1+\sqrt{2}}\dfrac{EI}{ml^3}$。

(h)取 AC 杆的转角 θ 作为位移参数，$J_A=m\cdot\left(\dfrac{l}{2}\right)^2+\dfrac{\overline{m}\cdot l/2}{3}\cdot\left(\dfrac{l}{2}\right)^2=\dfrac{7ml^2}{24}$，

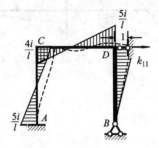 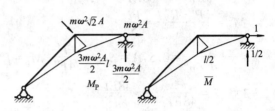

图 11-62 题 3-1(f)答图   图 11-63 题 3-1(g)答图

令 $\theta=1$，如图 11-64 所示，得刚度系数 $k_{11}=\dfrac{4EI}{l}$，所以：

$$\omega^2=\frac{k_{11}}{J_A}=\frac{96EI}{7ml^3}。$$

(i)取 BC 杆的转角 θ 作为位移参数，系统对 B 点的转动惯量：

$$J_B=m\cdot l^2+\frac{\overline{m}\cdot l}{3}\cdot l^2=\frac{4ml^2}{3}，$$

在 B 截面加单位力偶并画出单位弯矩图如图 11-65，求柔度系数，

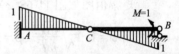

图 11-64
题 3-1(h)答图

$$\delta_{11}=\frac{l}{3EI}，\text{所以}：\omega^2=\frac{1}{J_A\delta_{11}}=\frac{9EI}{4ml^3}。$$

(j)取 DE 杆的转角 θ 作位移参数，体系对 B 点的转动

惯量为：$J_B=m\left(\dfrac{l}{4}\right)^2+m\left(\dfrac{l}{4}\right)^2=\dfrac{ml^2}{8}$

图 11-65 题 3-1(i)答图

求刚度系数，如图 11-66 所示，让 DE 杆段绕 B
点发生单位转角，AD、EC 杆的杆端位移为：$\theta_D=\theta_E$
$=1,\Delta_{DA}=\Delta_{EC}=-l/4$，代入转角位移方程得：

$$M_D=\frac{8EI}{l}，Q_D=-\frac{160EI}{9l^2}，M_E=\frac{16EI}{3l}，$$

$$Q_D=-\frac{64EI}{9l^2}，$$

图 11-66 题 3-1(j)答图

取 DE 由 $\Sigma M_B=0$，$k_{11}=\dfrac{176EI}{9l}$，$\omega=\sqrt{\dfrac{k_{11}}{J_B}}=\dfrac{8}{3l}\sqrt{\dfrac{22EI}{ml}}$。

3-2 解：无弹簧支撑时简支梁得中点柔度为：$\delta_1=\dfrac{l^3}{48EI}$，则刚度系数为：$k_1=\dfrac{48EI}{l^3}$。

故该体系的中点刚度系数为：$k_{11}=k_1+k=\dfrac{48EI}{l^3}+\dfrac{12EI}{l^3}=\dfrac{60EI}{l^3}$，$\omega^2=\dfrac{k_{11}}{m}=\dfrac{60EI}{ml^3}$。

M_{st}的计算可用以下两种方法：

①由图 11-67(a)可见截面 C 无转角，将 BC 杆段视为单跨超静定梁，由转角位移方程
得：

$M_{\mathrm{C}}=\dfrac{3EI}{(l/2)^2}y_{\mathrm{st}}=\dfrac{Pl}{5}$（下拉），其中 $y_{\mathrm{st}}=\dfrac{P}{k_{11}}=\dfrac{Pl^3}{60EI}$

②设图 11-67(a)中弹簧的反力为 R，由图 11-67(b)可得：

$$y_{\mathrm{st}}=\frac{(P-R)l^3}{48EI}=\frac{Pl^3}{60EI},\rightarrow(P-R)=0.8P,$$

$$\therefore M_{\mathrm{st}}=\frac{(P-R)l}{4}=\frac{Pl}{5}$$

$$\beta=\frac{1}{1-\theta^2/\omega^2}=2.5,\ A=\beta y_{\mathrm{st}}=\frac{Pl^3}{24EI},\ M_{\mathrm{d}}=\beta M_{\mathrm{st}}=\frac{Pl}{2}。$$

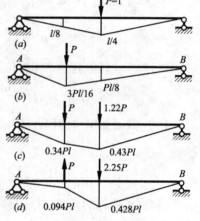

图 11-67 题 3-2 答图

3-3 解：$\delta=\dfrac{l^3}{48EI}$，$\omega^2=\dfrac{48EI}{ml^3}$

$$y_{\mathrm{st}}=\frac{1}{EI}\Bigg[\frac{1}{2}\cdot\frac{l}{8}\cdot\frac{l}{4}\cdot\frac{3Pl}{16}\cdot\frac{2}{3}+\frac{l/4}{6}\Big(2\cdot\frac{l}{8}\cdot\frac{3Pl}{16}+2\cdot\frac{l}{4}\cdot\frac{Pl}{8}+\frac{l}{8}\cdot\frac{Pl}{8}+\frac{l}{4}\cdot\frac{3Pl}{16}\Big)+\frac{1}{2}\cdot\frac{l}{4}\cdot\frac{l}{2}\cdot\frac{Pl}{8}\cdot\frac{2}{3}\Bigg]$$

$$=\frac{11Pl^3}{768EI}。$$

①当 $\theta=0.8\sqrt{\dfrac{48EI}{ml^3}}$，$\beta=\dfrac{1}{1-0.64}=2.778$，

质点振幅为 $A=\beta y_{\mathrm{st}}=0.0398\dfrac{Pl^3}{EI}$，与 $P(t)$ 同向，

惯性力幅值为 $I=m\theta^2A=m\cdot0.64\dfrac{48EI}{ml^3}\cdot0.0398\dfrac{Pl^3}{EI}=1.22P$，

弯矩幅值图如图 11-68(c)。

②当 $\theta=1.2\sqrt{\dfrac{48EI}{ml^3}}$，$\beta=\dfrac{1}{1-1.44}=-2.273$，

质点振幅为 $A=\beta y_{\mathrm{st}}=0.0326\dfrac{Pl^3}{EI}$，与 $P(t)$ 反向，

惯性力幅值为：$I=m\theta^2A=m\cdot1.44\dfrac{48EI}{ml^3}\cdot0.0326\dfrac{Pl^3}{EI}=2.25P$，

弯矩幅值图如图 11-68(d)。

3-4 解：$k=\dfrac{24EI}{l^3}$，$\omega^2=\dfrac{24EI}{ml^3}$，$\beta=\dfrac{1}{1-6/24}=\dfrac{4}{3}$

按剪力分配法作出 M_{st} 如图 11-69(a)，再乘以 β 得 M_{d} 如答图 11-69(b)。

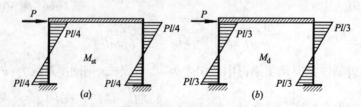

图 11-69 题 3-4 答图

3-5 解：如图 11-70 所示，$\delta_{11}=\dfrac{1}{EI}\cdot\dfrac{l\times l}{2}\cdot\dfrac{2l}{3}\times2+\dfrac{1\times1}{k}=\dfrac{2l^3}{3EI}+\dfrac{20l^3}{EI}=\dfrac{62l^3}{3EI}$，

$$\omega^2 = \frac{3EI}{62ml^3}, \beta = \frac{1}{1-0.5^2} = \frac{4}{3}。$$

$$y_{st} = \frac{1}{EI} \cdot \left[\frac{l \times Pl/2}{2} \cdot \frac{2l}{3} + \frac{Pl}{2} \cdot \frac{l}{2} \cdot \frac{l+l/2}{2} + \frac{1}{2} \cdot \frac{Pl}{2} \cdot \frac{l}{2} \cdot \frac{2}{3} \cdot \frac{l}{2} \right] + \frac{1 \times P/2}{k}$$

$$= \frac{19Pl^3}{48EI} + \frac{10Pl^3}{EI} = \frac{499Pl^3}{48EI}$$

$$A = \beta y_{st} = \frac{4}{3} \cdot \frac{499Pl^3}{48EI} = \frac{499Pl^3}{36EI}, I = m\theta^2 A = m \times 0.5^2 \times \frac{3EI}{62ml^3} \times \frac{499Pl^3}{36EI} = 0.168P。$$

3-6 解：设荷载向下时，质点位移向左，将荷载幅值、惯性力的幅值加在体系上，如图 11-71(a)，列位移幅值方程：$A = (m\theta^2 A)\delta_{11} + \Delta_{1P}, \delta_{11} = \frac{7l^3}{12EI}, \Delta_{1P} = \frac{ql^4}{48EI}$

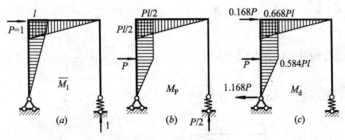

图 11-70　题 3-5 答图

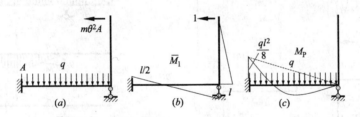

图 11-71　题 3-6 答图

$$\omega^2 = \frac{1}{m\delta_{11}} = \frac{12EI}{7ml^3}, A = \frac{\Delta_{1P}}{1 - m\theta^2\delta_{11}} = \Delta_{1P}\beta = \frac{ql^4}{48EI}\beta$$

$$M_{Ad} = \frac{ql^2}{8} + \frac{m\theta^2 Al}{2} = \frac{ql^2}{8} + \frac{m\theta^2 l}{2} \frac{ql^4}{48EI}\beta = \frac{ql^2}{8}\beta\left(\frac{1}{\beta} + \frac{\theta^2}{7\omega^2}\right) = \frac{ql^2}{8}\beta\left(1 - \frac{6\theta^2}{7\omega^2}\right)$$

当 $\theta_1 = \sqrt{\frac{EI}{ml^3}}, \beta = \frac{1}{1-7/12} = \frac{12}{5}, A = \frac{ql^4}{48EI} \cdot \frac{12}{5} = \frac{ql^4}{20EI}, M_{Ad} = \frac{ql^2}{8} \cdot \frac{12}{5}\left(1 - \frac{6}{7} \cdot \frac{7}{12}\right) =$

$\frac{3ql^2}{20}$（上拉）；

当 $\theta_2 = \sqrt{\frac{2EI}{ml^3}}, \beta = \frac{1}{1-7/6} = -6, A = \frac{ql^4}{48EI} \cdot (-6) = -\frac{ql^4}{8EI}, M_{Ad} = \frac{ql^2}{8} \cdot (-6)$

$\left(1 - \frac{6}{7} \cdot \frac{7}{6}\right) = 0$。此时荷载向下时，位移向右。

3-7 解：如图 11-72 所示，$\delta_{11} = \frac{5l^3}{48EI} = \frac{80l^3}{16 \times 48EI}, \delta_{22} = \frac{7l^3}{16 \times 48EI}, \delta_{12} = \delta_{21} = -\frac{12l^3}{16 \times 48EI}$

$\lambda_{1,2} = \frac{1}{2} \cdot \frac{ml^3}{16 \times 48EI}\left[(80+7) \pm \sqrt{(80+7)^2 - 4(80 \times 7 - 12 \times 12)}\right]$

$$\lambda_1 = \frac{81.922\, ml^3}{16 \times 48EI},\ \omega_1 \sqrt{\frac{1}{\lambda_1}} = 3.062 \sqrt{\frac{EI}{ml^3}},\ \frac{Y_{11}}{Y_{21}} = -\frac{\delta_{12}\, m_2}{\delta_{11}\, m_1 - \lambda_1} = -\frac{-12}{80 - 81.922} = -\frac{6.2435}{1}$$

$$\lambda_2 = \frac{5.078\, ml^3}{16 \times 48EI},\ \omega_2 \sqrt{\frac{1}{\lambda_2}} = 12.298 \sqrt{\frac{EI}{ml^3}},\ \frac{Y_{12}}{Y_{22}} = -\frac{\delta_{12}\, m_2}{\delta_{11}\, m_1 - \lambda_2} = -\frac{-12}{80 - 5.078} = \frac{0.1602}{1}$$

演算正交性：$m_1 Y_{11} Y_{12} + m_2 Y_{21} Y_{22} = m \times (-6.2435)(0.1602) + m \times 1 \times 1 \approx 0$。

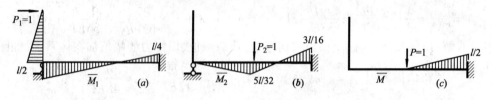

图 11-72　题 3-7 答图

3-8 解：作单位弯矩图如图 11-73 所示，$\delta_{11} = \dfrac{4l^3}{3EI}$，$\delta_{22} = \dfrac{l^3}{3EI}$，$\delta_{12} = \delta_{21} = \dfrac{l^3}{2EI}$，

$$\lambda_{1,2} = \frac{ml^3}{12EI}\left[(8+2) \pm \sqrt{(8+2)^2 - 4(8 \times 2 - 3^2)}\right]$$

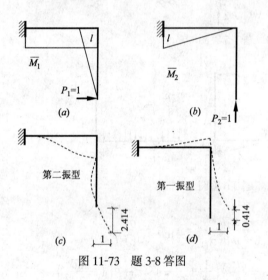

图 11-73　题 3-8 答图

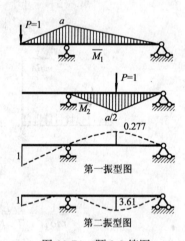

图 11-74　题 3-9 答图

$$\lambda_1 = 1.5404\,\frac{ml^3}{EI},\ \lambda_2 = 0.1262\,\frac{ml^3}{EI}$$

$$\omega_1 = 0.8057\,\frac{EI}{ml^3},\ \omega_2 = 2.8147\,\frac{EI}{ml^3}$$

$$\frac{Y_{11}}{Y_{21}} = \frac{1}{0.4141},\ \frac{Y_{12}}{Y_{22}} = -\frac{1}{2.414}。$$

演算正交性：$m \times 1 \times 1 + m \times (0.4141)(-2.414) \approx 0$。

3-9 解：如图 11-74 所示，$\delta_{11} = \dfrac{a^3}{EI}$，$\delta_{12} = \delta_{21} = -\dfrac{a^3}{4EI}$，$\delta_{22} = \dfrac{a^3}{6EI}$

$$\lambda_{1,2} = \frac{ma^3}{24EI}\left[(12+2) \pm \sqrt{(12+2)^2 - 4(12 \times 2 - 3^2)}\right]$$

266

$$\lambda_1 = 1.0692\frac{ml^3}{EI}, \lambda_2 = 0.0974\frac{ml^3}{EI}$$

$$\omega_1 = 0.967\sqrt{\frac{EI}{ml^3}}, \omega_2 = 3.203\sqrt{\frac{EI}{ml^3}}, \frac{Y_{11}}{Y_{21}} = -\frac{1}{0.277} \quad \frac{Y_{12}}{Y_{22}} = \frac{1}{3.61}。$$

Y_{ij} 为正时表示质量 m_i 的运动方向与单位位移方向相同,为负时,表示与单位位移方向相反。

3-10(a)解:在质点位移处加支杆,分别让支杆发生单位位移如图 11-75,求出刚度系数为:

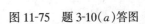

$$k_{11} = 2\times\frac{12EI}{l^3} + \frac{3(2EI)}{l^3} = \frac{30EI}{l^3},$$

$$k_{21} = k_{12} = -\frac{3(2EI)}{l^3} = -\frac{6EI}{l^3}, k_{22} = \frac{3(2EI)}{l^3} = \frac{6EI}{l^3}。$$

图 11-75 题 3-10(a)答图

$$\omega^2 = \frac{1}{2}\cdot\frac{6EI}{ml^3}\left[(5+1)\pm\sqrt{(5+1)^2 - 4(5\times1 - 1\times1)}\right], \omega_1^2 = \frac{4.58EI}{ml^3}, \omega_2^2 = \frac{31.42EI}{ml^3}$$

$\frac{Y_{11}}{Y_{21}} = \frac{1}{4.2367}, \frac{Y_{11}}{Y_{21}} = -\frac{1}{0.2367}$,因为: $\frac{Y_{10}}{Y_{20}} = \frac{0.02}{-0.00473} = -\frac{1}{0.2367}$,所以体系按第二振型振动,质点位移为:

$$y_1 = 0.02\sin(\omega_2 t + \alpha_2), y_2 = -0.00473\sin(\omega_2 t + \alpha_2)$$

$$y' = 0.02\cos(\omega_2 t + \alpha_2)\omega_2\big|_{t=0} = 0 \Rightarrow \alpha_2 = 90°$$

$$y_1 = 0.02\cos(\omega_2 t), y_2 = -0.00473\cos(\omega_2 t)。$$

3-10(b)解:在质点位移处加支杆,分别让支杆发生单位位移如图 11-76,求出刚度系数为:

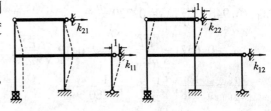

$$k_{11} = \frac{30EI}{l^3}, k_{21} = k_{12} = -\frac{15EI}{l^3},$$

$$k_{22} = \frac{15EI}{l^3},$$

图 11-76 题 3-10(b)答图

$$\omega_1^2 = \frac{15(1 - 1/\sqrt{2})EI}{ml^3},$$

$$\omega_2^2 = \frac{15(1 + 1/\sqrt{2})EI}{ml^3},$$

$$\frac{Y_{11}}{Y_{21}} = \frac{1}{\sqrt{2}}, \frac{Y_{12}}{Y_{22}} = \frac{1}{\sqrt{2}}$$

演算正交性: $2m\times1\times1 + m\times\sqrt{2}\times(-\sqrt{2}) = 0$。

3-11(a)解:取 A 点的水平位移和转角为位移参数 y_1, θ_2,如图 11-77 所示。柔度系数为:

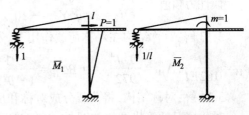

$$\delta_{11} = \frac{2l^3}{3EI} + \frac{l^3}{2EI} = \frac{7l^3}{6EI}, \delta_{22} = \frac{5l^3}{6EI},$$

$$\delta_{12} = \delta_{21} = \frac{5l^3}{6EI}, m_1 = 3m, J_C = 2m\times\left(\frac{l}{2}\right)^2 =$$

$$\frac{ml^2}{2}$$

图 11-77 题 3-11(a)答图

$$\lambda_{1,2}=\frac{1}{2}\cdot\frac{ml^3}{12EI}\left[(42+5)\pm\sqrt{(42+5)^2-4(7\times5-5^2)\times3\times2}\right],\lambda_1=3.8072\frac{ml^3}{EI},$$

$$\lambda_2=0.1095\frac{ml^3}{EI}$$

$$\omega_1=0.513\sqrt{\frac{EI}{ml^3}},\omega_2=3.023\sqrt{\frac{EI}{ml^3}},\frac{Y_{11}}{Y_{21}}=\frac{2.713}{1},\frac{Y_{12}}{Y_{22}}=-\frac{0.246}{1}。$$

3-11(b)解:取 C 点的水平位移和 A 点转角为位移参数 y_1、θ_2,如图 11-78 所示。柔度系数为:

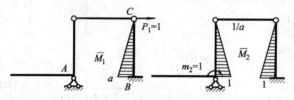

图 11-78　题 3-11(b)答图

$$\delta_{11}=\frac{a^2}{3EI},\delta_{12}=\delta_{21}=\frac{a^2}{3EI},\delta_{22}=\frac{a^3}{3EI}+\frac{1/a\cdot1/a\cdot a}{EI/a^2}=\frac{4a}{3EI},m_1=m,$$

$$J_A=m\cdot a^2+\overline{m}\times a\times\frac{a^2}{3}\times2=\frac{5ma^2}{3}。$$

$$\lambda_{1,2}=\frac{1}{2}\cdot\frac{ma^3}{3EI}\left[\left(1+4\cdot\frac{5}{3}\right)\pm\sqrt{\left(1+4\cdot\frac{5}{3}\right)^2-4(1\times4-1^2)\times\frac{3\times2}{5}}\right],$$

$$\lambda_1=6.948\frac{ma^3}{3EI},\lambda_2=0.720\frac{ma^3}{3EI}$$

$$\omega_1=0.6571\sqrt{\frac{EI}{ma^3}},\omega_2=2.0412\sqrt{\frac{EI}{ma^3}},$$

$$\frac{Y_{11}}{Y_{21}}=\frac{1}{5.948},\frac{Y_{12}}{Y_{22}}=-\frac{1}{0.280}。$$

3-12 解:如图 11-79 所示,$k_{11}=K_1+K_2=5\times10^7\mathrm{N/m}$,$k_{21}=K_{12}=-K_2=-2\times10^7\mathrm{N/m}$,$k_{22}=K_2=2\times10^7\mathrm{N/m}$,$P_1=2000\mathrm{N}$,$\theta=n\pi/30=10\pi$,$m_1=m_2=10^5\mathrm{kg}$,

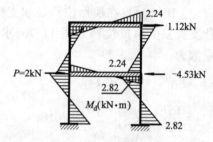

图 11-79　题 3-12 答图

以上代入式(11-15)

$$\left.\begin{array}{l}(5\times10^7-10^5\times100\pi^2)Y_1-2\times10^7Y_2=2000\\-2\times10^7Y_1+(2\times10^7-10^5\times100\pi^2)Y_2=0\end{array}\right\}$$ 解得:
$$\begin{array}{l}Y_1=-0.459\times10^{-4}\mathrm{m}\\Y_2=0.117\times10^{-4}\mathrm{m}\end{array}$$

惯性力幅值为:
$$I_1=m_1\theta^2Y_1=-10^5\times(10\pi)^2\times0.459\times10^{-4}=-4.53\times10^3\mathrm{N}=-4.53\mathrm{kN}$$
$$I_2=m_2\theta^2Y_2=-10^5\times(10\pi)^2\times0.117\times10^{-4}=1.12\times10^3\mathrm{N}=1.12\mathrm{kN}$$

3-13 解:对称结构在对称荷载作用下,发生对称振动。取等代结构如图 11-80(a)所示,

$$\delta_{11}=\frac{5l^3}{162EI},\Delta_{1P}=\frac{11ql^4}{972},A=\beta\Delta_{1P}=\frac{1}{1-\theta^2/\omega^2}\Delta_{1P}=0.0151\frac{ql^4}{EI},I=m\theta^2\Delta_{1P}=0.122ql。$$

3-14 解:对称结构,将荷载分成对称和反对称两组,分别取等代结构计算。

对称情况的等代结构如图 11-81(a)所示。

作出各弯矩图如图 11-81(b)、(c)、(d)、(e)所示。

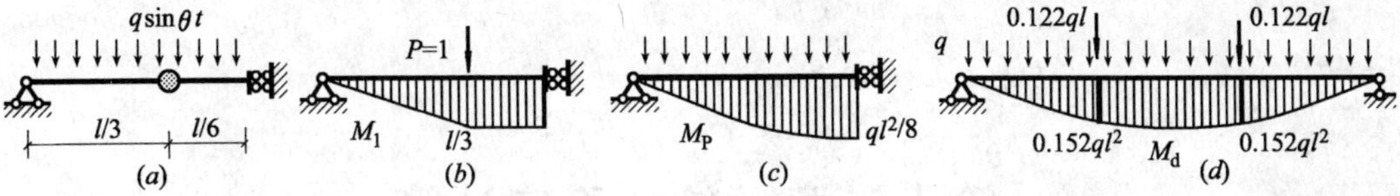

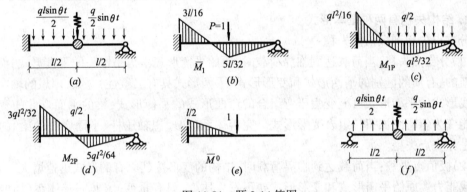

图 11-80 题 3-13 答图

$$\overline{M}_1 \times \overline{M}^0 \rightarrow \delta_{11} = \frac{7l^3}{768EI}, M_{1P} \times \overline{M}^0 + M_{2P} \times \overline{M}^0 \rightarrow \Delta_{1P} = \frac{ql^4}{768EI} + \frac{7ql^4}{1536EI} = \frac{3ql^4}{512EI},$$

$$A = \beta\Delta_{1P} = \frac{1}{1 - \theta^2/\omega^2}\Delta_{1P} = \frac{1}{1 - \theta^2 m\delta_{11}}\Delta_{1P} = 0.00686\frac{ql^4}{EI},$$

$$I = m\theta^2 A = m \times \frac{16EI}{ml^3} \times 0.00686\frac{ql^4}{EI} = 0.11ql$$

$$M_{Bd} = I \times \frac{3l}{16} + \frac{ql^2}{16} + \frac{3ql^2}{32} = 0.177ql^2$$

反对称情况的等代结构如图 11-81(f)所示。其柔度系数为：

图 11-81 题 3-14 答图

$$\delta_{11} = \frac{l^3}{48EI}, \Delta_{1P} = \frac{ql}{2}\frac{l^3}{48EI} - \frac{5ql^4}{384EI} \times \frac{1}{2} = \frac{ql^4}{256EI},$$

$$A = \beta\Delta_{1P} = \frac{1}{1 - \theta^2/\omega^2}\Delta_{1P} = \frac{1}{1 - \theta^2 m\delta_{11}}\Delta_{1P} = 0.00586\frac{ql^4}{EI},$$

$$I = m \times \frac{16EI}{ml^3} \times 0.00586\frac{ql^4}{EI} = 0.094ql$$

反对称情况下，$M_{Bd} = 0$。

第十二章 结构稳定计算

一、重点难点分析

1. 平衡状态的三种情况及其特征

平衡情况	实现条件	静 力 特 征	能 量 特 征
稳定平衡	$P < P_{cr}$	加外干扰,偏离原始平衡位置,去外干扰,恢复原始平衡位置	体系势能极小
随遇平衡	$P = P_{cr}$	既可在原始位置平衡,又可在新位置平衡。平衡具有二重性	体系势能不变
不稳定平衡	$P > P_{cr}$	加外干扰,偏离原平衡位置,去外干扰,变形仍然继续增加,直至破坏	体系势能极大

2. 结构失稳有两种基本形式

分支点失稳和极值点失稳:

(1)分支点失稳:当荷载达到临界荷载时,原始平衡形式不再是惟一的平衡形式,而可能出现新的、有质的区别的平衡形式和变形形式(平衡形式具有二重性)。如,理想的轴向压杆的直线形式的平衡形式可能变为压弯组合的弯曲形式的平衡形式;梁的平面弯曲的变形形式可能变为斜弯曲加扭转组合变形形式。完善体系(如理想轴压杆、平面弯曲的梁)的失稳通常是分支点失稳。

(2)极值点失稳:当荷载达到临界荷载时,结构的变形按其原有的形式迅速增大,结构丧失承载能力。原始平衡形式和变形形式并不发生质变(只有量变)。非完善体系(如偏心压杆、有初曲率的压杆)的失稳通常是极值点失稳。

3. 临界状态、临界荷载

(1)结构处于随遇平衡,也称为处于临界状态。它是由稳定平衡到不稳定平衡的过渡状态,此时的压力称为临界荷载。临界荷载是使结构产生新的平衡形式的最小荷载;也是使结构保持原始平衡形式的最大荷载。

(2)分支点失稳问题临界状态的静力特征是:结构的平衡形式有二重性;能量特征是:结构的势能为驻值,位移有非零解。

(3)稳定方程(特征方程)是结构在新的曲线形势下能够维持平衡的条件,反映了失稳时平衡形式具有二重性的特点。稳定方程与变形的形式有关,与变形的绝对值无关。稳定方程的解称为特征值,最小特征值即为临界荷载。

4. 确定临界荷载的方法

稳定计算的中心内容是确定结构的临界荷载。关于结构稳定计算,方法很多,静力法和能量法是两种最基本和最重要的方法。

(1)静力法:根据结构在临界状态具有平衡的二重性这一特点,利用静力平衡条件,寻求使结构在新形式下能保持平衡的荷载,其最小值即为所求的临界荷载。

①用静力法求有限自由度结构的临界荷载。

对于具有 n 个自由度的结构,新的平衡形式需要 n 个独立的位移参数确定,在新的平衡形式下也可列出 n 个独立的平衡方程,它们是以 n 个独立的位移参数为未知量的齐次代数方程组。根据临界状态的静力特征,该齐次方程组除零解外(对应于原有平衡形式),还应有非零解(对应于新的平衡形式),故应使方程组的系数行列式 $D=0$,即为稳定方程。从稳定方程求出的最小根即为临界荷载 P_{cr}。

②用静力法求无限自由度结构的临界荷载。

对于无限自由度结构,对新的平衡形式列出平衡微分方程 $EIy'' = \pm M$(而不是代数方程),求解这个微分方程,并由边界条件获得一组关于位移参数的齐次代数方程组。根据临界状态的静力特征,位移参数不能全为零,则应使方程组的系数行列式为零,得稳定方程 $D=0$,解稳定方程,有无穷多个解,最小解即为临界荷载 P_{cr}。

(2)能量法:静力法对等截面压杆的稳定分析较为简单,而对变截面杆、有轴向分布荷载作用的压杆就较为麻烦。这些情况用能量法比较简单,又可获得满意的精度。

让弹性变形体系在原始平衡位置发生微小偏移,外力势能 $\delta V (= -$ 荷载做的功)使体系继续偏移,内力产生变性能 δU 使体系恢复原位置。

如总势能的增量 $\delta\Pi = \delta U + \delta V > 0$,体系能恢复原位置,原始平衡位置是稳定的;故稳定平衡时的能量特征是势能为极小。

如总势能的增量 $\delta\Pi = \delta U + \delta V < 0$,体系不能恢复原位置,原平衡位置是不稳定的;故不稳定平衡时的能量特征是势能为极大。

如总势能的增量 $\delta\Pi = \delta U + \delta V = 0$,体系处于随遇平衡状态(可在任意位置平衡),故临界状态的能量特征是势能不变。

①用能量法求有限自由度结构的临界荷载

对于具有 n 个自由度的结构,用 n 个独立的位移参数 $a_1, a_2, \cdots, a_n$ 即可表示所设的失稳变形曲线。结构的势能为这 n 个独立的位移参数的函数。根据势能驻值条件,即结构的势能的一阶微分 $\delta\Pi$ 为零,可获得一组含有 $a_1, a_2, \cdots, a_n$ 齐次线性方程组,位移有非零解,$a_1, a_2, \cdots, a_n$ 不能全为零,应使方程组的系数行列式 $D=0$,即为稳定方程,从稳定方程求出的最小根即为临界荷载 P_{cr}。

②用能量法求无限自由度结构的临界荷载

对于无限自由度结构,采用具有 n 个参数的已知位移函数来代替真实的失稳曲线,这样就将无限自由度体系简化为有限自由度体系,再按有限自由度体系来确定临界荷载。

所选弹性曲线的一般形式为: $y(x) = \sum_{i=1}^{n} a_i\varphi_i(x)$

式中,$a_1, a_2, \cdots, a_n$ 为 n 个独立的位移参数,$\varphi_i(x)$ 为 x 的已知函数,应满足几何边界条件和尽量满足力的边界条件。

能量法的关键在于选取合适的变形曲线。如所取变形曲线与真实的失稳曲线相吻合,则用能量法求出的是临界荷载的精确解,如不吻合,则求出的是大于精确解的近似解。因为用具有 n 个参数的近似失稳曲线代替真实的失稳曲线,将无限自由度体系简化为有限自由度体系,减少了体系的自由度,相当于对体系人为地附加了约束,这就增加了体系抵抗失稳的能力,所以求出的临界荷载的近似值必大于精确解。

(3)位移法、矩阵位移法:用于刚架的稳定分析,这里不予讨论。

(4)几点注意：

①静力法是根据临界状态的静力特征,建立用位移来表达的平衡方程;能量法是根据临界状态的能量特征,建立势能驻值条件。由于势能驻值条件等价于用位移来表达的平衡方程,所以两种方法导出相同的稳定方程。

②在弹性杆的近似微分方程式 $EIy'' = \pm M$ 中的正负号确定:当由弯矩 M 引起的变形曲线凸向 y 轴正向时取负号,反之取正,如图 12-1(a)所示。

③刚性杆发生了转角 θ 以后,引起的杆端横向位移 Δ 和轴向位移 λ,图 12-1(b)所示。它们之间的关系推导如下:

$$\lambda = l - l\cos\theta = 2l\sin^2\frac{\theta}{2} = \frac{1}{2}l\theta^2 = \frac{\Delta^2}{2l}$$

对于弹性杆中的一微段 dx,仍具有类似的关系,并考虑到 θ 角很小,可取 $\theta = \tan\theta = y'$,故有关系式如下:

$$d\lambda = dx - dx\cos\theta = \frac{1}{2}dx\theta^2 = \frac{1}{2}(y')^2dx。$$

④使用能量法时,假定的失稳曲线必须满足几何边界条件和尽量满足力的边界条件。如果用某一横向外力引起的挠曲线作为失稳曲线,则体系的应变能也可用该外力的实功来代替。

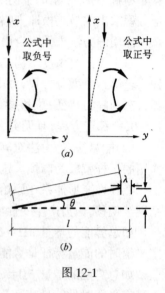

图 12-1

⑤对称结构承受对称压力时,可发生对称和反对称失稳,可利用对称性,取半边结构计算。

⑥在某些结构中,不受轴向压力的部分可视为压杆的弹性支撑,将结构简化为具有弹性支撑的压杆计算。弹性支撑的刚度系数 k 是失稳时,非受压部分发生单位位移时所需施加的力(或力矩)。如【例 12-3】和【例 12-4】。

二、典型示例分析

【例 12-1】 分别用静力法和能量法计算图 12-2(a)所示体系的临界荷载。

【解】 两个自由度,取 θ_1、θ_2 为位移参数,设失稳曲线如图 12-2(b)。

(1)静力法:

按变形后的位置建立平衡方程:

BC 部分,$\Sigma M_B = P\theta_1 l - k(\theta_1 - \theta_2) = 0$

AC 部分,$\Sigma M_A = P(\theta_1 + \theta_2)l - k\theta_2 = 0$

即　$(Pl - k)\theta_1 + k\theta_2 = 0$　　　　(1)

　　$Pl\theta_1 + (Pl - k)\theta_2 = 0$　　　　(2)

由位移参数不全为零得稳定方程并求解:

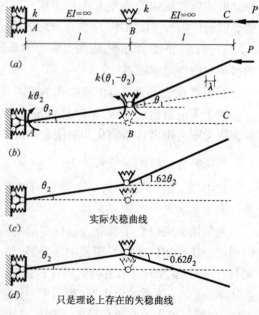

图 12-2

$$\left[\begin{matrix} Pl-k & k \\ Pl & Pl-k \end{matrix}\right]=0 \quad 展开得：$$

$$P^2-3P\frac{k}{l}+\left(\frac{k}{l}\right)^2=0 \tag{3}$$

解得：$P_1=0.38\dfrac{k}{l}$ $P_2=2.62\dfrac{k}{l}$，$P_{cr}=P_1=0.38\dfrac{k}{l}$

求失稳曲线：将 $P_1=0.38\dfrac{k}{l}$ 代入(1)得 $\dfrac{\theta_1}{\theta_2}=\dfrac{1.62}{1}$。实际的失稳曲线如图 12-2(c)。

将 $P_2=2.62\dfrac{k}{l}$ 代入(1)得 $\dfrac{\theta_1}{\theta_2}=\dfrac{-0.62}{1}$，如图 12-2(d)，这种失稳曲线只在理论上存在。

(2)能量法：

荷载势能：$U_P=-P\lambda$，$\lambda=\Delta l_{AB}+\Delta l_{BC}$，$\Delta l=l-l\cos\theta=2l\sin^2\dfrac{\theta}{2}=\dfrac{1}{2}l\theta^2$，

$$U_P=-\frac{Pl}{2}\times(\theta_1^2+\theta_2^2)$$

应变能：$U=\dfrac{1}{2}k\theta_2^2+\dfrac{1}{2}k(\theta_1-\theta_2)^2=\dfrac{1}{2}k(\theta_1^2-2\theta_1\theta_2+2\theta_2^2)$

总势能：$\Pi=U+U_P=\dfrac{1}{2}k(\theta_1^2-2\theta_1\theta_2+2\theta_2^2)-\dfrac{1}{2}Pl(\theta_1^2+\theta_2^2)$

由势能驻值条件得：$\dfrac{\partial\Pi}{\partial\theta_1}=0$ 得：$(Pl-k)\theta_1+k\theta_2=0$

$$\frac{\partial\Pi}{\partial\theta_2}=0 \quad 得：k\theta_1+(Pl-2k)\theta_2=0$$

由位移参数不全为零得稳定方程：

$$\left[\begin{matrix} Pl-k & k \\ k & Pl-2k \end{matrix}\right]=0 \quad 展开得：P^2-3\frac{k}{l}P+\left(\frac{k}{l}\right)^2=0。$$

以下计算同静力法。

【例 12-2】 分别用静力法和能量法计算图 12-3(a)所示体系的临界荷载。

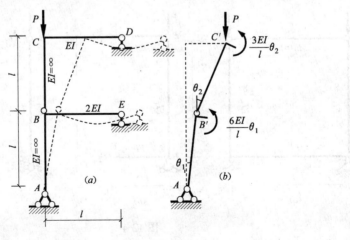

图 12-3

【解】 两个自由度，取 θ_1、θ_2 为位移参数，设失稳曲线如图 12-3(b)。梁端转动产生的杆端弯矩可由位移法得到。

(1)静力法:

按变形后的位置建立平衡方程:

$B'C'$部分,

$$\Sigma M_B = Pl\theta_2 - \frac{3EI}{l}\theta_2 = 0$$

$$0\theta_1 + \left(Pl - \frac{3EI}{l}\right)\theta_2 = 0 \qquad (1)$$

AC'部分,

$$\Sigma M_A = P(\theta_1 + \theta_2)l - \frac{3EI}{l}\theta_2 - \frac{6EI}{l}\theta_1 = 0$$

$$\left(Pl - \frac{6EI}{l}\right)\theta_1 + \left(Pl - \frac{3EI}{l}\right)\theta_2 = 0 \qquad (2)$$

由方程(1)、(2)中的位移参数不全为零得稳定方程:$\begin{bmatrix} 0 & Pl - 3EI/l \\ Pl - 6EI/l & Pl - 3EI/l \end{bmatrix} = 0$

解得:$P_1 = \dfrac{3EI}{l^2}$ $P_2 = \dfrac{6EI}{l^2}$,$P_{cr} = P_1 = \dfrac{3EI}{l^2}$。

(2)能量法:

荷载势能:$U_P = -P\lambda$,$\lambda = \Delta l_{AB} + \Delta l_{BC} = \dfrac{l}{2}(\theta_1^2 + \theta_2^2)$,$U_P = -\dfrac{Pl}{2}(\theta_1^2 + \theta_2^2)$

梁的弯曲变形能可用外力功代替:$U = \dfrac{1}{2}\dfrac{3EI}{l}\theta_2\theta_2 + \dfrac{1}{2}\dfrac{6EI}{l}\theta_1\theta_1 = \dfrac{3EI}{2l}(2\theta_1^2 + \theta_2^2)$

总势能:$\Pi = U + U_P = \dfrac{3EI}{2l}(2\theta_1^2 + \theta_2^2) - \dfrac{1}{2}Pl(\theta_1^2 + \theta_2^2)$

由势能驻值条件得:$\dfrac{\partial \Pi}{\partial \theta_1} = 0$ 得:$\left(\dfrac{6EI}{l} - Pl\right)\theta_1 = 0$,所以,$P_1 = \dfrac{6EI}{l^2}$

$\dfrac{\partial \Pi}{\partial \theta_2} = 0$ 得:$\left(\dfrac{3EI}{l} - Pl\right)\theta_2 = 0$,所以,$P_2 = \dfrac{3EI}{l^2} = P_{cr}$

【例 12-3】 计算图 12-4(a)所示体系的临界荷载。

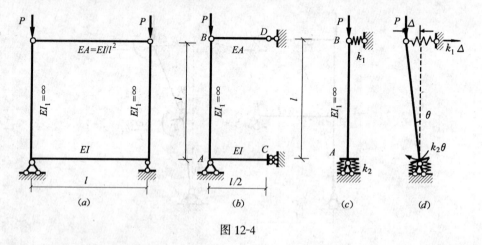

图 12-4

【解】 对称失稳时,取半边结构如图 12-4(b)所示,又可简化成图 12-4(c)所示单根压杆,其中 $k_1 = 2EA/l = 2EI/l^3$ 是 BD 杆的抗压刚度,$k_2 = 2EI/l$ 是 AC 梁 A 端的转动刚度。在新的平衡位置,建立平衡方程:$\Sigma M_A = P\Delta - k_1\Delta l - k_2\theta = 0$

274

即： $P_1 = k_1 l + k_2 / l = 4EI / l^2$

反对称失稳时,取半边结构如图 12-5 (a)所示,又可简化成图 12-5(b)所示单根压杆,其中 $k_3 = 6EI / l$ 时,AC 梁 A 端的转动刚度。在图 12-5(d)所示新的平衡位置,建立平衡方程：

$$\Sigma M_A = P\theta l - k_3\theta = 0$$

即：$P_2 = k_3 / l = 6EI / l^2$,

故,$P_{cr} = P_2 = 6EI / l^2$。

【例 12-4】 计算图 12-6(a)所示体系的临界荷载。

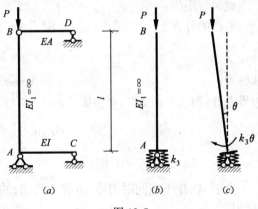

图 12-5

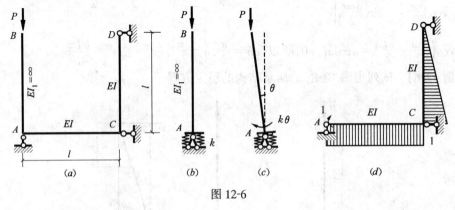

图 12-6

【解】 原体系可简化成图 12-6(b)所示单根压杆,其中 k 是 ACD 部分 A 端的转动刚度。

由于 ACD 部分是静定部分,可先求出 A 端的柔度系数 δ,再求 $k = 1/\delta$。由图 12-6(d)所示弯矩图图乘得,$\delta = \dfrac{l \times 1 \times 1}{EI} + \dfrac{1}{EI} \dfrac{l \times 1}{2} \dfrac{2}{3} = \dfrac{4l}{3EI}$, $k = \dfrac{1}{\delta} = \dfrac{3EI}{4l}$。

在图 12-6(c)所示新的平衡位置,建立平衡方程：$\Sigma M_A = P\theta l - k\theta = 0, P_{cr} = k / l = \dfrac{3EI}{4l^2}$。

【例 12-5】 计算图 12-7(a)所示体系的临界荷载。

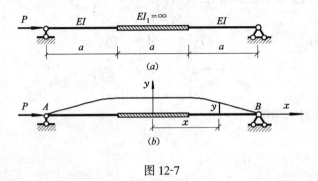

图 12-7

【解】 整体 $\Sigma M_A = 0$,求得竖向反力为零。

截面弯矩为：$\qquad\qquad M = Py$，

平衡微分方程：$\qquad\qquad EIy'' = -M = -Py$

即：$\qquad\qquad\qquad\qquad y'' + \alpha^2 y = 0, \left(\alpha^2 = \dfrac{P}{EI}\right)$

其解为：$\qquad\qquad\qquad y = A\cos\alpha x + B\sin\alpha x$

边界条件：当 $x = a/2$ 时，$y' = 0$

即：$\qquad\qquad\qquad -A\alpha\sin\dfrac{\alpha a}{2} + B\alpha\cos\dfrac{\alpha a}{2} = 0 \qquad\qquad\qquad (1)$

当 $x = 3a/2$ 时，$y = 0$，即：$\qquad A\cos\dfrac{3\alpha a}{2} + B\sin\dfrac{3\alpha a}{2} = 0 \qquad\qquad (2)$

由于 A、B 不能同时为零，方程(1)、(2)的系数行列式为零，有

$$\begin{vmatrix} -\alpha\sin\dfrac{\alpha a}{2} & \alpha\cos\dfrac{\alpha a}{2} \\[2mm] \cos\dfrac{3\alpha a}{2} & \sin\dfrac{3\alpha a}{2} \end{vmatrix} = 0，展开：\alpha\sin\dfrac{\alpha a}{2}\sin\dfrac{3\alpha a}{2} + \alpha\cos\dfrac{\alpha a}{2}\cos\dfrac{3\alpha a}{2} = 0，$$

$\alpha\cos\left(\dfrac{3\alpha l}{2} - \dfrac{\alpha l}{2}\right) = \alpha\cos\alpha l = 0$，所以，$\alpha a = \dfrac{\pi}{2}$，$\alpha = \dfrac{\pi}{2a}$，$P_{cr} = EI\alpha^2 = \dfrac{EI\pi^2}{4a^2}$。

【例 12-6】 试列出图 12-8(a)所示结构的稳定方程。

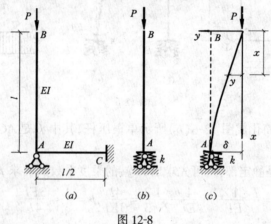

图 12-8

【解】 原体系可简化成图 12-8(b)所示单根压杆，其中 $k = 8EI/l$ 是 AC 梁 A 端的转动刚度。给体系一新的平衡状态如图 12-8(c)，

截面弯矩为：$\qquad\qquad M = Py$，

平衡微分方程：$\qquad\qquad EIy'' = -M = -Py$

即：$\qquad\qquad\qquad\qquad y'' + \alpha^2 y = 0, \left(\alpha^2 = \dfrac{P}{EI}\right)$

其解为：$\qquad\qquad\qquad y = A\cos\alpha x + B\sin\alpha x$

边界条件：当 $x = 0$ 时，$y = 0$

即：$\qquad\qquad\qquad\qquad\qquad A = 0 \qquad\qquad\qquad\qquad\qquad (1)$

当 $x = l$ 时，$y = \delta$，$ky' = M_A = P\delta$，

即：$\qquad\qquad\qquad\qquad\qquad B\sin\alpha l = \delta \qquad\qquad\qquad\qquad\qquad (2)$

$\qquad\qquad\qquad\qquad\qquad\qquad B\alpha\cos\alpha l \times k = P\delta \qquad\qquad\qquad\qquad (3)$

由于 A、B、δ 不能同时为零,方程(2)、(3)的系数行列式为零,有

$$\begin{vmatrix} \sin\alpha l & -1 \\ k\alpha\cos\alpha l & -P \end{vmatrix}=0,$$ 展开整理得到稳定方程:$\tan\alpha l=\dfrac{8}{\alpha l}$。

注意:弹性支撑中的约束力矩总是与杆端的转角反向。

【例 12-7】 试列出图 12-9(a)所示结构的稳定方程。

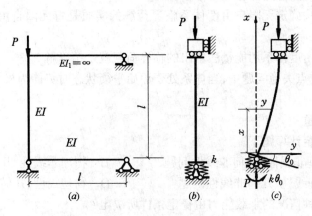

图 12-9

【解】 原体系可简化成图 12-9(b)所示单根压杆,其中 $k=3EI/l$。

给体系一新的平衡状态如图 12-9(c),上端水平移动而无转动,下端发生转角 θ_0,相应的反力矩为 $k\theta_0$。

截面弯矩为: $$M=Py-k\theta_0,$$

平衡微分方程: $$EIy''=-M=-Py+k\theta_0$$

即: $$y''+\alpha^2 y=\frac{k\theta_0}{EI},\left(\alpha^2=\frac{P}{EI}\right)$$

其解为: $$y=A\cos\alpha x+B\sin\alpha x+\frac{k\theta_0}{P}$$

边界条件:当 $x=0$ 时,$y=0$,即: $\qquad A+0B+\dfrac{k\theta_0}{P}=0 \qquad\qquad (1)$

$\qquad$ 当 $x=0$ 时,$y'=\theta_0$,即: $\qquad 0A+\alpha B-\theta_0=0 \qquad\qquad (2)$

$\qquad$ 当 $x=l$ 时,$y'=0$,即: $\qquad -\alpha\sin\alpha lA+\alpha\cos\alpha lB=0 \qquad\qquad (3)$

由于 A、B、θ_0 不能同时为零,方程(1)、(2)、(3)的系数行列式为零,有

$$\begin{vmatrix} 1 & 0 & k/P \\ 0 & \alpha & -1 \\ -\alpha\sin\alpha l & \alpha\cos\alpha l & 0 \end{vmatrix}=0,$$ 展开整理得到稳定方程:$\tan\alpha l=-\dfrac{\alpha l}{3}$。

三、单元测试

1. 判断题

1-1 高强度材料的结构比低强度材料的结构更容易失稳。 $\qquad$ ( )

1-2 结构稳定计算可以在结构变形以前的几何形状和位置上进行。 $\qquad$ ( )

1-3 结构稳定计算时,叠加原理已不再适用。 $\qquad$ ( )

1-4 短粗杆和细长杆受压时的承载能力都是由强度条件所决定的。 $\qquad$ ( )

1-5 当结构处于不稳定平衡状态时,可以在原始位置维持平衡,也可以在新形式下维持平衡。 （ ）

1-6 当结构处于临界平衡状态时,满足平衡方程的位移解答除零解,还有非零解。 （ ）

1-7 临界荷载是稳定方程的最小根。 （ ）

1-8 用能量法确定无限自由度体系临界荷载的实质是将无限自由度体系化为有限自由度体系处理。 （ ）

1-9 有限自由度体系用能量法求出的临界荷载就是精确解。 （ ）

1-10 在分支点失稳问题中,当体系处于原始平衡状态时势能为极大,则原始平衡状态是稳定平衡状态。 （ ）

2. 单项选择题

2-1 结构稳定计算属于 （ ）

    A 物理非线性、几何非线性问题   B 物理非线性、几何线性问题

    C 物理线性、几何非线性问题   D 物理线性、几何线性问题

2-2 下列哪种情况的承载能力由稳定条件所决定? （ ）

    A 短粗杆受拉   B 细长杆受拉   C 短粗杆受压   D 细长杆受压

2-3 设同一压杆,分支点失稳时的临界荷载为 P_{C1},极值点失稳时的临界荷载为 P_{C2},则 P_{C1}、P_{C2} 之间的关系是 （ ）

    A $P_{C1} = P_{C2}$ B $P_{C1} > P_{C2}$ C $P_{C1} < P_{C2}$ D 无法确定

2-4 n 个自由度体系的稳定方程是 （ ）

    A n 次代数方程   B n 阶齐次方程组   C 微分方程   D 超越方程

2-5 无限自由度体系的稳定方程是 （ ）

    A n 次代数方程   B n 阶齐次方程组   C 微分方程   D 超越方程

2-6 图 12-10 所示体系属于分支点失稳的是 （ ）

    A $(a)(b)$ B $(c)(d)$ C 只有(c) D 只有(d)

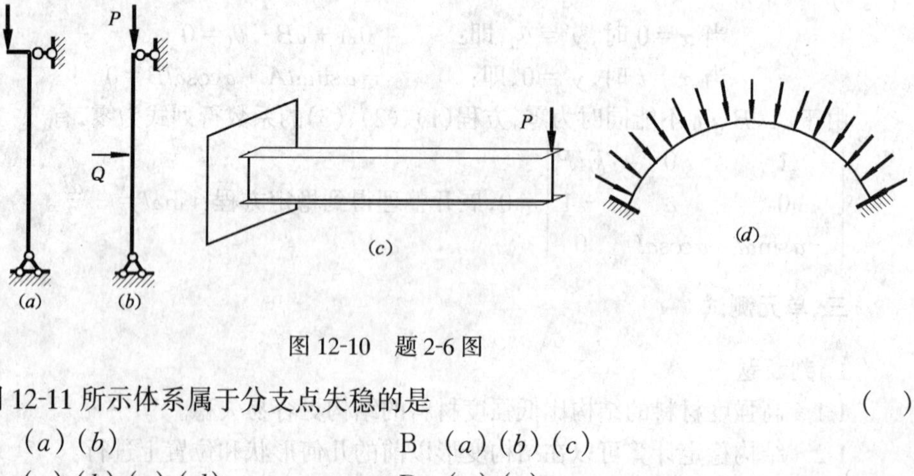

图 12-10 题 2-6 图

2-7 图 12-11 所示体系属于分支点失稳的是 （ ）

    A $(a)(b)$ B $(a)(b)(c)$

    C $(a)(b)(c)(d)$ D $(a)(c)$

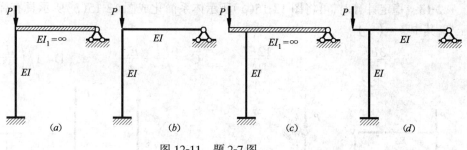

图 12-11　题 2-7 图

2-8　使用能量法时,假定的失稳曲线　　　　　　　　　　　　　　　（　　）

    A　必须满足几何边界条件和尽量满足力的边界条件

    B　必须满足几何边界条件和力的边界条件

    C　尽量满足几何边界条件和力的边界条件

    D　必须满足力的边界条件和尽量满足几何边界条件

2-9　图 12-12 所示体系的稳定自由度是　　　　　　　　　　　　　（　　）

    A　1　　　　　　　　　　　B　2

    C　3　　　　　　　　　　　D　无限

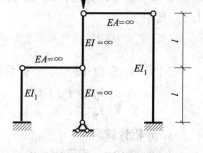

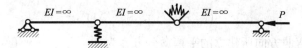

图 12-12　题 2-9 图

2-10　图 12-13 所示体系的稳定自由度是　　（　　）

    A　1　　　　　　　　　　　B　2

    C　3　　　　　　　　　　　D　无限

图 12-13　题 2-10 图

2-11　图 12-14 所示三个体系的临界荷载的关系是　　　　　　　　（　　）

    A　$P_{cra} > P_{crb} > P_{crc}$　　　　　　　　B　$P_{cra} = P_{crb} > P_{crc}$

    C　$P_{cra} < P_{crb} < P_{crc}$　　　　　　　　D　$P_{cra} = P_{crb} = P_{crc}$

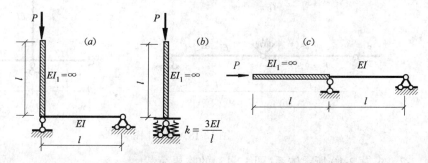

图 12-14　题 2-11 图

2-12　无限自由度体系用能量法求出的临界荷载　　　　　　　　　　（　　）

    A　就是精确解　　　　　　　B　比精确解大

    C　比精确解小　　　　　　　D　可能比精确解大也可能比精确解小

2-13 稳定计算时,可将图 12-15(a)所示体系简化成图 12-15(b)所示具有弹性支撑的压杆,其中 $k = ($)

A $\dfrac{3EI}{l^3}$ B $\dfrac{12EI}{l^3}$ C $\dfrac{3EI}{l^3} + \dfrac{EA}{l}$ D $1 \bigg/ \left(\dfrac{3EI}{l^3} + \dfrac{EA}{l} \right)$

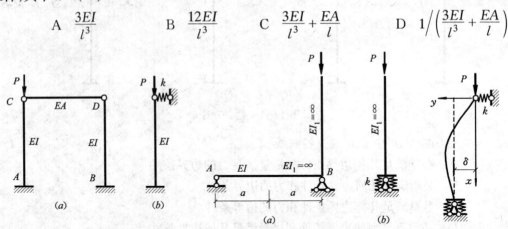

图 12-15 题 2-13 图 图 12-16 题 2-14 图 图 12-17 题 2-15 图

2-14 稳定计算时,可将图 12-16(a)所示体系简化成图 12-16(b)所示具有弹性支撑的压杆,其中 $k = ($)

A $\dfrac{3EI}{2a}$ B $\dfrac{3EI}{2a}$ C $\dfrac{6EI}{a}$ D $\dfrac{12EI}{a}$

2-15 对图 12-17 所示坐标系及弯曲方向所建立的平衡微分方程为 ( )

A $EIy'' = Py + k\delta x$ B $EIy'' = Py - k\delta x$
C $EIy'' = -Py + k\delta x$ D $EIy'' = -Py - k\Delta x$

3.分析计算题

3-1 图 12-18 所示体系中 AB、BC、CD 各杆为刚性杆,求其临界荷载。

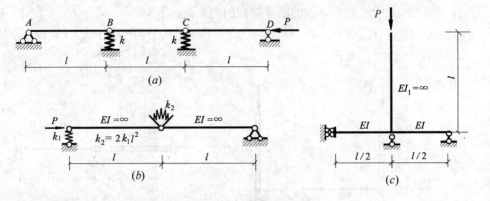

图 12-18 题 3-1 图

3-2 求题 2-10 所示体系(图 12-13)的临界荷载。

3-3 计算图 12-19 所示体系的临界荷载。

3-4 列出图 12-20 所示体系的稳定方程。

3-5 列出图 12-21 所示体系的稳定方程。

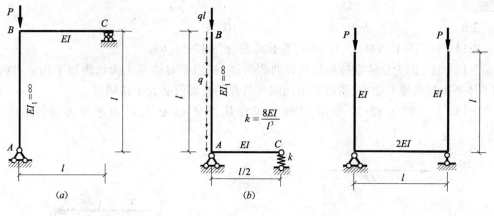

图 12-19 题 3-3 图　　　　　　　　　　图 12-20 题 3-4 图

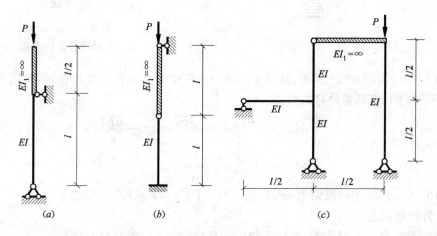

图 12-21　题 3-5 图

四、答案与解答

1. 判断题

1-1　√　材料强度高,结构趋向轻型、薄壁化,更易出现失稳。

1-2　×　　1-3　√　　1-4　×　细长杆受压时的承载能力是由稳定条件所决定的。

1-5　×　只能在原始位置维持平衡,一旦偏离原始平衡位置,就继续变形,很快折断。

1-6　√　零解对应原始平衡位置,非零解对应新的平衡位置。

1-7　√　　1-8　√　　1-9　√　　1-10　×　不稳定

2. 单项选择题

2-1　C　　　　　2-2　D

2-3　B　在极值点失稳问题中,因为杆件在偏心受压或压弯情况下,随着荷载的不断增大,截面边缘纤维首先屈服,引起局部的塑性变形,导致杆件的承载能力的降低。

2-4　A　　　　　2-5　D　　　　　2-6　B

2-7　B　对图 12-11(c),由于横梁刚度为无穷大,将荷载平移到节点上,只有横梁有弯矩,柱子无弯矩,处于轴心受压。对图 12-11(d),从加载开始,柱子就有弯矩,处于压弯组合状态。

2-8　A　　　　　2-9　B　　　　　　2-10　B

2-11　D　图 12-14(a)、(c)都可简化成情况图 12-14(b)。

2-12　B　因为让体系按近似失稳曲线失稳,相当于对体系人为地附加了约束,这就增加了体系抵抗失稳的能力,所以求出的临界荷载的近似值必大于精确解。

2-13　D　如图 12-22 所示,先求出非受压部分 CDB 在 C 点水平方向的柔度系数 $\delta = \dfrac{l}{EA} + \dfrac{l^3}{3EI}, k = \dfrac{1}{\delta}$。

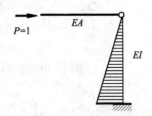

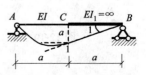

图 12-22　题 2-13 答图　　　　　　　图 12-23　题 2-14 答图

2-14　D　如图 12-23 所示,让非受压部分 AB 梁的 B 截面发生单位转角,则 C 截面有侧移 a 和转角 1,有转角位移方程得:

$$M_{CA} = -\frac{3EI}{a} \times 1 - \frac{3EI}{a^2} \times a = -\frac{6EI}{a},$$

$$M_{BA} = 2M_{CA} = -\frac{12EI}{a}$$

2-15　C　弹簧中的反力为 $k\delta$,向左。$M = Py - k\delta x, EIy'' = -M$。

3. 分析计算题

3-1(a)解:体系是对称的,失稳曲线可能是对称的也可能是反对称的。

反对称失稳时,取半边结构如图 12-24(a)。求出 $P = kl/3$。

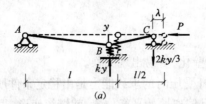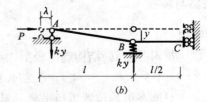

图 12-24　题 3-1(a)答图

对称失稳时,取半边结构如图 12-24(b)。求出 $P = kl$。所以,$P_{cr} = kl/3$。

3-1(b)解:两个自由度体系,失稳曲线如图 12-25 所示,位移参数取 y_1、y_2,$\theta_2 = \dfrac{y_2}{l}$,$\theta_1 = \dfrac{y_1 + y_2}{l}$

静力法:取 AB,$\Sigma M_B = P(y_1 + y_2) - k_1 y_1 l - k_2(\theta_1 + \theta_2) = 0$,

整体,$\Sigma M_C = P y_1 - 2k_1 y_1 l = 0$

能量法:$\lambda = \dfrac{(y_1 + y_2)^2}{2l} + \dfrac{y_2^2}{2l} = \dfrac{y_1^2 + 2y_1 y_2 + 2y_2^2}{2l}$,

$$U_P = -P\lambda, U = \frac{1}{2}k_1 y_1^2 + \frac{1}{2}k_2(\theta_1 + \theta_2)^2,$$

求出 $P_{cr} = 2k_1 l$。

3-1(c)解:将非受压部分视为压杆的弹性支撑,转动刚度按定义确定,如图 12-26 所示。

$$\Sigma M_A = P\theta l - k\theta = 0, P_{cr} = \frac{k}{l} = \frac{8EI}{l^2}$$

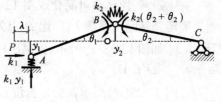

图 12-25　题 3-1(b)答图

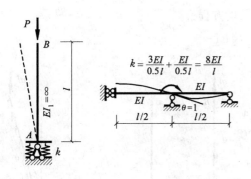

$$k = \frac{3EI}{0.5l} + \frac{EI}{0.5l} = \frac{8EI}{l}$$

图 12-26　题 3-1(c)答图

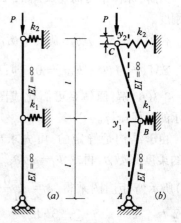

图 12-27　题 3-2 答图

3-2 解:将非受压部分视为压杆的弹性支撑,刚度系数 $k_2 = \dfrac{3EI}{(2l)^3} = k$, $k_1 = \dfrac{3EI}{l^3} = 8k$,分别为两边柱的侧移刚度。如图 12-27($a$)所示。失稳曲线如图 12-27($b$)所示。

静力法:取 BC, $\Sigma M_B = P(y_1 + y_2) - k_2 y_2 l = 0$,

整体, $\Sigma M_A = Py_2 - 2k_2 y_2 l + k_1 y_1 l = 0$

整理的稳定方程为: $P^2 - 10klP + 8k^2 l^2 = 0$,

解得: $P_{cr} = 0.329 \dfrac{EI}{l^2}$。

能量法: $\lambda = \dfrac{(y_1 + y_2)^2}{2l} + \dfrac{y_1^2}{2l} = \dfrac{2y_1^2 + 2y_1 y_2 + y_2^2}{2l}$,

$U_P = -P\lambda, U = \dfrac{1}{2}k_1 y_1^2 + \dfrac{1}{2}k_2 y_2^2$,同样得到: $P^2 - 10klP + 8k^2 l^2 = 0$,

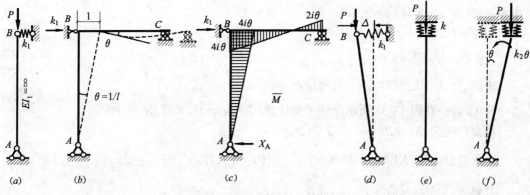

图 12-28　题 3-3(a)答图

3-3(a)解:原体系可简化成图 12-28(a)所示的单根压杆。

确定弹簧刚度系数 k_1。让 B 点发生单位移动,结点 B 转动 $\theta = 1/l$ 如图 12-28(b)所示,作 $\overline{M}$ 如图 12-28(c)所示,由 AB 杆的平衡可得 $X_A = 4i\theta/l$,由整体 $\Sigma X = 0$ 可得 $k_1 = X_A = 4i\theta/l = 4EI/l^3$。

在图 12-28(d)所示新的平衡位置,建立平衡方程:$\Sigma M_A = P\Delta - k\Delta l = 0$。

另解:原体系可简化成图 12-28(e)所示单根压杆。其中 $k_2 = 4EI/l$ 是 BC 梁 B 端的转动刚度。

在图 12-28(f)所示新的平衡位置,建立平衡方程:

$$\Sigma M_A = P\theta l - k_2\theta = 0, \quad 即:P_{cr} = \frac{k_2}{l} = \frac{4EI}{l^2}。$$

3-3(b)解:原体系可简化成图 12-29(a)所示的单根压杆。

由于结构是静定的,可先求出 AC 梁 A 端的柔度系数 δ,再求 $k_1 = 1/\delta$。由图 12-29(b)所示弯矩图图乘得,$\delta = \frac{1}{EI} \frac{0.5l \times 1}{2} \frac{2}{3} + \frac{2}{l} \frac{2}{l} \frac{l}{k} = \frac{2l}{3EI}$,$k_1 = \frac{1}{\delta} = \frac{3EI}{2l}$。

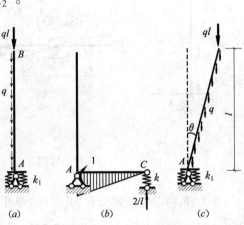

图 12-29 题 3-3(b)答图

在图 12-29(c)所示新的平衡位置,建立:

$$\Sigma M_A = ql \times \theta l + ql \times \frac{\theta l}{2} - k_1\theta = 0,$$

即:$q_{cr} = \frac{2k_1}{3l^2} = \frac{EI}{l^3}$。

3-4 解:原结构为对称结构受对称荷载作用,其失稳形式可能是正对称的也可能是反对称的。分别取半边结构如图 12-30(a)和 12-30(b)。它们又可简化成图 12-30(c)所示的单根压杆。其中刚度系数 k 是 AC 梁 A 端的转动刚度,反对称失稳时,$k = 12EI/l$:正对称失稳时,$k = 4EI/l$。所以该结构将发生正对称失稳。

在图 12-30(d)所示新的平衡位置,截面弯矩为:$M = Py$,

平衡微分方程:$EIy'' = -M = -Py$,即:$y'' + \alpha^2 y = 0, \left(\alpha^2 = \frac{P}{EI}\right)$

其解为:$y = A\cos\alpha x + B\sin\alpha x$

边界条件:当 $x = 0$ 时,$y = 0$,即:$\qquad\qquad A = 0$ （1）

当 $x = l$ 时,$y = \delta$,$ky' = P\delta$,即:$\qquad\qquad B\sin\alpha l = \delta$ （2）

$$B\alpha\cos\alpha_l \times k = P\delta \qquad\qquad （3）$$

由 A、B、δ 不能同时为零,得到稳定方程:$\tan\alpha l = \frac{4}{\alpha l}$。

3-5(a)解:在图 12-31 所示新的平衡位置,$\Sigma M_A = 0$,求得,$R = P\theta/2$,

截面弯矩为:$M = P(y + \theta l/2) - Rx$,

平衡微分方程:$EIy'' = -M = -Py + \frac{P\theta}{2}(x - l)$,即:$y'' + \alpha^2 y = \frac{P\theta}{2EI}(x - l), \left(\alpha^2 = \frac{P}{EI}\right)$

其解为:$y = A\cos\alpha x + B\sin\alpha x + \frac{\theta}{2}(x - l)$

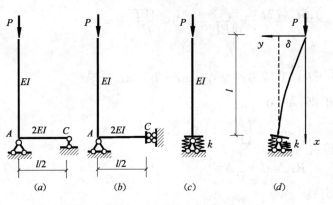

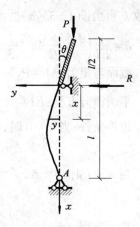

图 12-30　题 3-4 答图　　　　　　　　图 12-31　题 3-5(a)答图

边界条件:当 $x=0$ 时,$y=0$,$y'=\theta$,　即:　　　　$A+0B-0.5l\theta=0$　　　　(1)

$$0A+\alpha B-0.5\theta=0 \qquad (2)$$

当 $x=l$ 时,$y=0$,即:$A\cos\alpha l+B\sin\alpha l+0\theta=0$　　　　(3)

稳定方程:$\tan\alpha l=-\alpha l$。

3-5(b)解:在图 12-32 所示新的平衡位置,$\Sigma M_{C'}=0$,求得,$R=P\theta$,截面弯矩为:

$M=Py+Rx$,

平衡微分方程:$EIy''=-M=-Py-Rx$,即:$y''+\alpha^2 y=-\alpha^2\theta x$,$\left(\alpha^2=\dfrac{P}{EI}\right)$

其解为:$y=A\cos\alpha x+B\sin\alpha x-\theta x$

边界条件:当 $x=0$ 时,$y=0$,即:$A=0$

当 $x=l$ 时,$y=l\theta$,$y'=0$,　即:　　　　$B\sin\alpha l-2l\theta=0$　　　　(1)

$$B\alpha\cos\alpha l-\theta=0 \qquad (2)$$

稳定方程:$\tan\alpha l=2\alpha l$。

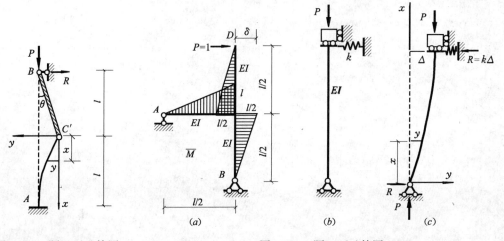

图 12-32　题 3-5(b)答图　　　　　　图 12-33　题 3-5(c)答图

3-5(c)解:将结构中的非受压部分简化成轴向压杆的弹性支撑,如图 12-33(b)。刚度

系数 k 可由图 12-33(a) 所示的非受压部分 D 点的柔度系数 δ 的倒数确定。

$$\delta = \frac{1}{EI}\left(\frac{0.5l \times 0.5l}{2}\frac{l}{3} \times 2 + \frac{0.5l \times l}{2}\frac{2l}{3}\right) = \frac{l^3}{4EI}, k = \frac{1}{\delta} = \frac{4EI}{l^3}, R = k\Delta,$$

截面弯矩为：$M = Py - Rx$，

平衡微分方程：$EIy'' = -Py + Rx$，其解为：$y = A\cos\alpha x + B\sin\alpha x + \frac{k\Delta}{P}x$

边界条件：当 $x = 0$ 时，$y = 0$，即：$A = 0$

当 $x = l$ 时，$y = \Delta$，$y' = 0$，即：
$$\begin{cases} B\sin\alpha l + \left(\dfrac{kl}{P} - 1\right)\Delta = 0 & (1) \\[2mm] B\alpha\cos\alpha l + \dfrac{k}{P}\Delta = 0 & (2) \end{cases}$$

稳定方程：$\tan\alpha l = \alpha l\left(1 - \dfrac{\alpha^2 l^2}{4}\right)$。

第十三章　结构的极限荷载

一、重点难点分析

1. 塑性分析

弹性分析及许用应力设计法的最大缺陷是以某一局部的 σ_{max} 达到 $[\sigma]$，作为衡量整个结构破坏的标准。事实上，由塑性材料组成的结构（特别是超静定结构）当某一局部的 σ_{max} 达到了屈服极限时，结构还没破坏，还能承受更大的荷载。因此弹性设计法不能充分的利用结构的承载能力。

塑性分析考虑材料的塑性，按照结构丧失承载能力的极限状态（荷载不再增加，变形继续增加）来计算结构所能承受的荷载的极限值（极限荷载）。

对结构进行塑性分析仍然要利用平衡条件、几何条件、平截面假定，这与弹性分析时相同。另外还要采用以下假设：

(1)材料为理想弹塑性材料，其应力应变关系如图 13-1 所示。加载时材料为弹塑性的，卸载时材料为线弹性的，并且材料的拉压性能相同。

(2)比例加载：全部荷载可用一个荷载参数 P 来表示，不出现卸载现象。

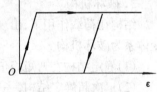

图 13-1

(3)忽略弹性变形，塑性变形也很小。

(4)不计剪力和轴力对截面极限弯矩的影响。

要得到结构的弹塑性解答，需要追踪全部受力变形过程，所以结构的弹塑性分析比弹性分析要复杂的多。而结构的塑性分析不考虑弹塑性变形的发展过程，直接寻求结构的破坏状态和确定结构的极限荷载，因而比较方便。

值得注意的是，塑性分析只适用于延性较好的弹塑性材料而不适用于脆性材料；对于变形条件要求较严的结构也不易采用塑性分析方法。

2. 极限弯矩和塑性铰

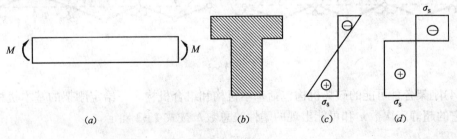

图 13-2

屈服弯矩：当截面最外侧纤维处的应力达到屈服极限 σ_S 时，如图 13-2(c)所示，截面所能承担的弯矩值称作弹性极限弯矩,或称为屈服弯矩 $M_E = \sigma_S W$,W 是弹性截面模量。

极限弯矩:当整个截面的应力都达到屈服极限 σ_S 时,如图 13-2(d)所示,截面所能承担的弯矩极限值称作极限弯矩。

$$M_u = W_u \sigma_S \tag{13-1}$$

式中,W_u 为塑性截面模量,其值为等截面轴上、下两部分面积对该轴的静矩。横向弯曲时可忽略剪力的影响,该式仍然适用。

极限弯矩与屈服弯矩之比称为极限形状系数 α,$\alpha = M_u/M_e$,它仅与截面形状有关。几种常用截面的 α 值为:

矩形截面的 $\alpha = 1.5$,圆形截面的 $\alpha = 1.7$,薄壁圆环形截面的 $\alpha \approx 1.28 \sim 1.4$(一般可取 1.3),工字形截面的 $\alpha \approx 1.1 \sim 1.2$(一般可取 1.15)。

塑性铰:当整个截面应力都达到屈服极限时,两个无限靠近的相邻截面可以在极限弯矩保持不变的情况下发生有限的相对转动,称这样的截面为塑性铰。

塑性铰与普通铰的区别:

塑性铰	承受极限弯矩	单向铰	卸载而消失	位置随荷载不同而变化
普通铰	不承受弯矩	双向铰	卸载也不消失	位置固定

塑性铰可能出现在集中力作用点、刚结点、截面突变处、固定端、剪力等零处。

3. 破坏机构

结构在荷载作用下,出现足够多的塑性铰而成为整体或局部几何可变体系。称这一可变体系为破坏机构。

(1)静定结构在弯矩峰值截面形成一个塑性铰后,便成为破坏机构而丧失承载能力。

(2)n 次超静定结构,一般情况下出现 $(n+1)$ 个塑性铰后,形成破坏机构。但这并不是必要条件。

(3)多跨连续梁如在各跨内为等截面,且梁上荷载指向相同,只在各跨独立形成破坏机构如图 13-3(a)所示;如相邻两跨上作用的荷载指向相反,则可能形成两跨或两跨以上的破坏机构,如图 13-3(b)所示。

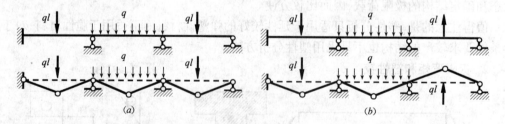

图 13-3

(4)刚架各种可能的破坏机构包括基本机构和组合机构。一给定刚架的基本机构数 m 可由它的超静定次数 n 和可能出现的塑性铰总数 h 按式 13-2 确定。

$$m = h - n \tag{13-2}$$

常见的基本机构有图 13-4 所示的梁机构、侧移机构和节点机构。

将两种或两种以上的基本机构适当的组合,可得到组合机构。

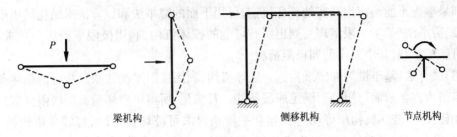

梁机构   侧移机构   节点机构

图 13-4

4．判定极限荷载的一般定理

(1)极限状态(极限荷载)应满足的条件：

①平衡条件:在极限受力状态下,结构整体及任一局部都能维持平衡。

②屈服条件(内力局限条件):在极限受力状态下,任一截面弯矩都不超过其极限弯矩值,即 $|M| \leqslant M_{\mathrm{u}}$。

③单向机构条件:在极限受力状态下,结构已形成足够多的塑性铰而成为机构,能够沿荷载作正功的方向作单向运动。

(2)两个定义：

①可破坏荷载 P^{+}:对于任一破坏机构,由平衡条件求得的荷载称为可破坏荷载。

②可接受荷载 P^{-}:取结构的弯矩分布,使所有截面弯矩都满足屈服条件,用平衡条件求得的相应荷载。

极限荷载既是可接受荷载又是可破坏荷载。

(3)确定极限荷载的 3 个定理：

①上限定理(极小定理):可破坏荷载是极限荷载的上限,或者说,极限荷载是可破坏荷载中最小者。

②下限定理(极大定理):可接受荷载是极限荷载的下限,或者说,极限荷载是可接受荷载中最大者。

③惟一性定理(单值定理):极限荷载值是惟一确定的。

应当指出,同一结构的极限荷载是惟一的,而其相应的极限内力状态可能不只一种。

5．计算极限荷载的方法

(1)极限平衡法:如果能找到超静定结构的破坏机构,可将破坏机构作为分析对象,根据极限状态结构的内力分布,利用平衡条件求极限荷载,这种求极限荷载的方法称为极限平衡法。在建立破坏机构的平衡条件时,除了直接建立静力平衡条件外,也可采用虚功方程来建立。据此,可概括出计算超静定结构极限荷载的 3 个特点：

①如能事先判断出超静定结构的破坏机构,就可直接利用破坏机构的平衡条件确定极限荷载,无须考虑结构的弹塑性变形的发展过程。

②超静定结构极限荷载的计算,只需考虑平衡条件,而无须考虑变形协调条件。因而比弹性计算简单。

③温度改变,支座移动等因素只影响变形的发展过程,而不影响结构的极限荷载值。因为超静定结构在变为机构之前先成为静定结构。

如果所选破坏机构不是真实的破坏机构,用极限平衡法求出的荷载是可破坏荷载。

如果事先不能确定出真实的破坏机构,可用下面的穷举法和试算法求结构的极限荷载:

(2)穷举法(基于上限定理):列出所有可能的破坏机构,利用极限平衡法——求出所对应的可破坏荷载,其中最小的即极限荷载。

(3)试算法(基于惟一性定理):选一破坏机构,利用极限平衡法求出相应的破坏荷载,作出弯矩图检查各截面弯矩是否满足屈服条件。若满足,所得可破坏荷载即极限荷载。

注意:①对破坏机构用虚功方程建立平衡条件求可破坏荷载时,将破坏机构视为刚体系,令其沿荷载作正功的方向发生虚位移,塑性铰截面的极限弯矩看作外力,并且它与塑性转角的转向始终相反,则虚功方程为:

$$P\Delta - \Sigma M_{ui}\theta_i = 0 \tag{13-3}$$

②应用试算法计算时,应选择外力功较大,极限弯矩所作的功相对小些的破坏机构进行试算。对基本机构进行组合时,也应遵循这一原则,尽量使较多的塑性转角能互相抵消而闭合,这样极限弯矩所作的功较小。由这样的破坏机构所求得的可破坏荷载也较小,因此有可能成为极限荷载。

二、典型示例分析

【**例 13-1**】 如图 13-5 所示,推导圆截面的截面形状系数。

【**解**】 将圆截面等分成四等份,分别对等分截面轴取静矩,得到塑性截面模量为:

$$W_u = 4\int_0^{\pi/2} \frac{R^2 d\theta}{2} \frac{2}{3}R\sin\theta = \frac{4}{3}R^3 = \frac{D^3}{6}$$

$$M_u = \sigma_s W_u = \sigma_s \frac{D^3}{6}$$

而截面的屈服弯矩为:

$$M_e = \sigma_s W = \sigma_s \frac{\pi D^3}{32}$$

$$\alpha = \frac{M_u}{M_e} = \frac{16}{3\pi} = 1.7$$

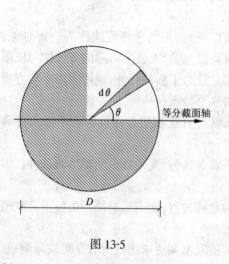

图 13-5

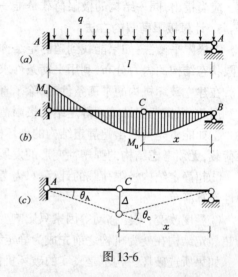

图 13-6

【例 13-2】 求图 13-6(a)所示单跨超静定梁的极限荷载 q_u。

【解】 当梁处于极限状态时,固定端 A 形成一塑性铰,跨中附近弯矩最大的某一截面 C 形成一塑性铰。极限状态的弯矩图如图 13-6(b)所示。由于 C 截面弯矩最大,所以 C 截面剪力为零。由 AC 段平衡得:

$$\Sigma M_A = 2M_u - \frac{q}{2}(l-x)^2 = 0, \text{即}: \frac{M_u}{q} = \frac{1}{4}(l-x)^2 \qquad (a)$$

由 BC 段平衡得:

$$\Sigma M_B = M_u - \frac{q}{2}x^2 = 0, \text{即}: \frac{M_u}{q} = \frac{1}{2}x^2 \qquad (b)$$

由(a)、(b)得:$2x^2 = (l-x)^2$,解得:$x = 0.414l$,

代入(b)式得:$q_u = \frac{2M_u}{x^2} = 11.66\frac{M_u}{l^2}$。

或按图 13-6(c)所示破坏机构,由虚功方程可得

$$q^+ \frac{l\Delta}{2} - M_u(\theta_A + \theta_C) = 0,$$

将 $\theta_A = \frac{\Delta}{l-x}$,$\theta_C = \frac{l\Delta}{x(l-x)}$ 代入上式得 $q^+ = \frac{l+x}{x(l-x)}\frac{2M_u}{l}$,

$\frac{\mathrm{d}q^+}{\mathrm{d}x} = 0$,即:$x^2 + 2lx - l^2 = 0$,解得:当 $x = 0.414l$ 时,q 取最小,$q_u = q^+_{\min} = \frac{11.66M_u}{l^2}$。

【例 13-3】 求图 13-7(a)所示单跨超静定梁的极限荷载。

【解】 由于 AD、DB 段截面极限弯矩不同,故塑性铰不仅可以出现在产生最大弯矩的 A、C 截面,也可能出现在截面改变处 D,可能的破坏机构有两种。

(1)A、C 截面出现塑性铰,破坏机构及相应的弯矩图如图 13-7(b)、(c)所示。此时,D 截面弯矩为($M'_u - M_u$)/2,如果它小于或等于 D 截面的极限弯矩 M_u,即:$M'_u \leqslant 3M_u$,该破坏机构可以实现,否则不能实现。

按图 13-7(b)所示的破坏机构,由虚功方程可得:

$$P_u\Delta - M'_u\theta_A - M_u(\theta_A + \theta_B) = 0, \text{将}$$

$\theta_A = \frac{3\Delta}{2l}$,$\theta_B = \frac{3\Delta}{l}$ 代入上式得:

$$P_u = \frac{3}{2l}(M'_u + M_u)$$

(2)D、C 截面出现塑性铰,破坏机构及相应的弯矩图如图 13-7(d)、(e)所示。此时,A 截面弯矩为 $3M_u$,如果它小于或等于 A 截面的极限弯矩 M'_u,即:$M'_u \geqslant 3M_u$,该破坏机构可以实现,否则不能实现。

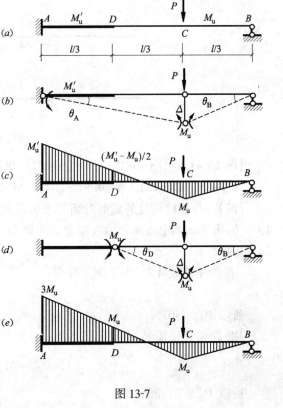

图 13-7

按图 13-7(d)所示的破坏机构,由虚功方程可得

$$P_u\Delta - M_u\theta_D - M_u(\theta_D + \theta_B) = 0,$$

将 $\theta_D = \theta_B = \dfrac{3\Delta}{l}$ 代入上式得:

$$P_u = \frac{9M_u}{l}$$

注意: ①对于变截面梁,截面突变处也可能出现塑性铰,且截面极限弯矩取左右两段的极限弯矩中的较小者。

②本例中,如果 $M'_u = 3M_u$,两种破坏机构都能发生,A、D、C 三个截面都出现塑性铰。

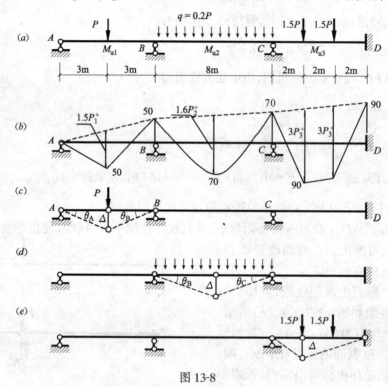

图 13-8

【例 13-4】 求图 13-8(a)所示连续梁的极限荷载。图示连续梁,已知:
$M_{u1} = 50 \text{kN·m}, M_{u2} = 70 \text{kN·m}, M_{u3} = 90 \text{kN·m}$。

【解】 令塑性铰处的截面弯矩等于极限弯矩,作出各跨单独破坏时的极限弯矩图如图 13-8(b)所示。其中支座处的极限弯矩应取左右两跨中的较小者。根据平衡条件求出相应的可破坏荷载。

AB 跨单独破坏时,由平衡条件得:

$$1.5P_1^+ = 50 + 25$$

所以 $P_1^+ = 50 \text{kN}$;

BC 跨单独破坏时,由平衡条件得:

$$1.6P_2^+ = 70 + \frac{50 + 70}{2},$$

所以 $P_2^+ = 81.25 \text{kN}$;

CD 跨单独破坏时,由平衡条件得:$3P_1^+ = 90 + \dfrac{2 \times 70}{3} + \dfrac{90}{3}$,所以 $P_3^+ = 55.56\text{kN}$。

故　$P_{\text{u}} = P_1^+ = 50\text{kN}$

也可由虚功方程求各跨独立破坏时对应的可破坏荷载。

AB 跨单独破坏时的虚位移图如图 13-8(c)所示,由虚功方程可得:

$P_1^+ \Delta - M_{\text{u}}(\theta_{\text{A}} + \theta_{\text{B}}) - M_{\text{u}}\theta_{\text{B}} = 0$,将 $\theta_{\text{A}} = \dfrac{\Delta}{3} = \theta_{\text{B}}$ 代入上式得,$P_1^+ = 50\text{kN}$;

BC 跨单独破坏时的虚位移图如图 13-8(d)所示,由虚功方程可得:

$0.2 \times P_2^+ \times \dfrac{\Delta \times 8}{2} - 50\theta_{\text{B}} - 70\theta_{\text{C}} - 70(\theta_{\text{B}} + \theta_{\text{C}}) = 0$,

将 $\theta_{\text{C}} = \dfrac{\Delta}{4} = \theta_{\text{B}}$ 代入上式得:$P_2^+ = 81.25\text{kN}$;

CD 跨单独破坏时的虚位移图如图 13-8(e)所示,由虚功方程可得:

$1.5 \cdot P_3^+ \left(\Delta + \dfrac{\Delta}{2} \right) - 70 \times \dfrac{\Delta}{2} - 90 \times \dfrac{\Delta}{4} - 90 \times \left(\dfrac{\Delta}{2} + \dfrac{\Delta}{4} \right) = 0, P_3^+ = 55.56\text{kN}$。

【例 13-5】 试用穷举法和试算法求图 13-9(a)所示连续梁的极限荷载。各跨极限弯矩 M_{u} 相同。

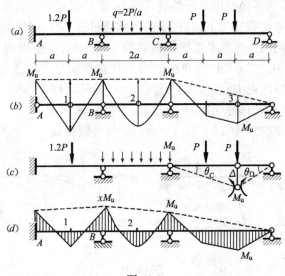

图 13-9

【解】　(1)穷举法

作出各跨单独破坏时的极限弯矩图如图 13-9(b)所示。根据平衡条件求出相应的可破坏荷载。

AB 跨单独破坏时,由平衡条件得:

$$M_1 = \frac{1.2P \times 2a}{4} - M_{\text{u}} = M_{\text{u}}$$

所以:$P_1^+ = \dfrac{10M_{\text{u}}}{3a}$;

BC 跨单独破坏时,由平衡条件得:

$$M_2 = \frac{2P/a}{8} \times (2a)^2 - M_{\text{u}} = M_{\text{u}}$$

所以：$P_2^+ = \dfrac{2M_u}{a}$；

CD 跨单独破坏时，由平衡条件得：

$M_3 = Pa - \dfrac{M_u}{3} = M_u$，所以：$P_3^+ = \dfrac{4M_u}{3a}$。$P_u = \min(P_1^+, P_2^+, P_3^+) = \dfrac{4M_u}{3a}$。

(2)试算法

选取破坏机构如图 13-9(c)，列虚功方程求相应的可破坏荷载：

$P \times \dfrac{\Delta}{2} + P \times \Delta - M_u\theta_C - M_u(\theta_C + \theta_D) = 0$，得到一可破坏荷载：$P^+ = \dfrac{4M_u}{3a}$。

验算屈服条件。设 B 截面弯矩为 xM_u，BC 梁按静定梁，AB 梁按超静定梁，可分别求出

$$M_2 = \dfrac{2P^+}{a} \times \dfrac{(2a)^2}{8} - \dfrac{xM_u + M_u}{2} = \dfrac{2}{a} \times \dfrac{4M_u}{3a} \times \dfrac{(2a)^2}{8} - \dfrac{xM_u + M_u}{2} = \dfrac{5-3x}{6}M_u,$$

$$M_A = \dfrac{3 \times 1.2P \times 2a}{16} - \dfrac{xM_u}{2} = (0.6 - 0.5x)M_u, \quad M_1 = \dfrac{1.2P \times 2a}{4} - \dfrac{M_A + xM_u}{2} = (0.5 - 0.25x)M_u。$$

可见当 $x < 1$ 时，M_A、M_1、M_2 均小于 M_u，说明屈服条件得到满足。

根据单值定理得：$P_u = P^+ = \dfrac{4M_u}{3a}$。

注意：①由于连续梁容易给出所有的破坏机构，求极限荷载用穷举法比用试算法简单。

②同一结构在同一荷载作用下，其极限内力状态可能不止一种，但与各极限内力状态相应的极限荷载值是相同的。也就是说极限荷载值是惟一的，而极限内力状态则不一定是惟一的。如本例，只要 $-0.8 < x < 1$，所对应的内力状态都满足平衡条件、屈服条件和单向机构条件。都是正确的极限内力状态。因为塑性铰 C 的转动程度不同，对 CD 跨的内力和极限荷载无影响，而对超静定部分 AB、BC 跨的内力有影响。

【例 13-6】 用穷举法求图 13-10(a)所示刚架的极限荷载。

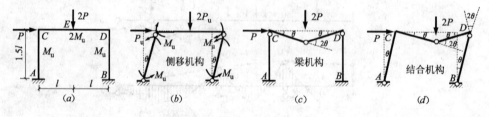

图 13-10

【解】 ①确定可能的破坏机构。可能出现塑性铰的截面是 A、B、C、D、E 5 处。结构为三次超静定，所以基本机构有 $h = 5 - 3 = 2$ 个，侧移机构和梁机构，如图 13-10(b)、(c)所示，一个组合机构如图 13-10(d)所示。

②计算各破坏机构相应的可破坏荷载。由于梁的极限弯矩比柱子的极限弯矩大，所以节点处的塑性铰发生在极限弯矩较小的柱子上端。

在侧移机构中，由虚功方程得：

$$P_1^+ \times 1.5l\theta - 4M_u\theta = 0 \quad \text{所以：} P_1^+ = \dfrac{2.67M_u}{l};$$

在梁机构中，由虚功方程得：

$$2P_2^+ \times l\theta - M_u\theta - 2M_u \times 2\theta - M_u\theta = 0 \quad \text{所以：} P_2^+ = \dfrac{3M_u}{l};$$

在组合机构中,由虚功方程得:

$$2P_3^+ \times l\theta + P_3^+ \times 1.5l\theta - M_u\theta - 2M_u \times 2\theta - M_u \times 2\theta - M_u\theta = 0,所以:P_3^+ = \frac{2.29M_u}{l}。$$

③由极小定理的极限荷载。$P_u = \min(P_1^+, P_2^+, P_3^+) = P_3^+ = \frac{2.29M_u}{l}$。

注意:①在进行基本机构组合时,由于两个基本机构在 D 截面处塑性铰的转角转向相同,故组合后,D 截面处塑性铰转角增大,塑性铰仍然存在。由于两个基本机构在 C 截面处塑性铰的转角转向相反,故组合后,C 截面处塑性铰转角互相抵消而使塑性铰消失。

②在组合机构中,由于两个外力都作功,外力功较大,C 截面处塑性铰消失,塑性铰处的极限弯矩作功较小,由此所得的可破坏荷载的值也随之较小。

③穷举法对连续梁和简单刚架是方便的。但对较复杂的刚架,由于可能的破坏机构有很多种,容易遗漏一些破坏机构,因而得到的可破坏荷载的最小值不一定就是极限荷载。为了确保计算结果的正确性,可再进一步画出弯矩图,校核是否满足屈服条件。本例无此必要。

【例 13-7】 用试算法求图 13-11(a)所示刚架的极限荷载。

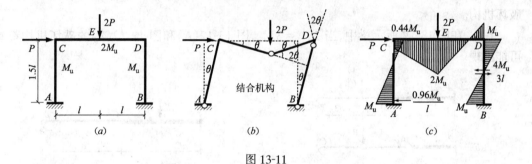

图 13-11

【解】 ①选一破坏机构如图 13-11(b)所示,由虚功方程得:

$$2P^+ \times l\theta + P^+ \times 1.5l\theta - M_u\theta - 2M_u \times 2\theta - M_u \times 2\theta - M_u\theta = 0,所以:P^+ = \frac{2.29M_u}{l}。$$

②画出弯矩图如图 13-11(c)所示,校核是否满足屈服条件。

由 DB 杆平衡求出,$Q_{BD} = \frac{M_u + M_u}{1.5l} = \frac{4M_u}{3l}$,

再由整体投影平衡求出,$Q_{AC} = P^+ - \frac{4M_u}{3l} = \frac{0.96M_u}{l}$。

由 AC 杆平衡求出 $M_{CA} = \frac{0.096M_u}{l} \times 1.5l - M_u = 0.44M_u$。

所以极限内力状态满足屈服条件,$P^+ = \frac{2.29M_u}{l}$ 既是可破坏荷载,又是可接受荷载。

由惟一性定理 $P_u = \frac{2.29M_u}{l}$。

注意:如果先由 ED 杆平衡求出,$Q_{DE} = \frac{2M_u + M_u}{l} = \frac{3M_u}{l}$,由 CD 杆平衡求出

$$M_{CA} = \frac{3M_u}{l} \times 2l - M_u - 2Pl = 6M_u - M_u - 4.58M_u = 0.42M_u,$$ 与上述结果不同,这正说明了极限荷载值是惟一的,而极限内力状态则不一定是惟一的。

1．判断题

1-1　砖石结构不宜进行塑性分析。　　　　　　　　　　　　　　　　（　　）

1-2　截面极限弯矩和截面形状系数都仅与材料的屈服极限和截面的形状尺寸有关。

　　　　　　　　　　　　　　　　　　　　　　　　　　　　　　　　（　　）

1-3　矩形截面与正方形截面的截面形状系数相同。　　　　　　　　　（　　）

1-4　弹性分析时,截面形状越合理,考虑塑性时截面承载力提高得越多。（　　）

1-5　温度改变、支座移动等因素对静定结构的极限荷载没有影响,对超静定结构的极限荷载有影响。　　　　　　　　　　　　　　　　　　　　　　　　　　（　　）

1-6　用极限平衡法求超静定结构的极限荷载,同时考虑平衡条件和变形协调条件。

　　　　　　　　　　　　　　　　　　　　　　　　　　　　　　　　（　　）

1-7　当 $M'_u \geqslant 3M_u$ 时,图 13-12(a)变截面梁将形成图 13-12(b)的破坏机构。（　　）

1-8　在图 13-12 所示梁中,当 $M'_u \leqslant 3M_u$,图 13-12(a)变截面梁将形成图 13-12(c)的破坏机构。　　　　　　　　　　　　　　　　　　　　　　　　　　　　　（　　）

1-9　在图 13-12 所示梁中,当 $M'_u = 3M_u$,图 13-12(b)和图 13-12(c)的破坏机构都有可能出现。　　　　　　　　　　　　　　　　　　　　　　　　　　　　　（　　）

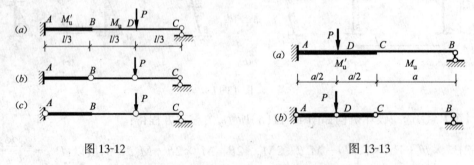

图 13-12　　　　　　　　　　　　　　　　图 13-13

1-10　图 13-13(a)变截面梁形成图 13-13(b)的破坏机构的条件是 $M'_u = 1.5M_u$。

　　　　　　　　　　　　　　　　　　　　　　　　　　　　　　　　（　　）

1-11　可破坏荷载 P^+、可接受荷载 P^-、极限荷载 P_u 的关系为: $P^+ \geqslant P^- \geqslant P_u$。（　　）

1-12　如果结构的一个可破坏荷载等于它的一个可接受荷载,则即为极限荷载。（　　）

1-13　关系式 $\max(P_1^+, P_2^+ \cdots P_n^+) = P_u = \min(P_1^-, P_2^- \cdots P_m^-)$ 总是成立的。（　　）

1-14　穷举法(机构法)求极限荷载的依据是下限定理。　　　　　　　（　　）

1-15　一般情况下,n 次超静定结构必须出现 $n+1$ 个塑性铰,才能形成破坏机构。（　　）

1-16　如果 n 次超静定结构可能出现的塑性铰总数为 h,则其基本机构数为 $h-n$。

　　　　　　　　　　　　　　　　　　　　　　　　　　　　　　　　（　　）

1-17　极限荷载、可破坏荷载、可接受荷载都必须满足平衡条件。　　（　　）

1-18　图 13-14 示梁 CD 跨破坏时,$P = \dfrac{3M_u}{2a}$,此时 ABC 部分仍为超静定梁,整个结构还能承受更大的荷载,所以 $P_u > \dfrac{3M_u}{2a}$。　　　　　　　　　　　　　　（　　）

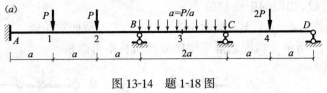

图 13-14　题 1-18 图

2. 单项选择题

2-1　对于理想弹塑性材料,当应力达到了 σ_s 后,随着应变增加,应力　　　　（　　）

    A　减小　　　　　　B　也增加　　　　　　C　不变　　　　　　D　急剧增加

2-2　结构丧失承载能力的极限状态的特征是　　　　　　　　　　　　　　　（　　）

    A　荷载不再增加,变形继续增加　　　　　B　荷载不再增加,变形不再增加

    C　荷载增加,变形继续增加　　　　　　　D　荷载增加,变形不再增加

2-3　下列那些结构不宜进行塑性分析　　　　　　　　　　　　　　　　　　（　　）

    ①静定结构,②超静定刚架,③脆性材料制成的结构,④刚度条件要求较严的结构

    A　①②　　　　　　B　②③　　　　　　C　③④　　　　　　D　④①

2-4　图 13-15 所示理想弹塑性材料,加载到 B 点时,将沿哪条线卸载?　　　（　　）

    A　BAO　　　　　B　BO　　　　　　C　BD　　　　　　D　BC

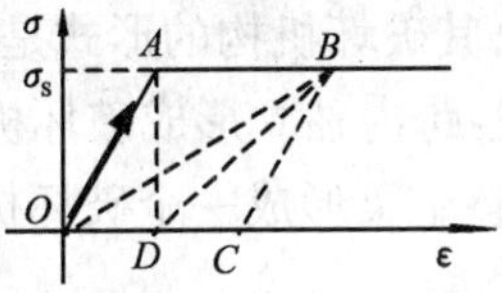

图 13-15　题 2-4 图 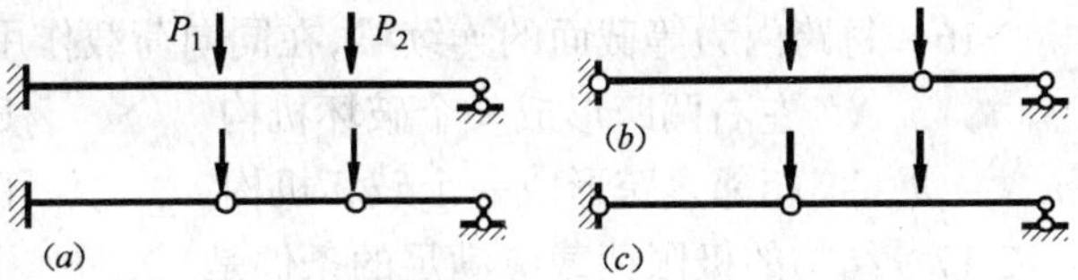　　　　　　　　　　　　　图 13-16　题 2-5 图

2-5　图 13-16 所示等截面超静定梁的破坏机构　　　　　　　　　　　　　　（　　）

    A　是(a)　　　　　　　　　　　　　　B　是(b)

    C　是(c)　　　　　　　　　　　　　　D　可能是(b)也可能是(c)

2-6　考虑塑性时,下列哪种截面承载力提高得最多　　　　　　　　　　　　（　　）

    A　矩形　　　　　　B　圆形　　　　　　C　工字形　　　　　D　薄壁圆环形

2-7　截面形状系数与什么有关?　　　　　　　　　　　　　　　　　　　　　（　　）

    ①材料屈服极限,②截面形状及尺寸,③外荷载

    A　①②　　　　　　B　②　　　　　　　C　③　　　　　　　D　①③

2-8　截面极限弯矩与什么有关?　　　　　　　　　　　　　　　　　　　　　（　　）

    ①材料屈服极限,②截面形状及尺寸,③外荷载

    A　①②　　　　　　B　②　　　　　　　C　③　　　　　　　D　①③

2-9　塑性截面模量 W_u 和弹性截面模量 W 的关系是　　　　　　　　　　　（　　）

    A　$W_u = W$　　　　B　$W_u > W$　　　　C　$W_u < W$　　　D　答案 BC 都有可能

2-10　图 13-17 所示等截面梁发生塑性极限破坏时,

    梁中最大弯矩发生在　　　　　　　　　（　　）

    A　a　　　　　　　B　b

    C　c　　　　　　　D　d

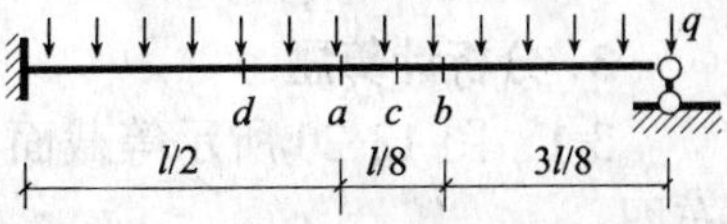

图 13-17　题 2-10 图

2-11 塑性阶段,截面的中性轴位于 （ ）

A 截面形心　　　 B 截面中心　　　 C 截面对角线　　 D 等分截面轴

2-12 图 13-18 所示变截面超静定梁的破坏机构不可能是 （ ）

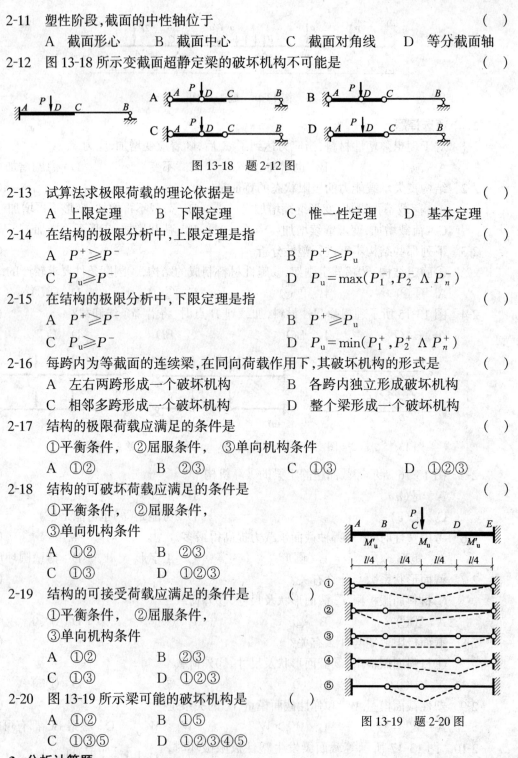

图 13-18　题 2-12 图

2-13 试算法求极限荷载的理论依据是 （ ）

A 上限定理　　 B 下限定理　　　 C 惟一性定理　　 D 基本定理

2-14 在结构的极限分析中,上限定理是指 （ ）

A $P^+ \geqslant P^-$

B $P^+ \geqslant P_u$

C $P_u \geqslant P^-$

D $P_u = \max(P_1^-, P_2^- \Lambda P_n^-)$

2-15 在结构的极限分析中,下限定理是指 （ ）

A $P^+ \geqslant P^-$

B $P^+ \geqslant P_u$

C $P_u \geqslant P^-$

D $P_u = \min(P_1^+, P_2^+ \Lambda P_n^+)$

2-16 每跨内为等截面的连续梁,在同向荷载作用下,其破坏机构的形式是 （ ）

A 左右两跨形成一个破坏机构　　　 B 各跨内独立形成破坏机构

C 相邻多跨形成一个破坏机构　　　 D 整个梁形成一个破坏机构

2-17 结构的极限荷载应满足的条件是 （ ）

①平衡条件, ②屈服条件, ③单向机构条件

A ①② 　　　 B ②③ 　　　 C ①③ 　　　　 D ①②③

2-18 结构的可破坏荷载应满足的条件是 （ ）

①平衡条件, ②屈服条件,
③单向机构条件

A ①② 　　　　　 B ②③

C ①③ 　　　　　 D ①②③

2-19 结构的可接受荷载应满足的条件是 （ ）

①平衡条件, ②屈服条件,
③单向机构条件

A ①② 　　　　　 B ②③

C ①③ 　　　　　 D ①②③

2-20 图 13-19 所示梁可能的破坏机构是 （ ）

A ①② 　　　　　 B ①⑤

C ①③⑤ 　　　　 D ①②③④⑤

图 13-19　题 2-20 图

3. 分析计算题

3-1 图 13-20 所示等截面梁的极限弯矩为 M_u。求极限荷载,并画出极限状态弯矩分布图。

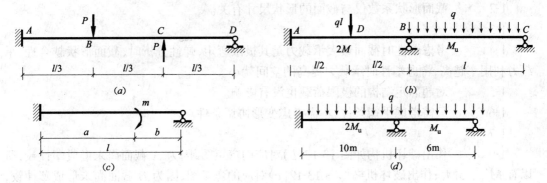

图 13-20 题 3-1 答图

3-2 求图 13-21 所示连续梁的极限荷载。

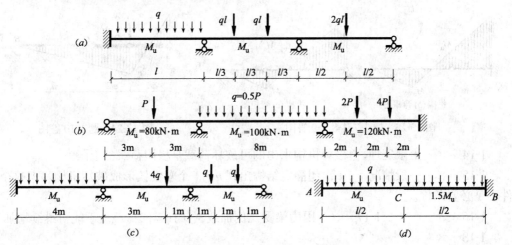

图 13-21 题 3-2 答图

3-3 求图 13-22 所示刚架的极限荷载。

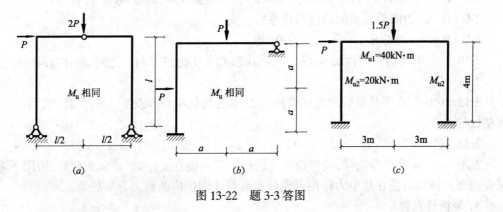

图 13-22 题 3-3 答图

四、答案与解答

1. 判断题

1-1 √ 脆性材料制成的结构、对变形要求较严的结构不宜进行塑性分析。

1-2　×　截面形状系数仅与截面的形状尺寸有关。

1-3　√

1-4　×　考虑塑性时截面最大承载力是其极限弯矩,弹性分析时,截面形状越合理,承载力利用率越高,考虑塑性时承载力提高的空间就小。

1-5　×　对超静定结构的极限荷载也没有影响。

1-6　×　只需考虑平衡条件,不需考虑变形协调条件。

1-7　√　　　　1-8　√

1-9　√　作出破坏机构如图 13-12(b)对应的弯矩图,因为 A 截面尚未形成塑性铰,所以有 $M' \geqslant 3M_u$;作出破坏机构如图 13-12(c)对应的弯矩图,因为 B 截面尚未形成塑性铰,所以有 $(M' - M_u)/2 \leqslant M_u \rightarrow M' \leqslant 3M_u$;当 $M'_u = 3M_u A$、B 截面同时出现塑性铰。

1-10　√　(如图 13-24)　　1-11　×　$P^+ \geqslant P \geqslant P^-_u$　　1-12　√　　　1-13　√

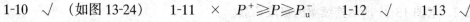

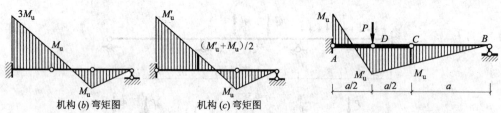

机构(b)弯矩图　　　机构(c)弯矩图

图 13-23　题 1-7、1-8、1-9 答图　　　　　　　图 13-24　题 1-10 答图

1-14　×　上限定理,由破坏机构求出的可破坏荷载是极限荷载的上限。

1-15　×　一般情况下,n 次超静定结构出现 $n+1$ 个塑性铰形成破坏机构。但这个条件不是必要条件。

1-16　√　　　　　　1-17　√　因为梁受比例加载,一跨破坏,荷载就不能再继续增加。

1-18　×

2. 单项选择题

2-1　C　　　　2-2　A　　　　2-3　C　　　　2-4　D

2-5　D　P_2 足够大时,形成破坏机构(b),P_1 足够大时,形成破坏机构(c)。

2-6　B　因为圆形截面的截面形状系数最大。

2-7　B　　　　2-8　A　　　　2-9　B

2-10　C　b 为弹性阶段 $Q = 0$ 处,极限状态 $Q = 0$ 处在 a 与 b 之间,即在 $0.4142l$ 处。

2-11　D

2-12　C　C 并不是最后的破坏机构,AD 部分仍能继续承受更大的荷载,直到 A 处出现塑性铰。

2-13　C　　2-14　B　　2-15　C　　2-16　B　　2-17　D　　2-18　C　　2-19　A

2-20　B　单跨变截面梁,负弯矩对应的塑性铰可能在支座处、截面突变处,跨间正弯矩对应的塑性铰只能在集中力作用点或分布荷载作用段内的剪力等零处。

3. 分析计算题

3-1(a)解:可能的破坏机构如图 13-25(a)、(b)、(c)所示,相应的:$P^+_1 = \dfrac{12M_u}{l}$,$P^+_2 = \dfrac{15M_u}{l}$,

$P^+_3 = \dfrac{9M_u}{l}$;故:$P_u = \min(P^+_1, P^+_2, P^+_3) = \dfrac{9M_u}{l}$。

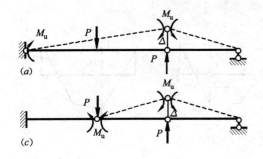

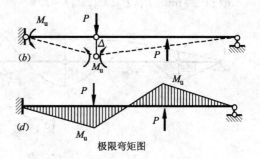

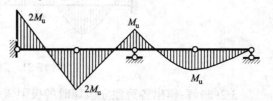

图 13-25 题 3-1(a)答图

3-1(b)解:作出各跨独立破坏时的极限弯矩图如图 13-26 所示,相应的破坏荷载:

$$q_1=\frac{14M_u}{l^2};q_2=\frac{11.65M_u}{l^2}。$$

故:$P_u=\frac{11.65M_u}{l^2}$。

图 13-26 题 3-1(b)答图

3-1(c)解:作出极限弯矩图如图 13-27 所示,

$$M_{C右}=\frac{mb}{l}+\frac{M_ub}{l}=M_u\rightarrow m_1=\frac{aM_u}{b};M_{C左}=\frac{am}{l}-\frac{M_ub}{l}=M_u\rightarrow m_1=\frac{M_u(l+b)}{a}$$

极限荷载与集中力偶在梁上的位置有关。

3-1(d)解:作出极限弯矩图如图 13-28 所示,$q_1=0.28M_u$,$q_2=\frac{M_u}{3}$,故:$P_u=0.28M_u$

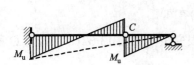

图 13-27 题 3-1(c)答图

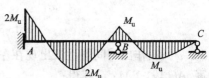

图 13-28 题 3-1(d)答图

3-2(a)解:作出各跨独立破坏时的极限弯矩图如图 13-29 所示,

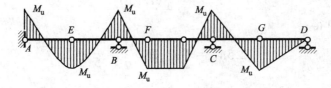

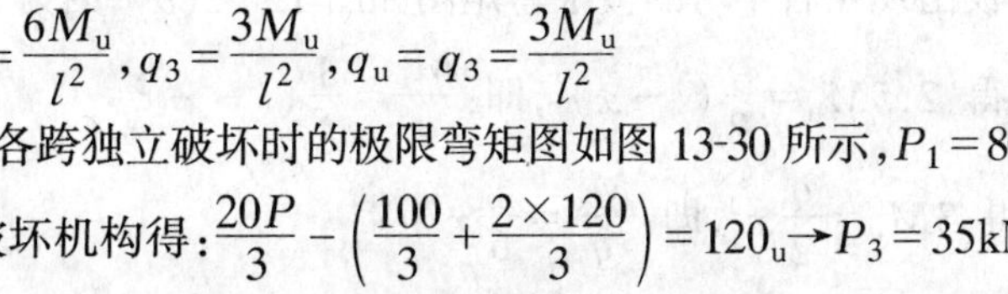

图 13-29 题 3-2(a)答图

$$q_1=\frac{16M_u}{l^2},q_2=\frac{6M_u}{l^2},q_3=\frac{3M_u}{l^2},q_u=q_3=\frac{3M_u}{l^2}$$

3-2(b)解:作出各跨独立破坏时的极限弯矩图如图 13-30 所示,$P_1=80kN$,$P_2=47.5kN$,

CD 跨第一种破坏机构得:$\frac{20P}{3}-\left(\frac{100}{3}+\frac{2\times120}{3}\right)=120_u\rightarrow P_3=35kN$,

由 CD 跨第二种破坏机构得:$\frac{16P}{3}-\left(\frac{2\times100}{3}+\frac{120}{3}\right)=120_u\rightarrow P_4=42.5kN$,

故：$P_u = \min(P_1, P_2, P_3, P_4) = 35\text{kN}$。

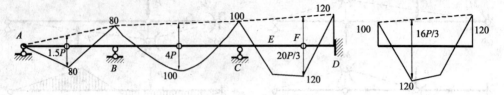

图 13-30　题 3-2(b)答图

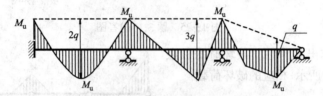

图 13-31　题 3-2(c)答图

3-2(c)解：作出各跨独立破坏时的极限弯矩图如图 13-31 所示，

$q_1 = M_u$，$q_2 = 2M_u/3$，$q_3 = 4M_u/3$，

故：$P_u = \min(q_1, q_2, q_3) = 2M_u/3$。

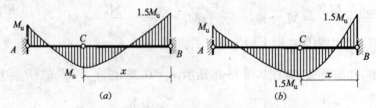

图 13-32　题 3-2(d)答图

3-2(d)解：作出跨间塑性铰出现在左半垮的极限弯矩图如图 13-32(a)，因为 C 截面剪力为零，AC 段，$\Sigma M_A = 0$ 得：

$$2M_u = \frac{q}{2}(l-x)^2$$

即：

$$\frac{M_u}{q} = \frac{1}{4}(l-x)^2 \tag{a}$$

CB 段，$\Sigma M_B = 0$ 得：

$$2.5M_u = \frac{q}{2}x^2,\ \text{即：} \frac{M_u}{q} = \frac{1}{5}x^2 \tag{b}$$

由式(a)、(b)得：$(l-x)^2 = 0.8x^2$，所以，$x = 0.5278l$，代入(b)式得，$q_1^+ = 17.89\dfrac{M_u}{l^2}$。

作出跨间塑性铰出现在右半垮的极限弯矩图如图 13-32(b)，因为 C 截面剪力为零，

AC 段，$\Sigma M_A = 0$ 得：$2.5M_u = \dfrac{q}{2}(l-x)^2$，即：$\dfrac{M_u}{q} = \dfrac{1}{5}(l-x)^2 \tag{c}$

CB 段，$\Sigma M_B = 0$ 得：$3M_u = \dfrac{q}{2}x^2$，即：$\dfrac{M_u}{q} = \dfrac{1}{6}x^2 \tag{d}$

由式(c)、(d)得：$(l-x)^2 = 0.833x^2$，所以，$x = 0.5228l$，代入式(d)得，$q_2^+ = 21.95\dfrac{M_u}{l^2}$。

故：$P_u = 17.89 M_u / l^2$。

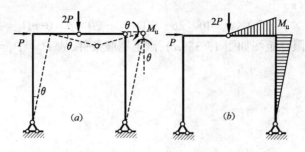

图 13-33　题 3-3(a)答图

3-3(a)解：破坏机构如图 13-33(a)所示，列虚功方程为：

$$P \times l\theta + 2P \times 0.5l\theta - M_u\theta - M_u\theta = 0, \quad P_u = M_u / l$$

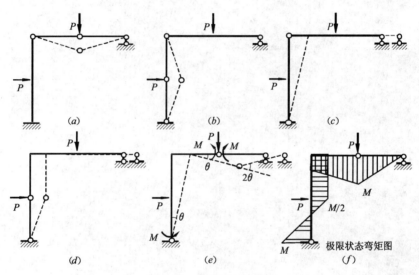

图 13-34　题 3-4(b)答图

3-3(b)解：基本机构和组合机构如图 13-34(a)、(b)、(c)、(d)、(e)所示，取组合机构

13-34(e)进行试算，列虚功方程为：$P \times a\theta + P \times a\theta - M_u\theta - M_u \times 2\theta = 0 \rightarrow P_1 = \dfrac{3M_u}{2a}$。

作出对应的极限弯矩图如图 13-34(f)，满足屈服条件，故 $P_u = P_1 = \dfrac{3M_u}{2a}$。

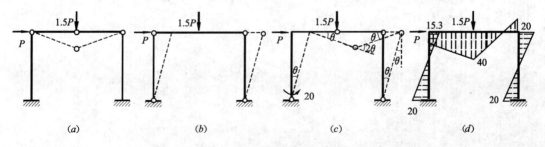

图 13-35　题 3-3(c)答图

3-3(c)解:可能的破坏机构如图 13-35(a)、(b)、(c)所示,取组合机构图 13-35(c)进行试算,列虚功方程为:

$P \times 4\theta + 1.5P \times 3\theta - 20 \times \theta - 40 \times 2\theta - 20 \times 2\theta - 20 \times \theta = 0 \rightarrow P_1 = 18.82\text{kN}$。

作出对应的极限弯矩图如图 13-35(d),满足屈服条件,故 $P_u = P_1 = 18.82\text{kN}$。

参考文献

1 龙驭球,包世华主编.结构力学教程.北京:高等教育出版社,2001
2 朱伯欣,周竞藕,许哲明主编.结构力学.上海:同济大学出版社,1993
3 张来仪,景瑞主编.结构力学.北京:中国建筑工业出版社,1997
4 刘金春主编.结构力学.北京:中国建材工业出版社,2003
5 刘绍培,张韫美主编.结构力学.天津:天津大学出版社,1989
6 雷钟和,江爱川,郝静明编著.结构力学解疑.北京:清华大学出版社,1996
7 戴贤阳,江素华,赵如骝,杜正国主编.结构力学解题指导.北京:高等教育出版社,1996
8 徐新济,冯虹编.结构力学复习与习题分析.上海:同济大学出版社,1995
9 罗汉泉,王兰生,李存汉编.结构力学学习指导.北京:高等教育出版社,1985